U0210729

"十三五"国家重点图书出版规划项目

重大工程的动力灾变学术著作丛书

高土石坝地震灾变模拟与工程应用

孔宪京　邹德高　著

科学出版社

北　京

内 容 简 介

本书系高土石坝抗震研究方面的专著，主要介绍近十年来作者课题组在高土石坝地震灾变模拟与工程应用方面的研究成果。

本书共分 9 章。内容包括：绪论；筑坝堆石料剪胀特性和本构模型；三维广义塑性接触面本构模型及其应用；考虑库水及涌浪的流固耦合精细分析方法；混凝土面板破坏发展过程和加固措施分析方法；高土石坝-河谷-地基动力相互作用分析；高土石坝三维地震灾变模拟平台集成；紫坪铺面板堆石坝静、动力弹塑性有限元分析；高面板坝面板地震安全控制方法。

本书可作为水工结构工程、防灾减灾工程、岩土工程专业的研究生教材和教学参考书，也可以作为水利水电工程、土木工程及相关专业的设计、施工和科研的参考用书。

图书在版编目(CIP)数据

高土石坝地震灾变模拟与工程应用/孔宪京，邹德高著. —北京：科学出版社，2016.9

(重大工程的动力灾变学术著作丛书)
“十三五”国家重点图书出版规划项目

ISBN 978-7-03-050034-2

Ⅰ.①高… Ⅱ.①孔…②邹… Ⅲ.①高坝-土石坝-地震模拟试验-研究 Ⅳ.①TV641.1

中国版本图书馆 CIP 数据核字(2016)第 231869 号

责任编辑：吴凡洁 冯其玲 / 责任校对：贾娜娜
责任印制：徐晓晨 / 封面设计：左 讯

科学出版社出版
北京东黄城根北街 16 号
邮政编码：100717
http://www.sciencep.com

北京京华虎彩印刷有限公司 印刷

科学出版社发行 各地新华书店经销

*

2016 年 9 月第 一 版 开本：720×1000 1/16
2017 年 1 月第二次印刷 印张：16 1/4
字数：314 000

定价：198.00 元

(如有印装质量问题，我社负责调换)

序

土石坝的筑坝历史悠久，由于它具有对地形地质的良好适应性、能就地就近取材、施工简便且造价较低等优点，而成为世界坝工建设中应用最广泛、发展最快的一种坝型。我国在新一轮的水电大开发中，土石坝的高度已由过去几十米发展到100m级、200m级，乃至300m级，这些大坝多位于我国西部地区，而西部地区地震活动频繁、强度大，在如此复杂地震区修建高土石坝，少有国外经验可借鉴，已建的高坝也缺少实际震害的检验。2008年汶川大地震中，紫坪铺大坝经受了强烈地震的考验，但也出现了不同程度的损坏，表现出明显震后残余变形、面板中部出现挤压破坏、施工缝错台等破坏型式，这在以往设计和抗震复核时均没有充分考虑。需要指出，紫坪铺大坝坝高156m，其地震震害实例与在建和拟建的300m级高坝相比，抗震性能及其破坏性态还可能有本质的差异。由于挡水建筑坝即使在超强震条件下也绝不允许发生库水失控下泄灾变，因此对高土石坝抗震分析提出了更高的要求，已有经验远不能满足强震条件下大坝的安全性评价要求。

为了解决高土石坝的抗震安全问题，我国科学家和工程师不断进行科技攻关，取得了显著的成就。孔宪京教授就是其中一位代表，30多年来，他结合我国水利水电工程建设，围绕土石坝振动台模型试验方法、地震破坏机理与抗震对策、筑坝粗粒土静动力特性及其本构模型、数值分析方法以及抗震安全评价等方面开展了系统的理论研究与工程实践，研究成果在我国吉林台、糯扎渡、天生桥、猴子岩、旁多等高土石坝工程中应用。

《高土石坝地震灾变模拟与工程应用》是作者团队近年来在高土石坝抗震安全性评价面临的关键技术的最新研究成果，体现了我国大坝抗震工作者从引进、消化、吸收、再创新向自主创新的跨越，书中绝大部分内容是国内外关于高土石坝抗震专著中所没有的创新性研究成果，包括了筑坝材料弹塑性本构模型、大坝-地基-水库体系动力相互作用、混凝土防渗体损伤和破坏分析方法、大坝地震破坏全过程模拟、高性能和精细化计算软件、面板抗震措施等内容。该书不仅是有特色的学术专著，还可供工程技术人员参考。

马洪琪

中国工程院院士

2016年7月

前　　言

近年来，在世界范围内连续多次发生了近场大地震，重大工程遭到严重破坏。我国地处两大地震带(环太平洋地震带和欧亚地震带)的交汇处，是世界上地震灾害最严重的国家之一。

随着水电战略的实施，我国已建、在建或拟建一大批高坝。土石坝由于具有适应不同的坝址条件、就地取材、结构简单、便于施工等优点，已成为高坝建设中的主要坝型。土石坝的建设高度不断增加，其中双江口大坝高达 314m，两河口、古水、马吉、如美及茨哈峡水电站坝高都接近或超过 300m。

西部地区是我国水能资源丰富的地区，地质条件复杂、地震频发、强度大，这些高坝一旦因地震而溃决，不但会造成重大经济损失，而且对下游所形成的次生灾害将严重威胁人民生命和财产安全。正如陈厚群院士指出：高坝大库在我国重大基础设施建设中无可替代的重要作用、难以避让的抗震安全问题以及一旦发生严重灾变不堪设想的次生灾害，决定了确保高坝抗震安全的极端重要性。

然而，目前高土石坝动力分析方法仍在线性或等效线性范围内，对各种相互作用影响的研究大多被简化并孤立进行，难以对强震作用下高土石坝动力灾变过程、耦合效应及其影响进行深入研究和科学认识。因此，为满足国家重大工程需求，开展高土石坝地震灾变模拟与工程应用研究，重点突破筑坝材料强非线性、混凝土防渗体局部损伤与渐进破坏、大坝-地基-库水动力相互作用、地震破坏全过程模拟以及高性能、精细化计算软件等方面的科学问题和技术难题，对提升我国高坝抗震设计水平、保障能源安全和维持社会经济可持续发展具有十分重要的意义。

近十年来，作者在国家自然科学基金重大计划项目(90815024)、国家自然科学基金创新研究群体项目(51421064)、国家自然科学基金重大计划集成项目(91215301)、国家自然科学基金项目(51379028 和 51279025)、中国水电工程顾问集团有限公司重大科技项目的资助下，依托我国紫坪铺面板堆石坝(156m)、双江口心墙堆石坝(314m)、两河口心墙堆石坝(295m)、猴子岩面板堆石坝(223m)、茨哈峡面板堆石坝(253m)、古水面板堆石坝(242m)等一批世界级高土石坝工程，开展了高土石坝地震灾变模拟与工程应用研究。本书的主要目的是介绍这些研究成果，希望能够抛砖引玉，对国内同行的教学、科研和高土石坝抗震设计起到借鉴和帮助的作用。

在编写过程中，大连理工大学工程抗震研究所徐斌副教授、周晨光工程师、周扬博士、刘京茂博士以及研究生张宇、余翔、许贺、屈永倩等在多方面给予了大力支持和帮助，在此对他们深表感谢。

受作者水平所限，书中难免存在不足和疏漏之处，敬请同行和读者批评指正。

作　者

2016 年 3 月

目　录

第1章　绪　论

1.1　研究背景

为满足国民经济建设对能源发展和节能减排的需求，水电开发已成为国家重要的新能源战略。我国水能资源的80%以上分布在西部地区，高坝大库的建设已进入高潮期。高土石坝(土心墙堆石坝、面板堆石坝)由于具有适应地形地质条件、充分利用当地材料、建设周期短等优点，已成为高坝建设中的主要坝型。土石坝的高度已由过去的几十米发展到100m级、200m级，乃至300m级。初步统计，国内已建、在建及拟建在强震区且坝高在200m以上的高土石坝如表1.1所示。

表1.1　国内高土石坝工程一览表

序号	工程名称	最大坝高/m	主坝坝型	设计加速度/g	备注
1	如　美	315	心墙堆石坝	0.32	拟建
2	双江口	314	心墙堆石坝	0.21	在建
3	两河口	295	心墙堆石坝	0.288	在建
4	糯扎渡	261.5	心墙堆石坝	0.283	已建
5	茨哈峡	253	面板堆石坝	0.266	拟建
6	大石峡	251	面板堆石坝	0.286	拟建
7	拉　哇	244	面板堆石坝	0.37	拟建
8	古　水	242	面板堆石坝	0.286	拟建
9	长河坝	241	心墙堆石坝	0.359	在建
10	猴子岩	223.5	面板堆石坝	0.297	在建
11	玛尔挡	211	面板堆石坝	0.299	拟建

我国地震活动性和地震大趋势预测研究结果表明，未来百年内我国大陆地区可能发生7级以上大地震约40次，8级以上特大地震3～4次。我国特别是西南、西北地区地震频度高且强度大，据中国地震局统计，我国近代82%的强震都发生在该地区。自20世纪以来，在该地区就发生过17起7级以上的大地震(表1.2)，其中最典型的为2008年5月12日发生的汶川大地震和2010年4月14日发生的玉树大地震。地震具有突发性和不确定性，这对高土石坝的抗震安全构成了巨大威胁，高土石坝一旦遭遇地震，将产生严重的地震灾变。

从大坝安全控制的角度看，大坝填筑、蓄水过程乃至后期流变等危及大坝安全时，我们完全有时间采取有效措施消除隐患，大坝安全是可以控制的。然而，这些高坝一旦遭遇强烈地震，突如其来的地震荷载将引发坝坡的瞬间失稳和坝体的突发变形（坝体沉降、接缝与周边缝张开、施工缝错台、面板挤压破坏等），进而可能导致坝体严重破坏，大坝防渗功能丧失，其安全是难以控制的。

高度为156m的紫坪铺面板堆石坝在2008年汶川地震中发生了坝顶路面开裂、坝顶震陷、上游面板施工缝错台及面板挤压破坏、下游护坡块石松动乃至滚落等严重的地震灾变，严重影响了水库功能的正常发挥。基于我国国情，高坝大库无可替代的重要位置、难以避让的抗震安全问题及一旦发生严重灾变不堪设想的次生灾害后果，决定了确保高坝抗震安全的极端重要性（陈厚群，2009）。

表1.2 我国西部地区历史大地震（震级7级以上）

序号	名称	日期	震级
1	宁夏海原大地震	1920.12.16	8.5
2	西藏墨脱地震	1950.8.15	8.5
3	云南通海地震	1970.01.05	7.7
4	四川炉霍地震	1973.02.06	7.9
5	云南昭通地震	1974.05.11	7.1
6	云南大关地震	1974.05.11	7.1
7	云南龙陵地震	1976.05.29	7.4
8	四川松潘地震	1976.08.16	7.2
9	云南省澜沧地震	1988.11.06	7.6
10	云南省耿马地震	1988.11.06	7.2
11	青海共和地震	1990.04.26	7.0
12	云南孟连地震	1995.7.12	7.3
13	云南丽江地震	1996.02.03	7.0
14	青海昆仑山地震	2001.11.14	8.1
15	新疆于田地震	2008.3.21	7.3
16	四川汶川地震	2008.05.12	8.0
17	青海玉树地震	2010.04.14	7.1

2008年，国家自然科学基金委员会工程与材料科学部实施了“重大工程的动力灾变”的重大研究计划。其科学目标为：针对长大桥梁、大型建筑（包括超高建筑、大型空间建筑、城市大型地下建筑）和高坝三类重大工程，采用理论分析、模型试验、现场实测和数值模拟等研究手段，发挥工程与材料科学、地球科学、数理科学和信息科学等多学科交叉创新的优势，研究强地震动场和强/台风场及其动力作用

下重大工程的损伤破坏演化过程，揭示重大工程的损伤机理和破坏、倒塌机制，建立重大工程动力灾变模拟系统，实现对强地震动场和强/台风场的动力作用从统计推断到统计推断结合理论预测的重点跨越和理论升华，实现对重大工程的动力灾变过程从简单效应分析到多效应耦合的全过程分析的重点跨越和理论升华，提升我国对重大工程防灾减灾基础研究的原始创新能力，为保障我国重大工程(千米级大桥、500m级超高层建筑、300m级高坝等工程)的安全建设和运营提供科学支撑，为我国重大工程防灾减灾培养创新人才，使我国在成为重大工程建设大国的同时，成为认识和解决相关重大科学问题的强国。

2012年，国家自然科学基金委员会工程与材料科学部又实施了“重大工程的动力灾变”研究计划的集成项目。其科学技术目标为：针对大型地下结构、重大建筑、桥梁结构及高坝等重大工程，在前期研究成果的基础上开展集成研究，面向目标、集中突破、做出特色、重点跨越，构建可持续平台与集成系统；重点突破强地震动场和强/台风场，重大工程结构构件、结构整体及其耦合介质的非线性动力损伤演化和灾变过程，以及重大工程结构动力灾变的失效机理、失效模式优化和灾变控制的模拟、集成与验证等关键科学问题，研发并集成具有自主知识产权的软件系统，形成重大工程动力灾变模拟集成系统。

作者课题组有幸参与了“重大工程的动力灾变”中的重点项目“高土石坝地震灾变模拟及安全控制方法研究(90815024)”和集成项目“高坝、地下结构及大型洞室群地震灾变集成研究”的专题——“高土石坝地震灾变过程模拟与集成研究(91215301)”。此外，2012年中国水电工程顾问集团有限公司、华能澜沧江水电有限公司、云南华电怒江水电开发有限公司、黄河上游水电开发有限责任公司联合组织启动了科技项目“300m级高面板堆石坝安全性及关键技术研究”，本书第一作者为第5专题“300m级高面板堆石坝抗震安全性及工程措施研究”的负责人。作者课题组在这些重大课题的资助下，依托我国一批世界级高土石坝工程，开展了高土石坝地震灾变模拟与工程应用研究。

1.2 本书的主要内容

本书第1章为绪论，第2章到第9章主要介绍高土石坝地震灾变模拟与工程应用。

目前土石坝动力分析广泛采用等效线性分析方法，该分析方法将堆石料视为黏弹性材料，仅能反映中、低强度地震的加速度反应，对大坝的地震永久变形则需要借助残余变形分析方法进一步计算，不能满足大坝在强震时可能出现的强非线性乃至破坏过程的分析要求。弹塑性分析方法能够较好地反映土体的实际状态，可以模拟静、动力全过程并直接计算坝体的永久变形，在理论上更为合理。因此，从等效线性分析转向强非线性和弹塑性分析是十分必要的。本书第 2 章对不同初始密度和围压时的紫坪铺大坝筑坝堆石料的剪胀特性进行了系统研究，首先分析单调荷载下堆石料剪胀的基本规律，然后分析循环荷载下堆石料的剪胀规律。在颗粒破碎、临界状态和剪胀特性试验研究基础上，基于广义塑性模型的框架，吸取边界面理论和临界状态理论的优点，发展了一个单调和循环荷载下与颗粒破碎状态相关的堆石料广义塑性模型。

土与结构刚度的差异使两者界面处存在一定厚度的不同于一般土体的区域。面板堆石坝中面板与堆石之间、坝肩与堆石之间均存在这样的区域。这些接触面在大坝变形过程中伴随着滑移、张开和闭合等非连续变形，其变形特性对结构物的受力变形有重要影响，但目前常用的接触面本构模型大都假定两个剪切方向相互独立，而三维接触面试验表明这是不合理的。本书第 3 章采用边界面理论，提出了一个三维弹塑性接触面模型，并利用文献中的试验结果进行了验证。

地震时，库区的地面运动将会使面板堆石坝上游坝面承受附加的动水压力，充分认识坝面动水压力对坝体地震反应的影响，对于新建大坝抗震设计和已建大坝抗震安全评估具有重要的意义。目前，关于库水动水压力对坝体地震反应影响的问题仍然没有合理解决，工程计算中最常用的方法是按照 Westergaard(1933)建议的将库水附加质量计入，但没有考虑大坝的三维河谷效应、库水的可压缩性以及涌浪的影响。本书第 4 章综合有限元法、有限体积法和比例边界有限元分析方法，建立了面板坝-库水流固耦合精细分析模型，可以精确考虑库水可压缩性、涌浪、复杂河谷条件下的动水压力及其对面板应力的影响。

混凝土面板作为一种准脆性材料，强震时易发生损伤开裂，并表现出刚度退化和应变软化的特性。目前，分析面板堆石坝的面板应力时基本采用线弹性模型，导致计算的应力往往远超混凝土的强度，难以评价大坝的破坏模式和极限抗震能力。本书第 5 章实现了混凝土塑性损伤本构模型的数值方法，通过对高面板坝的弹塑性有限元动力反应分析，研究混凝土面板在地震荷载作用下损伤的发生和发展过程。此外，为了研究面板抗震措施及其效果，还实现了普通混凝土和超韧性混凝土的旋转裂缝模型，并发展了钢纤维混凝土塑性损伤模型，为定量评估面板抗震措施及其效果提供了理论和技术支撑。

地震动输入是大坝抗震安全性评价的重要前提，目前，土石坝动力有限元计算中采用的地震动输入方式主要是均匀一致的输入方式，即直接对坝体施加地震惯性力，能量系统是封闭的，不能反映坝体、河谷和地基之间的动力相互作用及无限地基的辐射阻尼。本书第 6 章通过集成黏弹性人工边界和等效节点荷载的方法，实现了对高土石坝-河谷-地基系统能量开放的动力相互作用分析，并系统地研究了地震动输入方法、地震波类型和入射方向对高土石坝动力响应的影响。

计算机数值模拟作为一种重要的科学研究手段，在土石坝抗震防灾方面得到日益广泛的应用。但传统的土石坝抗震计算软件仅适合非线性弹性问题，难以对强震作用下高土石坝动力灾变过程、耦合效应及其影响进行深入研究和科学认识。本书第7章在自主开发的大型岩土工程静、动力分析软件GEODYNA的基础上，进一步综合筑坝材料强非线性、混凝土防渗体损伤分析方法、大坝-地基-库水动力相互作用，以及高性能、精细化计算等方面的最新研究成果，实现了高土石坝的地震灾变全过程模拟，为准确评价大坝抗震性能、优化安全控制方法等提供了有效的技术手段。

为了验证高土石坝地震灾变全过程模拟软件平台的合理性，本书第8章采用该软件平台对紫坪铺面板堆石坝在汶川地震中发生的震害现象进行弹塑性数值分析，并根据数值计算结果，对大坝沉降、面板挤压破坏、面板施工缝错台和面板脱空等实际地震破坏现象进行模拟及对比分析。

面板坝的抗震安全性主要依赖上游防渗面板的动力响应，对高面板坝面板应力特性的准确把握和预测，明确面板高应力区的分布情况，并提出有效的地震安全控制方法，是保证强震区高面板坝安全的重要基础。本书第9章建议了具有延性破坏特性的钢纤维混凝土面板和超高韧性水泥基复合材料-钢筋混凝土面板，并采用弹塑性动力有限元分析方法研究了上述两类面板材料对面板动力响应和损伤开裂过程的影响。

参考文献

陈厚群. 2009. 汶川地震后对大坝抗震安全的思考. 中国工程科学，11(6)：44-53.

Westergaard H M. 1933. Water pressures on dam during earthquake. Transactions-ASCE，98：418-433.

第 2 章　筑坝堆石料剪胀特性和本构模型

2.1　筑坝堆石料的剪胀特性

剪胀方程是弹塑性模型的重要组成部分，代表了塑性流动方向，同时也表明了剪切和压缩的耦合关系。剪胀方程也是联系颗粒材料微观行为和宏观反应的一个纽带(Newland and Allely，1957；Rowe，1962；Matsuoka，1974)。因此，合理的剪胀方程对正确认识颗粒材料的变形特性是十分重要的。Rowe(1962)通过分析不同排列形式的均匀球形颗粒，从理论和试验两方面系统地研究了剪胀与应力状态的关系，提出了著名的 Rowe 应力剪胀方程。Rowe 剪胀方程虽由不同的颗粒排列推导而来，但根据假定最小能量比推导一般式，忽略了颗粒排列和孔隙比等因素的影响。Rowe(1962)试验研究表明，相位变换时应力比 M_f 并非常数，与颗粒材料的状态和应力历史有关，其大小取决于颗粒材料的"重塑"程度。Li 和 Dafalias (2000)通过分析不同排列的均匀颗粒在剪切条件下的变形特性，认为剪胀关系与当前状态也有关，提出了与状态相关的剪胀方程。状态相关剪胀方程能够反映剪胀的状态变化，更合理地反映状态变化对剪胀的影响。表 2.1 汇总了一些剪胀方程的表达式。

表 2.1　剪胀方程汇总

文献出处	剪胀方程及参数意义
Rowe(1962)	$D^p = 9(M_f - \eta)/(9 + 3M_f - 2M_f\eta)$，式中，$M_f$ 一般取为临界状态应力比 M_g；η 为应力比
Roscoe(1963)	$D^p = M_f - \eta$，式中，M_f 一般取为 M_g；η 为应力比
Roscoe 和 Burland(1968)	$D^p = (M_f^2 - \eta^2)/2\eta$，式中，参数与 Roscoe(1963)参数一致
Nova 和 Wood (1979)	$D^p = (M_f - \eta)/(1 - N)$，式中，$M_f$ 一般取为 M_g；η 为应力比；N 为斜率参数
Matsuoka (1974)	$D^p = (M_f - \eta)/D_\lambda$，式中，$M_f$ 一般取为 M_g；D_λ 为斜率参数；η 为应力比

续表

文献出处	剪胀方程及参数意义
Lagioia 等(1996)	$D^p = D_\mu(M_f - \eta)(D_\alpha M_f/\eta + 1)$，式中，$M_f$一般取为$M_g$；$\eta$为应力比；$D_\mu$、$D_\alpha$为材料常数
Alonso 等(2007)	$D^p = [D_\alpha + D_\beta/(\eta W^p/p')^2]^2 - D_\beta^2$，式中，$M_f$一般取为$M_g$；$\eta$为应力比；$p'$为有效平均主应力；$D_\beta$、$D_\alpha$为材料常数
Li 和 Dafalias(2000)	$D^p = d_0(M_f - \eta)/M_g$，式中，$M_f$可取为$M_f = M_g + k\psi$(Manzari and Dafalias，1997)，$M_f = M_g\exp(k\psi)$(Li and Dafalias，2000)，$M_f = M_g - \lvert\psi_i\rvert$，其中$\psi_i = \psi - \lambda(1 - \eta/M_g)$(Jefferies and Shuttle，2002)，ψ为状态参数(Been and Jefferies，1985)；d_0为材料常数

目前，剪胀特性的试验研究主要集中在砂土，有关堆石料剪胀特性的研究还较少，且未见循环荷载下的堆石料剪胀试验研究成果。作者课题组对不同初始密度和围压时的紫坪铺大坝筑坝堆石料的剪胀特性进行了系统研究，首先分析单调荷载下堆石料剪胀的基本规律(Liu et al.，2016)，然后分析循环荷载下堆石料的剪胀规律(Kong et al.，2016)。

2.1.1　单调荷载下筑坝堆石料的剪胀特性

1. 剪胀比的定义

剪胀比D^p为塑性应变增量的比值，表示为

$$D^p = \frac{d\varepsilon_v^p}{d\varepsilon_s^p} = \frac{d\varepsilon_v - dp'/K}{d\varepsilon_s - dq/3G} \tag{2.1}$$

$$G = \frac{E}{2(1+\nu)} \tag{2.2}$$

$$K = \frac{E}{3(1-2\nu)} \tag{2.3}$$

$$E = E_0 p_a F(e)\left(\frac{p'}{p_a}\right)^n \tag{2.4}$$

式中，$d\varepsilon_v$为体变增量(以压为正)；$d\varepsilon_s = d\varepsilon_1 - d\varepsilon_v/3$为广义剪应变增量，其中，$d\varepsilon_1$为轴向应变增量；$d\varepsilon_v^p$、$d\varepsilon_s^p$分别为塑性体应变和剪应变增量；$q$为广义偏应力；$p'$为平均主应力；$K$、$G$分别为体积和剪切弹性模量；$\nu$为泊松比；$E_0$和$n$为材料常数；$F(e) = (2.17 - e)^2/(1+e)$用来反映孔隙比对弹性模量的影响(Richart et al.，1970)；e为当前孔隙比；p_a为标准大气压。

2. 紫坪铺筑坝堆石料剪胀基本规律

1) 常规三轴压缩试验应力应变关系

紫坪铺筑坝堆石料的材料特性、试验方法和流程详见文献(孔宪京和邹德高，2014)。图 2.1 给出了三组不同初始孔隙比条件下三轴单调加载试验的轴向应变 ε_1 与应力比 $\eta(\eta = q/p')$ 关系、轴向应变 ε_1 与体变 ε_v 关系。低围压且孔隙比较小时的试样发生剪胀和软化，高围压且孔隙比较大时的试样发生剪缩和硬化，试验的初始状态见表 2.2。

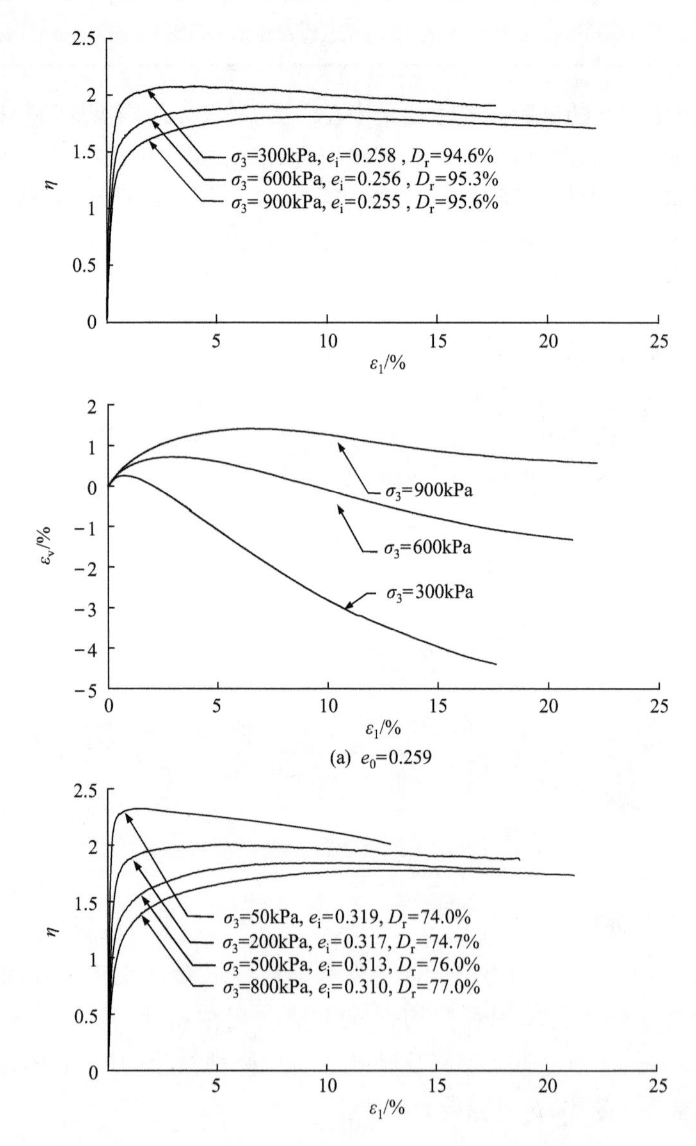

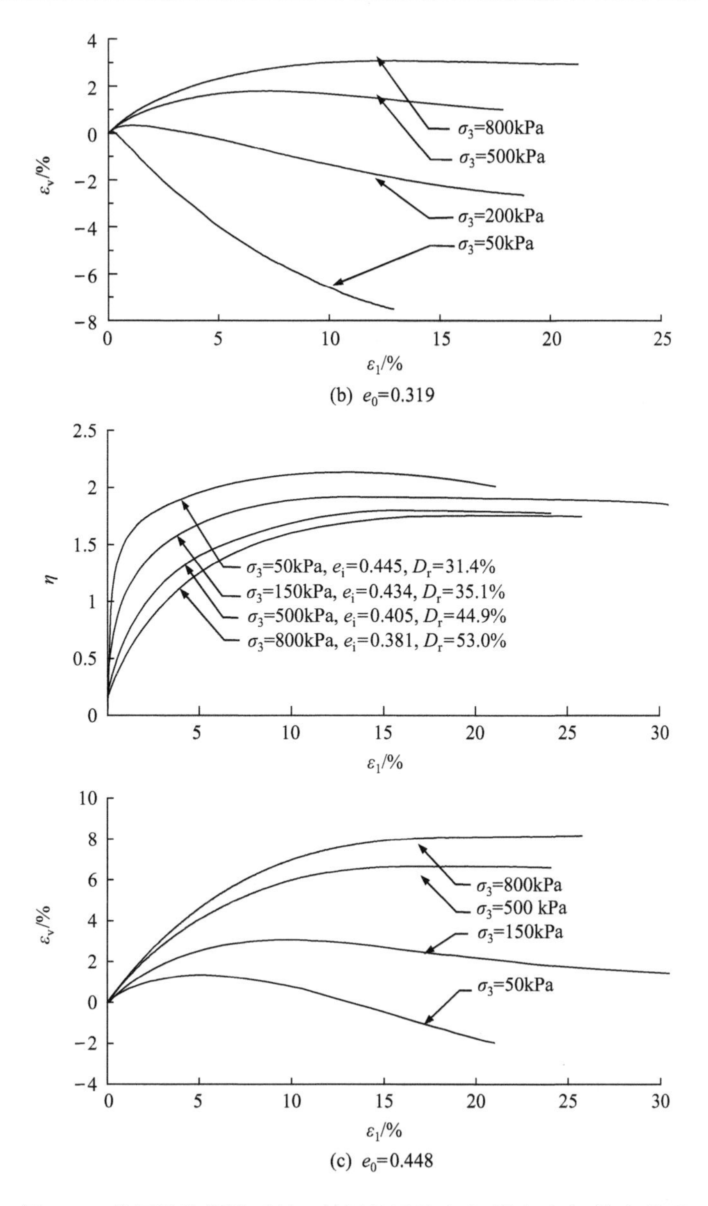

图 2.1 紫坪铺筑坝堆石料三轴压缩试验应力-轴向应变-体变关系

表 2.2 紫坪铺筑坝堆石料单调加载试验初始状态

e_0	σ_3/kPa	e_i	D_r	M_f
0.259	300	0.258	94.6%	1.881
	600	0.256	95.3%	1.838
	900	0.255	95.6%	1.790

续表

e_0	σ_3/kPa	e_i	D_r	M_f
0.319	50	0.319	74.0%	1.928
	200	0.317	74.7%	1.880
	500	0.313	76.0%	1.834
	800	0.310	77.0%	1.776
0.448	50	0.445	31.4%	1.971
	150	0.434	35.1%	1.870
	500	0.405	44.9%	1.794
	800	0.381	53.0%	1.750

注：e_0 为初始孔隙比；e_i 为固结后剪切初始的孔隙比；σ_3 为围压；D_r 为相对密度；M_f 为相位变换应力比，即 $D^p=0$ 时的应力比。

2) 剪胀试验规律分析

图 2.2 给出了紫坪铺筑坝堆石料剪胀比 D^p 和应力比 η 的关系。图 2.3 给出了不同围压和不同孔隙比条件下剪胀线的对比情况。可将剪胀比 D^p 和应力比 η 的关系分为三个阶段：①在应力比较小部分，剪胀比 D^p 和应力比 η 呈非线性关系；②当应力比较大时，峰值之前剪胀比 D^p 和应力比 η 呈较好的线性关系；③峰值后的剪胀线位于峰值前剪胀线的下侧。

(1) 低应力比阶段。

在低应力比阶段，黏土和砂土(Shimizu，1982；Coop，1990；Negussey and Vaid，1990；Been and Jefferies，2004；Bobei et al.，2009)的剪胀线也呈非线性关系。如图 2.3(c)，当泊松比变化时这种非线性关系仍然存在。Been 和 Jefferies(2004)认为这种现象与试样的初始结构性有关。此外，在低应变阶段紫坪铺筑坝堆石料出现了剪胀比 D^p 大于 1.5 的情况，易碎砂土与密实砂土试验结果也有类似关系(Bandini and Coop，2011；Consoli et al.，2011)，颗粒破碎和初始各向异性(结构性)可能是导致这种现象的原因。

(2) 应力比较大阶段。

图 2.2(b)给出了试验结果与 Rowe 剪胀方程(Rowe，1962)及 Nova 剪胀方程(Nova and Wood，1979)的比较。Rowe 剪胀方程表示的是总应变增量的比值，一般情况下弹性应变可以忽略。如果忽略弹性应变，则 Rowe 剪胀方程为

$$D^p = 9(M_f - \eta)/(9 + 3M_f - 2M_f\eta) \tag{2.5}$$

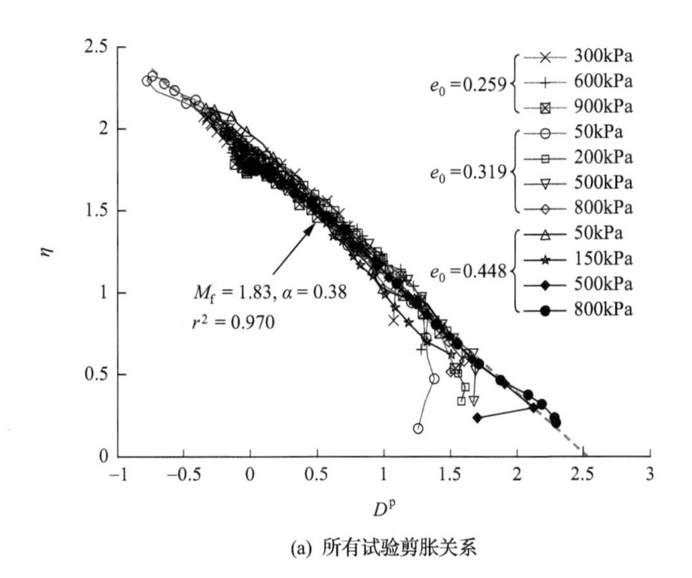

(a) 所有试验剪胀关系

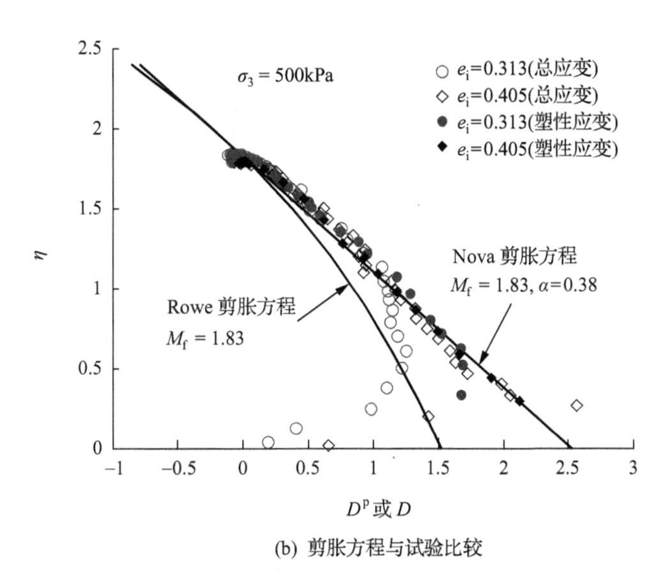

(b) 剪胀方程与试验比较

图 2.2　紫坪铺筑坝堆石料剪胀关系

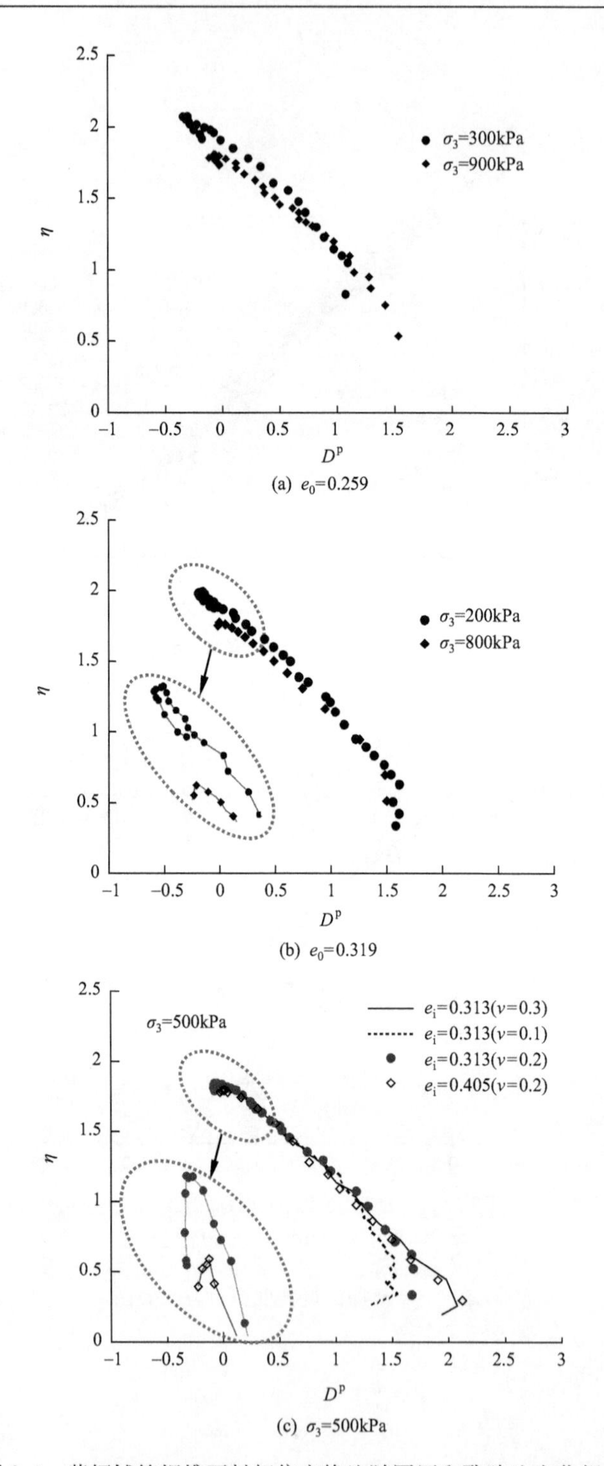

(a) e_0=0.259

(b) e_0=0.319

(c) σ_3=500kPa

图 2.3　紫坪铺筑坝堆石料相位变换比随围压和孔隙比变化规律

Nova剪胀方程采用文献中常用的表达方式：

$$D^{p}=(1+\alpha)(M_{f}-\eta) \tag{2.6}$$

式中，参数α为材料常数。紫坪铺筑坝堆石料3组不同密度的平均相位变换应力比M_f约等于1.83，斜率参数α为0.38。如图2.2(b)所示，即使采用总应变增量比$D(D=d\varepsilon_v/d\varepsilon_s)$描述剪胀关系，试验结果和Rowe剪胀方程仍差别较大，因此Nova剪胀方程比Rowe剪胀方程能更好地描述堆石料的剪胀特性。

如图2.3和表2.2所示，不同孔隙比和围压下堆石料的相位变换应力比M_f并不相同。随着围压σ_3的增加，初始孔隙比e_0为0.259时，相位变换应力比M_f从1.881降到1.790；初始孔隙比e_0为0.319时，相位变换应力比M_f从1.928降到1.776；初始孔隙比e_0为0.448时，相位变换应力比M_f从1.971降到1.750。这些规律与目前广泛应用的砂土状态相关剪胀理论(Manzari and Dafalias，1997；Wan and Guo，1998；Li and Dafalias，2000)不同。砂土状态相关剪胀理论认为相位变换应力比M_f随着状态参数ψ的增加而增大[见表2.1，$M_f=M_g+k\psi$或$M_f=M_g\exp(k\psi)$，其中，M_g为临界应力比，k为大于0的常数，状态参数ψ随着围压和孔隙比的增大而增大]，而紫坪铺筑坝堆石料的M_f随着状态参数的增加而减小。

(3) 峰值应力后阶段。

砂土状态相关的剪胀理论表明(Yang and Li，2004)，峰值前剪胀线位于峰值后剪胀线的下侧，这与紫坪铺筑坝堆石料的结果是不同的。在相同剪胀比D^p的条件下，峰值后紫坪铺筑坝堆石料的偏应力小于峰值前的偏应力。Lee和Seed(1967)的研究表明，剪切强度可以分为三个部分：滑动摩擦、剪胀及颗粒破碎与颗粒重新排列。因此峰值后剪切强度的降低可能与颗粒破碎和颗粒重新排列有关。Guo和Su(2007)试验研究表明，颗粒棱角明显的砂土的相位变换应力比M_f随着围压σ_3的增加而逐渐地减小，但颗粒浑圆的砂土的相位变换应力比M_f随着σ_3的增加而逐渐地增加。Guo和Su(2007)认为颗粒间咬合的缺失是导致相位变换应力比M_f变化规律不同的原因。但剪胀、颗粒破碎和颗粒间重新排列均与颗粒间咬合有密切的关系，并相互影响。因此，颗粒破碎后颗粒间的咬合变弱及颗粒运动所导致的颗粒重新排列能力的改变，均可能是引起紫坪铺筑坝堆石料的峰值前后剪胀线位置差异的原因。

3. 其他一些堆石料的剪胀规律

对文献中5种堆石料剪胀特性进行研究，主要关注轴向应变ε_1大于0.5%～2.0%的阶段。研究表明，在较大应力比阶段，5种堆石料的剪胀线也呈近似线性关系。表2.3给出了这些堆石料的颗粒特性、颗粒形状、颗粒破碎率B_m、最大粒径d_{max}及试验采用的试样直径D等。

表 2.3　文献中堆石料基本特性

材料	颗粒特性	颗粒形状	d_{max} /mm	D /mm	σ_3/kPa	e_0/D_r	B_m	M_f	α
Kol Dam (Varadarajian et al., 2006)	石灰岩 爆破料	棱角	25	381	300～1200	D_r=87%	1.0%～5.6%	1.72～1.62	−0.25
Shah Nehar (Varadarajian et al., 2006)	砂岩、石英岩 河床开挖料	次圆形	50	381	200～800	D_r=87%	1.0%～3.3%	1.32～1.42	−0.29
Pyramid Dam (Marachi, 1969; Marachi et al., 1972)	板岩 爆破料	棱角	51	305	207～4482	e_0=0.45	10.8%～37.2%	1.78～1.55	0.28
			152	914			13.6%～42.3%	1.80～1.65	0.05
Oroville Dam (Marachi, 1969; Marachi et al., 1972)	角闪岩、火山岩 河床开挖料	次圆形	51	305	207～4482	e_0=0.22	2.7%～13.6%	1.67～1.63	0.45
			152	914			2.2%～18.0%	1.67～1.63	0.45
昆明机场 (Xu et al., 2012)	石灰岩 爆破料	棱角	60	300	100～1000	e_0=0.29	8.7% 在 1000kPa	1.71～1.56	0.58

1）Kol Dam 和 Shah Nehar 堆石料（Varadarajian et al.，2006）

如图 2.4 所示，随着围压 σ_3 由 300kPa 增加至 1200kPa（颗粒破碎量 B_m 由 1.0%增加至 5.6%），角粒的 Kol Dam 堆石料的相位变换应力比 M_f 由 1.72 降至 1.62。但是浑圆颗粒的 Shah Nehar 堆石料的结果（图 2.5）与角粒的 Kol Dam 和紫坪铺筑坝堆石料的结果不同，随着围压 σ_3 由 200kPa 增加至 800kPa（B_m 由 1.0%到 3.3%），Shah Nehar 堆石料的相位变换应力比 M_f 由 1.32 增至 1.42。

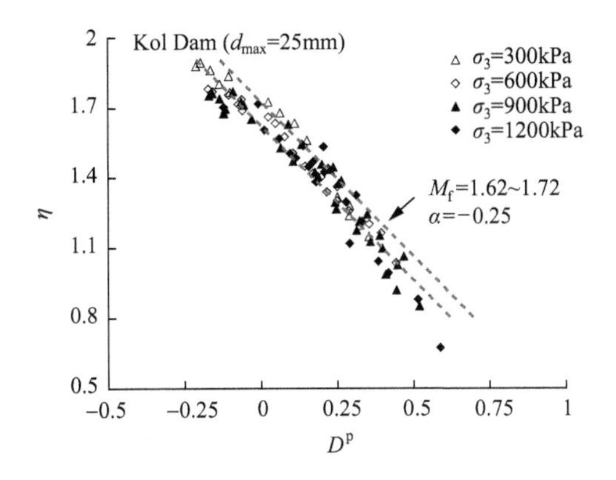

图 2.4　三轴压缩条件下 Kol Dam 堆石料剪胀关系

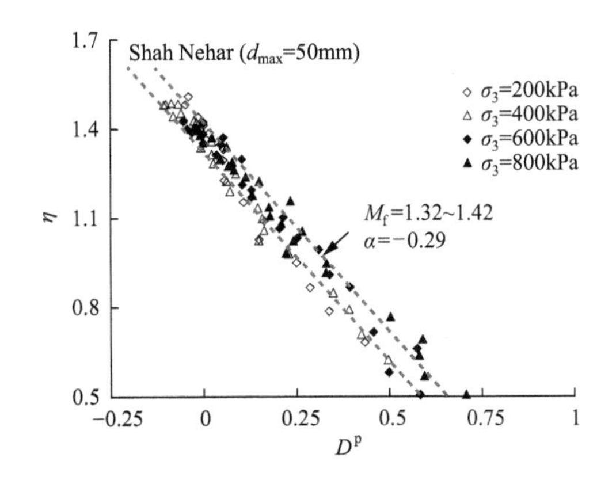

图 2.5　三轴压缩条件下 Shah Nehar 堆石料剪胀关系

2）Pyramid Dam 和 Oroville Dam 筑坝堆石料（Marachi，1969；Marachi et al.，1972）

图 2.6 为角粒的 Pyramid Dam 堆石料的剪胀试验结果。随着围压 σ_3 由 207kPa 增加至 4482kPa，最大粒径 d_{max} 为 51mm 的试验中的相位变化应力比 M_f 由 1.78 降至 1.55（颗粒破碎量 B_m 从 10.8%到 37.2%），最大粒径 d_{max} 为 152mm 的试验中的相位变化应力比 M_f 由 1.80 降至 1.65（B_m 从 13.6%到 42.3%）。图 2.7 为浑圆颗粒的 Oroville Dam 堆石料的剪胀试验结果。随着围压 σ_3 由 207kPa 增加

至 4482kPa，最大粒径 d_{max} 为 51mm 和 152mm 的试验中的相位变换应力比 M_f 均从 1.67 降到 1.63。比较 Oroville Dam 和 Pyramid Dam 筑坝堆石料可知，颗粒破碎更明显的 Pyramid Dam 堆石料的相位变换应力比 M_f 随围压变化程度更明显。

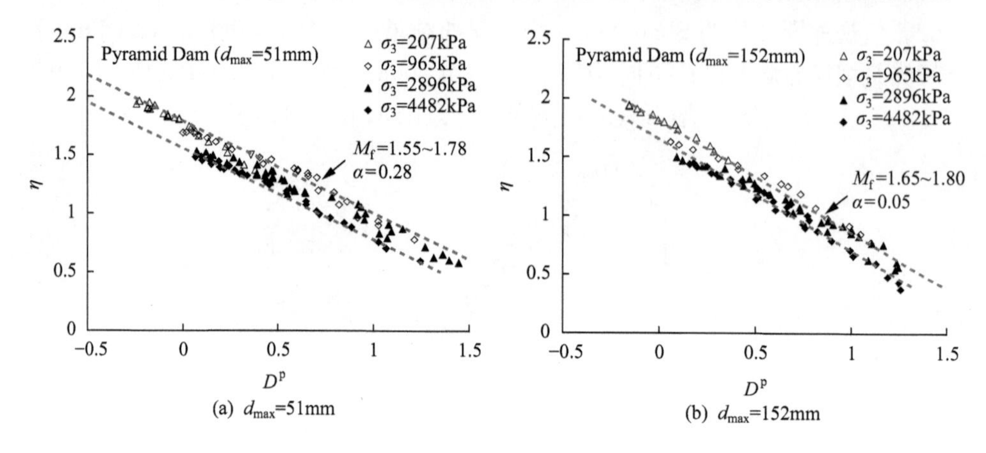

图 2.6 三轴压缩条件下 Pyramid Dam 堆石料剪胀关系

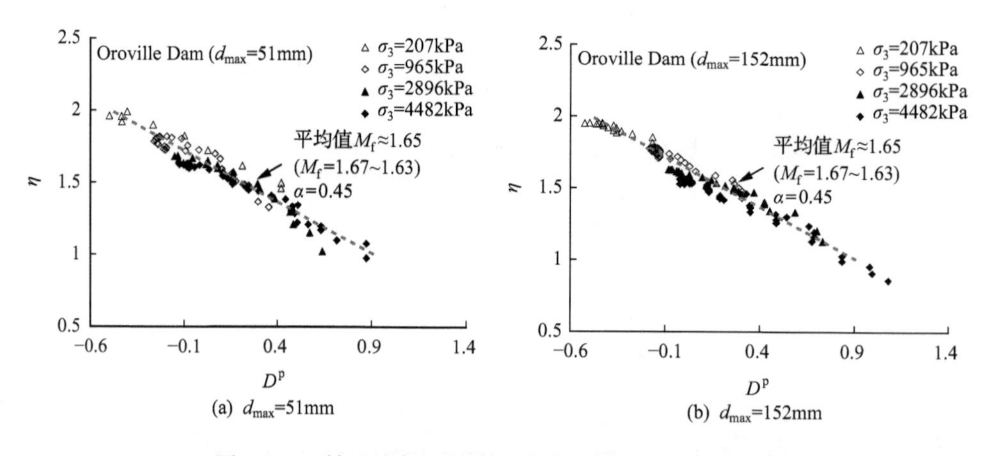

图 2.7 三轴压缩条件下 Oroville Dam 堆石料剪胀关系

3）昆明机场堆石料(Xu et al.，2012)

如图 2.8 所示，昆明机场堆石料在较低围压范围(σ_3＝100kPa、200kPa)的平均相位变换应力比 M_f 约为 1.71；在较高围压范围(σ_3＝600kPa、1000kPa)的平均相位变换应力比 M_f 约为 1.56。结果与上文所述的角粒堆石料规律一致。

综上，除一种颗粒形状浑圆且颗粒破碎较少的 Shah Nehar 堆石料，其他堆石料的相位变换应力比 M_f 均随围压的增加而减小，并且相同条件下角粒堆石料的相位变换应力比 M_f 变化更明显。

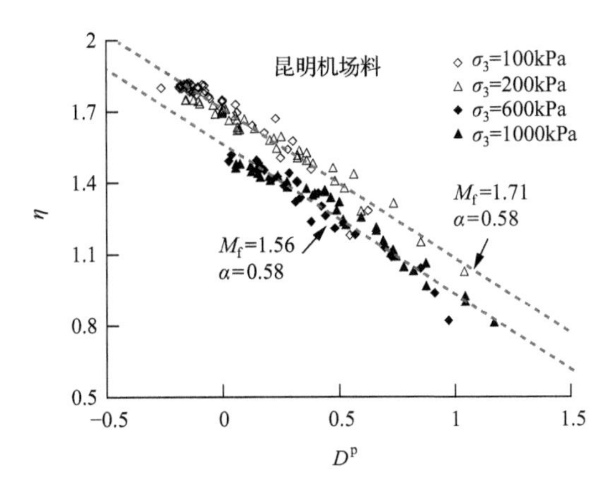

图 2.8　三轴压缩条件下昆明机场堆石料剪胀关系

4. 讨论

1）相位变换应力比与状态参数

图 2.9 给出了紫坪铺筑坝堆石料 $M_f - M_g$ 与状态参数 ψ 之间的关系，可以看到两者在不同孔隙比和围压条件下呈良好的线性关系：

$$M_f - M_g = k\psi \tag{2.7}$$

式中，k 为−1.692，小于 0；M_g 为临界应力比，约为 1.75。而目前一些砂土和堆石料常用的状态相关理论（Manzari and Dafalias，1997；Wan and Guo，1998；Li and Dafalias，2000；Liu and Zou，2012；Xiao et al.，2014）假定 k 是大于 0 的。

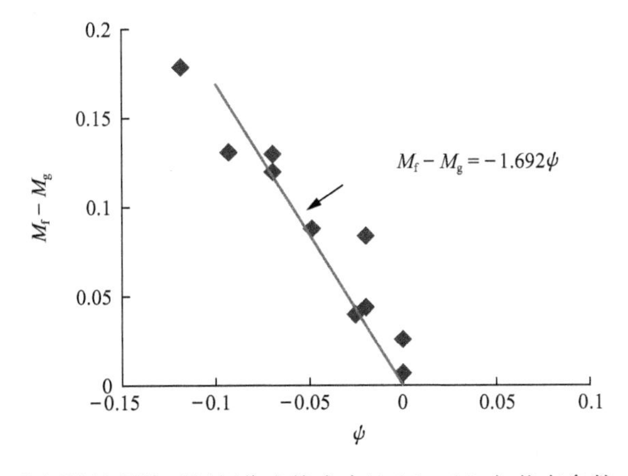

图 2.9　紫坪铺筑坝堆石料相位变换应力比 $M_f - M_g$ 与状态参数 ψ 的关系

2）剪胀线的斜率

如表 2.2 和表 2.3 所示，6 种堆石料的斜率参数 α 为 −0.29～0.58。Jefferies(1993)汇总的 20 种砂土的斜率参数 α 范围为 0～0.67。砂土的斜率参数 α 也有小于 0 的情况，文献 Pradhan 等(1989)中 Toyoura 砂土的斜率约为 −0.2。砂土和堆石料剪胀线的斜率参数范围是基本一致的。此外，对于任意一种堆石料，Nova 剪胀方程中斜率参数 α 受孔隙比和围压的影响并不明显。

3）数值模拟

将式(2.7)的相位变换应力比 M_f 引入到考虑颗粒破碎的弹塑性模型中(Liu et al.,2014)。图 2.10 给出了由式(2.6)和式(2.7)计算出的紫坪铺的剪胀线分布(该变化规律与采用的本构模型无关)。由图 2.10 可以看到：①斜率参数 α 受孔隙比和围压的影响并不明显；②随着孔隙比和围压的增加，相位变换应力比 M_f 逐渐减小；③剪胀线空间峰值前剪胀线位于峰值后剪胀线的上侧。这与紫坪铺筑坝堆石料和文献中筑坝堆石料的剪胀规律是一致的。综上，角粒的筑坝堆石料剪胀的主要特性可以由式(2.6)和式(2.7)反映。

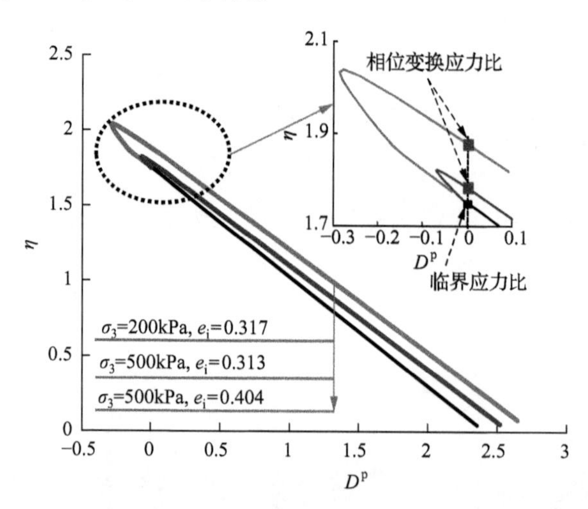

图 2.10　不同围压和孔隙比条件下的紫坪铺筑坝堆石料剪胀模拟

2.1.2　循环荷载下筑坝堆石料的剪胀特性

1. 应变及应力变量定义

为了便于描述循环荷载下的剪胀特性，本节定义的一些应力、应变与前文单调三轴压缩荷载的定义有所不同，但在单调压缩状态时是一致的。本节试验均为排水试验，所有应力均为有效应力。具体的定义如下：σ_a 为轴向应力；σ_r 为侧向应力

(也即试验围压);$q=\sigma_a-\sigma_r$ 为偏应力,在三轴压缩状态时有 $q=\sigma_1-\sigma_3$,在三轴拉伸状态时有 $q=\sigma_3-\sigma_1$;$p'=(\sigma_a+2\sigma_r)/3$ 为平均主应力;$d(q/p')=d\eta$,$d\eta>0$ 代表三轴压缩加载和三轴拉伸卸载路径,$d\eta<0$ 代表三轴压缩卸载和三轴拉伸加载路径;ε_a 为轴向应变,与三轴压缩轴向应变 ε_1 是一致的;ε_v 为体应变,以剪缩为正,剪胀为负;$d\varepsilon_s=d\varepsilon_a-d\varepsilon_v/3$ 为广义剪应变增量,在 $d\eta>0$ 路径上 $d\varepsilon_s>0$,在 $d\eta<0$ 路径上 $d\varepsilon_s<0$。相似的应力和应变变量的定义可见 Pradhan 等(1989)文献。

2. 循环试验内容及方案

对紫坪铺筑坝堆石料和阿尔塔什砂砾料进行单调和循环三轴试验,紫坪铺筑坝堆石料与前文一致。阿尔塔什是河床砂砾料,颗粒浑圆,质地坚硬,不易发生颗粒破碎,岩石平均相对密度为 2.72。阿尔塔什砂砾料试验级配见图 2.11,包括级配较好的阿尔塔什-GW 和粒径在 10～20mm 的阿尔塔什-10-20。循环荷载试验流程与单调荷载基本一致,试验内容及应变/应力路径详见表 2.4。

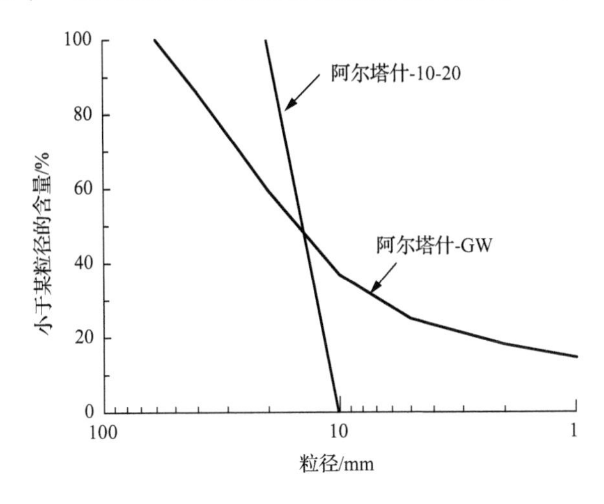

图 2.11　阿尔塔什砂砾料试验级配

表 2.4　单调和循环荷载下堆石料的试验路径

编号	材料	e_0/e_i	σ_r/kPa	应力/应变路径
Zc1	紫坪铺	0.448/0.420	300	η=0.0－1.50－0.0＋5 圈 η=1.50－0.70＋单调加载(应变控制)
Zc2	紫坪铺	0.448/0.420	300	ε_a=0.0%－3.1%－0.8%＋2 圈 ε_A=0.76%(ε_A为轴向应变双幅值)＋ε_a=2.55%＋2 圈 ε_A=1.32%＋ε_a=4.5＋2 圈 ε_A=1.58%＋单调加载

续表

编号	材料	e_0/e_i	σ_r/kPa	应力/应变路径
Zc3	紫坪铺	0.448/0.404	500	ε_a = 0.0% − 3.4% − 1.7% − 4.5% − 2.5% − 5.6%−5.2%(卸载)
Zc4	紫坪铺	0.448/0.404	500	ε_a = 0.0% − 3.7% − 0.7% − 4.2% − 1.7% − 4.8%−2.6%
Zc5	紫坪铺	0.319/0.314	500	与 Zc2 路径一致
Zc6	紫坪铺	0.259/0.257	500	ε_a=0.0%−2.8%+3 圈 ε_A=3.5%
A1	阿尔塔什-10-20	0.540	300	ε_a=0.0%−0.8%+2 圈 ε_A=0.76%+ε_a=2.55%+2 圈 ε_A=1.32%+ε_a=4.5+2 圈 ε_A=1.58%+单调加载
A2	阿尔塔什-10-20	0.540	300	与 Zc2 路径一致
AW1	阿尔塔什-GW	0.400/0.362	300	与 Zc2 路径一致
AW2	阿尔塔什-GW	0.300/0.270	300	与 Zc2 路径一致
AWm1	阿尔塔什-GW	0.400/0.362	300	单调加载
AWm2	阿尔塔什-GW	0.300/0.270	300	单调加载

3. 初始加载的剪胀规律

2.1 节介绍了紫坪铺筑坝堆石料在三轴压缩状态下的剪胀关系，并表明剪胀比和应力比在峰值之前呈较好的线性关系，且斜率随围压和孔隙比的变化并不明显。图 2.12 给出了紫坪铺筑坝堆石料在三轴拉伸状态下的剪胀线（VCD 为单调荷载下三轴压缩的线性拟合平均剪胀线，VED 为单调荷载下三轴拉伸的线性拟合平均剪胀线，DLP 为加载的方向，VCUD 为三轴压缩初始卸载的线性拟合平均剪胀线，VEUD 为三轴拉伸初始卸载的线性拟合平均剪胀线），由图 2.12 可以看到，在三轴拉伸状态下剪胀比和应力比也呈良好的线性关系。在应力比较小的阶段，三轴拉伸剪胀线也存在非线性现象。表 2.5 给出了紫坪铺筑坝堆石料在三轴压缩和三轴拉伸条件下的 Nova 剪胀方程的参数。为了描述方便，三轴压缩和拉伸状态下的相位变换比 M_f 和斜率参数 α 分别表示为 M_c、α_c 和 M_e、α_e。参考土的 Mohr-Coulomb 破坏准则，采用式(2.8)和式(2.9)计算单调荷载时三轴压缩和三轴拉伸两种不同应力洛德角 θ 下的相位变换时的摩擦角。

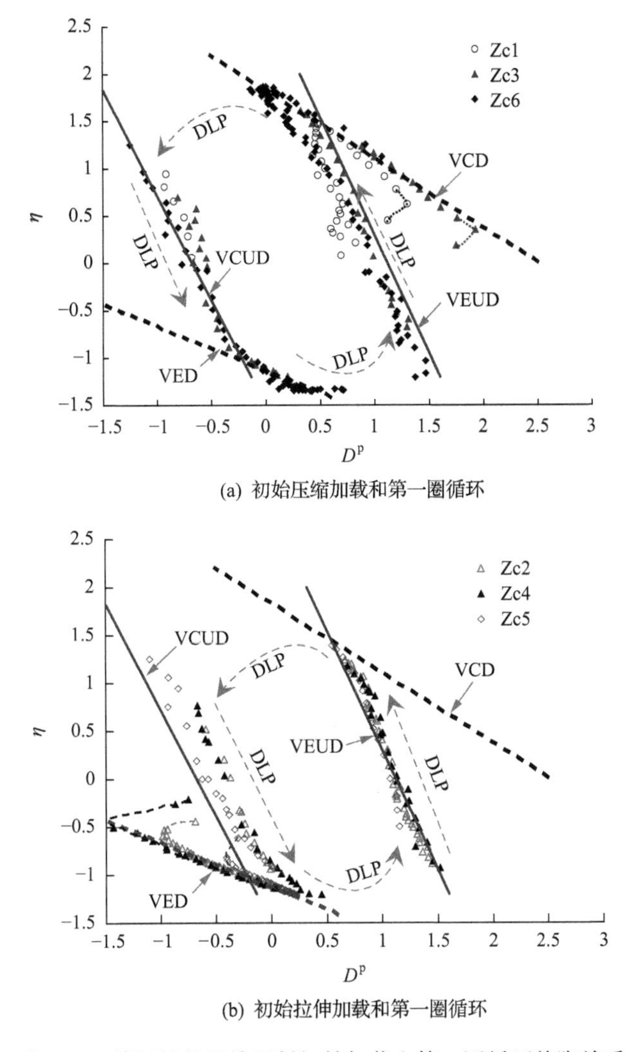

(a) 初始压缩加载和第一圈循环

(b) 初始拉伸加载和第一圈循环

图 2.12　紫坪铺筑坝堆石料初始加载和第一圈循环剪胀关系

相位变换时的摩擦角的计算式如下：

$$\varphi_c = \sin\left(\frac{3M_c}{6+M_c}\right) \tag{2.8}$$

$$\varphi_e = \sin\left(\frac{-3M_e}{6+M_e}\right) \tag{2.9}$$

在三轴压缩和三轴拉伸状态下，紫坪铺筑坝堆石料相位变换时的摩擦角是基本一致的，φ_c 和 φ_e 分别等于 44.5°和 43.5°。阿尔塔什-10-20 和阿尔塔什-GW 也有相同的结果(表 2.5)。阿尔塔什-GW 堆石料剪胀方程的参数 α_c、M_c、α_e和 M_e等于0.0、1.58、0.60和−0.98，相位变换时的摩擦角φ_c和φ_e分别等于38.7°和35.8°。阿尔塔什-10-20剪胀方程的参数α_c、M_c、α_e和M_e分别等于0.11、1.41、0.42和−0.94，相位变换时的摩擦角φ_c和φ_e分别等于34.8°和33.9°。Pradhan等(1989)的Toyoura砂土也有类似的结果。虽然三轴压缩和三轴拉伸相位变换时的摩擦角基本相同，但三轴拉伸时剪胀方程的斜率参数α_e要明显的大于三轴压缩时斜率参数α_c。因此，Nova剪胀方程的参数α、M_f均与应力洛德角θ有关，考虑应力路径影响的Nova剪胀方程可以表示为

$$D^p = [1+\alpha(\theta)][M(\theta)-\eta] \tag{2.10}$$

表2.5　紫坪铺筑坝堆石料和阿尔塔什筑坝砂砾料剪胀参数

材料	VCD			VED			VCUD		VEUD	
	α_c	M_c	φ_c/(°)	α_e	M_e	φ_e/(°)	α	M	α	M
紫坪铺	0.38	1.83	44.5	1.15	−1.12	43.5	−0.55	−1.50	−0.60	2.80
阿尔塔什-GW	0.0	1.58	38.7	0.60	−0.98	35.8	−0.47	—	−0.47	—
阿尔塔什-10-20	0.11	1.41	34.8	0.42	−0.94	33.9	−0.29	—	−0.31	—

4. 初始卸载的剪胀规律

图2.12为紫坪铺筑坝堆石料在初始加载和第一圈循环(包括$d\eta<0$和$d\eta>0$路径)的剪胀线的分布。Zc1、Zc3和Zc6试验表明(初始卸载时应力比η为1.25～1.87)，三轴压缩时初始卸载的剪胀线是基本一致的，且剪胀比和应力比呈良好的线性关系。VCUD的斜率和截距参数分别为−0.55和−1.5。Zc2、Zc4和Zc5试验表明(卸载时应力比η为−1.22～−1.11)，三轴拉伸时初始卸载的剪胀线基本是一致的，且剪胀比和应力比呈良好的线性关系。VEUD的斜率和截距参数分别为−0.60和2.80。如图2.12所示，在初始卸载$d\eta<0$的路径上，应力方向发生变化(由三轴拉伸变为三轴压缩)时的剪胀比D^p为−0.68；在初始卸载$d\eta>0$的路径上，应力方向发生变化(由三轴压缩变为三轴拉伸)时的剪胀比D^p为1.12。

5. 循环荷载下的剪胀规律

图2.13～图2.18给出了紫坪铺筑坝堆石料Zc1～Zc6的试验应力-应变关系和剪胀变化规律。以Zc1、Zc2和Zc5为例，对紫坪铺筑坝堆石料在循环荷载下的剪胀特性进行分析。如图2.13所示，Zc1为常应力幅值循环荷载，随着循环次数的增加，应力与应变的滞回圈越来越小。如图2.14和图2.15所示，Zc2和Zc5试样首先进行三轴拉伸，然后又进行三对应变幅值递增的循环加卸载，但每对循环加卸载中的应变幅值是一样的。

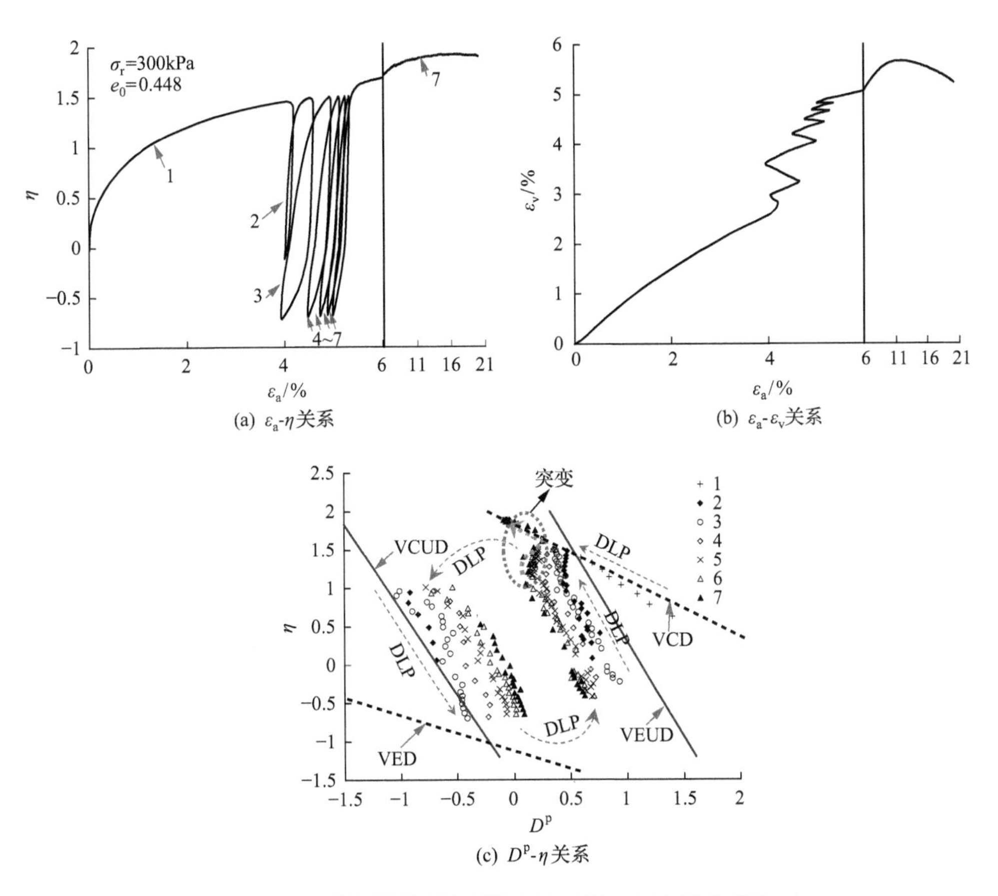

(a) ε_a-η关系　　(b) ε_a-ε_v关系

(c) D^p-η关系

图 2.13　紫坪铺筑坝堆石料循环试验 Zc1 变形和剪胀

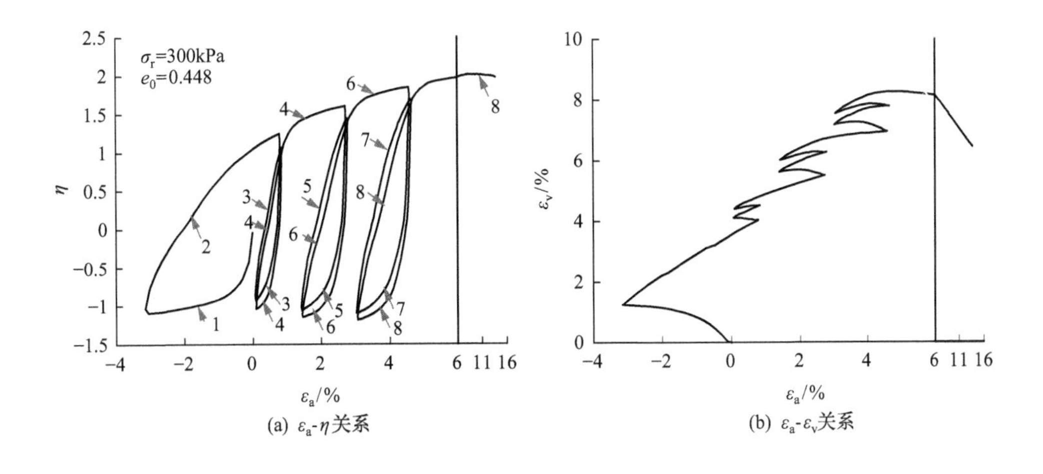

(a) ε_a-η关系　　(b) ε_a-ε_v关系

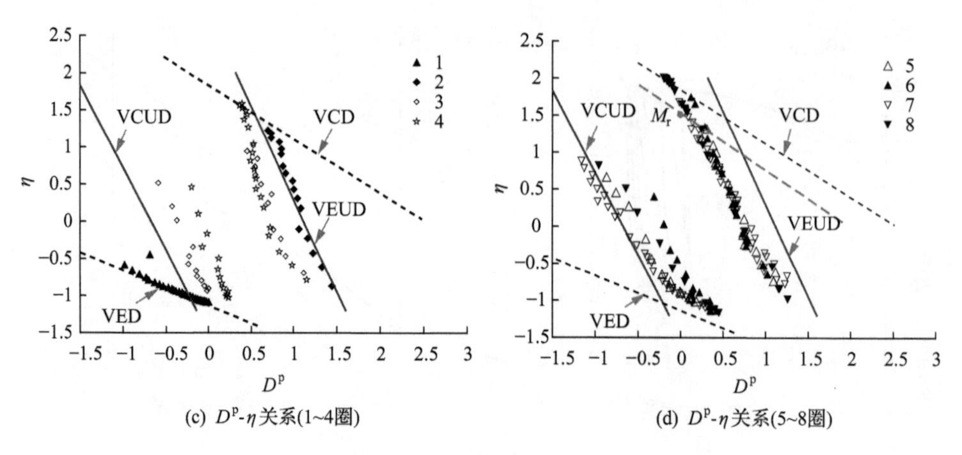

(c) D^p-η关系(1~4圈)　　(d) D^p-η关系(5~8圈)

图 2.14　紫坪铺筑坝堆石料循环试验 Zc2 变形和剪胀

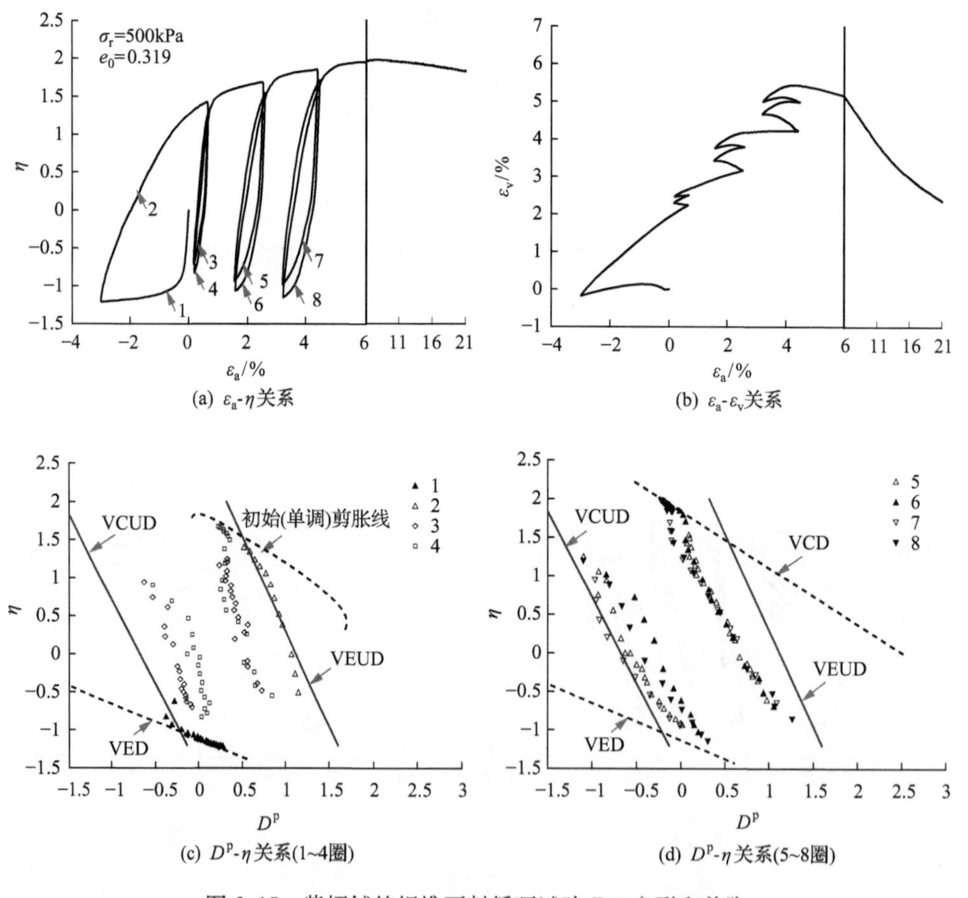

(a) ε_a-η关系　　(b) ε_a-ε_v关系

(c) D^p-η关系(1~4圈)　　(d) D^p-η关系(5~8圈)

图 2.15　紫坪铺筑坝堆石料循环试验 Zc5 变形和剪胀

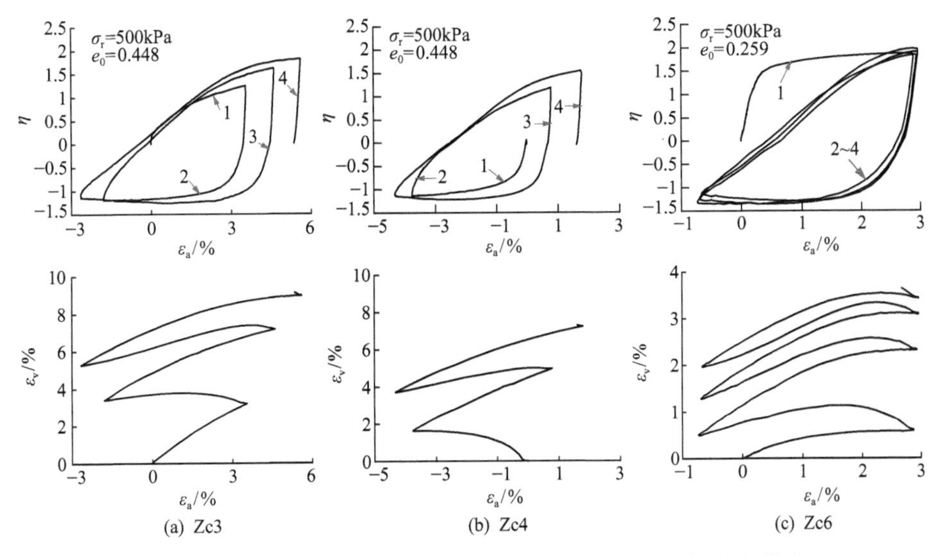

(a) Zc3　　(b) Zc4　　(c) Zc6

图 2.16　紫坪铺筑坝堆石料循环试验 Zc3、Zc4、Zc6 应力-应变关系

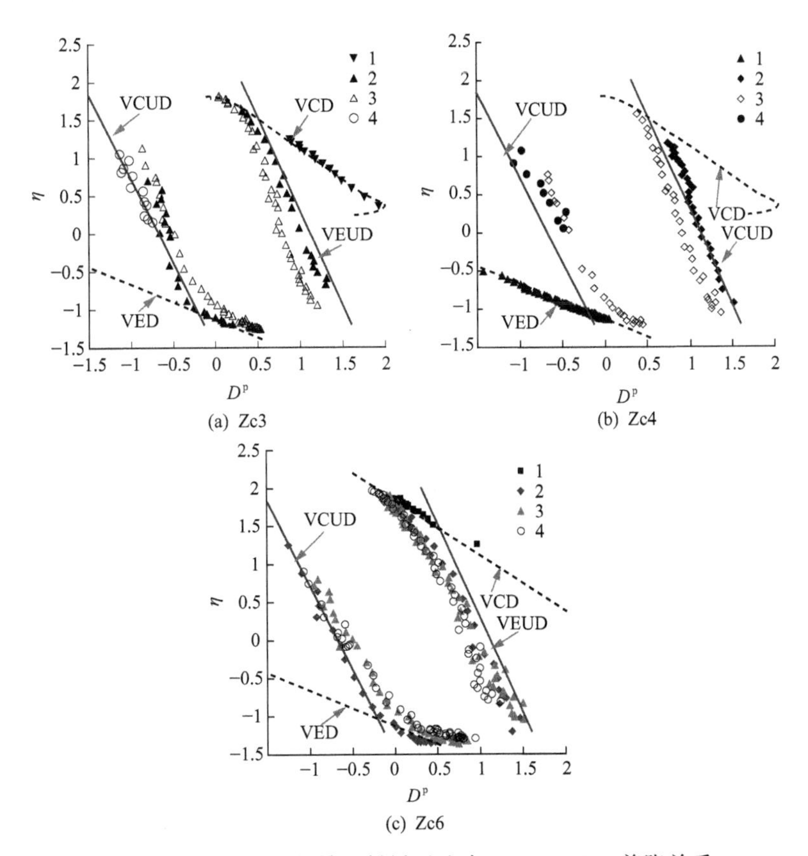

(a) Zc3　　(b) Zc4

(c) Zc6

图 2.17　紫坪铺筑坝堆石料循环试验 Zc3、Zc4、Zc6 剪胀关系

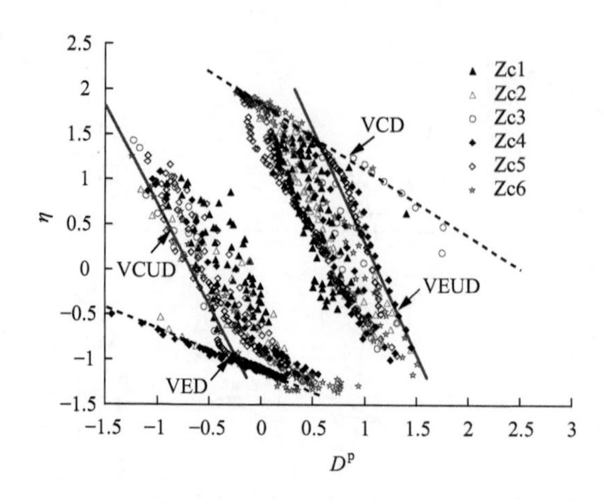

图 2.18　紫坪铺筑坝堆石料循环荷载下剪胀关系汇总

根据图 2.13～图 2.18，循环荷载下的剪胀线在 D^p-η 空间中变化的基本规律如下：

(1) 由加载到卸载时(即反弯点前后)的剪胀比 D^p 会发生突变，并且卸载时表现出明显的剪缩性。这种现象与颗粒材料的剪胀特性有关，卸载时有一部分由剪胀引起的可恢复体变(Jefferies，1997)。

(2) 当应力方向发生变化时(三轴压缩和拉伸状态变换时)的剪胀线在 D^p-η 空间中并没有出现不连续的情况，并且当剪应力为 0 时，塑性体变增量不为无穷大。

(3) 在 $d\eta>0$ 和 $d\eta<0$ 路径上的剪胀线都近似呈线性关系，并且分别近似平行，同时也平行于初始卸载剪胀线 VEUD 和 VCUD。

以上三个特性与以往的砂土的研究结果类似(Pradhan et al.，1989；Shahnazari and Towhata，2002)。

(4) 试验表明，紫坪铺堆石料的初始加载和再加载条件下的剪胀线相差较大，并且围压、孔隙比、材料类型及颗粒级配不同时都存在这种现象。而砂土的研究(Barden and Amir，1966；Pradhan et al.，1989；Shahnazari and Towhata，2002；Hoque，2003)表明，初始加载和再加载条件下的剪胀线规律不尽相同。

(5) 循环荷载下的剪胀线位于单调荷载下剪胀线的内侧，单调荷载下的初始加载剪胀线(VCD 和 VED)是循环荷载下的边界线，当循环荷载下的剪胀线达到边界线时，剪胀线与边界线一致。在 $d\eta>0$ 路径上的剪胀线逐渐接近 VCD，随着荷载继续施加，最终会与 VCD 重合(例如，Zc1 中 7 圈；Zc2 和 Zc5 中 4、6、8 圈；Zc3 中 3 圈；Zc4 中 3 圈；Zc6 中 4 圈)。同样的现象也可以从 $d\eta<0$ 路径上看到(例如，Zc3 中 2 圈；Zc6 中 2 圈)：在 $d\eta<0$ 路径上的剪胀线逐渐接近 VED，随着荷载继续施加，会最终与 VED 重合。但是 Zc1 中的第 7 圈剪胀线在接近 VCD 时并非光滑

而是有明显的突变。Zc2 和 Zc5 中 3 对等应变循环的第 2 圈也有类似的结果。这种非线性现象与 Pradhan 等(1989)的超固结砂土的结果类似,可能与应力历史有关(Maqbool and Koseki,2010)。

(6) 循环荷载下剪胀线在 D^{p}-η 空间中的位置与卸载反弯点的位置有着密切的关系。当卸载反弯点发生在单调荷载下的剪胀线(VCD 和 VED)上时,在反弯点后 $d\eta<0$ 或 $d\eta>0$ 的路径上剪胀线与初始卸载的剪胀线(VCUD 和 VEUD)是一致的。而当反弯点位于单调荷载下的剪胀线内侧时,在反弯点后的 $d\eta<0$ 或 $d\eta>0$ 路径上剪胀线与初始卸载的剪胀线位置不同。例如,在 Zc2 和 Zc5 中 5、7 圈在 VCD 上发生了卸载,在反弯点后的 $d\eta<0$ 路径上的剪胀线与 VCUD 近似一致;而 6、8 圈在 VCD 的内侧发生了卸载,在反弯点后 $d\eta<0$ 路径上的剪胀线与 VCUD 差别较大。Zc3 中 2 圈在 $d\eta<0$ 路径上达到了 VED,在反弯点后的 $d\eta>0$ 路径上的剪胀线与 VEUD 接近一致,但当反弯点位于 VCD 内侧时,在反弯点后的 $d\eta>0$ 路径上的剪胀线与 VEUD 不同。反弯点距初始加载边界剪胀线的位置越远,反弯点后剪胀线的位置就越靠近原点,离初始卸载剪胀线也越偏。在 D^{p}-η 空间中 Zc1 在循环荷载下所有的反弯点均发生在两条单调加载条件下的剪胀线(VCD 和 VED)内侧,剪胀线随着循环次数增加逐渐向原点平移,与初始卸载剪胀线(VCUD 和 VEUD)的距离越来越大。

循环荷载下的剪胀特性(5)和(6)的分析表明,VCD、VED、VCUD 和 VEUD 是循环荷载下剪胀线的四条边界线,循环荷载下的剪胀线均位于四条边界剪胀线 VCD、VED、VCUD 和 VEUD 的内侧。反弯点位置离初始剪胀线 VCD 和 VED 越远,反弯点后的剪胀线越偏离初始卸载剪胀线 VEUD 和 VCUD。

图 2.19 给出了阿尔塔什砂砾料在单调和循环荷载下的三轴试验结果,阿尔塔什-GW 两组试样的循环加载路径与紫坪铺试验 Zc2 和 Zc5 是一致的。图 2.20 为阿尔塔什-10-20 的循环三轴试验结果,与紫坪铺筑坝堆石料一致,阿尔塔什砂砾料初始加载和再加载的剪胀线也存在明显的差别。与紫坪铺和阿尔塔什-GW 堆石料相比,阿尔塔什-10-20 的初始加载和再加载的剪胀线的差别要偏小,这与级配较均匀的砂土的试验结果类似(Barden and Amir,1966;Pradhan et al.,1989;Shahnazari and Towhata,2002)。从三组堆石料的结果来看,初始加载的剪胀比 D^{p} 越大,初始加载和再加载的剪胀线差别就越大。

循环荷载下阿尔塔什砂砾料的剪胀特性与紫坪铺堆石料是基本一致的。循环荷载下阿尔塔什-GW 在 $d\eta>0$ 和 $d\eta<0$ 路径上的剪胀线斜率 α 基本一致,约为 -0.47。循环荷载下阿尔塔什-10-20 在 $d\eta>0$ 路径上剪胀线斜率 α 的平均值约为 -0.310,在 $d\eta<0$ 路径上剪胀线斜率 α 的平均值约为 -0.286。详细的阿尔塔什-GW 和阿尔塔什-10-20 的剪胀线参数见表 2.5。

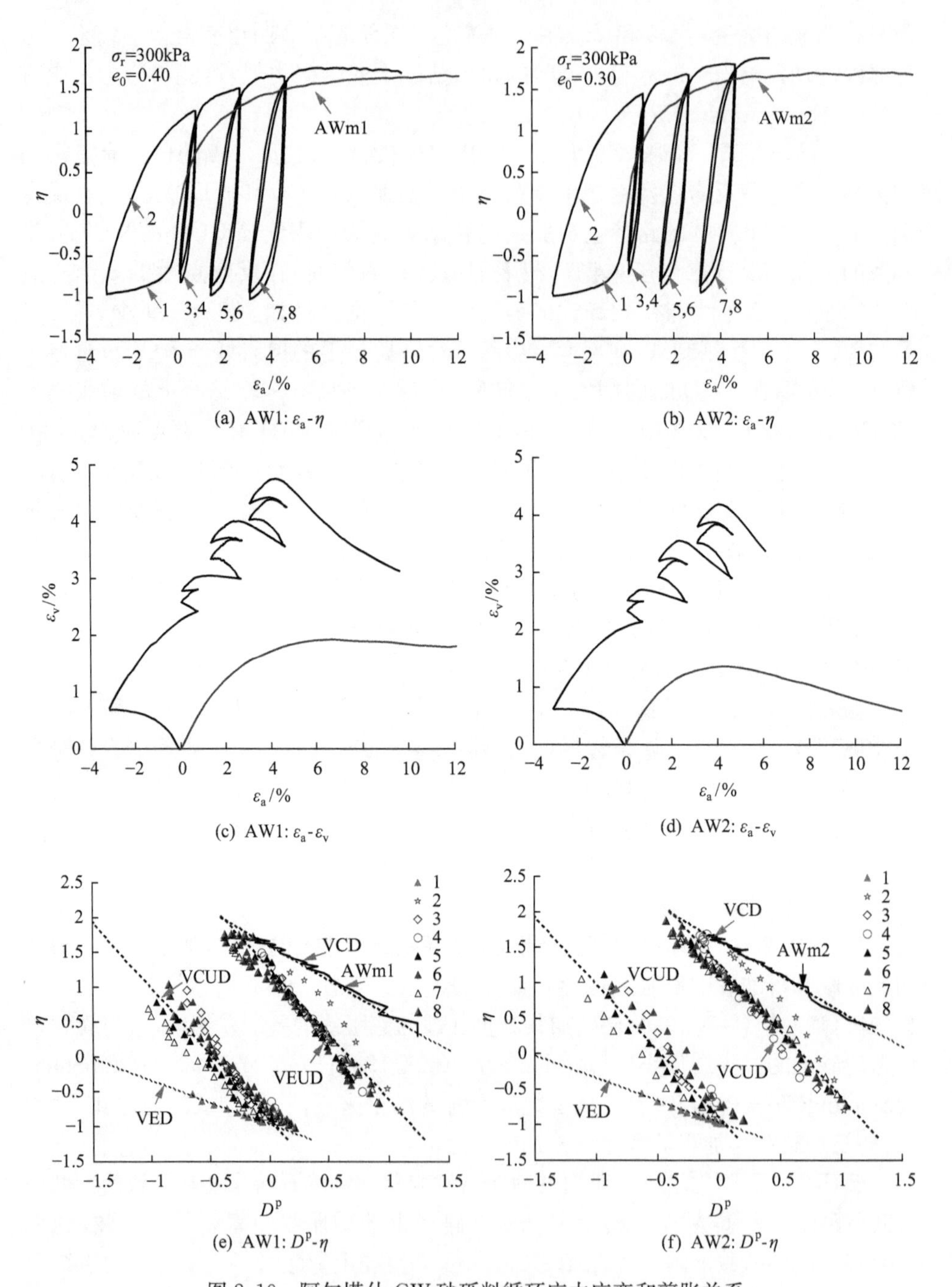

图 2.19　阿尔塔什-GW 砂砾料循环应力应变和剪胀关系

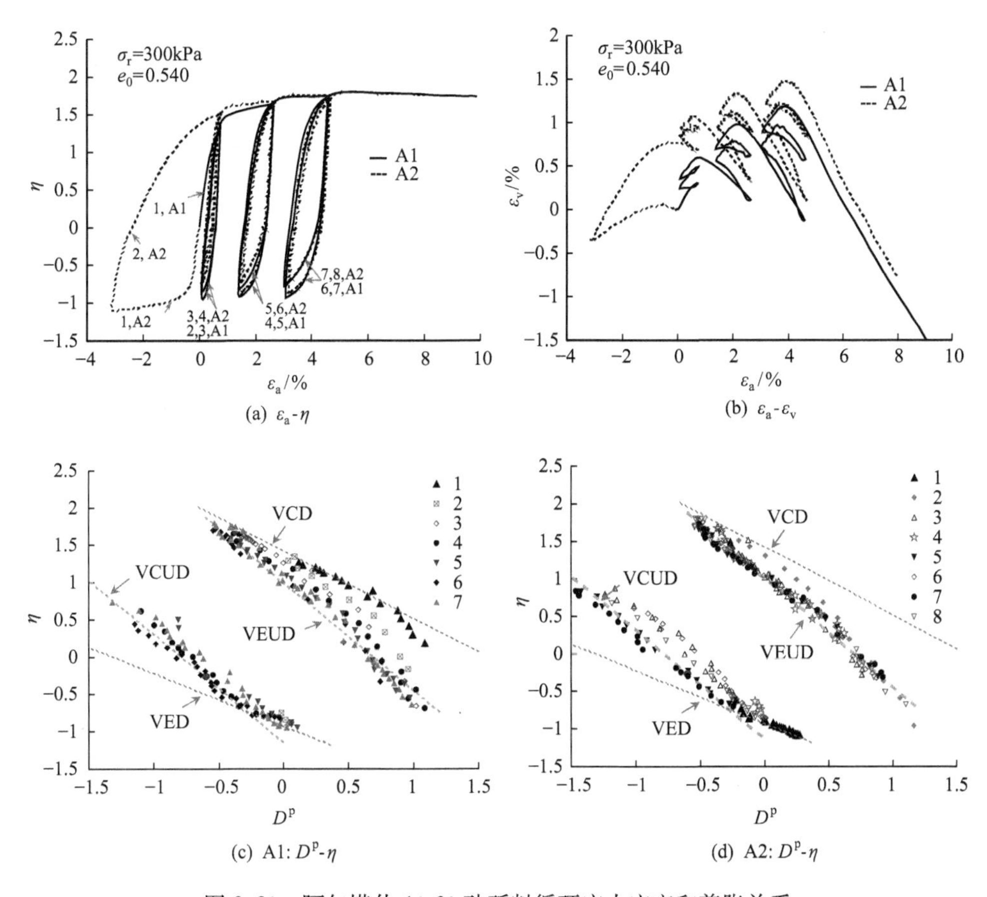

(a) ε_a-η　(b) ε_a-ε_v

(c) A1: D^p-η　(d) A2: D^p-η

图 2.20　阿尔塔什-10-20 砂砾料循环应力应变和剪胀关系

2.1.3　小结

(1) 对单调荷载下的紫坪铺筑坝堆石料和文献中其他 5 种堆石料在 D^p-η 空间的剪胀规律进行分析研究。结果表明：①峰值应力前的剪胀比和应力比呈较好的线性关系，与 Nova 剪胀方程吻合较好；②Nova 剪胀方程中斜率参数 α 受孔隙比和围压的影响并不明显，堆石料的斜率参数 α 范围与文献中 21 种砂土的范围基本一致；③除了颗粒形状浑圆且颗粒破碎量较小的砂砾料之外，其他 5 种堆石料的相位变换应力比 M_f 均随围压的增加而减小，这与传统的砂土状态相关剪胀理论不同；④紫坪铺筑坝堆石料相位变换应力比 M_f 和状态参数 ψ 之间呈较好的线性关系，斜率参数 k 小于 0，紫坪铺筑坝堆石料峰值前的剪胀线位于峰值后剪胀线的上侧。

(2) 对循环荷载下的紫坪铺筑坝堆石料和阿尔塔什砂砾料在 D^p-η 空间的剪

胀规律进行研究。试验表明:①与三轴压缩试验一致,三轴拉伸条件下剪胀比和应力比也呈近似线性关系,三轴拉伸和三轴压缩状态下相位变换时的摩擦角大体一致,但三轴拉伸剪胀线的斜率参数 α 明显大于三轴压缩的斜率参数 α;②三轴压缩状态下不同应力水平初始卸载的剪胀线是基本一致的,三轴拉伸状态也有类似结果;③循环荷载下 $d\eta>0$ 和 $d\eta<0$ 路径下的剪胀线均近似地呈线性关系,并近似平行于初始卸载剪胀线;④初始加载和初始卸载剪胀线是循环荷载条件下剪胀线的边界线(或外包线),循环荷载下的剪胀线均位于边界线的内侧,当循环荷载下的剪胀线达到初始加载剪胀线后,两者一致;⑤循环荷载下剪胀线的位置与卸载反弯点的位置有密切的关系,反弯点位置距初始加载剪胀线的距离越远,卸载后剪胀线偏离初始卸载剪胀线的距离越大。

2.2 堆石料弹塑性本构模型

2.2.1 考虑颗粒破碎的状态相关堆石料广义塑性模型

目前,对堆石料的静力弹塑性模型的研究发展较快,南水模型、殷宗泽模型以及堆石料广义塑性模型已逐渐应用于土石坝工程的数值分析中。沈珠江等(1987)认为在面板坝设计中应放弃非线性弹性模型而改用可以考虑堆石料剪缩特性的弹塑性模型。然而,目前在循环加载条件下的堆石料弹塑性模型方面的研究和应用还比较少。

土石坝动力分析广泛采用等效线性分析方法,此种分析方法将堆石料视为黏弹性材料,堆石料常采用 Hardin 等价黏弹性模型(Hardin and Drnevich,1972)和沈珠江建议的等价黏弹性模型(沈珠江和徐刚,1996)。等效线性分析方法采用的本构模型参数简单,计算效率高。等效线性分析方法可以较好地反映中等强度地震的加速度反应,但仍不能满足大坝在强震时可能出现的强非线性乃至破坏过程的分析要求。强震下土石坝的塑性(残余)变形较大,是引起防渗体及其附属建筑物破坏的主要原因,但等效线性分析方法没有直接考虑动力条件下的塑性变形,需要借助残余变形分析方法进一步计算大坝的地震永久变形。目前,常用的残余变形分析方法一般是先进行动力反应计算,然后再采用 Newmark 滑块法或应变势法进行永久变形的分析,这在理论上显然存在着明显的缺陷。因此,目前广泛采用的动力分析方法不能较好地评价强震下堆石体变形发展过程对防渗体震害的影响,从等效线性分析转向强非线性和弹塑性分析是十分必要的。弹塑性分析方法能够较好地反映土体的实际状态,并能够模拟静、动力全过程以及直接计算坝体的永久变形,在理论上更为合理。弹塑性动力分析方法用塑性理论来描述应力应变关系，忽略速率效应，在计算时再加入与速率有关的阻尼项。比较有代表性的弹塑性模型有：多重（或套叠）屈服面模型（Prévost，1977）、边界面模型（Mroz，1967；Krieg，1975；Dafalias and Popov，1975）、亚塑性模型（Wang et al.，1990）、广义塑性模型（Pastor et al.，1990）和多机构塑性模型（Aubry et al.，1982）等。华中科技大学刘华北教授和作者课题组针对广义塑性模型的缺陷，在颗粒破碎、临界状态和剪胀特性试验结果的基础上，基于广义塑性模型的框架，吸取了边界面理论和临界状态理论的优点，构建了一个单调和循环荷载下颗粒破碎的状态相关堆石料广义塑性模型，并将该模型应用于面板堆石坝弹塑性有限元分析中，研究了现场碾压破碎引起的级配变化对堆石坝计算变形的影响。

1. *边界面及应力变量*

边界面的概念最早是由 Dafalias 和 Popov（1975）提出的，用来描述材料在复杂多轴加载条件下的变形特性。边界面模型尤其适于反映循环荷载条件下材料的变形特性。目前，该类模型已推广应用于黏土和砂土的本构模型研究（Dafalias and Herrmann，1982，1986；Wang et al.，1990）。在砂土边界面模型（Wang et al.，1990；Li，2002；Li and Dafalias，2004）研究的基础上，Liu 等（2014）构建了一个考虑颗粒破碎的状态相关的本构模型。该模型在 π 平面上定义了三组边界面、峰值应力边界面、剪胀边界面和最大应力边界面。其中，峰值应力边界面限制了土体所能达到的极限应力状态，土体的应力状态不能在峰值应力边界面外；剪胀边界面用来控制土体的剪胀剪缩，当应力状态位于剪胀边界面以内时土体发生剪缩，当应力状态位于剪胀边界面以外时土体发生剪胀；最大应力边界面为历史最大屈服面，用于反映应力历史对土体变形的影响。

边界面在 π 平面上的表达式（Li，2002）为

$$g(\theta)=\frac{(1+c^2)^2+4c(1-c^2)\sin3\theta-(1+c^2)}{2(1-c)\sin3\theta} \tag{2.11}$$

式中，θ 为洛德角；$c=(3-\sin\varphi_{cs})/(3+\sin\varphi_{cs})$，其中，$\varphi_{cs}$ 为临界（或残余）摩擦角，可由三轴压缩应力状态下的临界应力比 $M_g=6\sin\varphi_{cs}/(3-\sin\varphi_{cs})$ 得到。

边界面的定义如图 2.21 所示，A 是卸载反弯点，B 是当前应力状态点。根据当前应力状态和反弯点的状态，确定峰值边界面 $\eta=M_g g(\theta)\exp(-k_p\psi)$、剪胀边界面 $\eta=M_g g(\theta)\exp(k_m\psi)$ 和最大历史应力边界面上映射点的应力状态。图中 $AB=\rho$，$AC=\rho_{max}$，$AD=\rho_d$，$AE=\rho_p$。$OM=\eta_{tc}^{r}$，为反弯点在三轴压缩轴上的投影；$ON=\eta_{tc}^{max}$，为最大历史应力比在三轴压缩轴上的投影。

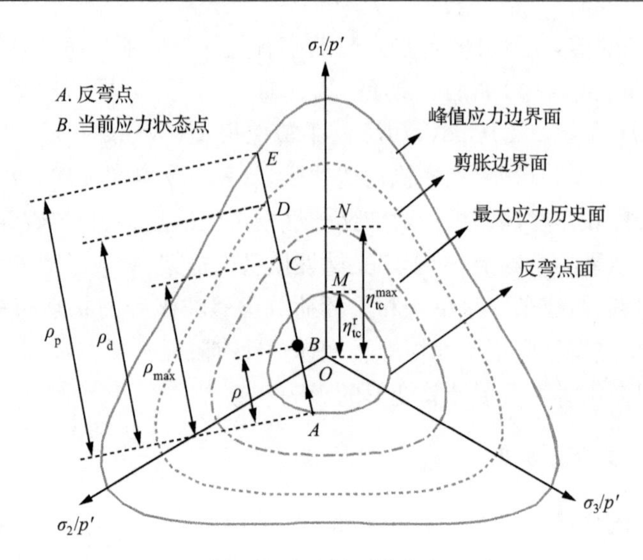

图 2.21　边界面的定义

以下是本节本构模型中使用的一些应力变量。

(1) 平均主应力：$p' = \dfrac{1}{3}(\sigma_1 + \sigma_2 + \sigma_3)$。

(2) 广义剪应力：$q = \sqrt{3J_2}$。

(3) 第二偏应力不变量：$J_2 = \dfrac{1}{6}[(\sigma_1 - \sigma_2)^2 + (\sigma_2 - \sigma_3)^2 + (\sigma_1 - \sigma_3)^2]$。

(4) 第三偏应力不变量：$J_3 = \dfrac{1}{27}(2\sigma_1 - \sigma_2 - \sigma_3)(2\sigma_2 - \sigma_1 - \sigma_3)(2\sigma_3 - \sigma_3\sigma_1)$。

(5) 洛德角：$\theta = \dfrac{1}{3}\sin\left(-\dfrac{3\sqrt{3}}{2}\dfrac{J_3}{J_2^{3/2}}\right)$。

其中，σ_1、σ_2、σ_3 分别为第一、第二和第三主应力。

2. 临界状态和颗粒破碎

目前，临界状态理论已经被广泛地应用于黏土和无黏性土的本构关系中(Kaliakin and Dafalias，1990；Manzari and Dafalias，1997；Li et al.，1999；Li and Dafalias，2000；Salim and Indraratna，2004；Ling and Yang，2006；Daouadji and Hicher，2010；Liu and Zou，2012；Liu et al.，2014)。Lade 等(1996)和孔宪京等(2014)的研究成果表明，颗粒破碎与塑性功存在着良好的双曲线的关系，临界状态线会随颗粒破碎发生变化(Liu et al.，2015)。考虑颗粒破碎的临界状态线可以表示为

$$e_c = e_{\tau 0} - cB_r - \lambda \ln\left(\frac{p'}{p_a}\right) \tag{2.12}$$

$$B_r = \frac{W_p}{c_1 + c_2 W_p} \tag{2.13}$$

$$e_c = e_{\tau 0} - \frac{W_p}{a + bW_p} - \lambda \ln\left(\frac{p'}{p_a}\right) \tag{2.14}$$

式中，e_c 为临界孔隙比；$e_{\tau 0}$ 为临界状态线的截距；λ 为临界状态线的斜率；p' 为有效平均主应力；p_a 为标准大气压；B_r 为 Hardin 颗粒破碎指标；W_p 为塑性功；c、c_1 和 c_2 为试验常数；参数 $a = c_1/c$；参数 $b = c_2/c$。堆石料的变形状态与颗粒破碎的关系可通过状态参数 $\psi = e - e_c$ 体现。

3. 广义塑性模型框架

弹塑性矩阵表示为

$$\boldsymbol{D}^{ep} = \boldsymbol{D}^e - \frac{\boldsymbol{D}^e : \boldsymbol{n}_g \otimes \boldsymbol{n} : \boldsymbol{D}^e}{H + \boldsymbol{n} : \boldsymbol{D}^e : \boldsymbol{n}_g} \tag{2.15}$$

式中，$\boldsymbol{D}^{ep}$ 为弹塑性矩阵，与当前的应力状态、应力水平、应力历史、加卸载方向及颗粒的微观结构的变化等因素有关；$\boldsymbol{D}^e$ 为弹性矩阵；$\boldsymbol{n}_g$ 为加载和卸载时塑性流动方向，代表塑性应变增量的方向；$\boldsymbol{n}$ 为加载方向矢量，相当于屈服面外法线方向；H 为加载或卸载的塑性模量。

加卸载准则为：$\boldsymbol{n} : \mathrm{d}\boldsymbol{\sigma}^e > 0$，表示加载；$\boldsymbol{n} : \mathrm{d}\boldsymbol{\sigma}^e < 0$，表示卸载；$\boldsymbol{n} : \mathrm{d}\boldsymbol{\sigma}^e = 0$，表示中性变载。其中，$\mathrm{d}\boldsymbol{\sigma}^e = \boldsymbol{D}^e : \mathrm{d}\boldsymbol{\varepsilon}$。

该加卸载判断方法可以很好地反映硬化和软化条件下的加卸载规律。模型在单调时的加卸载判断方法与广义塑性模型是一致的。但发生卸载时，模型的加载方向 $\boldsymbol{n}$ 根据当前应力状态在最大应力历史边界面上的映射点(图 2.21 中 C 点)的应力状态进行确定。以卸载反弯点作为上一次加载的结束和下一次加载的起点。

4. 考虑颗粒破碎的状态相关广义塑性模型(Liu et al.，2014)

1) 弹性模量

由于传统的弹性模量表达式不满足能量守恒的条件，该模型采用 Lade 和 Nelson(1987)提出的能量守恒的各向同性弹性模量表达式：

$$G = G_0 p_a F(e) \left[\left(\frac{p'}{p_a}\right)^2 + \frac{K_0}{G_0} \frac{J_2}{p_a^2}\right]^{0.25} \tag{2.16}$$

$$K_0 = \frac{2(1+\nu)}{3(1-2\nu)} G_0 \tag{2.17}$$

$$K = \frac{2(1+\nu)}{3(1-2\nu)} G \tag{2.18}$$

式中，G_0、K_0和ν均为是弹性常数；e是当前孔隙比；p'为平均主应力；p_a为标准大气压；J_2为第二偏应力不变量。Richart 等(1970)研究表明，一般情况下颗粒棱角明显的材料$F(e)$取为$(2.97-e)^2/(1+e)$，颗粒较浑圆的材料$F(e)$取为$(2.17-e)^2/(1+e)$。鉴于目前筑坝堆石料大都采用开山爆破料，因此模型的$F(e)$取为$(2.97-e)^2/(1+e)$。

2）统一的塑性流动方向

广义塑性模型的塑性流动方向不需要定义塑性势面，可以直接用剪胀比来定义。广义塑性模型加载和卸载采用不同的剪胀方程，并认为加载和再加载剪胀方程是相同的，且卸载剪胀也具有很大的经验性(Pastor et al.，1990)。模型采用了边界面的概念，统一了加载和卸载条件下剪胀的表达式，剪胀方程表示为

$$d_g=\frac{d\varepsilon_v^p}{d\varepsilon_s^p}=\alpha\left(\frac{M_g}{\bar{M}_g}\right)(\rho_d-\rho)\exp\left(\frac{c_0}{\eta}\right) \tag{2.19}$$

式中，$d\varepsilon_v^p$和$d\varepsilon_s^p$分别为塑性体变和剪应变增量；参数α是一个模型常数；c_0是一个很小的常数，如0.0001；应力比$\eta=q/p'$；$\exp(c_0/\eta)$在应力比接近0时为无穷大，用来反映等压加载条件下塑性体变的变化规律；ρ_d为反弯点到剪胀面的距离；ρ为反弯点到当前应力状态的距离；$M_g/\bar{M}_g$用来考虑应力洛德角对剪胀线斜率的影响，M_g为三轴压缩状态下临界状态线在p'-q平面的斜率；$\bar{M}_g=\eta/g(\bar{\theta})$，$\bar{\theta}$为最大应力面上映射点对应的洛德角。在单调加载条件下，$\rho_d=M_d$，$\rho=\eta$，$\theta=\bar{\theta}$。$M_d=M_g g(\theta)\exp(k_m\psi)$为一般应力状态下的相位变换应力比，$M_g g(\theta)$为洛德角不同时的临界应力比。式(2.19)可以较好地反映单调加载下堆石料的剪胀特性。在循环加载条件下，采用相对应力比ρ代替绝对应力比η，以卸载反弯点(此时$\rho=0$)作为下一次加载的起点。式(2.19)可以反映循环加载下堆石料剪胀的一些特性：①剪胀比d_g卸载时的突变；②卸载反弯时，$d_g>0$可以反映卸载体缩现象；③卸载及再加载剪胀线的线性关系；④也可以一定程度上反映初始加载和再加载的差异及反弯点位置对剪胀的影响。

在(p',q,θ)空间中，加载塑性流动方向$\bar{\boldsymbol{n}}_g$为

$$\bar{\boldsymbol{n}}_g^{\mathrm{T}}=(\bar{n}_{gv},\bar{n}_{gs},\bar{n}_{g\theta}) \tag{2.20}$$

式中，$\bar{n}_{gv}=\dfrac{d_g}{\sqrt{1+d_g^2}}$；$\bar{n}_{gs}=\dfrac{1}{\sqrt{1+d_g^2}}$；$\bar{n}_{g\theta}=0$

3）加载方向

加载方向表示屈服面的外法线方向。采用非相关联流动法则，加载方向采用与塑性流动方向相似的表达形式：

$$d_{\mathrm{f}} = \alpha\left(\frac{M_{\mathrm{g}}}{\bar{M}_{\mathrm{g}}}\right)(\rho_{\mathrm{f}} - \rho)\exp(c_0/\eta) \tag{2.21}$$

$$\rho_{\mathrm{f}} = \left(\frac{\rho}{\rho_{\mathrm{d}}}\right)^{m_{\mathrm{f}}} \rho_{\mathrm{d}} \leqslant \rho_{\mathrm{d}} \tag{2.22}$$

式中，m_{f}为模型参数，当 $m_{\mathrm{f}}=0$ 时，d_{f}与 d_{g}的表达式的形式一致，可以退化为相关联流动法则。

加载方向 $\bar{\boldsymbol{n}}$ 采取与塑性流动方向 $\bar{\boldsymbol{n}}_{\mathrm{g}}$ 相同的形式：

$$\bar{\boldsymbol{n}}^{\mathrm{T}} = (\bar{n}_{\mathrm{v}}, \bar{n}_{\mathrm{s}}, \bar{n}_{\theta}) \tag{2.23}$$

式中，$\bar{n}_{\mathrm{v}} = \dfrac{d_{\mathrm{f}}}{\sqrt{1+d_{\mathrm{f}}^2}}$；$\bar{n}_{\mathrm{s}} = \dfrac{1}{\sqrt{1+d_{\mathrm{f}}^2}}$；$\bar{n}_{\theta} = 0$。

4）统一的塑性模量

广义塑性模型中加载和卸载采用不同的塑性模量表达式。与之不同，状态相关广义塑性模型借助边界面采用统一的塑性模量表达式来反映加载、卸载及再加载过程中塑性模量 H 的变化：

$$H = H_0 p_{\mathrm{a}} \left(\frac{p'}{p_{\mathrm{a}}}\right)^m \left(\frac{\bar{M}_{\mathrm{g}}}{M_{\mathrm{g}}}\right)^4 \exp\left(\frac{1}{e+\Delta e-\beta}\right)\left(1-\frac{\rho}{\rho_{\mathrm{p}}}\right)(1+\rho)^{-2} H_{\mathrm{ur}} \tag{2.24}$$

$$H_{\mathrm{ur}} = [\varepsilon_{\mathrm{vr}}/(e_{\mathrm{r}}+\Delta e-\beta)]^{r_{\mathrm{v}}} (\rho_{\max}/\rho)^{r_{\mathrm{d}}(\eta_{\mathrm{tc}}^{\max}-\eta_{\mathrm{tc}}^{\mathrm{r}})} \tag{2.25}$$

式中，H_0、m、β、r_{v}、r_{d} 为模型参数；e 为当前孔隙比；$\Delta e = cB_{\mathrm{r}} = W_{\mathrm{p}}/(a+bW_{\mathrm{p}})$ 为颗粒破碎引起的临界状态线的偏移量；e_{r} 为卸载反弯点的孔隙比；$\varepsilon_{\mathrm{vr}}$ 为卸载反弯点的体变。在单调加载条件下，$\rho_{\mathrm{p}} = M_{\mathrm{b}}$，$\rho_{\max} = \rho = \eta$，$\theta = \bar{\theta}$，$M_{\mathrm{b}} = M_{\mathrm{g}} g(\theta)\exp(-k_{\mathrm{p}}\psi)$ 为一般应力状态下的峰值应力比。塑性模量表达式第一项 $(p'/p_{\mathrm{a}})^m$ 用来反映堆石料的压力相关性，第二项 $(M_{\mathrm{g}}/\bar{M}_{\mathrm{g}})^4$ 用来反映堆石料的应力路径相关性，第三项 $\exp[1/(e+\Delta e-\beta)]$ 用来反映初始孔隙比和颗粒破碎的影响，第四项 $(1-\rho/\rho_{\mathrm{p}})$ 用来反映堆石料的硬化和软化。H_{ur} 用来反映循环荷载下堆石料塑性模量的变化规律，可以反映循环硬化和应力历史的影响。循环荷载下，采用相对应力比代替绝对应力比可以较好地解决广义塑性模型在剪应力方向发生变化时塑性模量不连续变化的问题。

5）模型参数的确定

模型参数共计为 16 个，其中包括 2 个弹性参数 G_0 和 ν；3 个临界状态参数 $e_{\tau 0}$、λ 和 φ_{cs}；2 个颗粒破碎参数 a 和 b；3 个塑性流动方向和加载方向相关参数 α、k_{m} 和 m_{f}；6 个塑性模量相关参数 H_0、m、β、k_{p}、r_{v} 和 r_{d}。部分模型参数可以参考 Zienkiewicz 等(1999)中的原始广义塑性模型标定方法来确定。

(1) 弹性部分 G_0 和 ν。G_0 为初始剪切模量，根据试验剪应力与剪应变曲线的初始加载或卸载阶段的斜率确定；ν 为泊松比，根据试验轴向应变与体变曲线的初始斜率确定。二者也可根据室内或现场的波速测定。

(2) 临界状态参数 $e_{\tau0}$、λ、φ_{cs} 与颗粒破碎参数 a、b。φ_{cs} 即为剪应力和体应变不再随轴向应变变化时(临界状态)的摩擦角，其受围压和孔隙比的影响较小。$e_{\tau0}$、λ、c 根据三组不同围压条件下的临界孔隙比、临界平均主应力及相应的颗粒破碎率进行确定。根据颗粒破碎率与塑性功的关系确定颗粒破碎参数 c_1 和 c_2，得到颗粒破碎参数 $a=c_1/c$，$b=c_2/c$。

(3) 塑性流动方向和加载方向相关参数 α、k_m、m_f。α 和 k_m 根据不同围压或不同孔隙比条件下的单调试验的剪胀比 d_g 与应力比 η 关系进行确定；m_f 在理论上可根据试验测定堆石料的屈服函数进行标定，也可采用优化算法根据循环荷载下堆石料的应力应变关系进行标定。

(4) 塑性模量相关参数 H_0、m、β、k_p、r_v、r_d。模型参数 H_0 和 m 根据不同围压条件下的单调应力应变关系进行确定，也可根据等压固结试验进行标定；β 根据不同初始孔隙比条件下的单调试验应力应变关系进行确定；k_p 根据单调试验峰值应力比与状态参数的关系进行确定；r_v 和 r_d 根据循环荷载下堆石料的应力应变关系进行标定。

6) 模型三维化

塑性流动方向 $\bar{\boldsymbol{n}}_g$ 和加载方向 $\bar{\boldsymbol{n}}$ 对应于 $\bar{\boldsymbol{\sigma}}^T=(p',q,\theta)$ 空间，进行有限元计算时需要推广到一般应力状态。三维应力空间的塑性流动方向 $\boldsymbol{n}_g$ 和加载方向 $\boldsymbol{n}$ 可以采用 Chan 等(1988)提出的方法。

以加载方向为例

$$\mathrm{d}\bar{\boldsymbol{\sigma}}:\bar{\boldsymbol{n}}=\mathrm{d}\boldsymbol{\sigma}:\boldsymbol{n} \tag{2.26}$$

$$\mathrm{d}\bar{\boldsymbol{\sigma}}=\frac{\partial\bar{\boldsymbol{\sigma}}}{\partial\boldsymbol{\sigma}}:\mathrm{d}\boldsymbol{\sigma} \tag{2.27}$$

由式(2.26)和式(2.27)可以得到一般应力状态下加载方向：

$$\boldsymbol{n}=\bar{\boldsymbol{n}}\frac{\partial\bar{\boldsymbol{\sigma}}}{\partial\boldsymbol{\sigma}} \tag{2.28}$$

即 $n_{kl}=\bar{n}_i\dfrac{\partial\bar{\sigma}_i}{\partial\sigma_{kl}}$。

同样，对于塑性流动方向 $\boldsymbol{n}_g=\bar{\boldsymbol{n}}_g\dfrac{\partial\bar{\boldsymbol{\sigma}}}{\partial\boldsymbol{\sigma}}$，其中 $\boldsymbol{\sigma}$ 是三维空间应力张量。

5. 可视化单元模拟和参数优化程序

为了便于标定和分析模型参数的敏感性，在 VC++ 开发平台上，采用面向对象的程序设计方法开发非线性本构模型可视化单元模拟和参数优化程序。该程序包括优化和标定模块、输入输出模块及显示模块，各项分工明确，互不干扰，方便植入新模型。本构模型参数可通过程序界面进行输入，模拟结果可在窗口显示，便于分析本构模型参数的影响，同时也可以显示试验数据与模拟结果的比较，使用更加方便。

软件主界面布局见图 2.22。在图 2.22 下拉菜单中，选择相应的土体或接触面弹塑性模型，模型参数表栏的变量名称会根据所选择的本构模型类型进行相应的改变。目前，该程序可以标定邓肯张 *E-B* 模型、邓肯张 *E-ν* 模型、沈珠江弹塑性模型、广义塑性模型、考虑颗粒破碎的状态相关广义塑性模型及三维广义塑性接触面模型。该程序通过绘制试验结果与前后两次模拟结果的对比图形，可以直接分析参数的合理性和敏感性。

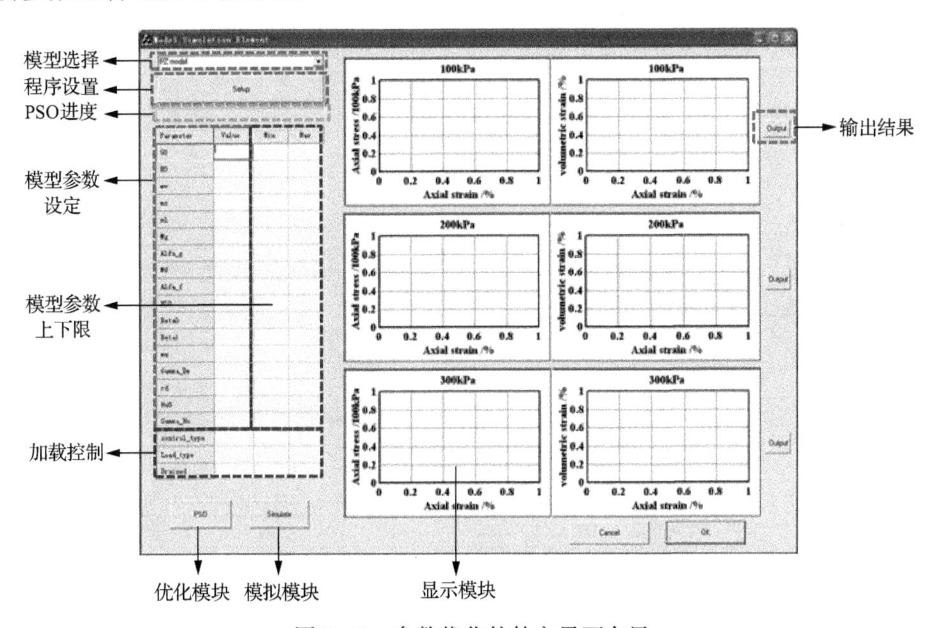

图 2.22　参数优化软件主界面布局

弹塑性本构模型的某些参数难以根据试验结果直接计算，而是需要根据试验的结果进行反复的试算调整获得。为了提高效率，采用智能优化算法对弹塑性模型参数进行优化标定。智能优化算法作为一种新兴的优化算法已有很多的研究，包括粒子群法、遗传法、蚁群法、模拟退火法等。参数优化程序采用粒子群优化算法(particle swarm optimization，PSO)(Eberhart and Kennedy，1995)，该方法是一种基于群体智能的演化计算技术。PSO 的优点在于算法简洁，易于用编程实现，能以较大概率找到问题的全局最优解，且计算效率比传统随机方法高。

6. 模型试验验证

将考虑颗粒破碎的状态相关堆石料广义塑性模型按照面向对象的设计方法用C++语言进行封装,开发了一个弹塑性本构模型类——CBPZ,将其嵌入到自主研发的大型岩土工程静、动力分析软件GEODYNA中,并与可视化单元模拟和参数优化程序进行了相互的验证。采用可视化单元模拟和参数优化程序,通过紫坪铺筑坝堆石料三轴单调和循环试验,对考虑颗粒破碎的状态相关堆石料广义塑性模型进行标定和模拟。模型参数详见表2.6。

表2.6　紫坪铺筑坝堆石料考虑颗粒破碎的状态相关广义塑性模型参数

G_0	ν	m	$\varphi_{cs}/(°)$	$e_{\tau0}$	λ	α	k_m	k_p	H_0	β	a	b	m_f	r_v	r_d
350	0.2	0.2	42.7	0.517	0.08	1.45	0	3	15	0.145	18.8	33535	0.2	3.5	15

图2.23给出了单调荷载下紫坪铺筑坝堆石料试验和模型模拟的结果。考虑颗粒破碎状态的相关广义塑性模型可以较好地反映堆石料在单调荷载下的变形特

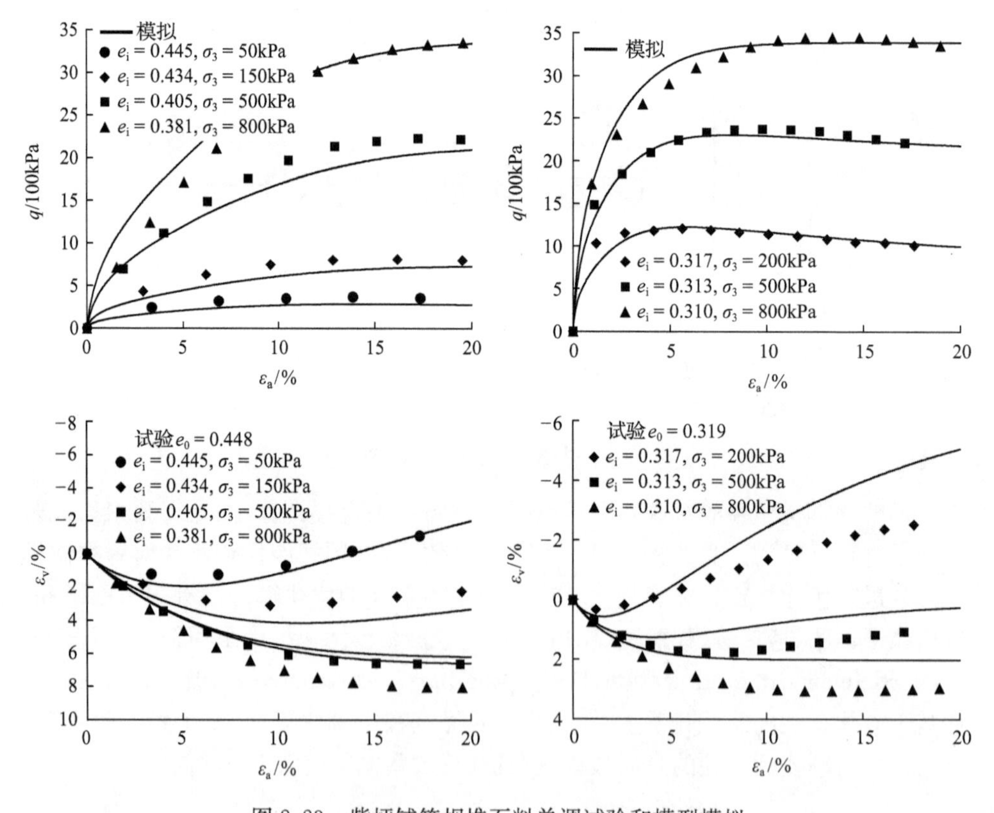

图2.23　紫坪铺筑坝堆石料单调试验和模型模拟

性，如低围压高密度的剪胀软化，高围压低密度的剪缩硬化。图 2.24(a)和图 2.24(b)给出了常规三轴循环荷载下紫坪铺筑坝堆石料试验和模型模拟的结果。如图 2.24(c)所示，采用紫坪铺筑坝堆石料模型参数，对单剪循环条件下的紫坪铺筑坝堆石料变形特性进行了模拟，图中 K_c 为主应力比，τ_{xy} 为剪应力，γ_{xy} 为剪应变。从模拟结果来看，该模型可以较好地反映堆石料的残余变形、循环滞回及循环硬化的特性，并可以反映卸载及再加载过程中剪应力方向变化时应力应变关系的光滑连续。

7. 小结

在广义塑性模型的基础上，采用边界面和临界状态理论，建立了考虑颗粒破碎的状态相关堆石料广义塑性模型。该模型大多数参数物理意义明确，可以根据常规三轴试验结果直接确定。该模型将初始孔隙比作为模型输入参数，模型参数与孔隙比无关，一套参数可以反映不同孔隙比堆石料的单调和循环变形特性，包括剪

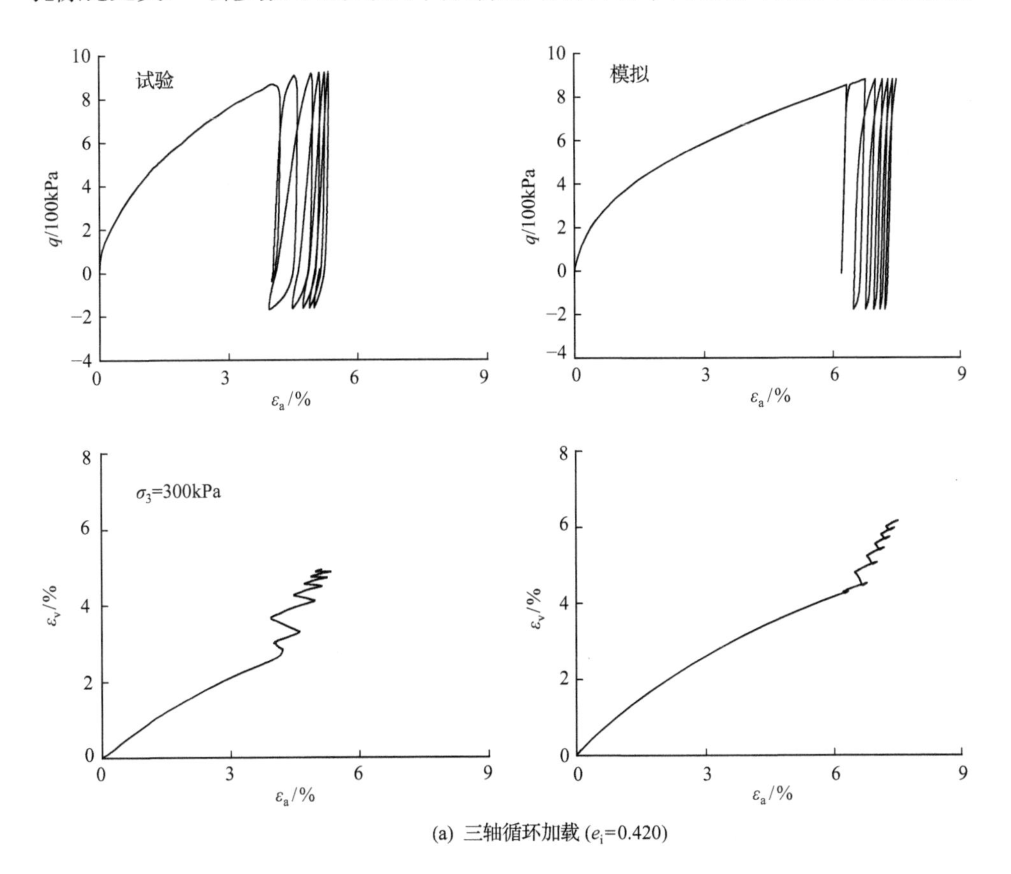

(a) 三轴循环加载 (e_i=0.420)

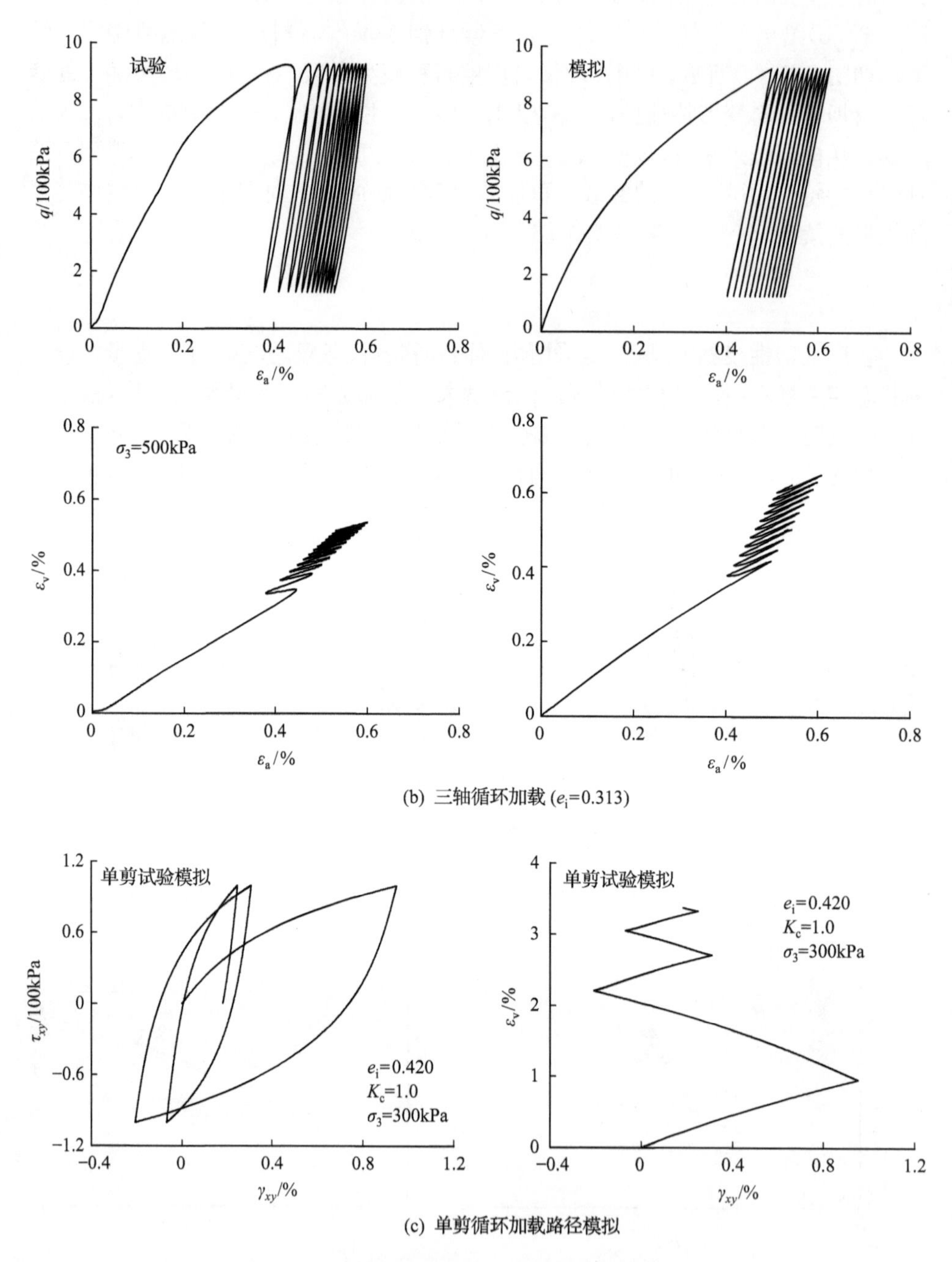

(b) 三轴循环加载 (e_i=0.313)

(c) 单剪循环加载路径模拟

图 2.24　紫坪铺筑坝堆石料循环试验和模型模拟

胀、剪缩、颗粒破碎、循环滞回、循环硬化及循环残余变形等，这一特性可以较好地解决因室内试验和现场施工孔隙比不同而引起的模型参数差异的问题，可为分析由缩尺效应引起的室内和现场堆石料模型参数的差异提供较好的工具。此外，该模型能够反映卸载、再加载过程中剪应力方向变化时应力应变关系的光滑连续。

2.2.2 碾压颗粒破碎引起的级配变化对堆石坝计算变形的影响

1. 现场碾压后的堆石料颗粒破碎

自20世纪60年后期以来，为了达到较高的填筑密实度，混凝土面板堆石坝引入了振动碾薄层碾压技术和冲碾压实技术(杨泽艳等，2003)。随着机械施工技术的发展，目前振动碾的吨位已高达32t(赵继成，2013)。碾压过程一般按每层40～100cm的厚度进行8～10次的碾压(付军等，2005；杨泽艳和周建平，2007；赵继成，2013)。在碾压过程中，由于筑坝堆石料的颗粒尺寸较大、棱角明显，会产生大量的颗粒破碎。碾压后的级配与设计级配不再相同。然而，目前可研和初设阶段往往采用设计级配(未考虑碾压)的堆石料进行室内三轴试验，并大都采用由此得到的三轴试验参数进行有限元分析，难以反映碾压后的堆石料的变形特性。

表2.7中为文献中4个面板堆石坝和1种高速路基中共19种堆石料的现场碾压后颗粒破碎结果。其中，筑坝堆石料的马萨尔破碎率B_m(Marsal，1967)高达16.2%，表层颗粒破碎率B_m高达28.7%，强风化高速路基巨粒土(d_{max}=300mm)的破碎率B_m高达24%。碾压过程中表层的颗粒破碎率要明显大于每层的平均颗粒破碎率。由于筑坝堆石料的岩性、粒径、风化程度和现场的振动碾吨位、碾压厚度及碾压遍数均不同，大坝中不同分区材料的颗粒破碎率有所差异。如图2.25所示，主堆石区和次堆石区的颗粒破碎率明显大于垫层区的颗粒破碎率。过渡区的颗粒破碎率较大，与其碾压厚度(40cm)较薄有关。垫层区的颗粒破碎率小于过渡区、主堆石区和次堆石区的颗粒破碎率，其与颗粒粒径的大小有着密切的关系。颗粒越大，颗粒存在于软弱夹层或裂隙的概率越大，越容易发生颗粒破碎(Al-Hussaini，1983)。从表2.7中公伯峡主堆石3BⅠ统计情况和图2.25中颗粒破碎与碾压遍数的关系可知，碾压次数越多，颗粒破碎的现象越明显。此外，冲碾压实的颗粒破碎比振动薄层碾压更明显(杨泽艳等，2003)。相比一些中低坝(早期的抛填填筑方法、低吨位振动碾、碾压次数少)，现代堆石坝越建越高，对筑坝堆石料的密度要求越高，碾压施工过程中堆石料的颗粒破碎会越明显。

表 2.7 现场碾压后颗粒破碎统计

工程简介	分区材料	岩性	d_{max}	VT/T	N	B_m/%
公伯峡面板堆石坝 坝高 132m (赵继成,2013)	垫层 2A	微、弱风化花岗岩	100	18/40	6	2.4
					8	4.2/4.6*
	过渡 3A	微、弱风化花岗岩	300	18/40	6	9.4
					8	9.8/11.9*
	主堆石 3B Ⅰ	微、弱风化花岗岩、云母片岩	800	18/80	6	6.1
					8	9.9
					10	14.9
	砂砾料 3B Ⅱ	砂砾料	500	18/80	8	5.9
					10	12.6
	次堆石 3C	强风化花岗岩、弱风化云母片岩	1000	18/80	8	12.7
潘口面板堆石坝 坝高 114m (赵继成,2013)	垫层 2A	爆破料掺河床砂及砂砾料	80	20/40	6	4.2
					8	6.9/9.7*
	过渡 3A	硅质岩、灰岩	300	20/40	8	13.5/18.7*
	主堆石砂砾料	砂砾石	600	20/80	8	14.6
					10	16.2
	主堆石爆破料	硅质岩、灰岩	600	20/80	6	8.6
					8	10.7/17.5*
	次堆石 3C	正片岩、硅质岩、灰岩	600	20/80	8	15.8
					10	28.7*
龙背湾面板堆石坝 坝高 158m (赵继成,2013)	垫层 2A	白云岩	80	26/40	8	3.1～3.6/4.0*
	主堆石 3B	白云岩	400	26/80	8	6.3～7.1
	砂砾料 3C	砂砾石	—	26/80	8	4.3～6.1
	过渡 3A	白云岩	—	26/40	8	4.3～5.7
	次堆石 3C	溢洪道开挖料、天然砂砾石	500	26/80	8	6.3～7.1/16.2*
					10	10.6～11.8
水布垭面板堆石坝 坝高 233m (杨启贵,2010)	过渡料	灰岩	300	18/40	8	17.5
	茅口组	灰岩	800	18/80	8	14.5
	栖霞组	灰岩	800	18/80	8	11.9
路堤 (秦尚林等,2008)	巨粒土	强风化的碎石土、强风化的片岩	300	18/75	8	24

注：d_{max}为最大粒径；VT 振动碾吨位，单位 t；T 为碾压厚度，单位 cm；B_m 为马萨尔破碎率；上标 * 为表层颗粒破碎结果。

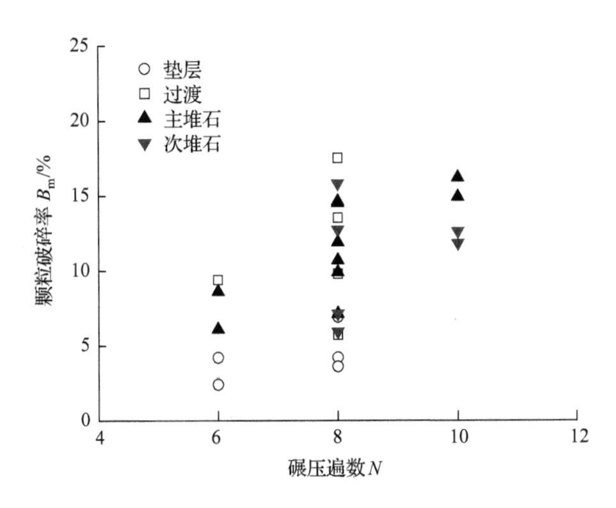

图 2.25　不同分区堆石料颗粒破碎与碾压遍数的关系

目前,国内外主要关注碾压过程中颗粒破碎产生的细颗粒含量是否满足设计要求及对渗流是否有影响,认为颗粒的破碎量主要发生在防渗面板形成之前的施工阶段,对工程不会产生不良的后果(水布垭面板堆石坝前期关键技术研究编写委员会,2005),但这种认识缺乏相应的数值分析依据。本节首先将初始颗粒破碎对堆石料变形的影响进行试验和模型模拟,然后根据大坝填筑过程中现场实测碾压颗粒破碎的成果,采用考虑颗粒破碎的状态相关弹塑性本构模型对一典型面板堆石坝进行了施工、蓄水及地震数值模拟分析,研究碾压过程中产生的颗粒破碎对大坝填筑、蓄水和地震全过程中面板堆石坝变形的影响。

2. 初始颗粒破碎对堆石变形的影响及模型模拟

大坝填筑时一般按密度(或孔隙比)进行控制碾压,但即使堆石料的初始控制密度是一样的,不同的颗粒级配的应力和应变关系仍差别显著。而碾压引起的颗粒破碎会导致粗颗粒含量的减少,细颗粒含量的增加。根据砂土临界状态理论的研究,可以从状态相关的角度分析颗粒破碎对堆石变形的影响。

对于低应力水平条件下发生颗粒破碎的情况(如碾压过程、大量的先期循环荷载等有较大颗粒破碎的情况),采用压力相关的临界状态线(全压力水平临界状态线)不能反映这部分颗粒破碎的影响。颗粒破碎会导致临界状态线的变化,并且Ghafghazia 等(2014)和 Liu 等(2015)结果表明,临界状态线的偏移量与颗粒破碎量呈近似线性关系。因此尽管大坝某点 A(图 2.26)的状态(e, p')一致(或初始密度和应力状态一致),但不同颗粒破碎程度下的临界状态线在 e-lnp'空间的位置却并非相同,因此状态参数 ψ 也不同。颗粒破碎越明显,临界状态线在 e-lnp'空间位置越低,状态参数 ψ 越大,表明土体收缩变形能力越大,强度越低。因此,可以建立

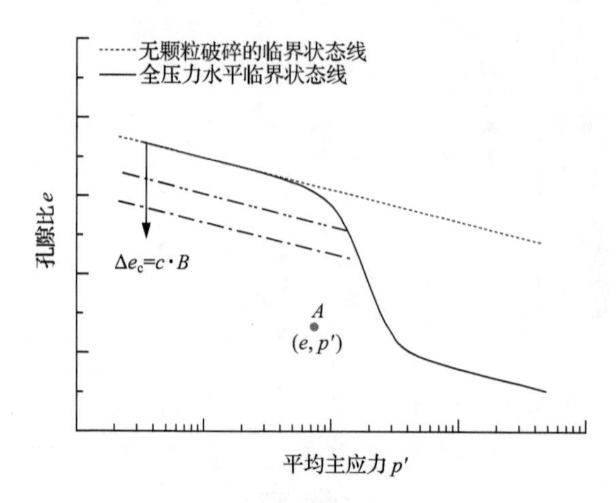

图 2.26 初始颗粒破碎对临界状态线的影响

塑性模量和剪胀与状态参数的关系，反映颗粒破碎对峰值强度和体积变形的影响。

前文已采用考虑颗粒破碎的状态相关弹塑性本构模型对紫坪铺筑坝堆石料两组初始孔隙比 e_0 为 0.448 和 0.319 的三轴试验进行数值验证。本节对该模型是否能够反映初始颗粒破碎(试验开始之前试样已经发生了的颗粒破碎)的影响进行了分析。

采用紫坪铺堆石料试验后，初始颗粒破碎率 B_m 为 10.7%和 13.7%的平均级配曲线(见图 2.27 中初始颗粒破碎率 B_m 为 12.2%的级配曲线)配备了两个初始颗粒破碎 B_m 为 12.2%的试样(初始孔隙比 e_0 均为 0.319)。图 2.28 给出了是否有初始颗粒破碎堆石料的应力-应变-体变试验结果，可以看到尽管初始孔隙比相同，

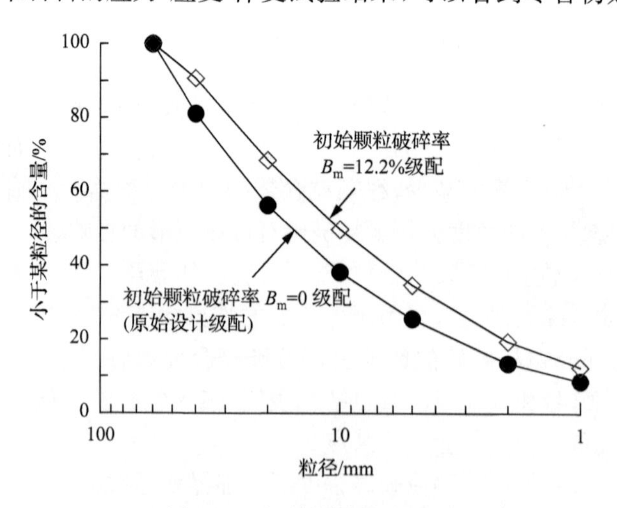

图 2.27 初始颗粒破碎级配

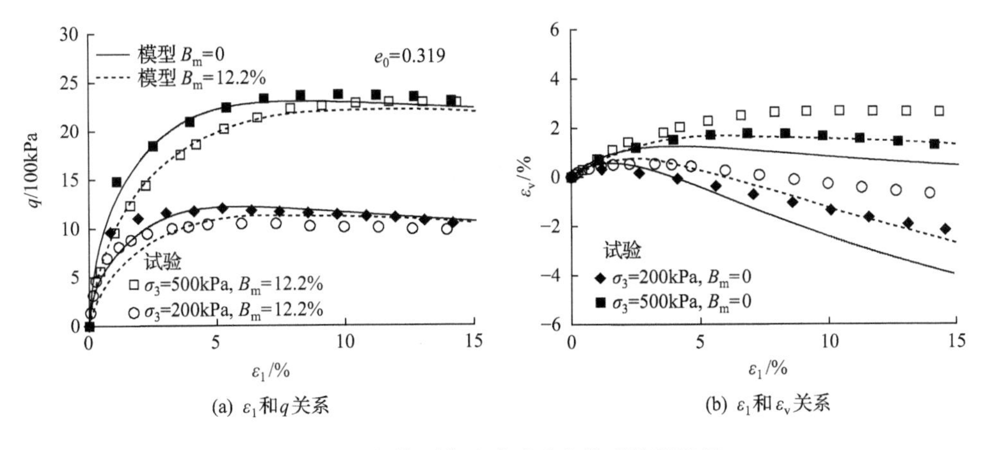

(a) ε_1和q关系　　(b) ε_1和ε_v关系

图 2.28　初始颗粒破碎试验和模型模拟结果

但初始颗粒破碎 B_m为 12.2%的试样的变形模量要明显小于无初始颗粒破碎的情况，有初始颗粒破碎试样的压缩性也明显大于无初始颗粒破碎的情况，且有初始颗粒破碎试样的峰值强度小于无初始颗粒破碎的情况。

根据紫坪铺筑坝堆石料破碎率 B_m和塑性功 W_p的关系，确定初始颗粒破碎率 B_m的等价塑性功 W_{pi}。将等价塑性功 W_{pi}作为初始状态引入到考虑颗粒破碎的状态相关本构模型中，反映初始颗粒破碎对堆石料变形的影响。根据无初始颗粒破碎试样的模型参数，引入初始等价塑性功，对初始颗粒破碎试样的应力应变关系进行数值模拟。比较图 2.28 中初始颗粒破碎的试验和模型模拟结果可知，考虑初始塑性功的方法可以较好地反映初始颗粒破碎对堆石料变形的影响。

3. 大坝有限元数值分析

1) 计算模型及本构模型

为了研究碾压引起的初始颗粒破碎对大坝变形的影响，对坝高 250m 的面板堆石坝进行填筑、蓄水和地震反应的有限元模拟分析。面板坝上游坝坡为 1∶1.4，下游平均坝坡为 1∶1.46。有限元网格如图 2.29 所示，大坝按每层 5m、共 50 步填筑完成，51 步浇筑面板，51～100 步按 5m 一级蓄水至 245m。动力分析时地震动输入采用某拟建大坝场地谱人工生成的地震波，地震加速度时程曲线见图 2.30(图中 g 为重力加速度，数值大小为 9.8m/s^2)。其中，顺河向峰值加速度为 0.5g，竖向峰值加速度取为顺河向的 2/3。震前水位为 245m。堆石料采用了考虑颗粒破碎的状态相关广义塑性模型，其模型参数见表 2.6。

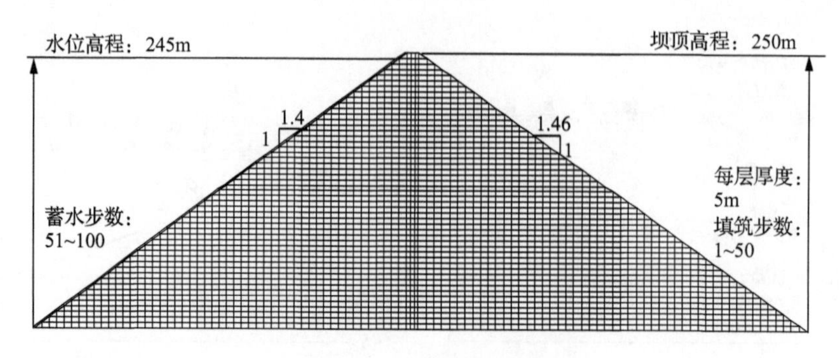

图 2.29　大坝有限元网格

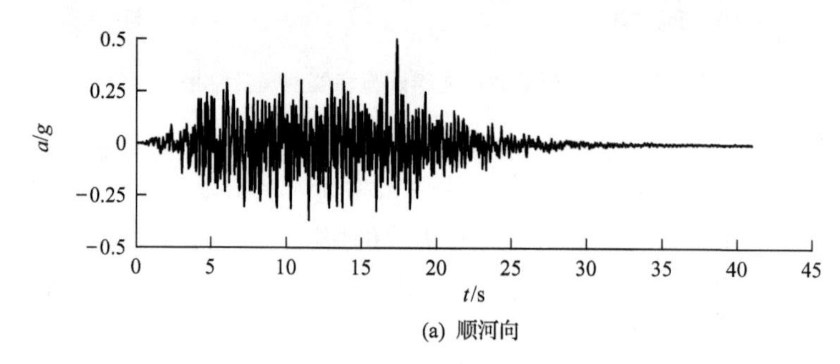

(a) 顺河向

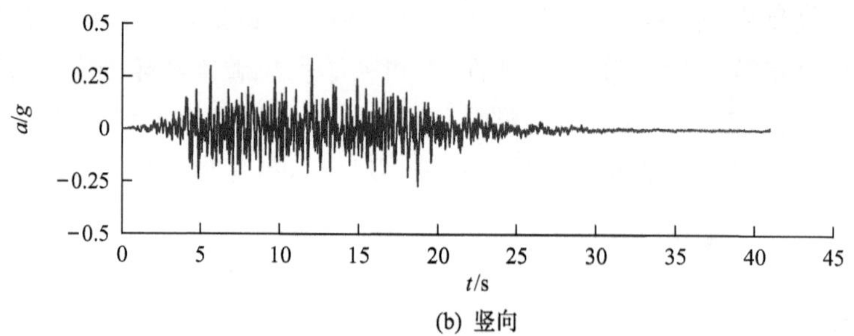

(b) 竖向

图 2.30　地震加速度时程

由表 2.7 可知，碾压遍数 N 为 8～10 时，4 种面板堆石坝的主、次堆石料的平均破碎率 B_{ma} 约为 12.1%，远大于紫坪铺筑坝堆石料室内制样产生的颗粒破碎量（B_m<1.76%），这是由于室内制样振动力远小于现场大型振动碾引起的振动力。根据紫坪铺筑坝堆石料破碎率 B_m 和塑性功 W_p 的关系，确定碾压引起的颗粒破碎率 B_{ma} 的等价塑性功 W_{pi} 约为 756kPa。将等价塑性功 W_{pi} 作为填筑层单元的初始状态，反映碾压颗粒破碎的影响。静、动力分析均有两种工况：工况 1（e_0=0.319，B_{ma}=0）为不考虑碾压产生颗粒破碎影响，工况 2（e_0=0.319，B_{ma}=12.1%）是考虑碾压产生的颗粒破碎影响。

2）填筑和蓄水分析

表2.8和图2.31、图2.32给出了不考虑和考虑碾压颗粒破碎两种工况下竖向沉降和水平位移的最大值和等值线分布图。如图2.31所示，两种工况计算的变形最大位置和分布规律是相同的，但考虑碾压颗粒破碎计算的竖向沉降Y和水平位移X都均明显大于不考虑颗粒破碎的情况。竣工期，考虑碾压颗粒破碎计算的竖向最大沉降要比不考虑时大14.3%，最大水平位移要比不考虑时大27.9%。这可能是目前有限元计算的高坝沉降变形比实测偏小的原因之一。图2.32为蓄水引起的大坝竖向和水平变形的分布，考虑碾压颗粒破碎计算的竖向最大沉降要比不考虑时大7.4%，最大水平位移要比不考虑时大5.6%。蓄水完成后，考虑碾压颗粒破碎计算的面板挠度要比不考虑时大15.2%（表2.8）。对于一些堆石坝，次堆石料区采用了强风化等质地较差的坝料，碾压引起的颗粒破碎会更明显，对大坝的变形影响更大。而且由于实际施工过程中，面板堆石坝的一期面板浇筑一般发生在大坝填筑的过程中，因此，碾压引起的颗粒破碎应在试验参数或者计算方法上予以考虑。

表2.8 填筑和蓄水变形结果

工况	初始状态	堆石变形/m						面板满蓄挠度/m
		填筑引起		蓄水引起增量		满蓄期总量		
		竖向	水平（上游/下游）	竖向	水平	竖向	水平（上游/下游）	
1	$e_0=0.319, B_{ma}=0$	−1.527	−0.293/0.242	−0.394	0.216	−1.706	−0.158/0.285	0.406
2	$e_0=0.319, B_{ma}=12.1\%$	−1.745	−0.375/0.309	−0.423	0.228	−1.948	−0.229/0.358	0.479

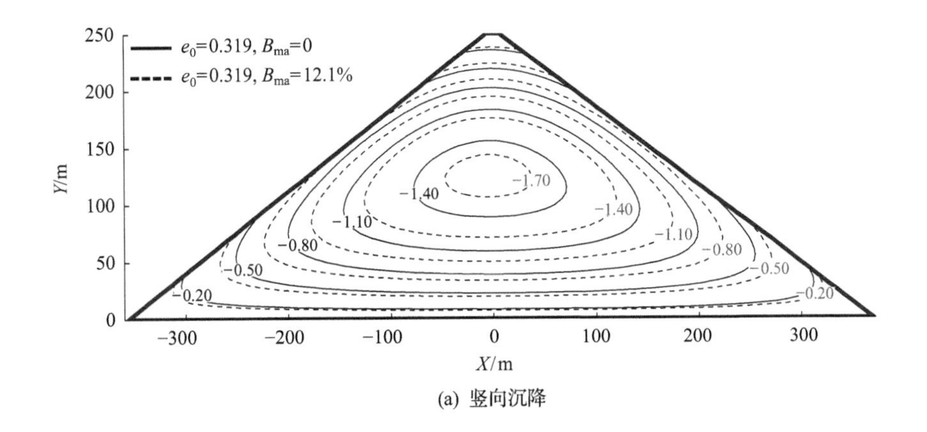

(a) 竖向沉降

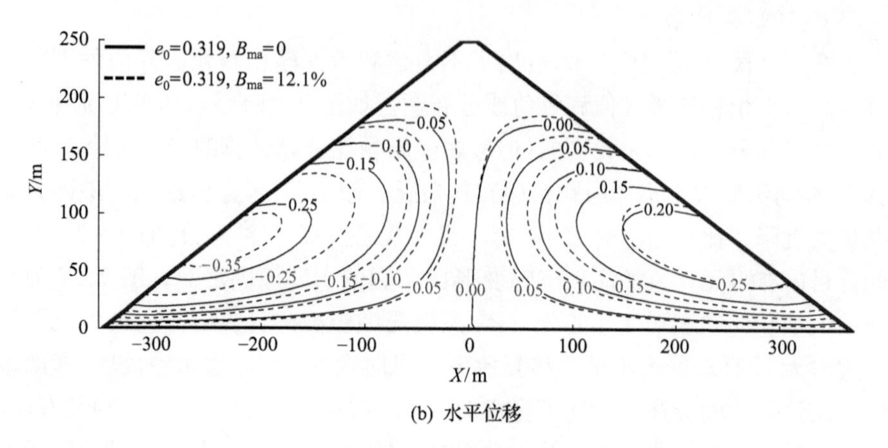

(b) 水平位移

图 2.31　工况 1 和工况 2 竣工期的大坝变形

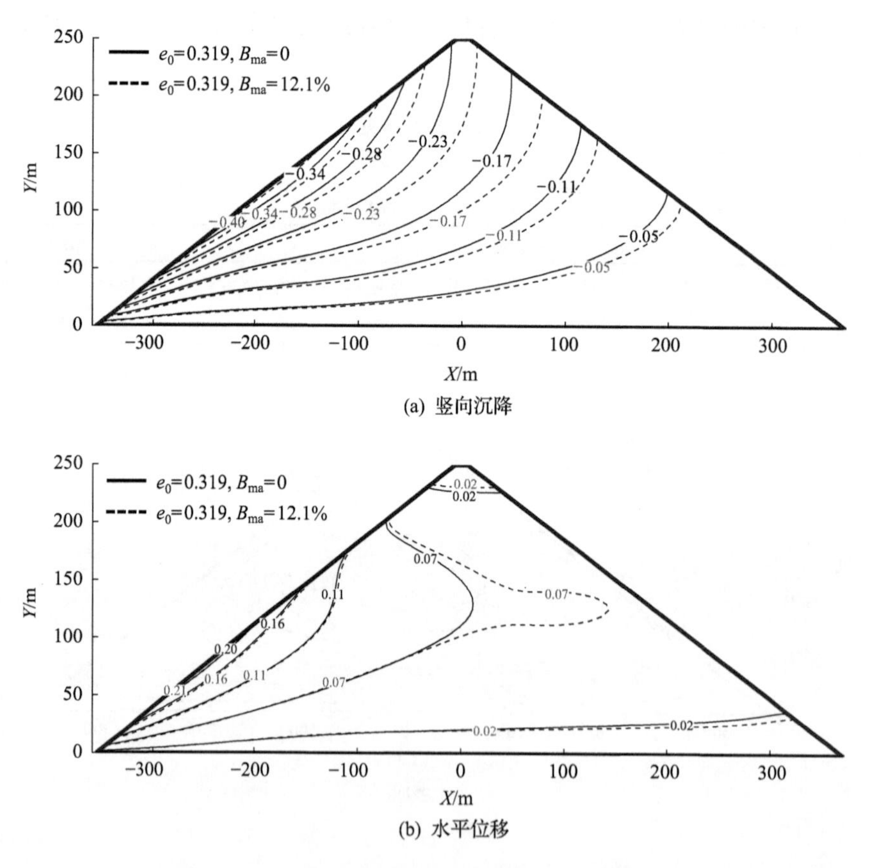

(b) 水平位移

图 2.32　工况 1 和工况 2 蓄水引起的大坝变形增量

3）动力计算分析

表 2.9 和图 2.33 分别给出了不考虑和考虑碾压颗粒破碎两种工况下地震残余变形最大值和等值线分布图。两种工况计算的地震残余变形整体分布规律是相同的，坝体最大沉降和最大水平位移均位于坝顶区域。但考虑碾压颗粒破碎计算的最大水平位移要比不考虑时大 11.6%，竖向最大沉降要比不考虑时大 10.2%。考虑碾压颗粒破碎计算的面板挠度要比不考虑时大 10.3%。综上，碾压颗粒破碎对计算地震残余变形的大小也有显著的影响，也应引起足够的重视。

表 2.9　地震残余变形结果

工况	初始状态	堆石变形/m		面板挠度/m
		竖向	水平	
1	$e_0=0.319, B_{ma}=0$	0.76	0.71	0.87
2	$e_0=0.319, B_{ma}=12.1\%$	0.86	0.79	0.97

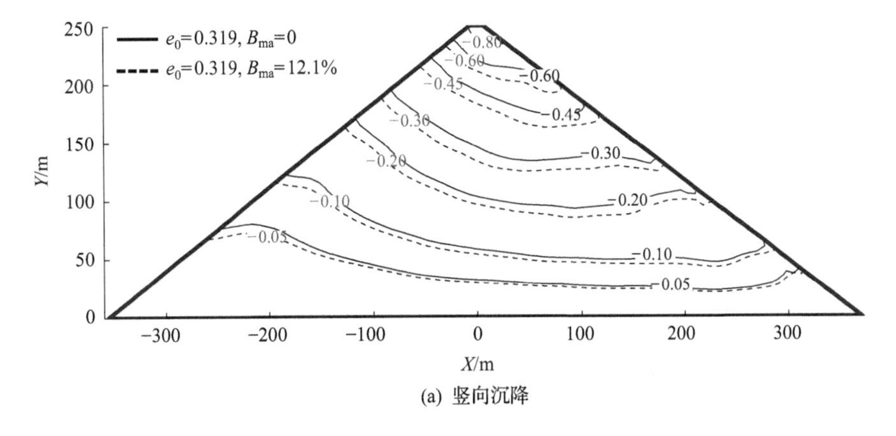

(a) 竖向沉降

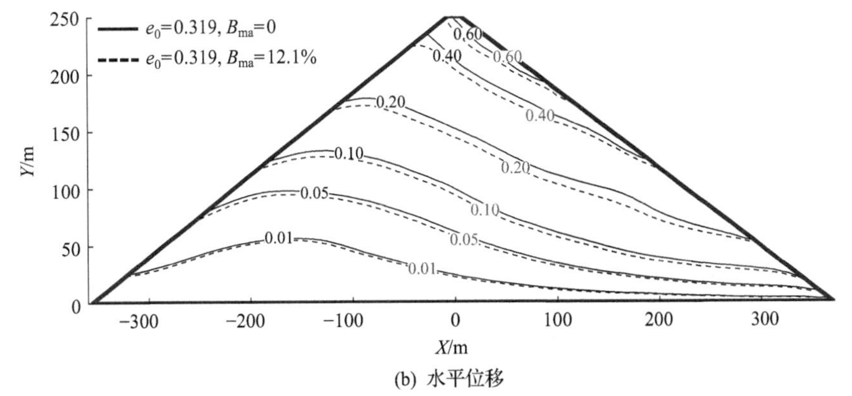

(b) 水平位移

图 2.33　工况 1 和工况 2 地震后坝体残余变形

因此，采用常规模型计算时，应根据以往工程的碾压前后级配变化的实测结果，结合振动碾吨位、碾压次数、堆石料的岩性等因素，估算现场碾压后的级配，然后开展三轴试验确定模型参数。

4. 小结

现代高堆石坝或面板堆石坝采用薄层重型振动碾压施工技术，导致堆石料颗粒破碎明显，粗颗粒含量减少，细颗粒含量增加，碾压后的级配与设计级配不再相同。然而，目前，可研和初设阶段往往采用设计级配(未考虑碾压)的堆石料进行室内三轴试验，如果采用由此得到的三轴试验参数进行有限元分析，将可能导致大坝沉降变形计算结果比实测结果偏小。本节采用考虑颗粒破碎状态的相关广义塑性本构模型，分析了碾压过程中产生的颗粒破碎对 250m 级面板堆石坝施工期、蓄水期及地震时变形的影响，具体结果如下所示。

(1) 考虑颗粒破碎状态的相关弹塑性模型可以较好地反映初始颗粒破碎对堆石料变形的影响，可将等价塑性功作为填筑层单元的初始状态，反映碾压破碎对大坝有限元变形计算的影响。

(2) 碾压过程中的颗粒破碎对大坝的填筑、蓄水及地震后变形有着较大的影响，不考虑碾压过程中颗粒破碎的影响会明显低估大坝的变形。

(3) 室内制样过程中的颗粒破碎远小于现场碾压产生的颗粒破碎。在控制干密度一致的条件下，采用设计级配(未考虑碾压)进行室内三轴试验，得到的模型参数分析高坝将低估其变形，这对分析面板堆石坝的安全和稳定是不利的。

(4) 建议根据以往工程的碾压前后级配变化的实测结果，结合振动碾吨位、碾压次数、堆石料的岩性等因素估算现场碾压后的颗粒级配，然后对设计级配(未考虑碾压)进行修正，再开展三轴试验并确定模型参数。

参考文献

付军，孙役，蒋涛，等. 2005. 水布垭面板堆石坝填筑碾压参数的合理选择. 水力发电，31(12)：36-38.

孔宪京，邹德高. 2014. 紫坪铺面板堆石坝震害分析与数值模拟. 北京：科学出版社.

孔宪京，刘京茂，邹德高，等. 2014. 紫坪铺面板坝堆石料颗粒破碎试验研究. 岩土力学，35(1)：35-40.

秦尚林，陈善雄，宋焕宇. 2008. 巨粒土高填路堤现场填筑试验研究. 岩石力学与工程学报，27(10)：2101-2107.

沈珠江，徐刚. 1996. 堆石料的动力变形特性. 水利水运科学研究，02：143-150.

沈珠江，王剑平，谢晓华. 1987. 混凝土面板堆石坝蓄水变形的数学模拟//徐文焕. 第一届全国计算岩土力学研讨会论文集(二). 四川：西南交通大学出版社：233-238.

水布垭面板堆石坝前期关键技术研究编写委员会. 2005. 水布垭面板堆石坝前期关键技术研究. 北京：中国水利水电出版社.

杨启贵. 2010. 水布垭面板堆石坝筑坝技术. 北京：中国水利水电出版社.

杨泽艳，周建平. 2007. 我国特高面板堆石坝的建设与技术展望. 水力发电，33(01)：64-68.

杨泽艳，文亚豪，罗光其. 2003. 面板堆石坝采用冲碾压实技术的研究和探讨. 贵州水力发电，01：45-47.

赵继成. 2013. 土石坝粗粒料碾压前后级配变化试验研究. 水利技术监督，21(05)：50-54.

Al-Hussaini M. 1983. Effect of particle size and strain conditions on the strength of crushed basalt. Canadian Geotechnical Journal, 20(4): 706-717.

Alonso E E, Iturralde E F O, Romero E E. 2007. Dilatancy of coarse granular aggregates//Experimental Unsaturated Soil Mechanics. Berlin: Springer: 119-135.

Aubry D, Hujeux J C, Lassoudiere F, et al. 1982. A double memory model with multiple mechanisms for cyclic soil behaviour//Proceedings of the International Symposium Numerical Method in Geomechanics: 3-13.

Bandini V, Coop M R. 2011. The influence of particle breakage on the location of the critical state line of sands. Soils and Foundations, 51(4): 591-600.

Barden L, Amir J K. 1966. Incremental strain rate ratios and strength of sand in the triaxial test. Géotechnique, 16(4): 338-357.

Been K, Jefferies M G. 1985. A state parameter for sands. Géotechnique, 35(2): 99-112.

Been K, Jefferies M G. 2004. Stress dilatancy in very loose sand. Canadian Geotechnical Journal, 41(5): 972-989.

Bobei D C, Lo S R, Wanatowski D, et al. 2009. Modified state parameter for characterizing static liquefaction of sand with fines. Canadian Geotechnical Journal, 46(3): 281-295.

Chan A, Zienkiewicz O C, Pastor M. 1988. Transformation of incremental plasticity relation from defining space to general Cartesian stress space. Communications in Applied Numerical Methods, 4(4): 577-580.

Consoli N C, Cruz R C, da Fonseca A V, et al. 2011. Influence of cement-voids ratio on stress-dilatancy behavior of artificially cemented sand. Journal of Geotechnical and Geoenvironmental Engineering, 138(1): 100-109.

Coop M R. 1990. The mechanics of uncemented carbonate sands. Géotechnique, 40(4): 607-626.

Dafalias Y F, Popov E P. 1975. A model of nonlinearly hardening materials for complex loading. Acta Mechanica, 21(3): 173-192.

Dafalias Y F, Herrmann L R. 1982. Bounding surface formulation of soil plasticity. Soil Mechanics-Transient and Cyclic Loads, 10: 253-282.

Dafalias Y F, Herrmann L R. 1986. Bounding surface plasticity. II: Application to isotropic cohesive soils. Journal of Engineering Mechanics, 112(12): 1263-1291.

Daouadji A, Hicher P Y. 2010. An enhanced constitutive model for crushable granular materials. International Journal for Numerical and Analytical Methods in Geomechanics, 34(6): 555-580.

Eberhart R C, Kennedy J. 1995. A new optimizer using particle swarm theory//Proceedings of the Sixth International Symposium on Micro Machine and Human Science, 1: 39-43.

Ghafghazi M, Shuttle D A, de Jong J T. 2014. Particle breakage and the critical state of sand. Soils and Foundations, 54(3): 451-461.

Guo P, Su X. 2007. Shear strength, interparticle locking, and dilatancy of granular materials. Canadian Geotechnical Journal, 44(5): 579-591.

Hardin B O, Drnevich V P. 1972. Shear modulus and damping in soils. Journal of the Soil Mechanics and Foundations Division, 98(7): 667-692.

Hoque E. 2003. Dilatancy characteristics of a sand at constant stress-states in triaxial compression. Journal of Civil Engineering，31(2)：115-126.

Jefferies M G. 1993. Nor-Sand：a simple critical state model for sand. Géotechnique，43(1)：91-103.

Jefferies M G. 1997. Plastic work and isotropic softening in unloading. Géotechnique，47(5)：1037-1042.

Jefferies M G，Shuttle D A. 2002. Dilatancy in general Cambridge-type models. Géotechnique，52(9)：625-638.

Kaliakin V N，Dafalias Y F. 1990. Verification of the elastoplastic-viscoplastic bounding surface model for cohesive soils. Soils and Foundations，30(3)：25-36.

Krieg R D. 1975. A practical two surface plasticity theory. Journal of Applied Mechanics，42(3)：641-646.

Kong X J，Liu J M，Zou D G，et al. 2016. Stress-dilatancy relationship of Zipingpu Gravel under cyclic loading in Triaxial Stress States. International Journal of Geomechanics，4016001.

Lade P V，Nelson R B. 1987. Modelling the elastic behaviour of granular materials. International Journal for Numerical and Analytical Methods in Geomechanics，11(5)：521-542.

Lade P V，Yamamuro J A，Bopp P A. 1996. Significance of particle crushing in granular materials. Journal of Geotechnical Engineering，122(4)：309-316.

Lagioia R，Puzrin A M，Potts D M. 1996. A new versatile expression for yield and plastic potential surfaces. Computers and Geotechnics，19(3)：171-191.

Lee K L，Seed H B. 1967. Drained strength characteristics of sands. Journal of the Soil Mechanics and Foundations Division，93(6)：117-141.

Li X S. 2002. A sand model with state-dependent dilatancy. Géotechnique，52(3)：173-186.

Li X S，Dafalias Y F. 2000. Dilatancy for cohesionless soils. Géotechnique，50(4)：449-460.

Li X S，Dafalias Y F. 2004. A constitutive framework for anisotropic sand including non-proportional loading. Géotechnique，54(1)：41-55.

Li X，Dafalias Y F，Wang Z. 1999. State-dependant dilatancy in critical-state constitutive modelling of sand. Canadian Geotechnical Journal，36(4)：599-611.

Ling H I，Yang S. 2006. Unified sand model based on the critical state and generalized plasticity. Journal of Engineering Mechanics，132(12)：1380-1391.

Liu H B，Zou D G. 2012. Associated generalized plasticity framework for modeling gravelly soils considering particle breakage. Journal of Engineering Mechanics，139(5)：606-615.

Liu H B，Zou D G，Liu J M，2014. Constitutive modeling of dense gravelly soils subjected to cyclic loading. International Journal for Numerical and Analytical Methods in Geomechanics，38(14)：1503-1518.

Liu J M，Liu H B，Zou D G，et al. 2015. Particle breakage and the critical state of sand：By Ghafghazi M，Shuttle D A，DeJong J T. 2014. Soils and Foundations，54(3)，451-461. Soils and Foundations，55(1)：220-222.

Liu J M，Zou D G，Kong X J，et al . 2016. Stress-dilatancy of Zipingpu gravel in triaxial compression tests. Science China Technological Sciences，59(2)：214-224.

Manzari M T，Dafalias Y F. 1997. A critical state two-surface plasticity model for sands. Géotechnique，47(2)：255-272.

Maqbool S，Koseki J. 2010. Large-scale triaxial tests to study effects of compaction energy and large cyclic loading history on shear behavior of gravel. Soils and Foundations，50(5)：633-644.

Marachi N D. 1969. Strength and deformation characteristics of rockfill materials. Berkeley：University of California(Ph. D. Thesis).

Marachi N, Chan C K, Seed H B. 1972. Evaluation of properties of rockfill materials. Journal of the Soil Mechanics and Foundations Division, 98(1): 95-114.

Marsal R J. 1967. Large scale testing of rockfill materials. Journal of Soil Mechanics and Foundation Division, 2(93): 27-43.

Matsuoka H. 1974. Stress-strain relationships of sands based on the mobilized plane. Soils and Foundations, 14(2): 47-61.

Mroz Z. 1967. On the description of anisotropic workhardening. Journal of the Mechanics and Physics of Solids, 15(3): 163-175.

Negussey D, Vaid Y P. 1990. Stress dilatancy of sand at small stress ratio states. Soils and Foundations, 30(1): 155-166.

Newland P L, Allely B H. 1957. Volume changes in drained taixial tests on granular materials. Géotechnique, 7(1): 17-34.

Nova R, Wood D M. 1979. A constitutive model for sand in triaxial compression. International Journal for Numerical and Analytical Methods in Geomechanics, 3(3): 255-278.

Pastor M, Zienkiewicz O C, Chan A. 1990. Generalized plasticity and the modelling of soil behaviour. International Journal for Numerical and Analytical Methods in Geomechanics, 14(3): 151-190.

Pradhan T, Tatsuoka F, Sato Y. 1989. Experimental stress-dilatancy relations of sand subjected to cyclic loading. Soils and Foundations, 29(1): 45-64.

Prévost J H. 1977. Mathematical modelling of monotonic and cyclic undrained clay behaviour. International Journal for Numerical and Analytical Methods in Geomechanics, 1(2): 195-216.

Richart F E, Hall J R, Woods R D. 1970. Vibrations of soils and foundations. Principles of Neurodynamics Spartan, 209(5019): 137.

Roscoe K H. 1963. Mechanical behaviour of an idealized 'wet' clay// Proceedings of Third European Conference Soil Mechanics, Wiesbaden, 1: 47-54.

Roscoe K H, Burland J B. 1968. On the generalized stress-strain behaviour of wet clay. Engineering Plasticity: 535-609.

Roscoe K H, Schofield A, Wroth C P. 1958. On the yielding of soils. Géotechnique, 8(1): 22-53.

Rowe P W. 1962. The stress-dilatancy relation for static equilibrium of an assembly of particles in contact// Proceedings of the Royal Society of London A: Mathematical, Physical and Engineering Sciences, London.

Salim W, Indraratna B. 2004. A new elastoplastic constitutive model for coarse granular aggregates incorporating particle breakage. Canadian Geotechnical Journal, 41(4): 657-671.

Shahnazari H, Towhata I. 2002. Torsion shear tests on cyclic stress-dilatancy relationship of sand. Soils and Foundations, 42(1): 105-119.

Shimizu M. 1982. Effect of overconsolidation on dilatancy of a cohesive soil. Soils and Foundations, 22(4): 121-135.

Varadarajan A, Sharma K G, Abbas S M, et al. 2006. Constitutive model for rockfill materials and determination of material constants. International Journal of Geomechanics, 6(4): 226-237.

Wan R G, Guo P J. 1998. A simple constitutive model for granular soils: Modified stress-dilatancy approach. Computers and Geotechnics, 22(2): 109-133.

Wang Z, Dafalias Y F, Shen C. 1990. Bounding surface hypoplasticity model for sand. Journal of Engineering Mechanics, 116(5): 983-1001.

Xiao Y, Liu H L, Chen Y M, et al. 2014. State-dependent constitutive model for rockfill materials. International Journal of Geomechanics, 15(5): 04014075.

Xu M, Song E X, Chen J P. 2012. A large triaxial investigation of the stress-path-dependent behavior of compacted rockfill. Acta Geotechnica, 7(3): 167-175.

Yang J, Li X S. 2004. State-dependent strength of sands from the perspective of unified modeling. Journal of Geotechnical and Geoenvironmental Engineering, 130(2): 186-198.

Zienkiewicz O C, Mroz Z. 1984. Generalized plasticity formulation and applications to geomechanics. Mechanics of Engineering Materials, 44(2): 655-679.

Zienkiewicz O C, Chan A, Pastor M, et al. 1999. Computational Geomechanics. Chichester: Wiley.

第3章　三维广义塑性接触面本构模型及其应用

3.1　三维广义塑性接触面模型

土与结构之间由于刚度的差异，在两者界面存在一定厚度的不同于一般土体的区域。面板堆石坝中面板与堆石之间、坝肩与堆石之间、土工加筋材料与堆石之间均存在这样的区域。由于受结构约束和土体变形的共同作用，土与结构接触面会出现应变局部化、大剪切变形等现象，同时土与结构接触面也可能伴随着滑移、张开和闭合等非连续变形。面板堆石坝中面板和垫层的刚度差异较大，两者之间在填筑（白旭宏和黄艺升，2000）、蓄水和地震（陈生水等，2008）时均可能出现因面板与垫层张开引起的面板脱空现象。与砂土、堆石料等颗粒材料相似，接触面变形也表现为应力路径相关性、颗粒破碎、蠕变、循环硬化、循环累计变形等特性，并且低围压高密度条件下发生剪胀，高围压低密度条件下发生剪缩（Yoshimi and Kishida，1981；Desai et al.，1985；Uesugi and Kishida，1986；Uesugi et al.，1989；Evgin and Fakharian，1996；Fakharian and Evgin，1997；Zeghal and Edil，2002；Liu and Martinez，2014）。

接触面的变形特性对结构物的受力变形有重要影响，合理模拟土与结构间的受力和变形是十分重要的。目前常采用 Goodman 单元（Goodman et al.，1968）和 Desai 薄层单元（Desai et al.，1984）对面板和垫层的非连续变形进行模拟。在此基础上，学者提出了一些反映单调条件下接触面本构模型，包括非线性弹性模型（Clough and Duncan，1971；张冬霁和卢廷浩，1998；卢廷浩和鲍伏波，2000）、传统弹塑性模型（Boulon and Nova，1990；许国华等，1994；Fakharian and Evgin，2000；de Gennaro and Frank，2002；Ghionna and Mortara，2002；Zeghal and Edil，2002；栾茂田和武亚军，2004；周爱兆和卢廷浩，2008；Peng et al.，2012；Zhao et al.，2013）、损伤本构模型（Hu and Pu，2003，2004）、扰动本构模型（Desai and Ma，1992）及状态相关的弹塑性本构模型（Liu et al.，2006；Lashkari，2012）。一些反映循环荷载条件下的接触面模型也相继被提出，包括非线性弹性模型（Desai et al.，1985；吴军帅和姜朴，1992；Gómez et al.，2003）、理想弹塑性模型（Zou et al.，2013）及弹塑性本构模型（Zaman et al.，1984；Aubry et al.，1990；Navayogarajah et al.，1992；Shahrour and Rezaie，1997；Mortara et al.，2002；Desai et al.，2005；孙吉主和施戈亮，2007；Liu and Ling，2008；Zhang and Zhang，2008；D'Aguiar et al.,2011),这些模型大都可以反映接触面的循环硬化和循环累计变形特性。其中,Liu 和 Ling(2008)提出的弹塑性本构模型可以反映循环荷载条件下颗粒破碎引起的较大法向位移的现象,但该模型没有统一地考虑单调和循环条件下颗粒破碎对接触面变形的影响。

实际工程中的土与结构间的接触问题(如面板与垫层的接触问题)大都是三维问题(张建民等,2008)。然而,目前大部分的单调和循环接触面本构模型主要关注二维条件下接触面的剪切变形特性,很少对三维条件下的接触面变形特性进行验证,这些模型对三维接触面变形特性的适应性还尚不明了。常用的接触面本构模型大都假定两个剪切方向相互独立,而三维接触面试验表明这是不合理的(Evgin and Fakharian,1996;Fakharian and Evgin,1997)。作者课题组在 Liu 和 Ling(2008)提出的平面应变条件下的接触面模型基础上,采用边界面理论,建立了一个三维弹塑性接触面模型并采用文献中的试验结果进行了验证。将该模型引入到非线性有限元程序中,对面板堆石坝填筑、蓄水及地震条件下面板与垫层间的接触问题进行了数值模拟,验证了其合理性。

3.1.1 模型框架

在 Zienkiewicz 和 Mroz(1984)提出的广义塑性模型的框架下,采用边界面模型的思路和状态相关理论,建立了一个三维弹塑性接触面模型(Liu et al.,2014)。该模型是由 Liu 和 Ling(2008)提出的二维接触面模型修改而来的,修改后的模型可用一组参数较好地反映三维条件下接触面的单调和循环荷载变形特性,包括剪胀、剪缩、硬化、软化、残余变形及颗粒破碎。

1. 边界面

如图 3.1 所示,在剪切面 τ_x/σ_n-τ_y/σ_n 上定义了两个边界面:峰值应力边界面和最大应力历史边界面。在 τ-σ_n 空间也定义了最大应力历史边界面:

$$f = \tau - M\sigma_n\left(\frac{\alpha}{\alpha-1}\right)\left[1-\left(\frac{\sigma_n}{\sigma_c}\right)^{\alpha-1}\right] = 0 \tag{3.1}$$

式中,$\tau(\tau=\sqrt{\tau_x^2+t_y^2})$ 为剪应力;σ_n 为法向应力;α、M 均为试验常数;σ_c 表征屈服面的大小。式(3.1)与 Pastor 等(1990)的屈服面表达式是一致的。两个空间的最大应力历史边界面组成了三维空间中的最大应力历史边界面。

与 Wang 等(1990)的砂土模型类似,根据当前应力状态点 B 和反弯点 A 的状态,确定峰值边界面 $\eta_p[\eta_p=(\tau/\sigma_n)_p]$ 和最大历史应力边界面 η_{max} 的状态,图 3.1 中 $AB=\rho$,$AC=\rho_{max}$,$AD=\rho_p$。当前应力状态在历史最大应力边界面上($\rho=\rho_{max}$),表示单调加载,当前应力状态在历史最大应力边界面内($\rho<\rho_{max}$),表示循环加载。

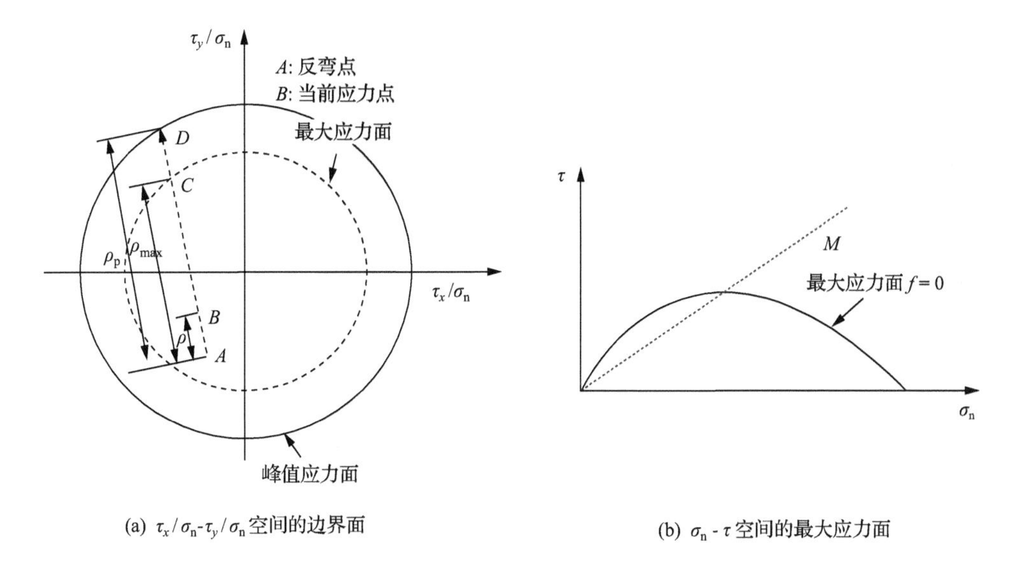

(a) τ_x/σ_n-τ_y/σ_n空间的边界面　(b) σ_n - τ空间的最大应力面

图3.1　边界面定义

2. 模型简介

三维条件下，接触面应力增量与应变增量的关系为

$$\mathrm{d}\boldsymbol{\sigma} = \boldsymbol{D}^{\mathrm{ep}}\mathrm{d}\boldsymbol{\varepsilon} \tag{3.2}$$

式中，应力增量 $\mathrm{d}\boldsymbol{\sigma} = (\mathrm{d}\tau_x, \mathrm{d}\tau_y, \mathrm{d}\sigma_n)^{\mathrm{T}}$；应变增量 $\mathrm{d}\boldsymbol{\varepsilon} = (\mathrm{d}u_x, \mathrm{d}u_y, \mathrm{d}v)^{\mathrm{T}}/t$，$t$ 为接触面厚度，一般等于5～10倍的颗粒平均粒径。

弹塑性矩阵表示为

$$\boldsymbol{D}^{\mathrm{ep}} = \boldsymbol{D}^{\mathrm{e}} - \frac{\boldsymbol{D}^{\mathrm{e}} : \boldsymbol{n}_{\mathrm{g}} \otimes \boldsymbol{n} : \boldsymbol{D}^{\mathrm{e}}}{H + \boldsymbol{n} : \boldsymbol{D}^{\mathrm{e}} : \boldsymbol{n}_{\mathrm{g}}} \tag{3.3}$$

式中，弹性矩阵 $\boldsymbol{D}^{\mathrm{e}} = \begin{bmatrix} D_s & & \\ & D_s & \\ & & D_n \end{bmatrix}$；塑性流动方向 $\boldsymbol{n}_{\mathrm{g}} = (n_{gx}, n_{gy}, n_{gn})^{\mathrm{T}}$，代表塑性应变增量的方向；加载方向 $\boldsymbol{n} = (n_x, n_y, n_n)^{\mathrm{T}}$，为屈服面法线方向。其中

$$D_s = D_{s0}\frac{1+e}{e}\left[\left(\frac{\sigma_n}{p_a}\right)^2 + \left(\frac{\tau}{p_a}\right)^2\right]^{0.5} \tag{3.4}$$

$$D_n = \frac{D_{n0}}{D_{s0}}D_s \tag{3.5}$$

$$n_{gx} = \frac{\tau_x}{\tau\sqrt{d_g^2+1}}, \quad n_{gy} = \frac{\tau_y}{\tau\sqrt{d_g^2+1}}, \quad n_g = \frac{d_g}{\sqrt{d_g^2+1}} \tag{3.6}$$

$$d_{\mathrm{g}} = r_{\mathrm{d}}\alpha\left[(M_{\mathrm{c}} + k_{\mathrm{m}}\psi)\sqrt{\frac{\rho_{\max}}{\rho}} - \eta\right]\exp\left(\frac{c_0}{\eta}\right) \tag{3.7}$$

$$n_x = \frac{\tau_x}{\tau\sqrt{d_{\mathrm{f}}^2 + 1}},\quad n_y = \frac{\tau_y}{\tau\sqrt{d_{\mathrm{f}}^2 + 1}},\quad n_{\mathrm{n}} = \frac{d_{\mathrm{f}}}{\sqrt{d_{\mathrm{f}}^2 + 1}} \tag{3.8}$$

$$d_{\mathrm{f}} = r_{\mathrm{d}}\alpha[(M_{\mathrm{f}} + k_{\mathrm{m}}\psi)\sqrt{\rho_{\max}/\rho} - \eta]\exp\left(\frac{c_0}{\eta}\right) \tag{3.9}$$

$$\psi = e - e_{\mathrm{c}} \tag{3.10}$$

$$e = e_0 - \frac{v}{t}(1 + e_0) \tag{3.11}$$

$$e_{\mathrm{c}} = e_{\tau 0} - \Delta e_{\mathrm{c}} - \lambda\ln\left(\frac{\sigma_{\mathrm{n}}}{p_{\mathrm{a}}}\right) \tag{3.12}$$

$$\Delta e_{\mathrm{c}} = c_3\,(B_{\mathrm{r}})_{\mathrm{virgn}} + c_4\,(B_{\mathrm{r}})_{\mathrm{cyclic}} \tag{3.13}$$

$$B_{\mathrm{r}} = \frac{W_{\mathrm{p}}}{c_1 + c_2 W_{\mathrm{p}}} \tag{3.14}$$

$$\Delta e_{\mathrm{c}} = \int_{\rho_{\max}=\rho}\frac{-\,\mathrm{d}W_{\mathrm{p}}}{(a + bW_{\mathrm{p}})^2} + \int_{\rho_{\max}>\rho}\frac{-c}{(a + bW_{\mathrm{p}})^2}\mathrm{d}W_{\mathrm{p}} \tag{3.15}$$

式(3.4)～式(3.15)中，p_{a} 是标准大气压；e 为当前孔隙比；e_0 为初始孔隙比；v 为法向位移；e_{c} 为临界孔隙比；B_{r} 为颗粒破碎量参；W_{p} 为塑性功，B_{r} 和 W_{p} 的双曲线关系适用于单调和循环荷载；c_1 和 c_2 为试验常数；$(B_{\mathrm{r}})_{\mathrm{virgin}}$ 表示单调荷载下的颗粒破碎量($\rho = \rho_{\max}$)；$(B_{\mathrm{r}})_{\mathrm{cyclic}}$ 表示发生在循环荷载下的颗粒破碎($\rho < \rho_{\max}$)；c_3 和 c_4 用来反映单调和循环荷载下颗粒破碎对临界孔隙比的影响，其中，$a = c_1/\sqrt{c_1 c_3}$，$b = c_2/\sqrt{c_1 c_3}$，$c = c_4/c_3$。

塑性模量表示为

$$H = H_0\,\frac{1}{1+\psi}\left(\frac{\sigma_{\mathrm{n}}}{p_{\mathrm{a}}}\right)\left(1 - \frac{\rho}{\rho_{\mathrm{p}}}\right)(1+\rho)^{-2} f_{\mathrm{h}} \tag{3.16}$$

式中，f_{h} 为塑性模量参数。

修改模型加卸载判断方法与广义塑性模型一致：$\boldsymbol{n}:\mathrm{d}\boldsymbol{\sigma}^{\mathrm{e}} > 0$，表示加载；$\boldsymbol{n}:\mathrm{d}\boldsymbol{\sigma}^{\mathrm{e}} < 0$，表示卸载；$\boldsymbol{n}:\mathrm{d}\boldsymbol{\sigma}^{\mathrm{e}} = 0$，表示中性变载，其中，$\mathrm{d}\boldsymbol{\sigma}^{\mathrm{e}} = \boldsymbol{D}^{\mathrm{e}}:\mathrm{d}\boldsymbol{\varepsilon}$

但与传统广义塑性模型不同，当出现反弯点时，确定加载方向 $\boldsymbol{n}$ 的应力状态要由最大应力边界面上的映射点的应力状态 $\bar{\boldsymbol{\sigma}}$[图 3.1(a) 中 C 点应力状态]代替绝对应力状态 $\boldsymbol{\sigma}$。

模型参数包括：弹性参数 D_{n0}、D_{s0}；临界状态参数 e_{τ}、λ、M_{c}；塑性流动方向 α、

r_d、k_m；加载方向参数 M_f；塑性模量参数 H_0、k、f_h；颗粒破碎参数 a、b、c。c_0 为很小的常数，取为 0.0001。大部分参数均可根据试验结果直接确定(Liu et al.，2014)，这里不再赘述。

3.1.2　接触面闭合和张开模拟

土与结构之间可能伴随着张开和闭合等非连续变形。接触面的法向应力大于 0(压为正)时，接触面是闭合的，否则表明接触面发生了张开。接触面只有在闭合时才能采用接触面本构模型进行计算。当接触面张开后，土与结构之间既没有剪切力也没有法向力，接触面的刚度阵为 $\mathbf{0}$。试验表明，接触面存在一定的厚度 t，一般为 5～10 倍的颗粒平均粒径，并且接触面会发生剪胀或剪缩的法向变形(Zhang et al.，2006；Zhang and Zhang，2008)。在处理张开后再闭合时要准确地区分接触面的法向变形和张开量的大小。为了判断接触面的张开和闭合状态，需要记忆：①接触面法向变形 T，包括闭合和张开时接触面的法向变形；② 张开位置 S，张开后未闭合前的接触面的法向变形，也是闭合前的接触面的法向变形。因此土与结构间的脱空量 $h=T-S$。当脱空量 $h\leqslant 0$ 时，表明接触面发生了闭合。接触面张开后再闭合时，需要首先根据接触面法向变形 T 和张开位置 S 确定计算采用的法向应变 $\varepsilon_n=-(T-S)/t$，然后根据 ε_n 和弹塑性矩阵 $\boldsymbol{D}^{ep}$ 计算法向应力，如果法向应力大于 0，则表明接触面闭合。在植入有限元程序时，处理接触面闭合和张开的流程见图 3.2。

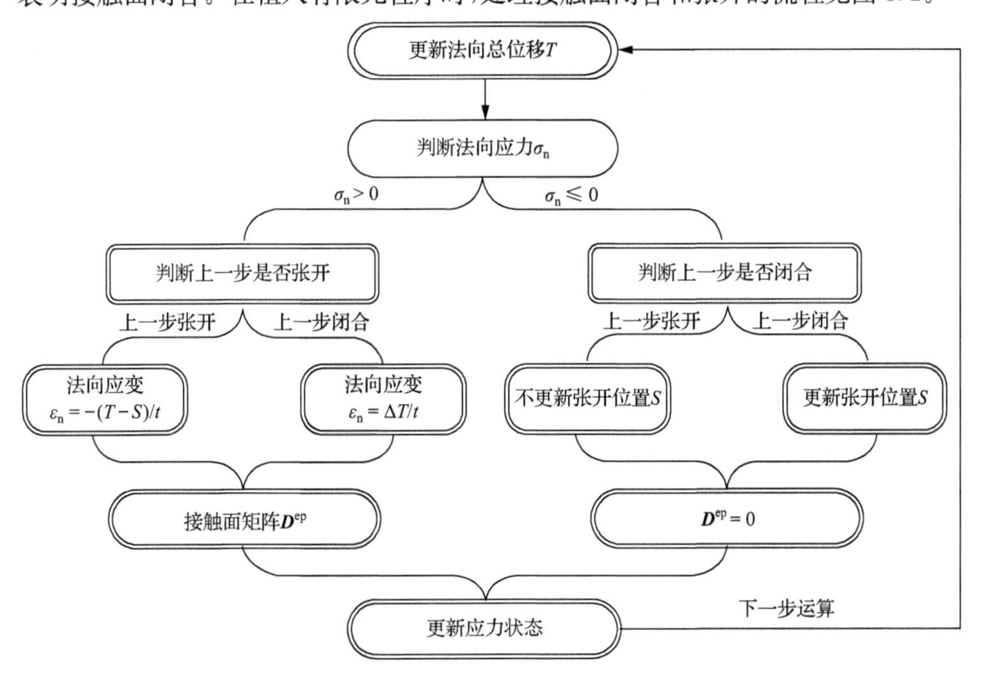

图 3.2　接触面张开和闭合处理

3.2 接触面模型对面板与垫层接触面变形及面板应力的影响

3.2.1 面板与垫层接触面模型应用现状

面板堆石坝中面板和垫层的刚度相差较大，两者之间在填筑、蓄水和地震时可能发生较大的非连续变形，合理模拟面板堆石坝中面板与垫层间的接触特性对分析面板的应力是十分重要的。随着面板堆石坝弹塑性有限元分析的发展，传统的Clough-Duncan双曲线(Clough and Duncan，1971)和理想弹塑性接触面模型已不能满足地震荷载条件下面板堆石坝弹塑性反应分析的需求。目前，循环弹塑性接触面模型虽然有很多，但是很少有与这些接触面模型的工程应用相关的研究。Zhang和Zhang(2009)在面板堆石坝等效线性动力分析中采用了EPDI模型，但尚未见面板堆石坝动力弹塑性有限元分析中采用复杂弹塑性接触面模型。

本节采用三维广义塑性接触面模型对某在建面板堆石坝进行了三维有限元静力、动力弹塑性有限元分析(刘京茂等，2015)。筑坝材料采用堆石料广义塑性模型，面板与垫层接触面分别采用了双曲线接触面模型、理想弹塑性接触面模型和三维广义塑性接触面模型，分析了施工期、蓄水期及地震条件下接触面模型对面板与垫层接触面变形及面板应力的差异。数值分析结果可为进一步认识面板与垫层间的接触面变形、合理分析面板应力分布规律及改善面板应力提供参考。

3.2.2 大坝有限元模型

采用某已建面板堆石坝为计算模型(图3.3)。该面板堆石坝最大坝高为171m，坝顶长355m，上游坝坡1∶1.4。大坝的三维有限元网格共有单元74521个。堆石料和面坝采用8节点等参实体单元，面板与坝体交界面、趾板与坝体交界面采用Goodman单元，面板垂直缝、周边缝采用缝单元。面板分三期填筑，一期面板顶部高程为2737m，二期面板顶部高程为2805m，三期面板顶部高程为2852m。面板厚度为0.3m+0.0035H(H为坝高，单位m)。填筑过程有限元加载步为86步。填筑到高程2780m时(有限元54步)，浇筑一期面板，大坝填筑完成后浇筑二期、三期面板，然后大坝由空库蓄水至高程2840m。

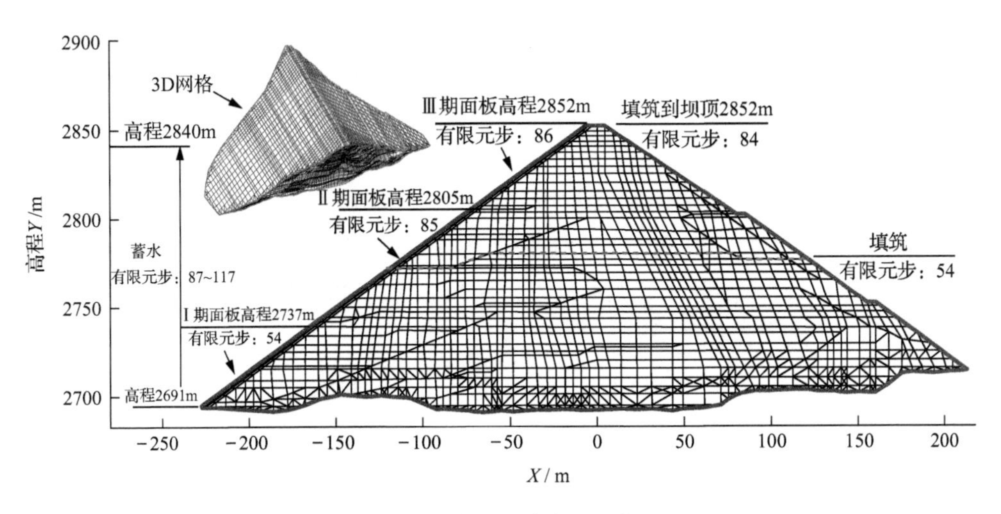

图 3.3　大坝最大断面网格

3.2.3　材料本构模型及其参数

1. 堆石料模型参数

筑坝堆石料采用广义塑性模型(孔宪京等,2013)。根据大坝主堆石料单调与循环荷载三轴试验确定模型参数,参数的物理意义详见文献(孔宪京等,2013)。过渡料与垫层料均取为主堆石料参数。堆石料广义塑性模型参数见表 3.1。

表 3.1　堆石料广义塑性模型参数

G_0	K_0	m_s	m_v	M_g	M_f	α_f	α_g	H_0	m_l	β_0	β_1	H_{u0}	m_u	r_d	γ_{DM}	γ_u
1475	1567	0.43	0.43	1.75	0.90	0.21	0.43	570	0.18	42	0.039	1500	0.18	120	65	7.5

2. 面板、竖缝、周边缝材料参数

混凝土面板采用线弹性模型,密度 ρ 为 2400kg/m^3,弹性模量 E 为 2.55×10^{10}Pa,泊松比 ν 为 0.167。面板间竖缝参数采用邹德高等(2009)建议值,其法向压缩刚度为 25GPa/m,法向拉伸刚度为 5MPa/m,切向刚度取为 1MPa/m。

3. 面板、趾板与垫层间的接触面材料参数

面板、趾板与垫层间的接触面分别采用双曲线、理想弹塑性及广义塑性接触面模型。采用 Zhang 和 Zhang(2008)的接触面试验成果对模型参数进行标定。广义塑性接触面模型参数见表 3.2,图 3.4 为模型模拟和试验结果。广义塑性接触面

模型可以较好地反映剪胀、剪缩、硬化和软化。图 3.4 中 σ_n 为 100kPa 的试验结果和模拟结果差别较大,可能与仪器的约束有关,低法向应力条件下仪器的约束较大,限制了法向位移的剪胀。双曲线和理想弹塑性接触面模型及其参数的物理意义与文献一致(Xu et al.,2012;Zou et al.,2013)。双曲线接触面模型参数见表 3.3,试验和模拟结果见图 3.5,理想弹塑性接触面模型参数见表 3.4,试验和模拟结果见图 3.6。双曲线模型和理想弹塑性模型可以模拟剪应力和切向(剪切)位移的关系,但广义塑性接触面模型不仅可以模拟剪应力和剪切位移的关系,还可以模拟法向应力和法向位移的关系。

表 3.2 广义塑性接触面模型参数

D_{s0}/kPa	D_{n0}/kPa	M_c	$e_{\tau0}$	λ	a/kPa$^{0.5}$	b	c
1000	1500	0.88	0.4	0.091	224	0.06	3.0
α	r_d	k_m	M_f	k	H_0/kPa	f_h	t/m
0.65	0.2	0.6	0.65	0.5	8500	2	0.1

表 3.3 双曲线接触面模型参数

k_1	k_2/(kPa/m)	n	φ/(°)	R_f
600	1×10^7	0.85	41.5	0.9

表 3.4 理想弹塑性接触面模型参数

k_1	k_2/(kPa/m)	n	φ/(°)
300	1×10^7	0.8	41.5

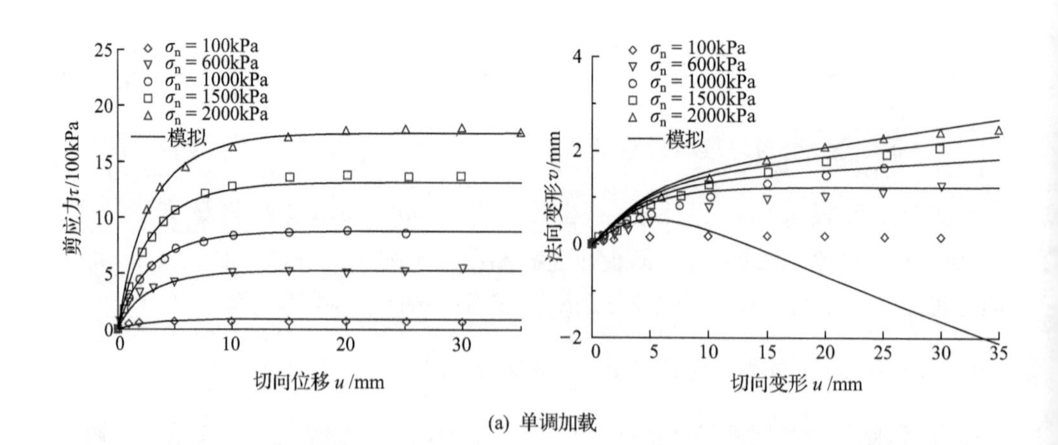

(a) 单调加载

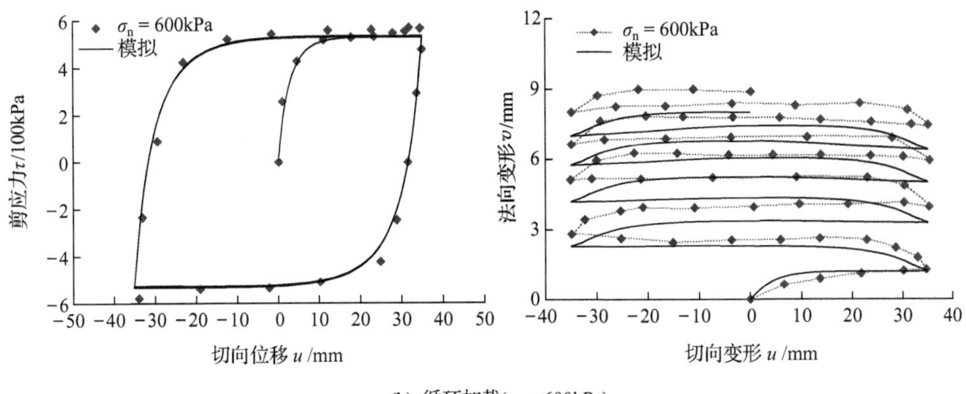

(b) 循环加载($\sigma_n = 600$kPa)

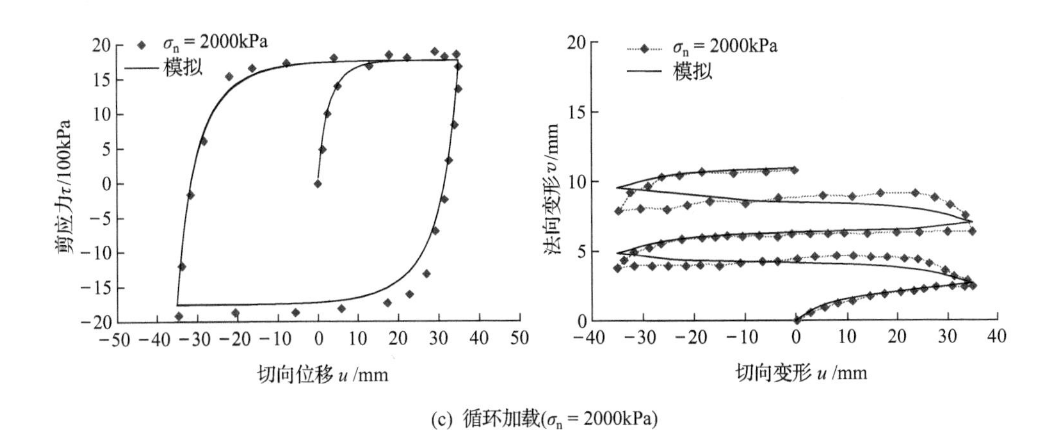

(c) 循环加载($\sigma_n = 2000$kPa)

图 3.4　广义塑性接触模型模拟和试验结果对比

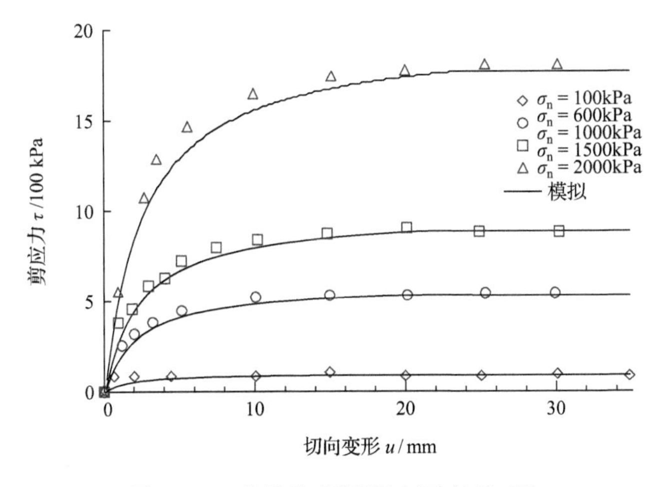

图 3.5　双曲线模型模拟和试验结果对比

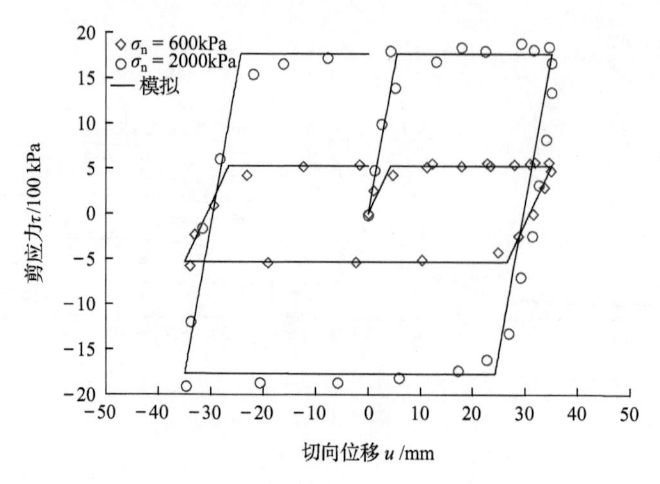

图 3.6　理想弹塑性模型模拟和试验结果对比

4. 地震动输入

动力计算地震输入采用《水工建筑物抗震设计规范》(中国水利水电科学研究院,2000)中的规范谱人工生成的地震波,如图 3.7 所示。顺河向、竖向及坝轴向地震峰值加速度分别为 $0.306g$,$0.204g$ 和 $0.306g$。

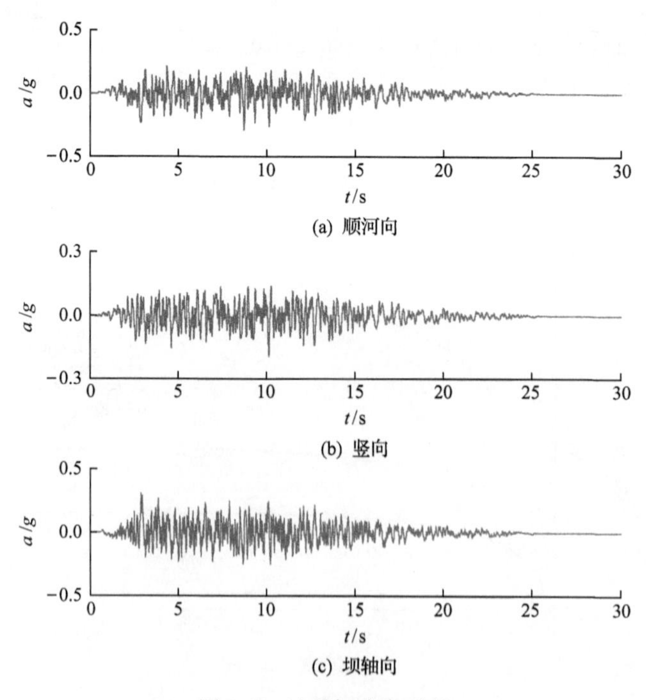

图 3.7　地震加速度时程

3.2.4　施工和蓄水分析

1. 大坝变形

堆石料广义塑性模型可以较好地反映不同应力路径下堆石的变形特性(邹德高等,2013)。采用三种不同的接触面模型计算得到的大坝填筑和蓄水后的大坝变形是一致的。填筑时,坝体变形以竖向沉降为主,上游坝面土体表现为指向上游的水平变形[图 3.8(a)]。蓄水引起的变形也以坝体竖向沉降为主,在坝底部到中部水平变形指向下游,在坝顶附近坝体的水平位移指向上游[图 3.8(b)],这与文献计算的规律是一致的(朱百里和沈珠江,1990)。

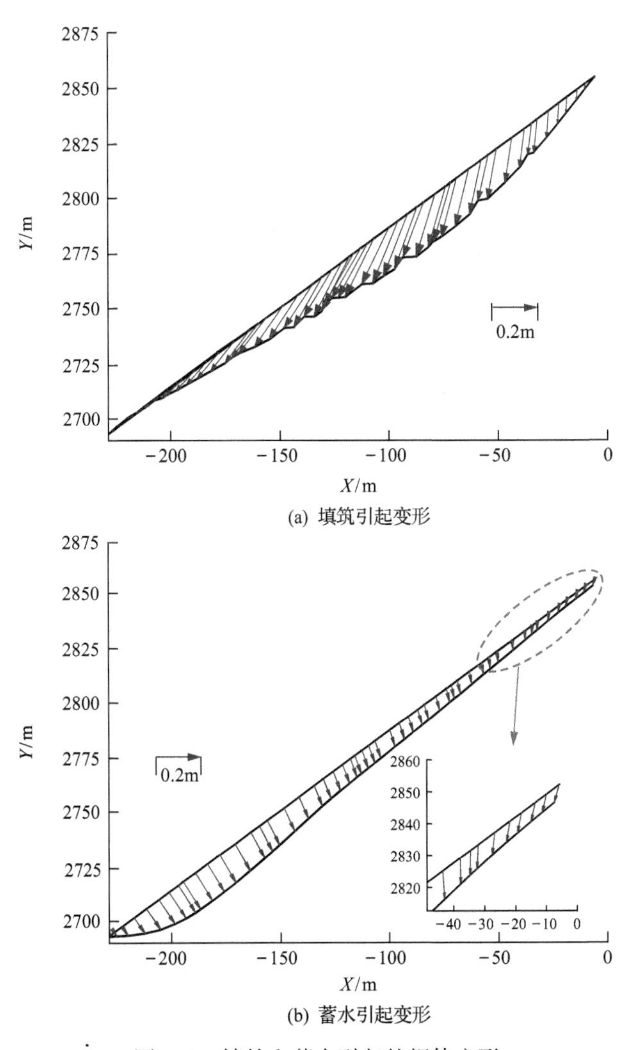

(a) 填筑引起变形

(b) 蓄水引起变形

图 3.8　填筑和蓄水引起的坝体变形

2. 面板应力和挠度

图 3.9 为面板顺坡向和坝轴向应力随坝高的变化规律。竣工后，三种接触面模型计算的面板应力的大小和分布规律是一致的。蓄水后，不同接触面模型计算的面板顺坡向应力的规律是基本一致的，但面板坝轴向应力的分布规律和量值存在一些差异。如图 3.9(b)，蓄水后，在高程 2760m 以下，广义塑性接触面模型的面板坝轴向应力小于双曲线和理想弹塑性接触面模型所对应的轴向应力；高程 2760m 以上，广义塑性接触面模型的面板轴向应力大于双曲线和理想弹塑性接触面模型所对应的轴向应力。

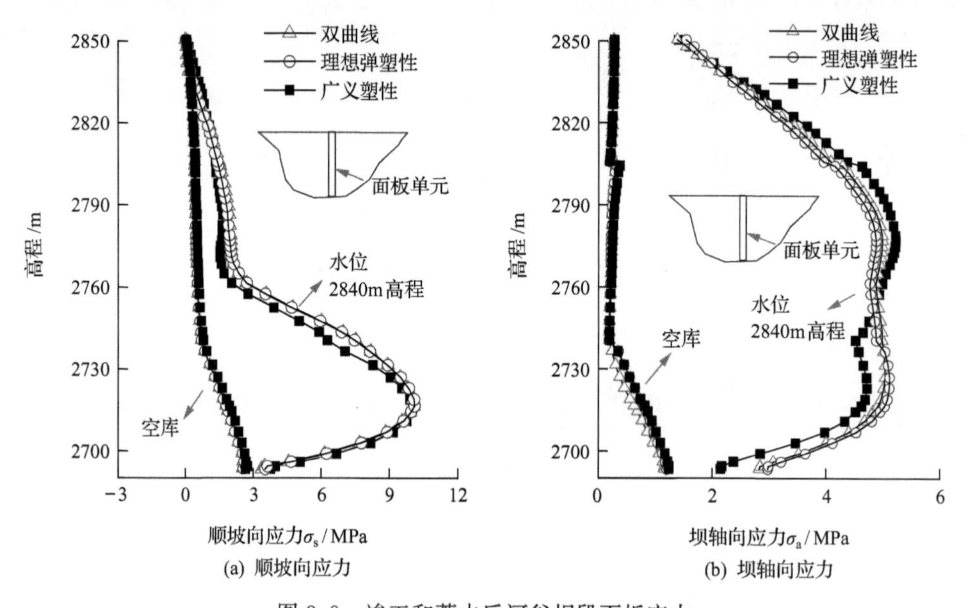

(a) 顺坡向应力　　(b) 坝轴向应力

图 3.9　竣工和蓄水后河谷坝段面板应力

3. 接触面位移

面板与垫层间的相对变形即为接触面的位移，接触面在面板与垫层间起到缓冲作用。接触面的剪切位移越小，垫层的变形对面板的影响越大。取一个特征接触面单元 I-A(高程为 2711m)，比较其广义塑性接触面模型与双曲线和理想弹塑性接触面模型计算结果的差异。

图 3.10 为一期面板下侧的接触面单元 I-A(高程为 2711m)的法向应力 σ_n 与剪应力 τ($\tau = \tau_a^2 + \tau_s^2$，下标 a 表示坝轴向，s 表示顺坡向)，及剪切位移 u($u = u_a^2 + u_s^2$) 与应力比 τ/σ_n 的关系。竣工后(填筑过程中 σ_n 较小且变化不大) 不同接触面模型的剪切位移 u 和剪应力 τ 的大小是基本一致的。但蓄水过程中，广义塑性接

触面模型的剪切位移和剪应力的大小与双曲线和理想弹塑性存在较明显的差异。

从图3.10(a)接触面单元I-A应力路径可以看出，蓄水过程中I-A的法向应力是逐渐增大的，但剪应力呈往复性变化，并且广义塑性接触面模型与双曲线和理想弹塑性的应力路径存在着明显的差异。双曲线和理想弹塑性接触面模型应力增量与应变增量方向是相同的，不能反映法向应力变化对加卸载判断的影响，加卸载判断的差异是引起应力路径差异的一个原因。此外，双曲线和理想弹塑性接触面模型的三个变形方向为两个剪切方向和一个法向方向，三个变形方向是相互独立的，而广义塑性接触面模型可以反映它们间的耦合。双曲线和理想弹塑性接触面模型

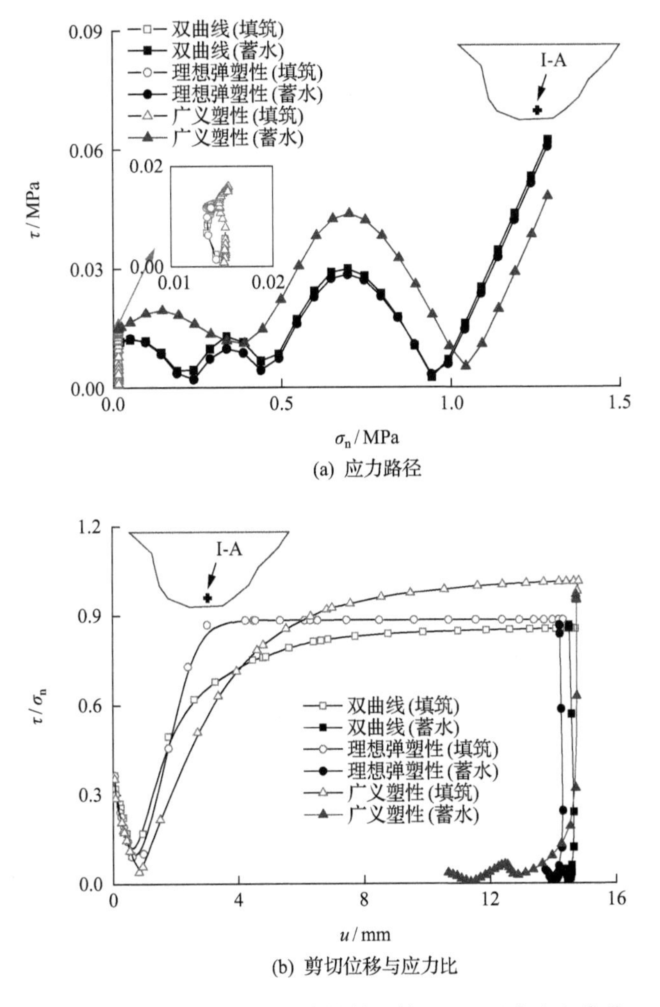

(a) 应力路径

(b) 剪切位移与应力比

图3.10　填筑和蓄水过程中接触面单元I-A的应力和位移

不能较好地反映往复荷载下的接触面的变形特性，进一步导致了蓄水过程中的接触面位移的差异。这些差别都导致了广义塑性接触面模型计算的接触面应力路径、位移及面板应力不同于双曲线和理想弹塑性接触面模型。

图 3.11 为不同接触面模型蓄水后接触面法向位移。双曲线和理想弹塑性接触面模型由于假定法向刚度较大，接触面的法向位移较小。广义塑性接触面模型计算的结果表明，填筑过程中一期面板下侧接触面法向位移存在明显的剪胀现象（面板与垫层没有张开）。蓄水过程中接触面法向位移主要表现为剪缩，在坝顶区域也有轻微的剪胀。

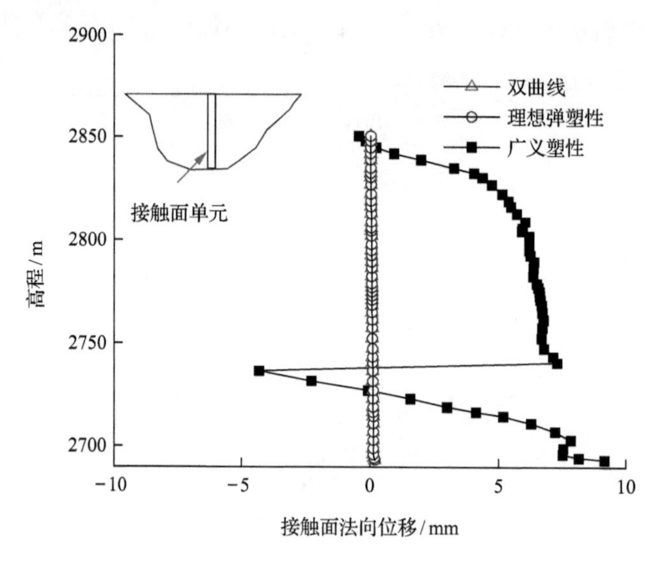

图 3.11　蓄水后接触面法向位移（正：压缩；负：剪胀）

3.2.5　地震反应分析

采用广义塑性接触面模型和理想弹塑性接触面模型进行有限元弹塑性动力计算，分析了地震荷载下两种接触面模型计算的面板应力的异同，并同时分析了地震过程中接触面应力及变形的变化规律。

1. 坝体残余变形

图 3.12 为地震荷载下大坝的震前和震后的轮廓图。坝体主要表现为竖向沉降和指向下游的水平位移。坝体残余变形主要集中在坝体的中上部。采用理想弹塑性接触面模型和广义塑性接触面模型计算的坝体残余变形结果是一致的。

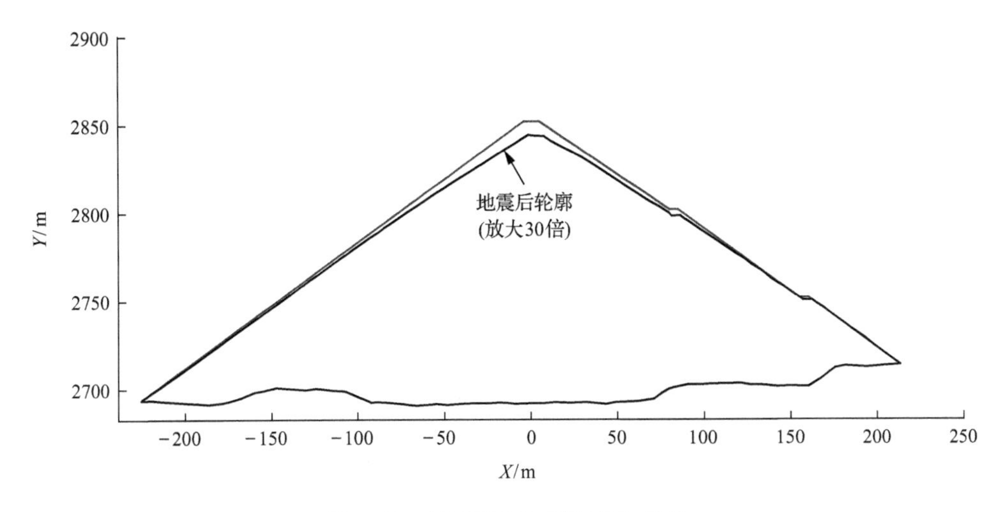

图 3.12　地震引起的坝体残余变形

2. 面板应力和挠度

图 3.13 为地震后坝体残余变形引起的面板顺坡向和坝轴向应力的分布。如图 3.13(a)所示，坝体残余变形引起的面板沿顺坡向应力在坝底部区域呈受压状态，在坝顶区域呈受拉状态。两种接触面模型的面板顺坡向应力差别并不明显。如图 3.13(b)所示，坝体残余变形引起的面板沿坝轴向应力主要为受压状态，最大压应力位置发生在坝中位置。两种接触面模型的面板坝轴向应力差别较大，广义塑性接触面模型的最大坝轴向压应力约为 9MPa，理想弹塑性接触面模型的最大坝轴向应力约为 13MPa，广义塑性的坝轴向应力明显小于理想弹塑性的坝轴向应力。图 3.14 为面板单元 F-A(高程为 2813m)的应力时程，两种接触面模型计算的

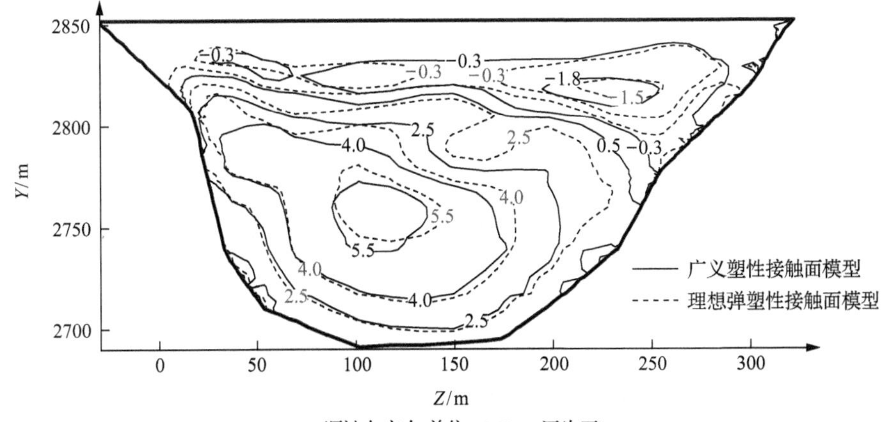

(a) 顺坡向应力(单位：MPa，压为正)

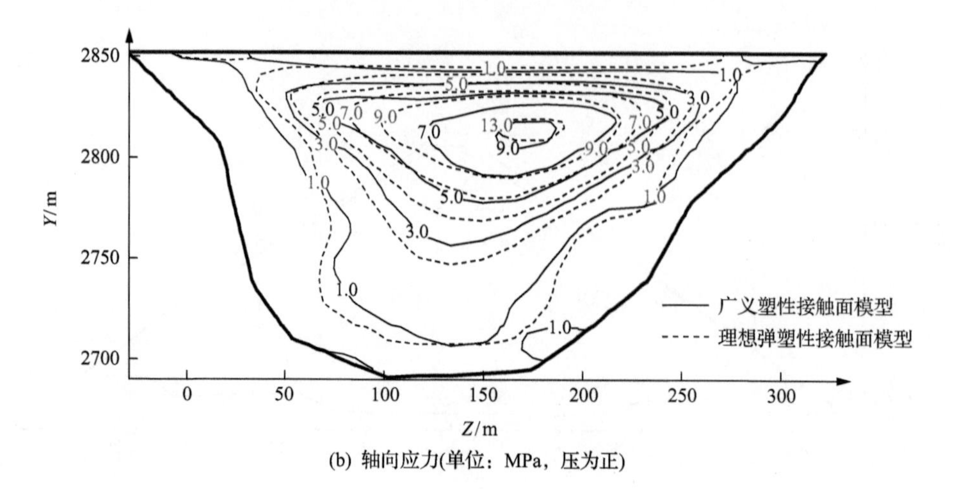

(b) 轴向应力(单位：MPa，压为正)

图 3.13　地震后坝体残余变形引起的面板应力

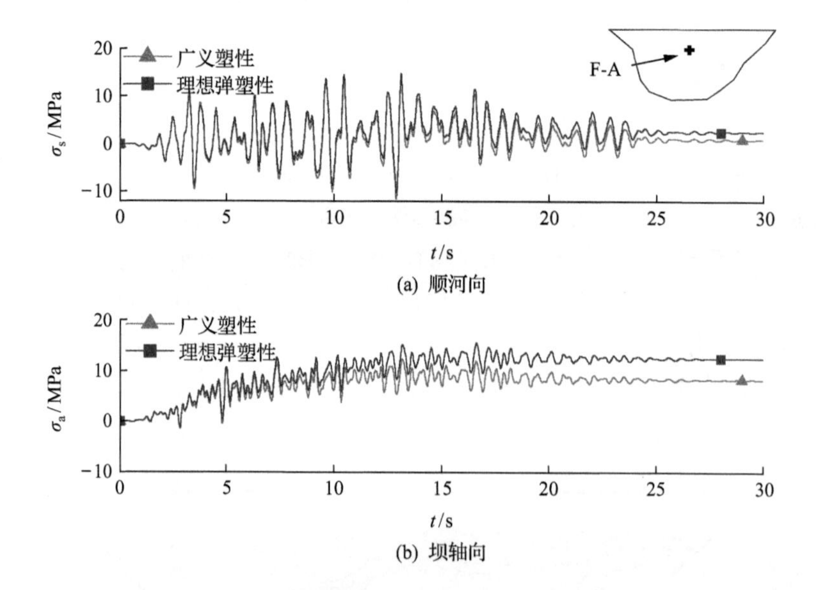

(a) 顺河向

(b) 坝轴向

图 3.14　地震引起的面板单元 F-A 应力时程

面板单元 F-A 的应力时程在地震初期差别不大，但随着地震过程的发展，差别逐渐变大，当地震停止时，面板应力差别趋于稳定。但两种接触面模型的面板的动应力幅值是大致相同的。

3. 接触面位移

图 3.15 为地震后坝体残余变形引起的垫层相对于面板的位移(接触面剪切位移)矢量分布图。接触面沿顺坡向剪切位移为“负”(垫层相对于面板位移顺坡向分

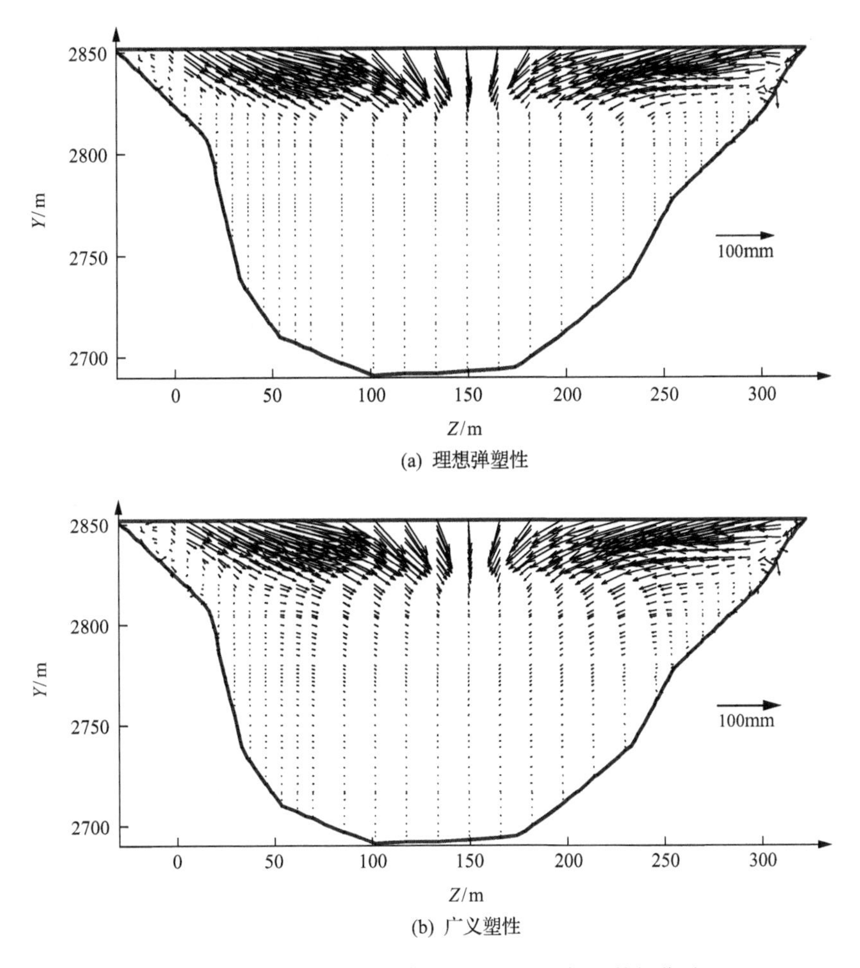

(a) 理想弹塑性

(b) 广义塑性

图 3.15　地震后坝体残余变形引起的接触面剪切位移

量沿 y 轴正方向为正)；接触面沿坝轴向剪切位移指向坝中(垫层相对于面板位移的坝轴向分量沿 z 轴正方向为正)。高程为 2820m 时，广义塑性接触面模型计算的接触面位移明显大于理想弹塑性接触面模型所得的接触面位移。

图 3.16 为广义塑性接触面模型计算的坝体残余变形引起的面板与垫层间接触面法向位移(不包含接触面的张开量)，压缩为正，剪胀为负。在坝顶区，接触面表现出了明显的剪胀；而在坝的中下部区域，接触面法向表现为压缩；在坝底部区域接触面法向压缩较小，最大压缩值发生在高程约为 2820m 位置。

取 3 个特征接触面单元，进一步比较广义塑性和理想弹塑性接触面的差异。图 3.17 和图 3.18 分别为坝体左岸 I-B(高程为 2809m)和坝中顶部区域接触面单元 I-C(高程为 2838m)的应力和位移时程。图 3.19 为坝顶接触面单元 I-D(高程为 2852m)处面板与垫层间张开量随地震时程的变化过程。

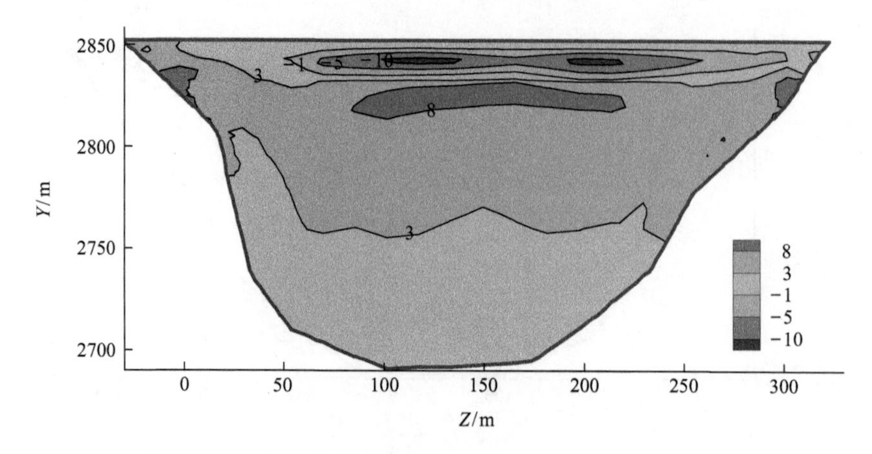

图 3.16　地震后坝体残余变形引起的面板与垫层间法向位移(正:压缩;负:剪胀;单位:mm)

如图 3.17(a)所示,两种接触面模型计算的单元 I-B 的顺坡向剪应力是基本一致的。但这两种模型计算的 I-B 坝轴向剪应力时程差别较大:在地震初期两者基本一致,但随着地震的发展,广义塑性接触面模型计算的坝体残余变形引起 I-B 坝轴向剪应力值要明显小于理想弹塑性模型所计算的应力值。地震过程中单元 I-B 的法向应力变化不大,且接触面一直处于受压状态(单元 I-B 初始法向应力为 0.31MPa)。广义塑性接触面模型计算的 I-B 残余剪切和法向位移都有明显的塑性累积过程,且广义塑性模型计算值要远大于理想弹塑性模型的计算值,这种现象也可以从图 3.15(高程为 2820m 以下)的矢量图中得出。两种模型计算的接触面位移差异是由于理想弹塑性模型不能较好地反映塑性滑移导致的。理想弹塑性模型只有在应力达到破坏强度时才会产生塑性滑移,而这显然是不合理的。理想弹塑性模型易低估接触面的残余剪切位移,不能与坝体残余变形相协调,导致面板与垫层间剪切力偏大,进而会高估面板的应力,这是面板轴向应力计算值偏大的原因。

如图 3.18 所示,与单元 I-B 不同,两种接触面模型计算的坝中顶部区域单元 I-C 的应力时程差别并不大,且震后坝体残余变形引起的剪应力接近于 0。如图 3.18(b)所示,两种接触面模型计算的 I-C 的剪切位移时程的差别也比单元 I-B 小,这是由于单元 I-C 法向应力较小(初始法向应力为 0.023MPa)而剪应力较大,在地震过程中容易达到破坏强度,从而导致理想弹塑性模型也能产生较大的塑性滑移。如图 3.18(a)所示,单元 I-C 在地震过程中静动叠加法向应力是大于 0 的。如图 3.18(b)所示,广义塑性接触面模型的法向位移在地震初期表现为剪缩,随着地震的发展,接触面表现出明显的剪胀,地震峰值之后地震强度逐渐减小,接触面的法向位移增量又表现为压缩,这是理想弹塑性模型不能反映的现象。

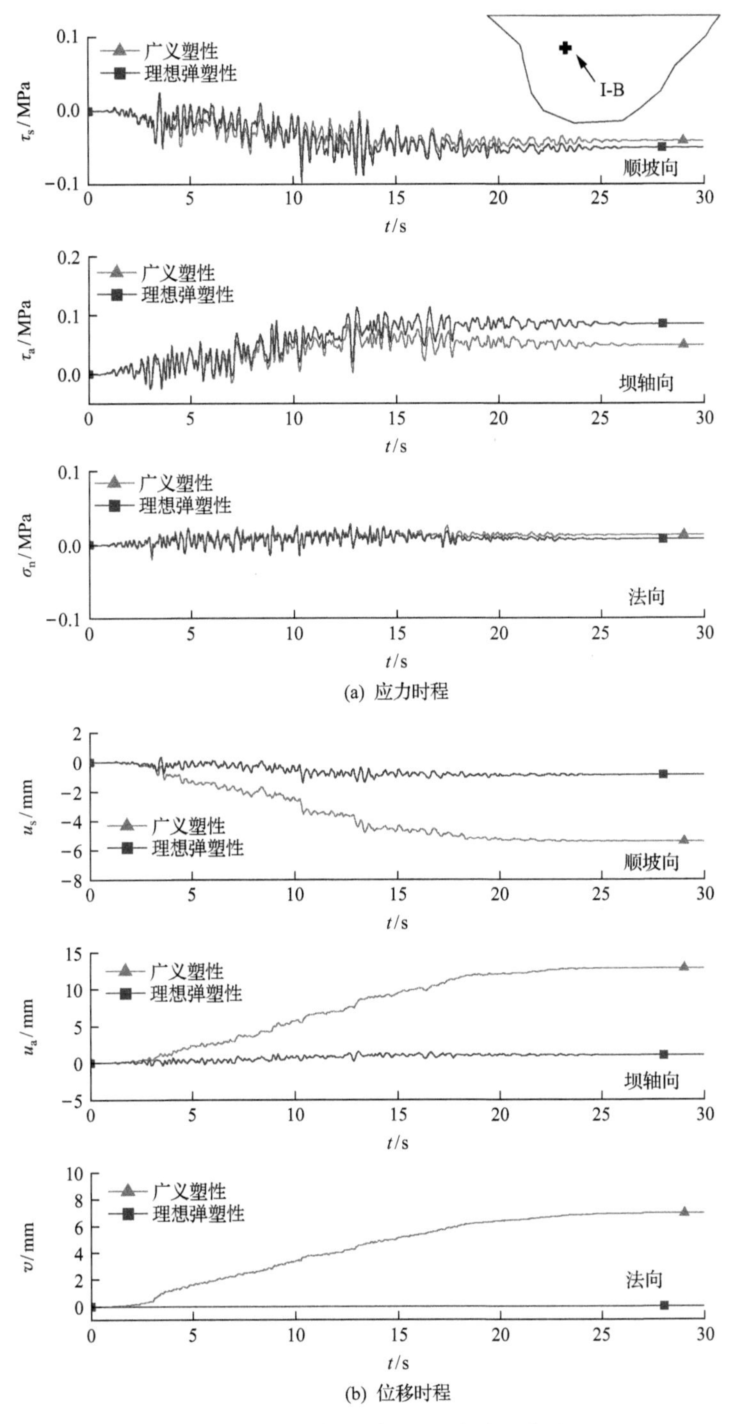

图 3.17 坝左岸接触面单元 I-B 应力和位移时程

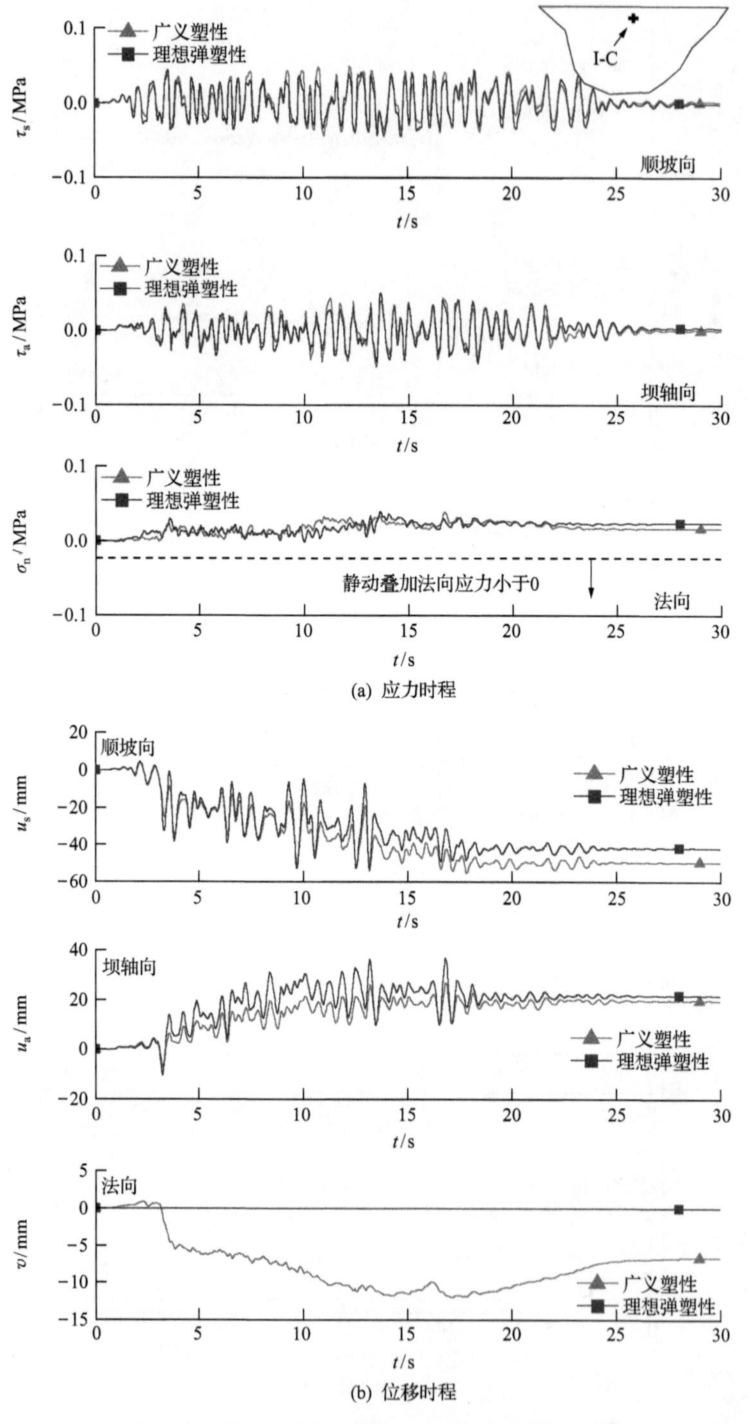

图 3.18　坝顶区接触面单元 I-C 应力和位移时程

图 3.19 为坝顶接触面单元 I-D 在地震过程中面板与垫层间张开量随地震时程的变化过程，其中广义塑性接触面模型在 2s 之前是处于闭合状态，2s 后面板与垫层之间开始张开。两种接触面模型计算的 I-D 单元张开量大小差别较大，广义塑性接触面模型计算的张开量大于理想弹塑性模型所计算的张开量。理想弹塑性模型不能反映接触面的剪胀和剪缩，而广义塑性接触面模型计算的面板与垫层间接触区域的法向变形会加剧面板挠曲(图 3.16)，可能是两者张开量差别较大的原因之一。

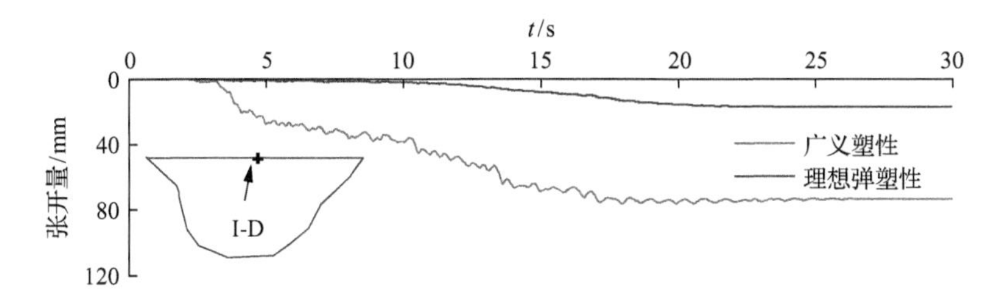

图 3.19　坝顶接触面单元 I-D 张开量时程

3.2.6　小结

对某在建面板堆石坝进行了三维静、动弹塑性有限元分析。筑坝堆石料材料采用广义塑性模型，面板与垫层间接触面单元分别采用双曲线(仅静力分析)、理想弹塑性和改进的广义塑性接触面模型。对施工、蓄水及地震全过程中不同接触面模型计算的面板应力对行对比，并分析了接触面的应力和位移的异同，结果如下。

(1) 在施工期，三种接触面模型计算的面板应力、接触面剪应力和剪切位移的分布规律和量值都是基本一致的。在蓄水期，三种接触面模型计算得到的面板顺坡应力差别不大，但面板坝轴向应力的大小和分布有一些差别。在蓄水过程中，广义塑性接触面模型计算的接触面应力路径和剪切位移与双曲线和理想弹塑性模型的计算值存在较大的差异。与双曲线和理想弹塑性模型不同，广义塑性接触面模型可以反映接触面三个方向(两个剪切方向和一个法向)的耦合，并且加卸载判断可以反映法向应力变化的影响。此外，双曲线模型和理想弹塑性模型不能较好地反映往复荷载下的接触位移。

(2) 在地震荷载条件下，采用理想弹塑性模型和广义塑性模型计算的地震后面板顺坡应力差别不大，但面板沿坝轴向应力差别较大。采用理想弹塑性接触面模型时，只有当应力达到峰值强度时才产生塑性滑移，这会低估接触面的接触位移，不能与坝体残余变形相协调，导致面板与垫层间接触面的坝轴向剪应力计算值偏大，进而会高估坝体残余变形对面板应力的影响。广义塑性接触面模型可以更好地反映地震荷载下接触面的塑性剪切位移特性，能较好地反映接触面的剪胀、剪缩特性，通过记忆面板与垫层间的张开量和剪胀(或剪缩)量反映脱空，更符合实际情况。

此外，三维广义塑性接触面模型还可以反映颗粒破碎的影响，可为分析300m级面板堆石坝面板与垫层、坝体、岩体的接触效应提供良好的理论基础。

参考文献

白旭宏，黄艺升. 2000. 天生桥一级水电站混凝土面板堆石坝设计施工及其认识. 水力发电学报，19(02)：108-123.

陈生水，霍家平，章为民. 2008. “5·12”汶川地震对紫坪铺混凝土面板坝的影响及原因分析. 岩土工程学报，30(6)：795-801.

孔宪京，邹德高，徐斌，等. 2013. 紫坪铺面板堆石坝三维有限元弹塑性分析. 水力发电学报，32(02)：213-222.

刘京茂，孔宪京，邹德高. 2015. 接触面模型对面板与垫层间接触变形及面板应力的影响. 岩土工程学报，37(4)：700-710.

卢廷浩，鲍伏波. 2000. 接触面薄层单元耦合本构模型. 水利学报，31(02)：71-75.

栾茂田，武亚军. 2004. 土与结构间接触面的非线性弹性-理想塑性模型及其应用. 岩土力学，25(04)：507-513.

孙吉主，施戈亮. 2007. 循环荷载作用下接触面的边界面模型研究. 岩土力学，28(02)：311-314.

吴军帅，姜朴. 1992. 土与混凝土接触面的动力剪切特性. 岩土工程学报，14(02)：61-66.

许国华，殷宗泽，朱泓. 1994. 土与结构材料接触面的变形及其数学模拟. 岩土工程学报，16(03)：14-22.

张冬霁，卢廷浩. 1998. 一种土与结构接触面模型的建立及其应用. 岩土工程学报，20(06)：65-69.

张建民，侯文峻，张嘎，等. 2008. 大型三维土与结构接触面试验机的研制与应用. 岩土工程学报，30(6)：889-894.

中国水利水电科学研究院. 2000. 水工建筑物抗震设计规范(DL 5073—2000). 北京：中国电力出版社.

周爱兆，卢廷浩. 2008. 基于广义位势理论的接触面弹塑性本构模型. 岩土工程学报，30(10)：1532-1536.

朱百里，沈珠江. 1990. 计算土力学. 上海：上海科学技术出版社.

邹德高，尤华芳，孔宪京，等. 2009. 接缝简化模型及参数对面板堆石坝面板应力及接缝位移的影响研究. 岩石力学与工程学报，(S1)：3257-3263.

邹德高，付猛，刘京茂，等. 2013. 粗粒料广义塑性模型对不同应力路径适应性研究. 大连理工大学学报，53(05)：702-709.

Aubry D，Modaressi A，Modaressi H. 1990. A constitutive model for cyclic behaviour of interfaces with variable dilatancy. Computers and Geotechnics，9(1)：47-58.

Boulon M，Nova R. 1990. Modelling of soil-structure interface behaviour a comparison between elastoplastic and rate type laws. Computers and Geotechnics，9(1)：21-46.

Clough G W，Duncan J M. 1971. Finite element analyses of retaining wall behavior. Journal of Soil Mechanics and Foundation Division，99(4)：1657-1673.

D'Aguiar S C，Modaressi-Farahmand-Razavi A，Dos Santos J A，et al. 2011. Elastoplastic constitutive modelling of soil-structure interfaces under monotonic and cyclic loading. Computers and Geotechnics，38(4)：430-447.

de Gennaro V，Frank R. 2002. Elasto-plastic analysis of the interface behaviour between granular media and structure. Computers and Geotechnics, 29(7): 547-572.

Desai C S, Ma Y. 1992. Modelling of joints and interfaces using the disturbed-state concept. International Journal for Numerical and Analytical Methods in Geomechanics, 16(9): 623-653.

Desai C S, Zaman M M, Lightner J G, et al. 1984. Thin-layer element for interfaces and joints. International Journal for Numerical and Analytical Methods in Geomechanics, 8(1): 19-43.

Desai C S, Drumm E C, Zaman M M. 1985. Cyclic testing and modeling of interfaces. Journal of Geotechnical Engineering, 111(6): 793-815.

Desai C S, Pradhan S K, Cohen D. 2005. Cyclic testing and constitutive modeling of saturated sand-concrete interfaces using the disturbed state concept. International Journal of Geomechanics, 5(4): 286-294.

Evgin E, Fakharian K. 1996. Effect of stress paths on the behaviour of sand steel interfaces. Canadian Geotechnical Journal, 33(6): 853-865.

Fakharian K, Evgin E. 1997. Cyclic simple-shear behavior of sand-steel interfaces under constant normal stiffness condition. Journal of Geotechnical and Geoenvironmental Engineering, 123(12): 1096-1105.

Fakharian K, Evgin E. 2000. Elasto-plastic modelling of stress-path-dependent behaviour of interfaces. International Journal for Numerical and Analytical Methods in Geomechanics, 24(2): 183-199.

Ghionna V N, Mortara G. 2002. An elastoplastic model for sand-structure interface behaviour. Géotechnique, 52(1): 41-50.

Goodman R E, Taylor R L, Brekke T L. 1968. A model for the mechanics of jointed rock. Journal of the Soil Mechanics and Foundations Division, 94(SM3): 637-659.

Gómez J E, Filz G M, Ebeling R M. 2003. Extended hyperbolic model for sand-to-concrete interfaces. Journal of Geotechnical and Geoenvironmental Engineering, 129(11): 993-1000.

Hu L M, Pu J L. 2003. Application of damage model for soil-structure interface. Computers and Geotechnics, 30(2): 165-183.

Hu L M, Pu J L. 2004. Testing and modeling of soil-structure interface. Journal of Geotechnical and Geoenvironmental Engineering, 130(8): 851-860.

Lashkari A. 2012. A plasticity model for sand-structure interfaces. Journal of Central South University, 19(4): 1098-1108.

Liu H B, Ling H I. 2008. Constitutive description of interface behavior including cyclic loading and particle breakage within the framework of critical state soil mechanics. International Journal for Numerical and Analytical Methods in Geomechanics, 32(12): 1495-1514.

Liu H B, Martinez J. 2014. Creep behaviour of sand-geomembrane interfaces. Geosynthetics International, 21(1): 83-88.

Liu H B, Song E, Ling H I. 2006. Constitutive modeling of soil-structure interface through the concept of critical state soil mechanics. Mechanics Research Communications, 33(4): 515-531.

Liu J M, Zou D G, Kong X J. 2014. A three-dimensional state-dependent model of soil-structure interface for monotonic and cyclic loadings. Computers and Geotechnics, 61: 166-177.

Mortara G, Boulon M, Ghionna V N. 2002. A 2-D constitutive model for cyclic interface behaviour. International Journal for Numerical and Analytical Methods in Geomechanics, 26(11): 1071-1096.

Navayogarajah N, Desai C S, Kiousis P D. 1992. Hierarchical single-surface model for static and cyclic behavior of interfaces. Journal of Engineering Mechanics, 118(5): 990-1011.

Pastor M, Zienkiewicz O C, Chan A. 1990. Generalized plasticity and the modelling of soil behaviour. International Journal for Numerical and Analytical Methods in Geomechanics，14(3)：151-190.

Peng K，Zhu J，Feng S，et al. 2012. An elasto-plastic constitutive model incorporating strain softening and dilatancy for interface thin-layer element and its verification. Journal of Central South University，19：1988-1998.

Shahrour I，Rezaie F. 1997. An elastoplastic constitutive relation for the soil-structure interface under cyclic loading. Computers and Geotechnics，21(1)：21-39.

Uesugi M，Kishida H. 1986. Frictional resistance at yield between dry sand and mild steel. Soils and Foundations，26(4)：139-149.

Uesugi M，Kishino H，Tsubakihara Y. 1989. Friction between sand and steel under repeated loading. Soils and Foundations，29(3)：127-137.

Wang Z，Dafalias Y F，Shen C. 1990. Bounding surface hypoplasticity model for sand. Journal of Engineering Mechanics，116(5)：983-1001.

Xu B，Zou D G，Liu H B. 2012. Three-dimensional simulation of the construction process of the Zipingpu concrete face rockfill dam based on a generalized plasticity model. Computers and Geotechnics，43：143-154.

Yoshimi Y，Kishida T. 1981. A ring torsion apparatus for evaluating friction between soil and metal surfaces. ASTM Geotechnical Testing Journal，4：145-152.

Zaman M M，Desai C S，Drumm E C. 1984. Interface model for dynamic soil-structure interaction. Journal of Geotechnical Engineering，110(9)：1257-1273.

Zeghal M，Edil T B. 2002. Soil structure interaction analysis：modeling the interface. Canadian Geotechnical Journal，39(3)：620-628.

Zhang G，Zhang J M. 2008. Unified modeling of monotonic and cyclic behavior of interface between structure and gravelly soil. Soils and Foundations，48(2)：231-245.

Zhang G，Zhang J M. 2009. Numerical modeling of soil-structure interface of a concrete-faced rockfill dam. Computers and Geotechnics，36(5)：762-772.

Zhang G，Liang D F，Zhang J M. 2006. Image analysis measurement of soil particle movement during a soil-structure interface test. Computers and Geotechnics，33(4)：248-259.

Zhao C，Zhao C，Gong H. 2013. Elastoplastical analysis of the interface between clay and concrete incorporating the effect of the normal stress history. Journal of Applied Mathematics，Article ID 673057.

Zienkiewicz O C，Mroz Z. 1984. Generalized plasticity formulation and applications to geomechanics. Mechanics of Engineering Materials，44：655-679.

Zou D G，Xu B，Kong X J，et al. 2013. Numerical simulation of the seismic response of the Zipingpu concrete face rockfill dam during the Wenchuan earthquake based on a generalized plasticity model. Computers and Geotechnics，49：111-122.

第4章　考虑库水及涌浪的流固耦合精细分析方法

地震时,库区的地面运动将会使面板堆石坝上游坝面承受附加的动水压力,充分认识坝面动水压力对坝体地震反应的影响,对新建大坝抗震设计和已建大坝抗震安全评估具有重要的意义。对于动水压力的计算,20世纪30年代,Westergaard研究了具有直立上游面的刚性坝面在地震作用下的动水压力问题,给出了刚性重力坝在水平地震载荷下的动水压力分布,至今仍被许多国家的坝工抗震设计规范所采用。但用该方法计算库水的动力作用时,其解本质上并未涉及两相的耦合作用,只是求解了一个给定边界条件的流体动力问题;这种方法忽略了坝水耦合振动、库水可压缩性以及液面自由面波等影响。

由于问题的复杂性,目前关于库水动水压力对面板堆石坝地震反应影响的问题仍然没有得到合理解决。如上所述,工程计算中最常用的方法是将库水按照Westergaard(1933)建议的附加质量计入。但对于强震区高面板堆石坝来说,大坝三维河谷效应显著,将库水动水压力做如此简化处理是不够的,可能对面板动应力等结果产生较大的影响。混凝土面板作为面板堆石坝的核心防渗体,对大坝的安全运行起着至关重要的作用,只有更合理地考虑动水压力的影响,才能得到可信的结果。

因此,考虑库水及涌浪的流固耦合精细分析方法研究是十分必要的,对揭示堆石坝面板的地震破坏机理、合理评估面板堆石坝安全性能具有重要的意义。作者课题组综合有限元法、有限体积法和比例边界有限元,建立了高面板堆石坝库水及涌浪的流固耦合精细分析方法,对面板堆石坝动水压力和涌浪进行了研究。

4.1　大坝-库水动力相互作用进展

关于坝面动水压力的研究最早开始于20世纪30年代,Westergaard(1933)作为地震作用下坝面动水压力研究的先驱者,推导了二维刚性直立坝面在顺河向地震激励下的动水压力分布,其简化及修正公式至今仍广泛应用于各种混凝土坝和面板坝的数值分析中。自20世纪60年代以来,计算机技术和数值分析方法的发展为坝水相互作用问题的求解提供了有力的工具。学者多采用有限元法、边界元法、有限元与边界元混合法进行坝库系统的研究。采用有限元方法求解坝面动水压力,需要对坝前部分水域进行有限元离散,并在水库截断边界处施加合理的人工边界条件。该方法简单且易于编程，在实际坝体-库水系统动力分析中得到广泛应用。

目前，国内外对于高面板堆石坝的流固耦合的研究甚少，迟世春和顾淦臣(1995)、迟世春和林皋(1998)采用有限元法研究了库水可压缩性以及Westergaard动水压力公式对100m级面板坝动力响应的影响，但并没有考虑库底与岸坡的振动所引起的动水压力。Bayraktar和Kartal(2010)、Bayraktar等(2011)进行了一系列二维算例，考虑了库水可压缩性，并分析了动水压力对142m高的面板堆石坝动力响应的影响。

与混凝土坝-库水系统的动力流固耦合相关的研究较多，一些学者(Chakraba and Chopra, 1974; Porter and Chopra, 1982; Hall and Chopra, 1983; Fok and Chopra, 1986)采用有限元法对坝水动力相互作用问题进行了比较完善的研究。随后，Hanna和Humar(1982)、Humar和Jablonski(1988)基于边界元法实现了坝前动水压力的求解。采用边界元方法求解坝面的动水压力问题，可以仅对边界进行离散，从而大大地降低了在有限元框架下离散截断库区的巨大计算量，存在的问题主要集中在两个方面：一是如何寻找合适的基本解，既能够保证一定的通用性，还能满足无穷远处的辐射条件；二是边界元方法形成的系数矩阵的对称性不复存在，从而会加大计算机的存储量。近年来，有些学者将比例边界有限元方法应用到坝库流固耦合分析中，得到了一些有意义的成果。Lin等(2007,2012)采用加权余量方法提出了坝面动水压力的比例边界有限元计算模型及相应的求解方法，对坝-库水动力相互作用问题进行了研究，开拓了比例边界有限元方法(scaled boundary finite element method,SBFEM)在坝水相互作用问题中的应用。该模型能够全面考虑库水的可压缩性、库底淤砂吸收效应等因素的影响。Wang等(2011)采用比例边界有限元法提出了一种动水压力波高阶双渐近透射边界，建立了该边界与有限元法的顺序耦合分析模型，研究了重力坝-库水动力相互作用问题。高毅超等(2013)进一步实现了该边界与有限元法的直接耦合分析，并将其应用于重力坝和拱坝与库水的动力相互作用分析中。

4.2 基于有限体积法的流固耦合方法及精度验证

4.2.1 流固弱耦合分析方法

耦合分析通常分两种方法：强耦合(或称紧耦合)和弱耦合(或称松耦合)。第一种方法通过单元矩阵或荷载向量把耦合作用构造到控制方程中，然后对控制方程直接求解。第二种方法是在每一步内分别对流体动力方程和结构动力方程依次求解，通过把第一个物理场的结果作为外荷载施加于第二个物理场来实现两个场的耦合。强耦合的优点为它是真正意义上的耦合计算，而主要缺点就是在构造控制方程过程中往往需要对问题进行某些简化，计算准确程度较难保证。弱耦合的优点是它可以重新利用现有的流体和结构软件，并且可以分别对每一个软件单独制定合适的求解方法，缺点是计算过程比较复杂。强耦合比较适合对耦合场的理论分析；弱耦合比较适合对耦合场的数值计算(及工程应用)。

对于弱耦合算法主要包括三个基本要素：①流体求解器，负责CFD(computational fluid dynamics)的求解；②结构求解器，负责CSD(computational structure dynamics)的求解；③接触面，负责流体系统与固体系统之间的信息传递。接触面的信息传递过程详见图4.1。

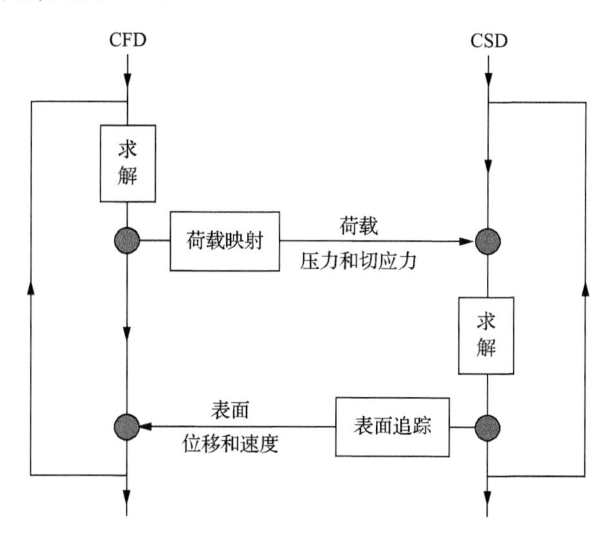

图4.1　弱耦合算法的接触面信息传递过程

课题组采用分区弱耦合方法(坝库流固耦合系统见图4.2)，即坝体部分用有限元方法离散求解，流体(两相流，可考虑自由表面)部分用有限体积法离散求解。利用坝体系统与流体系统的接触面传递信息，实现交错迭代计算，假设t时刻的流体和结构的状态参量均已获得，具体耦合计算过程如下。

(1) t时刻，坝体系统通过接触面传给流体系统位移和速度，更新流体动网格。

(2) 流体系统计算由该位移和速度引起的$t+\Delta t$时刻动水压力，然后通过接触面将动水压力转化的等效节点荷载传递给坝体系统。

(3) 坝体系统在地震激励和动水压力作用下进行求解，从而得到$t+\Delta t$时刻的坝体系统的响应(应力和变形)。

(4) 如此往复计算直到最后。

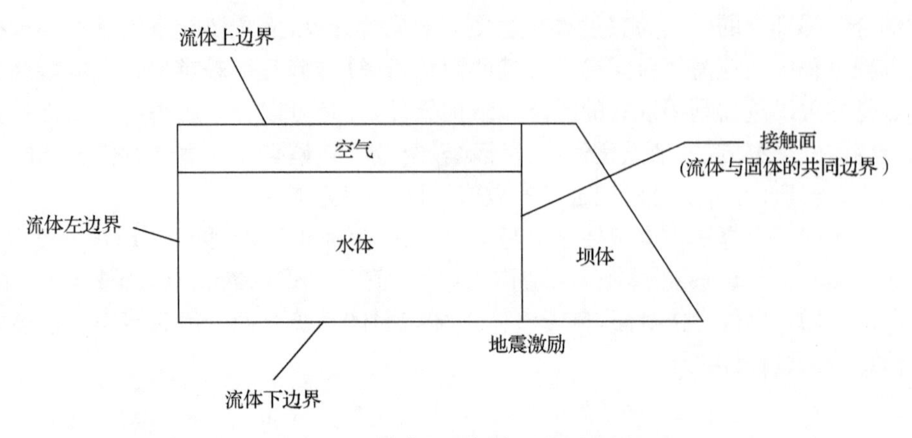

图 4.2　坝库流固耦合系统示意图

4.2.2　流体域离散——有限体积方法

1. 流体力学基本控制方程

由质量守恒有连续性方程：

$$\frac{\partial \rho}{\partial t}+\nabla\cdot(\rho \boldsymbol{U})=0 \tag{4.1}$$

由动量守恒有动量方程：

$$\frac{\partial}{\partial t}(\rho \boldsymbol{U})+\nabla\cdot(\rho \boldsymbol{U}\boldsymbol{U})=-\nabla p+\nabla\cdot\mu\nabla \boldsymbol{U}+\rho \boldsymbol{g}+\boldsymbol{F} \tag{4.2}$$

式中，ρ 为流体密度；p 为静压；$\boldsymbol{U}$ 为流场速度；μ 为分子黏性系数；$\rho \boldsymbol{g}$ 和 $\boldsymbol{F}$ 分别为重力体积力和外部体积力。

2. 雷诺平均 N-S 方程

在湍流流动中，由于湍流脉动量的存在，在实际工程计算中，直接模拟各种尺度湍流脉动的代价非常高，为了减少计算代价，通常采用时间平均法计算湍流的平均量，脉动量对平均量的影响通过简化模型进行近似。雷诺平均定义如下：

$$\phi(x,t)=\bar{\phi}^{*}=\frac{1}{\Delta t}\int_{-\frac{\Delta t}{2}}^{\frac{\Delta t}{2}}\phi^{*}(x,t+\Delta t)\,\mathrm{d}t \tag{4.3}$$

式中，ϕ^{*} 为流场内通用变量；$\bar{\phi}^{*}$ 为该量的雷诺平均。

将式(4.1)和(4.2)中瞬态的连续性方程、动量方程中的变量进行时间平均后，

可得雷诺平均 N-S 方程，即

$$\frac{\partial \rho}{\partial t} + \nabla \cdot (\rho \boldsymbol{U}) = 0 \tag{4.4}$$

$$\frac{\partial}{\partial t}(\rho \boldsymbol{U}) + \nabla \cdot (\rho \boldsymbol{U}\boldsymbol{U}) = -\nabla p + \nabla \cdot \mu \nabla \boldsymbol{U} + \rho \boldsymbol{g} + \boldsymbol{F} + \nabla \cdot (-\rho \overline{\boldsymbol{u}\boldsymbol{u}}) \tag{4.5}$$

式中，$-\rho\overline{\boldsymbol{u}\boldsymbol{u}}$ 为雷诺应力项，为了使方程封闭，需要引入新的假设，即湍流模型。

3. 湍流模型

为了求解雷诺应力项，采用 Boussinesq 涡黏性模型，即基于 Boussinesq 假设，将雷诺应力与平均速度梯度建立如下关系：

$$-\overline{u_i u_j} = \frac{\mu_t}{\rho}\left(\frac{\partial U_i}{\partial x_j} + \frac{\partial U_j}{\partial x_i}\right) - \frac{2}{3}\delta_{ij}\boldsymbol{\kappa} \tag{4.6}$$

式中，μ_t 为待求的湍流涡黏系数；$\kappa = \frac{1}{2}\overline{u_i u_j}$ 为湍动能；δ_{ij} 为 Kronecker delta 函数；u_i、u_j 为速度；U_i、U_j 为雷诺平均速度。不同的湍流模型有不同的 μ_t 表达式。

4. 有限体积法数值求解

从 20 世纪六七十年代开始，有限体积法由于其导出的离散方程能更好地满足流体在控制体内的质量和动量守恒的要求，且方程系数的物理意义明确，同时有易于用直角坐标系处理边界处不规则的网格、计算效率高等特点，有限体积法被广泛应用于计算流体力学领域。

采用有限体积法离散控制方程，即对微分形式的控制方程在各个离散单元体上进行时间空间的积分。为了满足流体在单元体上的质量和动量守恒，所有物理量分布在每个离散单元体中心，然后将单元体上的积分方程转化为用单元体中心上物理量表示的代数方程，最后求解代数方程组得到数值解(郑巢生，2012)。

一般的非定常对流扩散方程为

$$\frac{\partial}{\partial t}(\rho \phi) + \nabla \cdot (\rho \phi \boldsymbol{U}) - \nabla \cdot (\rho \nu_\phi \nabla \phi) = S_\phi(\phi) \tag{4.7}$$

式中，ϕ 为具有输运性质的任意物理量；ν_ϕ 为扩散系数；S_ϕ 为源项。选取图 4.3P 点所在的单元体在$[t, t+\Delta t]$时间段内做时间空间积分(假设单元体体积不随时间变化)，式(4.7)的微分方程化为积分方程，即

$$\begin{aligned} &\int_t^{t+\Delta t}\left[\frac{\partial}{\partial t}\int_{V_P}\rho\phi \mathrm{d}V + \int_{V_P}\nabla \cdot (\rho\phi\boldsymbol{U})\mathrm{d}V - \int_{V_P}\nabla \cdot (\rho\nu_\phi \nabla\phi)\mathrm{d}V\right]\mathrm{d}t \\ &= \int_t^{t+\Delta t}\left[\int_{V_P} S_\phi(\phi)\mathrm{d}V\right]\mathrm{d}t \end{aligned} \tag{4.8}$$

为了用离散点值代数表示在极小的时间段和单元体上满足连续量的积分项，需要假定物理量在极小时间空间片段上的分布规律。假设任意空间函数 $\phi(x)$ 或时间函数 $\phi(t)$ 在控制体单元 P 上满足：

$$\phi(\boldsymbol{x}) = \phi_P + (\boldsymbol{x} - \boldsymbol{x}_P) \cdot (\nabla\phi)_P \tag{4.9a}$$

$$\phi(t+\Delta t) = \phi^t + \Delta t \left(\frac{\partial\phi}{\partial t}\right)^t \tag{4.9b}$$

式中，点 P 为单元体 V 的中心；ϕ_P 为 $\phi(\boldsymbol{x})$ 在 P 点处的值；ϕ^t 为 t 时刻 $\phi(t)$ 的值。根据泰勒级数展开得到的截断误差为时间空间的二阶，即物理量在时间空间上为局部线性分布，也被称为二阶有限体积离散(图 4.3)，但方程各项具体离散时，可以采用不同的分布规律处理。

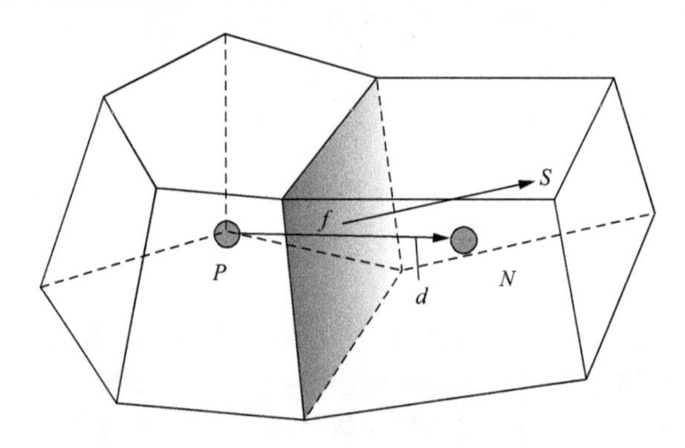

图 4.3　有限体积离散

式(4.8)中各积分项的离散方法如下，为了便于讨论，首先只考虑空间离散，对任意函数 $\phi(\boldsymbol{x})$ 在单元体 V_P 上的积分：

$$\begin{aligned}\int_{V_P}\phi(\boldsymbol{x})\mathrm{d}V &= \int_{V_P}[\phi_P + (\boldsymbol{x}-\boldsymbol{x}_P)\cdot(\nabla\phi)_P]\mathrm{d}V \\ &= \phi_P\int_{V_P}\mathrm{d}V + \left[\int_{V_P}(\boldsymbol{x}-\boldsymbol{x}_P)\mathrm{d}V\right]\cdot(\nabla\phi)_P \\ &= \phi_P V_P\end{aligned} \tag{4.10}$$

式中，$\int_{V_P}\phi(\boldsymbol{x}-\boldsymbol{x}_P)\mathrm{d}V = 0$，式(4.8)中的时间导数项可离散为

$$\int_{V_P}\frac{\partial}{\partial t}(\rho\phi)\mathrm{d}V = \frac{\partial}{\partial t}\int_{V_P}\rho\phi\mathrm{d}V = \frac{\partial\rho_P\phi_P}{\partial t}V_P \tag{4.11}$$

式中，P 为单元体中心。

对含有空间微分算子∇的积分项，可先利用高斯定理转化为面积分，然后用多

面体单元的所有面上量之和来表示：

$$\int_V \nabla * \boldsymbol{\phi} \mathrm{d}V = \int_{\partial V} \mathrm{d}\boldsymbol{S} * \boldsymbol{\phi} = \sum_f \boldsymbol{S}_f * \phi_f \tag{4.12}$$

式中，$\boldsymbol{\phi}$ 为任意张量场；$*$ 为任意张量积；∂V 为封闭单元体 V 的面；$\mathrm{d}\boldsymbol{S}$ 为无穷小的面元，其法向量指向单元体外；f 为单元面；ϕ_f 为单元面中心上的量，其值由单元体中心上的量插值得到。

利用式(4.12)离散式(4.7)中的对流项，即

$$\int_{V_P} \nabla \cdot (\rho\phi\boldsymbol{U}) \mathrm{d}V = \int_{\partial V} \mathrm{d}\boldsymbol{S} \cdot (\rho\phi\boldsymbol{U}) = \sum_f \boldsymbol{S}_f \cdot (\rho\boldsymbol{U})_f \phi_f = \sum_f F_f \phi_f \tag{4.13}$$

式中，$F_f = \boldsymbol{S}_f \cdot (\rho\boldsymbol{U})_f$ 为通过单元面的通量。

同样，式(4.7)中的扩散项离散如下：

$$\int_{V_P} \nabla \cdot (\rho\nu_\phi \nabla\phi) \mathrm{d}V = \int_{\partial V} \mathrm{d}\boldsymbol{S} \cdot (\rho\nu_\phi \nabla\phi) = \sum_f \rho\nu_f \boldsymbol{S}_f \cdot (\nabla\phi)_f \tag{4.14}$$

式中，$(\nu_\phi)_f = \nu_f$。

对于式(4.14)中面上的梯度量 $(\nabla\phi)_f$，单元体中心 P 和其邻近单元体中心 N 的位移向量 $\boldsymbol{d}$ 与平面 f 正交，即平行于 $\boldsymbol{S}_f$ 时，面梯度为隐式离散：

$$\boldsymbol{S}_f \cdot (\nabla\phi)_f = |\boldsymbol{S}_f| \frac{\phi_N - \phi_P}{|\boldsymbol{d}|} \tag{4.15}$$

非正交网格时，需要将面的法向量分解为

$$\boldsymbol{S}_f = \boldsymbol{\Delta} + \boldsymbol{k} \tag{4.16}$$

式中，$\boldsymbol{\Delta}$ 平行于 $\boldsymbol{d}$。

式(4.13)、式(4.14)离散为含有单元面上的物理量如 F_f、ϕ_f 的形式，而单元面上物理量可利用相邻两单元体中心上的量插值得到。概括来说，有以下三种基本插值格式。

1）中心差分格式

假设 ϕ 在两单元体内为线性分布，则

$$(\phi_f)_{\mathrm{CD}} = f_x \phi_P + (1 - f_x)\phi_N \tag{4.17}$$

式中，$f_x = \overline{fN} / \overline{PN}$，其中 $\overline{fN}$ 为面 f 到点 N 的距离，$\overline{PN}$ 为点 P 和 N 的距离；ϕ_P 为 ϕ 在 P 点的值。在对流占主导的问题中，此格式会导致非物理振荡。

2) 迎风格式

考虑流场流向，则

$$(\phi_f)_{\mathrm{UD}} = \phi_P, \quad F_f \geqslant 0 \tag{4.18a}$$

$$(\phi_f)_{\mathrm{UD}} = \phi_N, \quad F_f < 0 \tag{4.18b}$$

3) Gamma 混合格式

为了兼顾计算的有界性和精度，综合以上两种格式的特点，则

$$\phi_f = (1-\gamma)(\phi_f)_{\mathrm{UD}} + \gamma(\phi_f)_{\mathrm{CD}} \tag{4.19}$$

式中，γ 为混合权重系数，其值决定了引入的数值黏性的程度。

具体离散时，需要同时考虑格式精度、非正交网格修正和针对对流项的特殊处理。

对于时间导数项和对流项扩散项以外的其他项，将其作为源项，用 $S_\phi(\phi)$ 表示：

$$S_\phi(\phi) = S_{\mathrm{u}} + S_P\phi \tag{4.20}$$

式中，S_ϕ 为源项；S_{u}、S_P 仍可以为 ϕ 的函数，则式(4.7)中源项积分的离散为

$$\int_{V_P} S_\phi(\phi)\mathrm{d}V = S_{\mathrm{u}}V_P + S_P\phi_P V_P \tag{4.21}$$

式中，V_P 为单元 P 的体积。

综上所述，式(4.8)可写为如下的半离散格式：

$$\begin{aligned}&\int_t^{t+\Delta t}\left[\left(\frac{\partial\rho\phi}{\partial t}\right)_P V_P + \sum_f F_f\phi_f - \sum_f (\rho\nu_\phi)_f \boldsymbol{S}\cdot(\nabla\phi)_f\right]\mathrm{d}t\\ =&\int_t^{t+\Delta t}\left(\int_{V_P} S_{\mathrm{u}}V_P + S_P V_P\phi_P\right)\mathrm{d}t\end{aligned} \tag{4.22}$$

对于 ϕ 的时间积分，有以下三种格式：

$$\int_t^{t+\Delta t}\phi\,\mathrm{d}t = \phi^{\mathrm{n}}\Delta t, \qquad \text{欧拉隐式} \tag{4.23a}$$

$$\int_t^{t+\Delta t}\phi\,\mathrm{d}t = \phi^{\mathrm{o}}\Delta t, \qquad \text{欧拉显式} \tag{4.23b}$$

$$\int_t^{t+\Delta t}\phi\,\mathrm{d}t = \frac{\phi^{\mathrm{o}}+\phi^{\mathrm{n}}}{2}\Delta t, \qquad \text{Crank 和 Nicholson(1947)} \tag{4.23c}$$

式中，ϕ^{o} 为已知的上一时刻的旧值；ϕ^{n} 为当前时刻要求解的新值。

式(4.22)中的时间导数项，可以利用式(4.9)中假设的线性分布离散为

$$\left(\frac{\partial \rho \phi}{\partial t}\right)_P = \frac{\rho_P^{\mathrm{n}} \phi_P^{\mathrm{n}} - \rho_P^{\mathrm{o}} \phi_P^{\mathrm{o}}}{\Delta t} \tag{4.24}$$

式(4.22)中的对流扩散项和源项若全采用显式格式，则可以将上一时刻旧值作为已知量都移到等式的右端，当前时刻新值可由等式右端直接得到。

若采用隐式格式或 Crank-Nicholson 格式，等式中未知量会涉及单元体 P 邻近的单元体，式(4.22)可化为如下形式：

$$a_P \phi_P^{\mathrm{n}} + \sum_N a_N \phi_N^{\mathrm{n}} = R_P \tag{4.25}$$

式中，等式左端关于上一时刻的旧值作为已知项都移到右端并入 R_P 中，每个单元体上的原微分方程都可以化为式(4.25)形式，合并所有单元体，得到总矩阵方程为

$$[A][\phi] = [R] \tag{4.26}$$

假定整个计算域被离散为 N 个单元体，则$[\phi]$是 N 维的，$[A]$是 $N \times N$ 维稀疏矩阵，形如式(4.25) 的一般非定常对流扩散方程都可以按上述方法离散为形如式(4.26) 的代数方程组，如果$[A]$和$[R]$已知，则可通过代数求解得到$[\phi]$，最后得到$[\phi]$ 的数值解。

N-S 方程中由于存在速度和压力的强耦合关系及对流项引起的非线性效应，因此，要将 N-S 方程转化为形如式(4.25)的只含速度 U 或压力 p 的线性代数方程组，关键要完成速度压力形式上的解耦和对流项的线性化。

作者课题组采用了 PIMPLE 算法，即分离式算法中压力耦合方程的半隐式(semi-implicit method for pressure-linked equations，SIMPLE)算法和压力隐式算子分裂(pressure-implicit with splitting of operators，PISO)算法的结合算法来分别求解速度和压力。传统的 PISO 算法在求解变化较快的流动时，需要较小的时间步长(因为相邻两个时间点的流场不能差别太大，否则会发散)，这样造成求解需要的耗时过长，而 PIMPLE 算法能采用较大的时间步长，将每个时间步长内看成一种稳态的流动，按照 SIMPLE 算法求解并采用亚松弛来解决相邻两个时间段变化大的情况，最后一步不进行亚松弛，以便采用标准的 PISO 流程。另外，作者课题组采用流体体积(volume of fluid，VOF)方法来捕捉空气与库水的交界面(即自由表面)，这里不再进行介绍。

4.2.3　算例验证

为了验证所采用方法的计算精度，做了下面几个经典算例：刚性直立坝面和刚性倾斜坝面(倾角为 30°、45°、60°)；地震激励为频率 5Hz 的正弦波，加速度峰值为

0.2g,地震波时程见图 4.4。

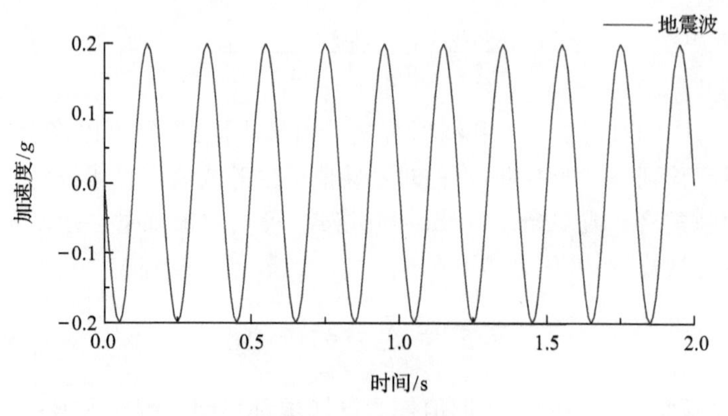

图 4.4　地震波时程

1. 刚性直立坝面

直立坝面计算模型如图 4.5 所示,算例水深为 60m,所得的计算结果与理论解的对比情况如图 4.6 所示。由图 4.6 可以看出,直立坝面情况中所采用方法的计算精度很好。

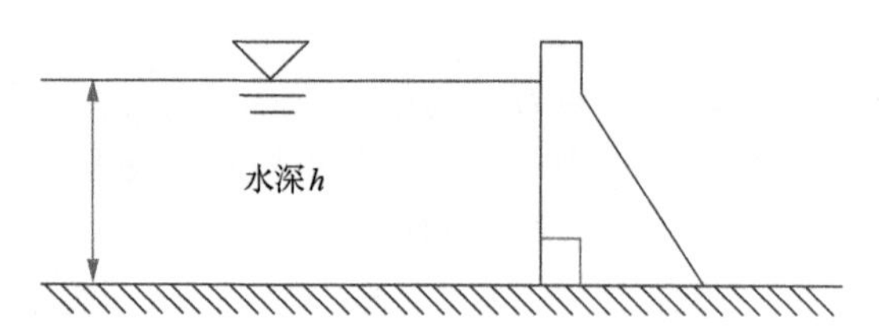

图 4.5　直立坝面计算模型示意图

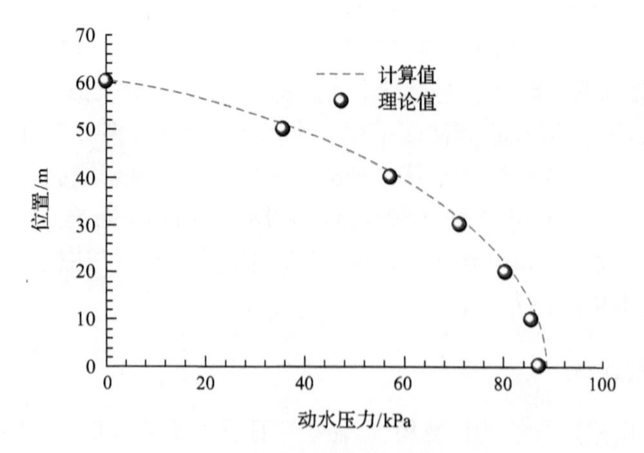

图 4.6　直立坝面计算值与理论值比较

2. 刚性倾斜坝面

倾斜坝面计算模型如图 4.7 所示，算例水深为 60m，所得的计算结果与理论解(施小民和陶德明，1991)的对比情况如图 4.8 所示。由图 4.8 可以看出，倾斜坝面情况中所采用方法的计算精度很好。

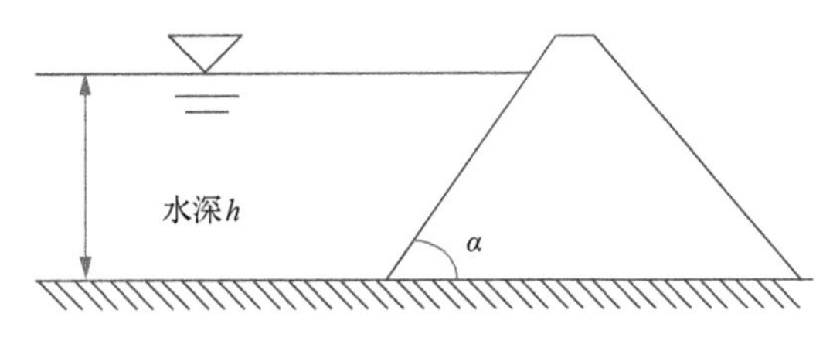

图 4.7　倾斜坝面计算模型示意图

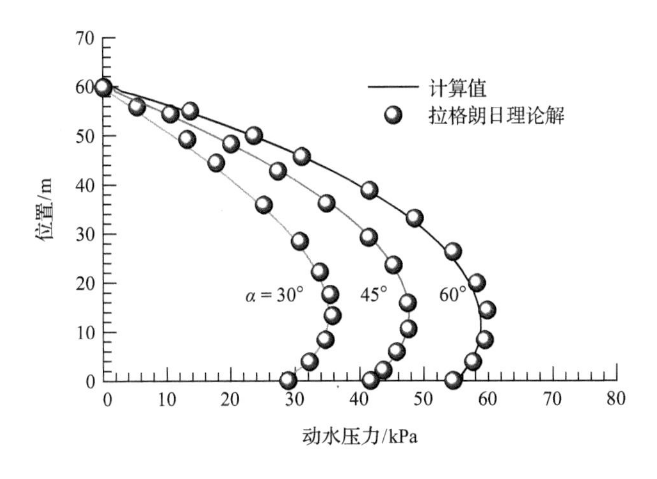

图 4.8　倾斜坝面计算值与理论值比较

4.3　基于比例边界有限元法的流固耦合方法及精度验证

4.3.1　比例边界有限元方法简介

1. 比例边界有限元方法的产生

Dasgupta(1982)基于相似性原理，首先提出了无限域动力刚度的单细胞克隆算法。后来 Wolf 和 Song 对其进行了发展，提出了一致无穷小有限胞体法，用于求解无限地基的频域动力刚度和时域脉冲响应函数矩阵，以及各种类型的波动问题，包括出平面运动、平面内运动、三维标量波、三维向量波问题，进而推广到求解静力学问题和扩散问题。发展至此，一致无穷小有限胞体法的主要成果均列于专著 *Finite-element Modelling of Unbounded Media* 中。随后，Song 和 Wolf(1997) 又经过基于坐标变换和加权余量方法推导了弹性动力学基本方程，最终把这种方法命名为比例边界有限元方法(SBFEM)。

2. SBFEM 的坐标变换思想

SBFEM 的基本理论比较成熟，许多文献都对其进行了详细的推导求解，这里仅给出一些简要的推导过程。

在 SBFEM 基本控制方程的推导过程中，最为重要的是比例边界坐标变换(王毅等，2014)。寻求一种合理的方式把所要求解的问题转化到一个局部坐标体系中，然后通过更为便捷的局部坐标体系来实现对原问题的求解，这与 FEM(finite element method)的基本思想相通。SBFEM 求解各种问题时，求解域内的各个未知点的解可以由边界解线性表达，通过引入一个线性比例因子来表示域内各点与边界点的关系。而比例因子的引入必须要量化，这就要寻求一个基点作为量化的起点，此时域内解与边界解的关系通过起点与终点(边界点)之间的线性关系就能够解析表达，这样的基点在 SBFEM 中称为相似中心。由于比例边界有限元方法不仅能处理有限域问题，对于无限域问题的处理也更为方便，这就要求针对不同的问题有不同的相似中心的选择方法。对于有限域问题，如图 4.9 所示，相似中心 O 选择在域内，保证域内各个边界点可视；无限域问题(图 4.10)，则需要把相似中心 O 放在域外。对于固定边界 Au 和面力边界 At，由于其延长线通过相似中心，故不需要离散。

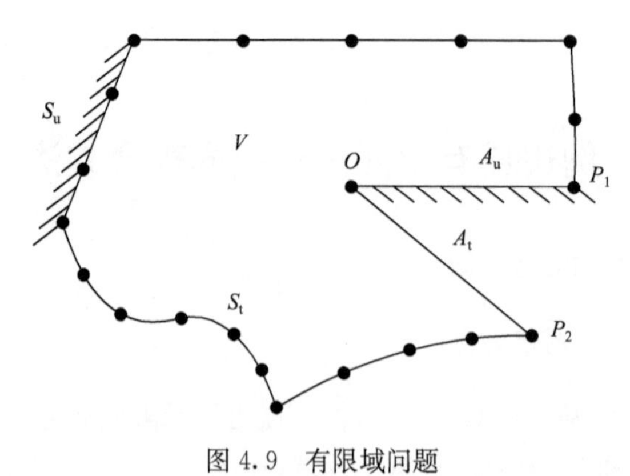

图 4.9　有限域问题

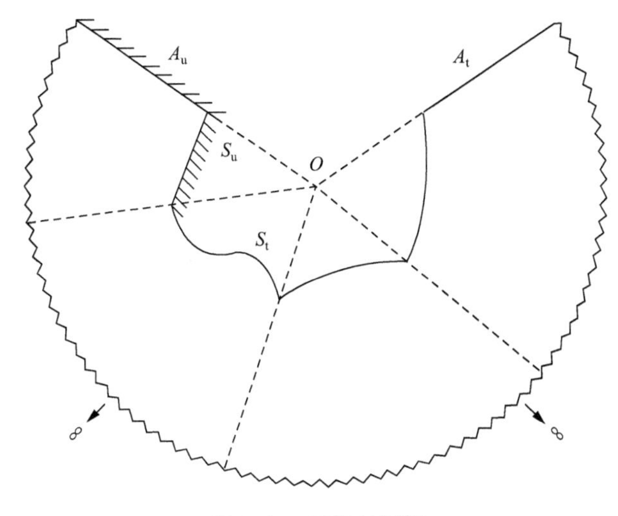

图 4.10　无限域问题

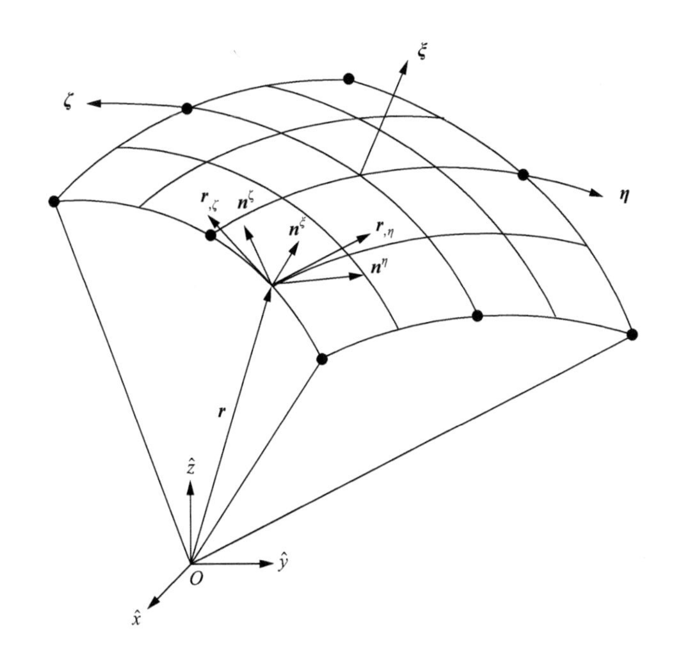

图 4.11　比例边界几何坐标变换

以三维有限域弹性动力学问题(图 4.11)为基本算例,整体 Cartesian 坐标为 $\hat{x}$、$\hat{y}$、$\hat{z}$,坐标原点为 O,基于位移的频域控制方程可以表示为

$$[L]^{\mathrm{T}}\{\sigma\}+\omega^{2}\rho\{u\}=0 \tag{4.27}$$

式中,ω 为频率;$\{u\}=\{u(\hat{x},\hat{y},\hat{z})\}$,此处暂且忽略体力的影响;$\rho$ 为椎体材料的质

量密度，应力应变关系满足Hook定律

$$\{\sigma\} = [D]\{\varepsilon\} = [D][L]\{u\} \tag{4.28}$$

式中，$[D]$ 为弹性矩阵；$[L]$ 为微分算子，$[L]$ 可表示为

$$[L] = \begin{bmatrix} \frac{\partial}{\partial \hat{x}} & 0 & 0 \\ 0 & \frac{\partial}{\partial \hat{y}} & 0 \\ 0 & 0 & \frac{\partial}{\partial \hat{z}} \\ 0 & \frac{\partial}{\partial \hat{z}} & \frac{\partial}{\partial \hat{y}} \\ \frac{\partial}{\partial \hat{z}} & 0 & \frac{\partial}{\partial \hat{x}} \\ \frac{\partial}{\partial \hat{y}} & \frac{\partial}{\partial \hat{x}} & 0 \end{bmatrix} \tag{4.29}$$

位移与应力边界条件分别表示为

$$\{u\} = \{\bar{u}\} \tag{4.30}$$

$$\{\sigma\} = \{\bar{\sigma}\} \tag{4.31}$$

为了能够对控制方程进行求解，需要把整体坐标系统转换到比例边界局部坐标系统中。如图4.11所示，为了方便起见，边界上的整体坐标用 x、y、z 来表示，比例边界坐标体系中的相似中心 O 选择在坐标原点，用 ξ、η、ζ 来表示。其中 ξ 为径向坐标，即比例因子，在有限域中，其范围为 $0 \leqslant \xi \leqslant 1$，在相似中心为0，在边界上为1。在无限域中，比例因子的范围为 $1 \leqslant \xi \leqslant +\infty$，边界上为1，无穷远处取为无限大。SBFEM在环向坐标体系中仍采用传统有限元的离散，通过等参变换，椎体表面的任一点的坐标可以表示为

$$\begin{aligned} x(\eta,\zeta) &= [N(\eta,\zeta)]\{x\} \\ y(\eta,\zeta) &= [N(\eta,\zeta)]\{y\} \\ z(\eta,\zeta) &= [N(\eta,\zeta)]\{z\} \end{aligned} \tag{4.32}$$

其中，形函数为

$$[N(\eta,\zeta)] = [N_1(\eta,\zeta),\ N_2(\eta,\zeta),\ \cdots] \tag{4.33}$$

域内各点则通过比例因子来实现

$$
\begin{aligned}
\hat{x}(\xi,\eta,\zeta) &= \xi x(\eta,\zeta) \\
\hat{y}(\xi,\eta,\zeta) &= \xi y(\eta,\zeta) \\
\hat{z}(\xi,\eta,\zeta) &= \xi z(\eta,\zeta)
\end{aligned}
\tag{4.34}
$$

值得注意的是，比例边界坐标变换不同于传统的有限元坐标变换，在传统有限元坐标变换中，形函数包含所有的局部坐标分量，而比例边界坐标变换中，形函数仅包含环向坐标分量，径向坐标分量是与形函数分离的，这样只需对求解域的边界进行离散，而在求解域的径向能够通过比例因子，即径向坐标实现解析求解，从而实现对问题的半解析求解。

通常在进行坐标变换中往往会产生 Jacobian 矩阵，通过先前提到的两个坐标系，不难得到关于 SBFEM 的 Jacobian 矩阵

$$
[\hat{J}] = \begin{bmatrix} \hat{x}_{,\xi} & \hat{y}_{,\xi} & \hat{z}_{,\xi} \\ \hat{x}_{,\eta} & \hat{y}_{,\eta} & \hat{z}_{,\eta} \\ \hat{x}_{,\zeta} & \hat{y}_{,\zeta} & \hat{z}_{,\zeta} \end{bmatrix} = \begin{bmatrix} 1 & 0 & 0 \\ 0 & \xi & 0 \\ 0 & 0 & \xi \end{bmatrix} [J(\eta,\zeta)] \tag{4.35}
$$

其中

$$
[J(\eta,\zeta)] = \begin{bmatrix} x & y & z \\ x_{,\eta} & y_{,\eta} & z_{,\eta} \\ x_{,\zeta} & y_{,\zeta} & z_{,\zeta} \end{bmatrix} \tag{4.36}
$$

显然 $[J(\eta,\zeta)]$ 仅与边界形状相关，比例边界坐标体系与整体 Cartesian 坐标系的偏微分算子关系可以表示为

$$
\begin{Bmatrix} \dfrac{\partial}{\partial \hat{x}} \\ \dfrac{\partial}{\partial \hat{y}} \\ \dfrac{\partial}{\partial \hat{z}} \end{Bmatrix} = [\hat{J}]^{-1} \begin{Bmatrix} \dfrac{\partial}{\partial \xi} \\ \dfrac{\partial}{\partial \eta} \\ \dfrac{\partial}{\partial \zeta} \end{Bmatrix} = [J(\eta,\zeta)]^{-1} \begin{Bmatrix} \dfrac{\partial}{\partial \xi} \\ \dfrac{1}{\xi}\dfrac{\partial}{\partial \eta} \\ \dfrac{1}{\xi}\dfrac{\partial}{\partial \zeta} \end{Bmatrix} \tag{4.37}
$$

引入

$$
[J(\eta,\zeta)]^{-1} = \begin{bmatrix} j_{11} & j_{12} & j_{13} \\ j_{21} & j_{22} & j_{23} \\ j_{31} & j_{32} & j_{33} \end{bmatrix} \tag{4.38}
$$

把式(4.37)代入微分算子方程(4.29)，可以得到在比例边界坐标体系中的微

分算子的表达式

$$[L]=[b^1]\frac{\partial}{\partial\xi}+\frac{1}{\xi}\left([b^2]\frac{\partial}{\partial\eta}+[b^3]\frac{\partial}{\partial\zeta}\right) \tag{4.39}$$

式中

$$[b^1]=\begin{bmatrix} j_{11} & 0 & 0 \\ 0 & j_{21} & 0 \\ 0 & 0 & j_{31} \\ 0 & j_{31} & j_{21} \\ j_{31} & 0 & j_{11} \\ j_{21} & j_{11} & 0 \end{bmatrix},\quad [b^2]=\begin{bmatrix} j_{12} & 0 & 0 \\ 0 & j_{22} & 0 \\ 0 & 0 & j_{32} \\ 0 & j_{32} & j_{22} \\ j_{32} & 0 & j_{12} \\ j_{22} & j_{12} & 0 \end{bmatrix},\quad [b^3]=\begin{bmatrix} j_{13} & 0 & 0 \\ 0 & j_{23} & 0 \\ 0 & 0 & j_{33} \\ 0 & j_{33} & j_{23} \\ j_{33} & 0 & j_{13} \\ j_{23} & j_{13} & 0 \end{bmatrix} \tag{4.40}$$

域内的任意一个微单元 $\mathrm{d}V^{\mathrm{e}}$，可表示为

$$\mathrm{d}V^{\mathrm{e}}=\xi^2\,|J|\,\mathrm{d}\xi\mathrm{d}\eta\mathrm{d}\zeta \tag{4.41}$$

式中，$|J|$ 为矩阵$[J(\eta,\zeta)]$的行列式，仅与边界形状相关。

对如图 4.11 所示的有限域锥体单元，采用加权余量方法对控制方程(4.27)进行处理，得到积分弱形式方程。

$$\int_V \{w\}^{\mathrm{T}}[b^1]^{\mathrm{T}}\{\sigma_{,\xi}\}\mathrm{d}V+\int_V \{w\}^{\mathrm{T}}\frac{1}{\xi}([b^2]\{\sigma_{,\eta}\}+[b^3]\{\sigma_{,\zeta}\})\mathrm{d}V+\omega^2\int_V \{w\}^{\mathrm{T}}\rho\{u\}\mathrm{d}V=0 \tag{4.42}$$

式中，权函数 $\{w\}=\{w(\xi,\eta,\zeta)\}$，对整个求解域进行积分可得

$$\begin{aligned}\int_0^1\Big[\xi^2\int_{S^\xi}\{w\}^{\mathrm{T}}[b^1]^{\mathrm{T}}\{\sigma_{,\xi}\}\,|J|\,\mathrm{d}\eta\mathrm{d}\zeta-\xi\int_{S^\xi}(-2\,\{w\}^{\mathrm{T}}\,[b^1]^{\mathrm{T}}+\{w_{,\eta}\}^{\mathrm{T}}[b^2]^{\mathrm{T}}\\ +\{w_{,\zeta}\}^{\mathrm{T}}[b^3]^{\mathrm{T}})\{\sigma\}\,|J|\,\mathrm{d}\eta\mathrm{d}\zeta+\omega^2\xi^2\int_{S^\xi}\{w\}^{\mathrm{T}}\rho\{u\}\,|J|\,\mathrm{d}\eta\mathrm{d}\zeta\Big]\mathrm{d}\xi=0\end{aligned} \tag{4.43}$$

式中，S^ξ 表示 ξ 为特定常数时的域内类边界面。显然，由于积分变量 ξ 为可变值，要使在任意积分点满足方程(4.43)，被积函数必须为零，即

$$\begin{aligned}\xi^2\int_{S^\xi}\{w\}^{\mathrm{T}}[b^1]^{\mathrm{T}}\{\sigma_{,\xi}\}\,|J|\,\mathrm{d}\eta\mathrm{d}\zeta-\xi\int_{S^\xi}(-2\,\{w\}^{\mathrm{T}}\,[b^1]^{\mathrm{T}}+\{w_{,\eta}\}^{\mathrm{T}}[b^2]^{\mathrm{T}}\\ +\{w_{,\zeta}\}^{\mathrm{T}}[b^3]^{\mathrm{T}})\{\sigma\}\,|J|\,\mathrm{d}\eta\mathrm{d}\zeta+\omega^2\xi^2\int_{S^\xi}\{w\}^{\mathrm{T}}\rho\{u\}\,|J|\,\mathrm{d}\eta\mathrm{d}\zeta=0\end{aligned} \tag{4.44}$$

ξ 为某个常数时的表面 S^{ξ} 上的位移 $\{u(\xi)\}$，用同样的映射函数表示为

$$\{u(\xi,\eta,\zeta)\} = [N(\eta,\zeta)]\{u(\xi)\} \tag{4.45}$$

则应力就可以表示为

$$\{\sigma\} = [D][[B^1]\{u(\xi)\}_{,\xi} + \frac{1}{\xi}[B^2]\{u(\xi)\}] \tag{4.46}$$

式中

$$\begin{aligned} [B^1] &= [b^1][N(\eta,\zeta)] \\ [B^2] &= [b^2][N(\eta,\zeta)]_{,\eta} + [b^3][N(\eta,\zeta)]_{,\zeta} \end{aligned} \tag{4.47}$$

这里需要指出的是矩阵 $[B^1]$、$[B^2]$ 与径向坐标 ξ 无关。

权函数 $\{w\} = \{w(\xi,\eta,\zeta)\}$ 可采用与位移相同的插值函数表示：

$$\{w(\xi,\eta,\zeta)\} = [N(\eta,\zeta)]\{w(\xi)\} \tag{4.48}$$

将式(4.46)、式(4.47)和式(4.48)代入式(4.44)，可以得到关于位移的控制方程

$$\begin{aligned} &[E^0]\xi^2\{u(\xi)\}_{,\xi\xi} + (2[E^0] - [E^1] + [E^1]^{\mathrm{T}})\xi\{u(\xi)\}_{,\xi} \\ &+ ([E^1]^{\mathrm{T}} - [E^2])\{u(\xi)\} + \omega^2[M^0]\xi^2\{u(\xi)\} = 0 \end{aligned} \tag{4.49}$$

式中，系数矩阵 $[E^0]$、$[E^1]$、$[E^2]$、$[M^0]$ 与 ξ 无关，可以通过边界面上的有限元积分在各个单元的局部坐标中分别计算，具体表达式为

$$\begin{aligned} [E^0] &= \int_{S^{\xi}} [B^1]^{\mathrm{T}}[D][B^1] \mid J \mid \mathrm{d}\eta\mathrm{d}\zeta \\ [E^1] &= \int_{S^{\xi}} [B^2]^{\mathrm{T}}[D][B^1] \mid J \mid \mathrm{d}\eta\mathrm{d}\zeta \\ [E^2] &= \int_{S^{\xi}} [B^2]^{\mathrm{T}}[D][B^2] \mid J \mid \mathrm{d}\eta\mathrm{d}\zeta \\ [M^0] &= \int_{S^{\xi}} [N(\eta,\zeta)]^{\mathrm{T}}\rho[N(\eta,\zeta)] \mid J \mid \mathrm{d}\eta\mathrm{d}\zeta \end{aligned} \tag{4.50}$$

式(4.49)是由以一个边界面单元作为底面并延伸至相似中心的锥形域导出的，应用叠加原理加以组装，就得到整个求解域中关于位移的频域控制方程，同样可以用式(4.50)表示，为了简化起见，原式(4.49)未添加局部单元上标符号。显然，控制方程(4.49)为关于径向坐标 ξ 的二阶线性常微分方程，因此采用比例边界有限元方法可以把偏微分控制方程转化为常微分控制方程，从而可以简化问题的求解。

4.3.2 流体域离散——SBFEM

1. 流体力学基本控制方程与边界条件

假设库水是可压缩、无黏性、无旋、小扰动的情况下，地震作用时动水压力波将满足 Helmholtz 方程：

$$\nabla^2 p - \frac{1}{c^2}\ddot{p} = 0 \tag{4.51}$$

式中，c 为水中波速；∇^2 为 Laplace 算子；p 为动水压力。

忽略表面波对动水压力的影响，坝水交界面的边界条件满足

$$p_{,\mathrm{n}} = -\rho \ddot{u}_{\mathrm{n}} \tag{4.52}$$

在水库库底和岸坡边界则满足

$$p_{,\mathrm{n}} = -\rho \ddot{v}_{\mathrm{n}} - q\dot{p} \tag{4.53}$$

式中，下脚标 n 表示水库域的库底和岸坡边界表面的内法向，指向水域；$p_{,\mathrm{n}}$ 表示 p 对沿内法线 $\boldsymbol{n}$ 的方向导数；$\dot{p}$ 表示 p 对时间的导数；$\ddot{u}_{\mathrm{n}}$ 和 $\ddot{v}_{\mathrm{n}}$ 分别为坝水交界面和库底岸坡边界加速度的法向分量；q 表示库底淤沙层的阻尼系数，定义为

$$q = \frac{1-\alpha}{c(1+\alpha)} \tag{4.54}$$

其中，α 为波反射系数。该方法自动满足无穷远处辐射条件。

2. 动水压力 SBFEM 控制方程的推导

图 4.12 给出了坝水系统的比例边界坐标体系示意图，其中假设水库可沿 $\hat{x}$ 轴方向延伸至上游无穷远处（王毅，2013）。相似中心设置在水库下游无穷远处，此时由于水库的上、下表面将趋于平行，则应用 SBFEM 时仅需对坝面进行离散即可，即在比例边界坐标系 (ξ,η,ζ) 中仅需要对 (η,ζ) 所形成的二维边界面进行离散。ξ 在坝面上的取值为 0，沿着水库上游方向一直延伸至无穷远处；η、ζ 的取值区间均为局部坐标体系中的[−1,1]。

对水库区域中任意点，其笛卡儿坐标用 $\hat{x}$、$\hat{y}$、$\hat{z}$ 来表示，坝水交界面上的节点坐标用 x、y、z 来表示。基于 SBFEM 中的相似性原理，对水域中所有 ξ 值一致的节点，采用与坝水交界面离散水体单元相同的形函数 $[N(\eta,\zeta)]$ 来表示，因此水域中任意单元节点均可用与坝水交界面相对应的节点单元来表示如下：

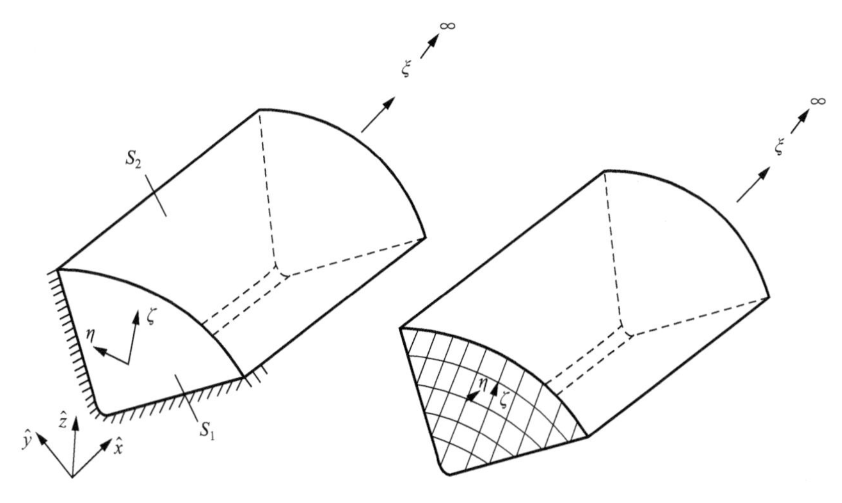

图 4.12　库水边界区域的比例边界坐标

$$\begin{aligned}\hat{x}(\xi,\eta,\zeta) &= x(\eta,\zeta)+\xi=[N(\eta,\zeta)]\{x\}+\xi\\ \hat{y}(\xi,\eta,\zeta) &= y(\eta,\zeta)=[N(\eta,\zeta)]\{y\}\\ \hat{z}(\xi,\eta,\zeta) &= z(\eta,\zeta)=[N(\eta,\zeta)]\{z\}\end{aligned} \tag{4.55}$$

同样，采用相同的形函数，水域内任意一点 (ξ,η,ζ) 的动水压力 $p(\xi,\eta,\zeta)$ 可用节点压力 $\{p(\xi)\}$ 进行插值来表示

$$p(\xi,\eta,\zeta)=[N(\eta,\zeta)]\{p(\xi)\} \tag{4.56}$$

由于需要在比例边界坐标系中求解坝面的动水压力，因此需把笛卡儿坐标系转化到比例边界坐标系，此时 Jacobian 矩阵为

$$[\hat{J}(\xi,\eta,\zeta)]=\begin{bmatrix}\hat{x}_{,\xi} & \hat{y}_{,\xi} & \hat{z}_{,\xi}\\ \hat{x}_{,\eta} & \hat{y}_{,\eta} & \hat{z}_{,\eta}\\ \hat{x}_{,\zeta} & \hat{y}_{,\zeta} & \hat{z}_{,\zeta}\end{bmatrix}=\begin{bmatrix}1 & 0 & 0\\ [N_{,\eta}]\{x\} & [N_{,\eta}]\{y\} & [N_{,\eta}]\{z\}\\ [N_{,\zeta}]\{x\} & [N_{,\zeta}]\{y\} & [N_{,\zeta}]\{z\}\end{bmatrix}=[J(\eta,\zeta)] \tag{4.57}$$

为了便于下文的表示，$[J(\xi,\eta,\zeta)]$ 可以缩写为$[J]$。需要指出，$[J]$ 与 ξ 无关。$\hat{x}$、$\hat{y}$、$\hat{z}$ 对 ξ、η、ζ 的偏导数可以表示为

$$\left\{\frac{\partial}{\partial\hat{x}},\frac{\partial}{\partial\hat{y}},\frac{\partial}{\partial\hat{z}}\right\}^{\mathrm{T}}=[J]^{-1}\left\{\frac{\partial}{\partial\xi},\frac{\partial}{\partial\eta},\frac{\partial}{\partial\zeta}\right\}^{\mathrm{T}}=\{b^1\}\frac{\partial}{\partial\xi}+\{b^2\}\frac{\partial}{\partial\eta}+\{b^3\}\frac{\partial}{\partial\zeta} \tag{4.58}$$

无穷小单元可以表示为

$$dV = |J| d\xi d\eta d\zeta \tag{4.59}$$

式中，$|J|$ 为 Jacobian 矩阵 $[J]$ 的行列式值。

对偏微分控制方程式(4.51)和边界条件方程式(4.52)、式(4.53)采用加权余量方法进行求解，并使用分步积分公式，可以得到如下的满足控制方程和边界条件的积分弱形式方程：

$$\int_V \nabla w \nabla p \, dV + \frac{1}{c^2}\int_V w\ddot{p} \, dV + \rho\int_{S_1} w\ddot{u}_n dS + \int_{S_2} w(q\dot{p} + \rho\ddot{v}_n) dS = 0 \tag{4.60}$$

式中，w 为权函数；S_1 为坝水交界边界面；S_2 表示水库的其余边界面，即通常讲的水库湿周。为简化起见，此处仅给出方程(4.60)的一些必要的定义和推导过程。

引入以下矩阵：

$$[B^1] = \{b^1\}[N], \qquad [B^2] = \{b^2\}[N]_{,\eta} + \{b^3\}[N]_{,\zeta} \tag{4.61}$$

$$\begin{aligned} [E^0] &= \int_{-1}^{1}\int_{-1}^{1} [B^1]^T[B^1]|J| d\eta d\zeta \\ [E^1] &= \int_{-1}^{1}\int_{-1}^{1} [B^2]^T[B^1]|J| d\eta d\zeta \\ [E^2] &= \int_{-1}^{1}\int_{-1}^{1} [B^2]^T[B^2]|J| d\eta d\zeta \end{aligned} \tag{4.62}$$

$$[M^0] = \frac{1}{c^2}\int_{-1}^{1}\int_{-1}^{1} [N]^T[N]|J| d\eta d\zeta \tag{4.63}$$

$$[M^1] = \rho\int_{-1}^{1}\int_{-1}^{1} [N]^T[N] A d\eta d\zeta \tag{4.64}$$

$$[C^0] = \int_{\Gamma^\xi} [N]^T[N] d\Gamma \tag{4.65}$$

$$A = \sqrt{(y_{,\eta}z_{,\zeta} - z_{,\eta}y_{,\zeta})^2 + (z_{,\eta}x_{,\zeta} - x_{,\eta}z_{,\zeta})^2 + (x_{,\eta}y_{,\zeta} - y_{,\eta}x_{,\zeta})^2} \tag{4.66}$$

需要指出的是，Γ 为坝水交界面的水库湿周轮廓线

$$d\Gamma = \sqrt{y_{,\eta}^2 + z_{,\eta}^2} d\eta |_{\zeta=-1} \tag{4.67}$$

二维情况下

$$[M^1] = \rho\int_{-1}^{1} [N]^T[N](x_{,\eta}^2 + y_{,\eta}^2)^{1/2} d\eta \tag{4.68}$$

$$[C^0] = [N]^T[N]|_{\eta=-1} \tag{4.69}$$

而后得到关于SBFEM的控制方程和边界条件：

$$[E^0]\{p\}_{,\xi\xi}+([E^1]^{\mathrm{T}}-[E^1])\{p\}_{,\xi}-[E^2]\{p\}-[M^0]\{\ddot{p}\}-q[C^0]\{\dot{p}\}-\rho[C^0]\{\ddot{v}_{\mathrm{n}}\}=0 \tag{4.70}$$

$$([E^0]\{p\}_{,\xi}+[E^1]^{\mathrm{T}}\{p\}+[M^1]\{\ddot{u}_{\mathrm{n}}\})|_{\xi=0}=0 \tag{4.71}$$

需要指出的是，求解方程(4.70)时，系数矩阵$[E^0]$、$[E^1]$、$[E^2]$、$[M^0]$、$[M^1]$和$[C^0]$与ξ不相关，仅与坝面的有限元离散有关。计算时先对每个单元的系数矩阵进行求解，然后集总得到整体求解域的系数矩阵。式(4.70)则表示在SBFEM体系下得到的关于动水压力的时域控制方程，式(4.71)为相应的坝水交界面上的边界条件。相对应的频域控制方程和边界条件可分别用方程(4.72)和方程(4.73)表示如下：

$$\begin{aligned}&[E^0]\{p(\xi,\omega)\}_{,\xi\xi}+([E^1]^{\mathrm{T}}-[E^1])\{p(\xi,\omega)\}_{,\xi}\\&+(\omega^2[M^0]-\mathrm{i}\omega q[C^0]-[E^2])\{p(\xi,\omega)\}-\rho[C^0]\{\ddot{v}_{\mathrm{n}}\}=0\end{aligned} \tag{4.72}$$

$$([E^0]\{p(\xi,\omega)\}_{,\xi}+[E^1]^{\mathrm{T}}\{p(\xi,\omega)\}+[M^1]\{\ddot{u}_{\mathrm{n}}\})|_{\xi=0}=0 \tag{4.73}$$

3. 动水压力控制方程的求解

无限域动水压力控制方程(4.72)为二阶线性常微分方程，利用边界条件，可以对其进行求解。首先引入辅助变量$\{r(\xi,\omega)\}$：

$$\{r(\xi,\omega)\}=[E^0]\{p(\xi,\omega)\}_{,\xi}+[E^1]^{\mathrm{T}}\{p(\xi,\omega)\} \tag{4.74}$$

式中，$\{r(\xi,\omega)\}$为具有力的量纲，可定义为由动水压力引起的节点力。从而式(4.72)可以转化为

$$\{X(\xi,\omega)\}_{,\xi}=[Z(\omega)]\{X(\xi,\omega)\}+\{F_0\} \tag{4.75}$$

式中

$$\{X(\xi,\omega)\}=\begin{Bmatrix}\{p(\xi,\omega)\}\\\{r(\xi,\omega)\}\end{Bmatrix},\quad \{F_0\}=\begin{Bmatrix}0\\-\rho[C^0]\{\ddot{v}_{\mathrm{n}}\}\end{Bmatrix} \tag{4.76}$$

矩阵$[Z]$为哈密顿矩阵，表示为

$$[Z(\omega)]=\begin{bmatrix}-[E^0]^{-1}[E^1]^{\mathrm{T}} & [E^0]^{-1}\\ [E^2]-[E^1][E^0]^{-1}[E^1]^{\mathrm{T}}-\omega^2[M^0]+\mathrm{i}\omega q[C^0] & [E^1][E^0]^{-1}\end{bmatrix} \tag{4.77}$$

可采用特征向量展开方法对式(4.72)进行求解，故需求解如下的特征值问题：

$$[Z][\Phi]=[\Phi][\Lambda] \tag{4.78}$$

式中，$[\Lambda]$ 为特征值对角矩阵；$[\Phi]$ 为特征向量矩阵。由于哈密顿矩阵特征值具有成对出现的特性，即存在一个正的特征值为 λ，必然有一个负的特征值为 $-\lambda$。因此把特征值对角矩阵及相应的模态矩阵分块写成如下的分块矩阵形式：

$$[\Lambda]=\begin{bmatrix}-[\lambda_i] & 0\\ 0 & [\lambda_i]\end{bmatrix},\quad [\Phi]=\begin{bmatrix}[\Phi_{11}] & [\Phi_{12}]\\ [\Phi_{21}] & [\Phi_{22}]\end{bmatrix} \tag{4.79}$$

式中，$[\lambda_i]$ 是对角矩阵，其对角元的实部为负值。

定义矩阵 $[A]$ 为特征向量矩阵$[\Phi]$ 的逆，即

$$[A]=[\Phi]^{-1},\qquad [A]=\begin{bmatrix}[A_{11}] & [A_{12}]\\ [A_{21}] & [A_{22}]\end{bmatrix} \tag{4.80}$$

利用边界条件式(4.73)，最后可解得坝面动水压力为

$$\{p(\xi=0)\}=-[\Phi_{12}][\Phi_{22}]^{-1}[M^1]\{\ddot{u}_{\mathrm{n}}\}-([\Phi_{12}][\Phi_{22}]^{-1}[B_1]-[B_2])\rho[C^0]\{\ddot{v}_{\mathrm{n}}\} \tag{4.81}$$

式中

$$[B_1]=[\Phi_{21}][-\lambda_i^{-1}][A_{12}]+[\Phi_{22}][\lambda_i^{-1}][A_{22}] \tag{4.82}$$

$$[B_2]=[\Phi_{11}][-\lambda_i^{-1}][A_{12}]+[\Phi_{12}][\lambda_i^{-1}][A_{22}] \tag{4.83}$$

式(4.81)的前一部分表示坝体迎水面的贡献，后一部分表示库底与岸坡的贡献。

4. 时域相应分析

坝面的时域动水压力可以表示为

$$\{p(t)\}=\{H_{\mathrm{p}}(\omega)\}\mathrm{e}^{\mathrm{i}\omega t} \tag{4.84}$$

式中，$\{H_{\mathrm{p}}(\omega)\}$ 为动水压力的复频响应函数

$$\{H_{\mathrm{p}}(\omega)\}=-[\Phi_{12}][\Phi_{22}]^{-1}[M^1][L_1]-([\Phi_{12}][\Phi_{22}]^{-1}[B_1]-[B_2])\rho[C^0][L_2] \tag{4.85}$$

式中，$[L_1]$ 为整体坐标方向与坝面法向的转换矩阵；$[L_2]$ 为整体坐标方向与河谷岸坡法向的转换矩阵。

动水压力的单位脉冲响应函数可表示为

$$\{h_{\mathrm{p}}(t)\} = \frac{1}{2\pi}\int_{-\infty}^{+\infty}\{H_{\mathrm{p}}(\omega)\}\mathrm{e}^{\mathrm{i}\omega t}\mathrm{d}\omega \tag{4.86}$$

从而得到在大坝受到地震动激励时的坝面上的总体动水压力，可用如下的卷积形式来表示：

$$\{p(t)\} = \int_0^t \{h_{\mathrm{p}}(t-\tau)\}\ddot{u}_{\mathrm{g}}(\tau)\mathrm{d}\tau \tag{4.87}$$

特别地，当库水不可压缩时动水压力作用可以表示为附加质量（满阵）：

$$\begin{aligned}[M_{\mathrm{p}}] =& -\frac{1}{\rho}[L_1]^{\mathrm{T}}[M^1]^{\mathrm{T}}[[\Phi_{12}][\Phi_{22}]^{-1}[M^1][L_1] \\ &+([\Phi_{12}][\Phi_{22}]^{-1}[B_1]-[B_2])\rho[C^0][L_2]]\end{aligned} \tag{4.88}$$

5. 转换矩阵 $[L_1]$ 和 $[L_2]$ 计算方法

转换矩阵 $[L_1]$ 和 $[L_2]$ 对动水压力的计算精度起着至关重要的作用，因此有必要对其进行精细计算。面板堆石坝的面板通常是一个平面，所以矩阵 $[L_1]$ 是由面板迎水面上所有节点的迎水面单位法向量组成的，具有很高精度。矩阵 $[L_2]$ 与库底和岸坡振动所激起的动水压力相关，当库底与岸坡为光滑连续时，矩阵 $[L_2]$ 是由库底与岸坡面上节点的单位法向量组成的，但当遇到复杂的河谷形状时，如此计算会引起动水压力精度明显降低。这里给出了一个河谷动水压力分量转换矩阵 $[L_2]$ 的精确计算方法，以完善该动水压力计算方法，使其处理复杂的河谷形状时，动水压力仍具有很高的计算精度。

转换矩阵 $[L_2]$ 是与矩阵 $[C^0]$ 息息相关的，而矩阵 $[C^0]$ 与动水压力的河谷分量成正比，其物理意义是将坝水交界面的水库湿周轮廓线 Γ 的长度加权分配给在湿周轮廓线上的每个节点。如图 4.13 所示，当计算矩阵 $[C^0]$ 时，l_{AB} 和 l_{BC} 都对 B 点有贡献，因此计算矩阵 $[L_2]$ 中与 B 点相关的节点向量时应该考虑这种加权的意义

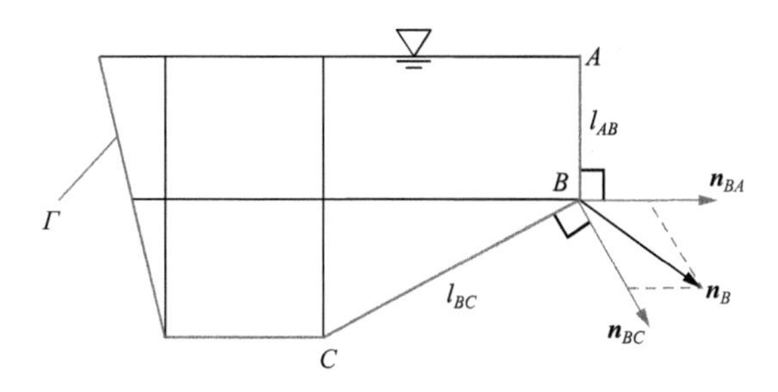

图 4.13　库底与岸坡的法向量

$$\boldsymbol{n}_B = l_{AB}/(l_{AB}+l_{BC}) \cdot \boldsymbol{n}_{BA} + l_{BC}/(l_{AB}+l_{BC}) \cdot \boldsymbol{n}_{BC} \tag{4.89}$$

式中，l_{AB} 和 l_{BC} 为两点间的距离；$\boldsymbol{n}_{BA}$ 和 $\boldsymbol{n}_{BC}$ 为单位法向量。值得注意的是，除非 $\boldsymbol{n}_{BA}=\boldsymbol{n}_{BC}$，通常情况下 $|\boldsymbol{n}_B| \neq 1$。依照式(4.89)即可计算矩阵$[L_2]$中所有的节点向量，从下文可以看出，采用精确的转换矩阵$[L_2]$后，由河谷激振引起的动水压力计算结果具有很高精度。

4.3.3 算例验证

1. 不可压缩库水动水压力验证

如图 4.14 和图 4.15 所示，选取以下几个不同河谷形状的刚性坝面经典算例进行计算，并与理论解对比，等腰直角三角形河谷垂直坝面和矩形河谷倾斜坝面（倾角 α 为 30°、45°、60°），坝面网格即水体网格。水深 H 均为 100m，不同方向的地震激励加速度峰值均为 a，从图 4.16～图 4.19 所展示的不同方向激振条件下的无量纲动水压力分布数值解与理论解（陈振诚，1964；肖天铎和周淦明，1965；施小民和陶明德，1991）的对比情况可以看出，该方法的计算精度很高。

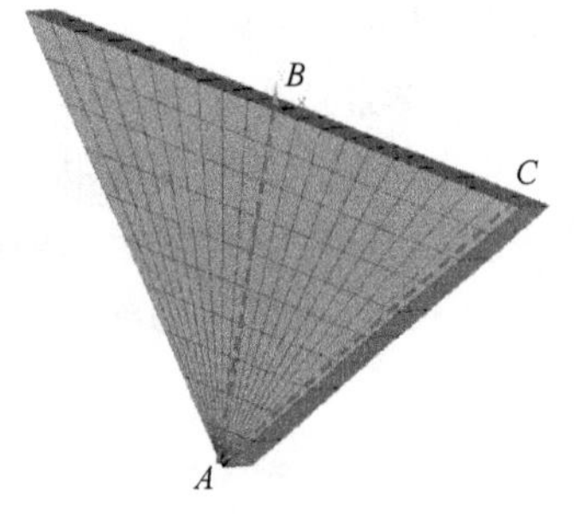

图 4.14 半圆形河谷坝面网格

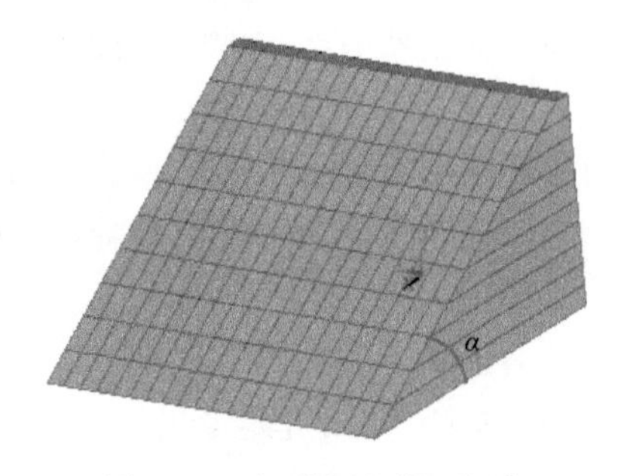

图 4.15 矩形河谷坝面网格

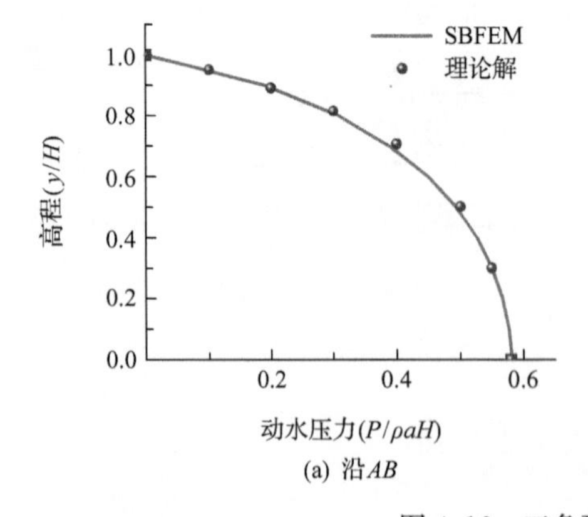

(a) 沿AB

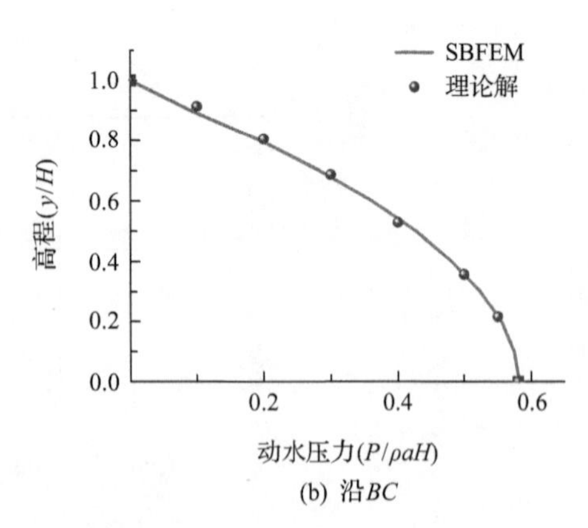

(b) 沿BC

图 4.16 三角形河谷顺河向激振

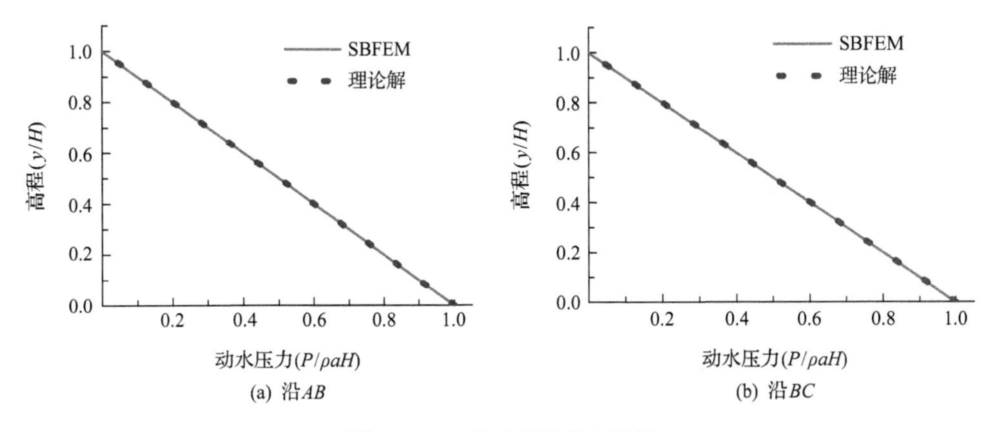

图 4.17　三角形河谷竖向激振

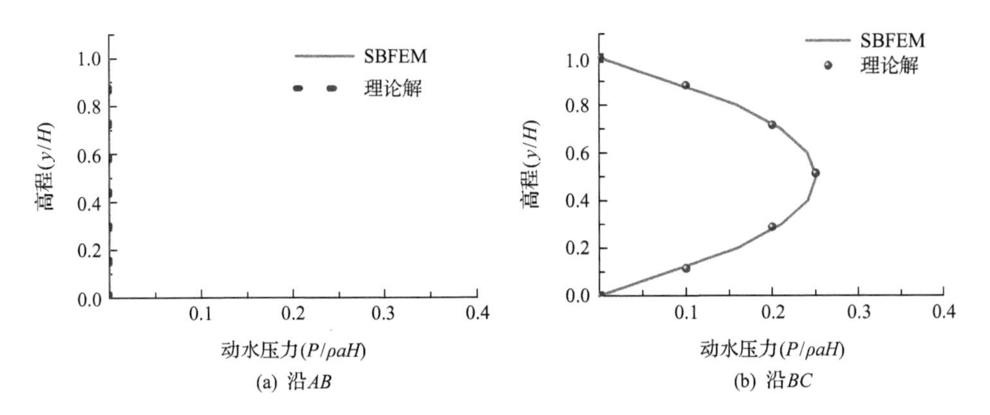

图 4.18　三角形河谷横河向激振

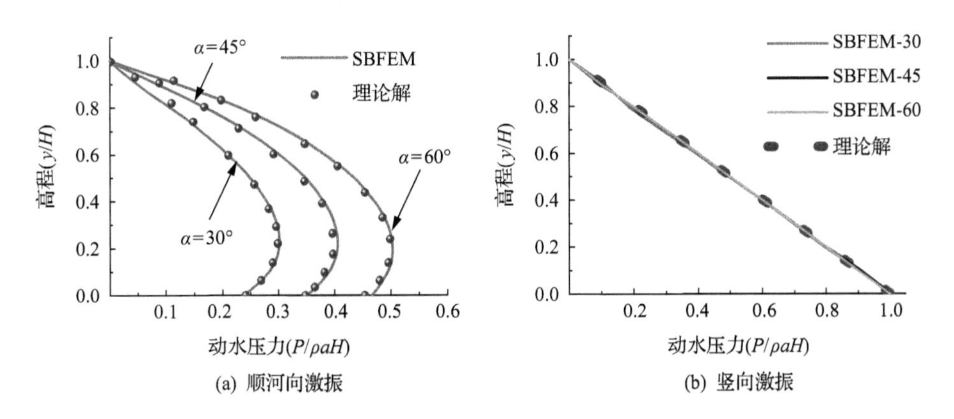

图 4.19　矩形河谷

2. 可压缩库水动水压力验证

为了验证所采用方法计算可压缩性库水动水压力的正确性，还做了下面一个柔性坝算例(Koyna 坝)，采用比例边界有限元与有限单元耦合计算，考虑库水可压缩性，并与有限元(流体和固体均采用有限元)计算结果(赵兰浩，2006)进行比较。

满库情况下二维 Koyna 重力坝的有限元模型如图 4.20 所示，材料参数为：坝体弹性模量 E 为 31.5GPa，密度 ρ 为 2650kg/m^3，泊松比 ν 为 0.17，阻尼比 ξ 为 0.05，水体密度 ρ_w 为 1000kg/m^3，库底压力波反射系数 a 为 1.0，水中波速为 c 为 1430m/s，从坝底输入的水平向正弦加速度波为 $\ddot{u}_g(t) = \sin(10t)$。

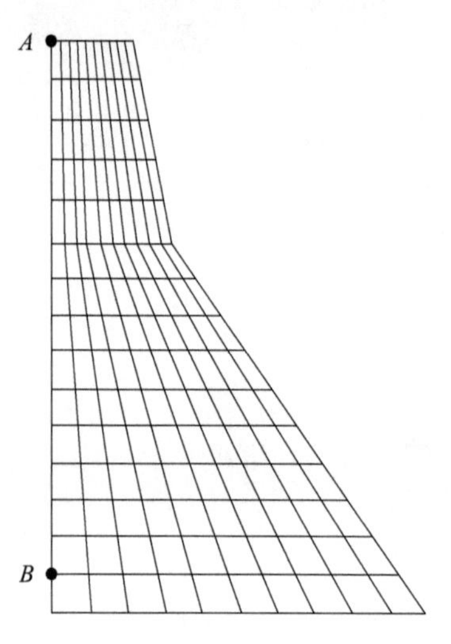

图 4.20　二维 Koyna 重力坝的有限元网格

图 4.21～图 4.23 分别为 A 点的加速度、位移响应时程以及 B 点的动水压力响应时程。从图中可以看出，该方法计算精度很好。

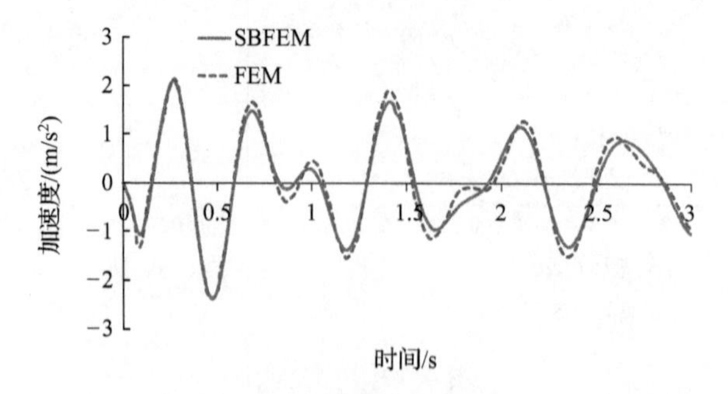

图 4.21　A 点的加速度响应时程

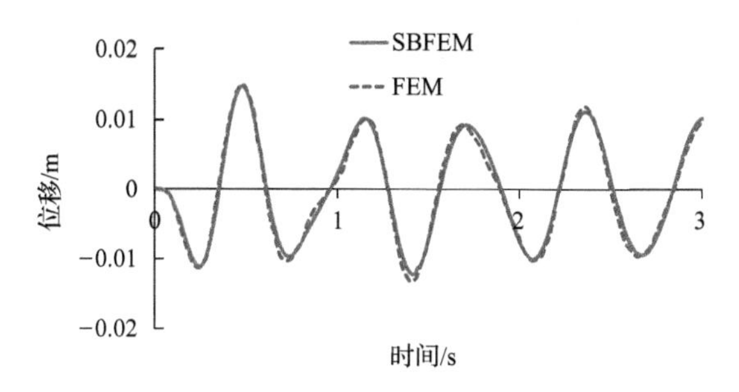

图 4.22　A 点的位移响应时程

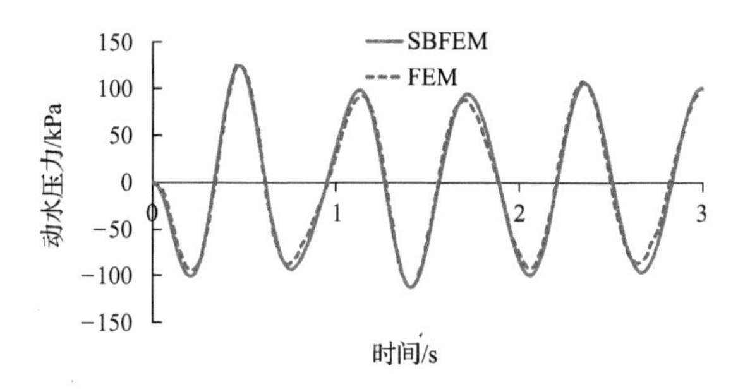

图 4.23　B 点的动水压力时程

4.3.4　三维面板堆石坝算例

1. 不可压缩库水算例

对于不可压缩库水情况，对典型面板坝进行了两组三维有限元数值分析：第一组算例计算了顺河向地震作用下不同方法（SBFEM 方法和 Westergaard 方法）对面板动应力的影响及坝面动水压力分布规律；第二组算例对比了顺河向、竖向以及坝轴向地震单独作用下动水压力分布规律及其对面板应力极值的影响。

面板坝高为 300m，上游迎水面坡比为 1∶1.4，下游面坡比为 1∶1.6，梯形河谷两岸坡比均为 1∶1，河谷底边宽为 100m，库水深度为 285m，面板厚度为 0.3m+0.0035H（H 为坝高），坝体的三维有限元网格如图 4.24 所示（对于 SBFEM 方法，坝面网格即水体网格），共有 13656 个单元。第一组算例采用实测 Koyna 地震波，峰值加速度为 3m/s^2；第二组算例地震波采用了现行《水工建筑物抗震设计规范》（DL 5073—2000）中的规范谱人工波，峰值加速度为 2m/s^2。加速度时程分别见图 4.25 和图 4.26。

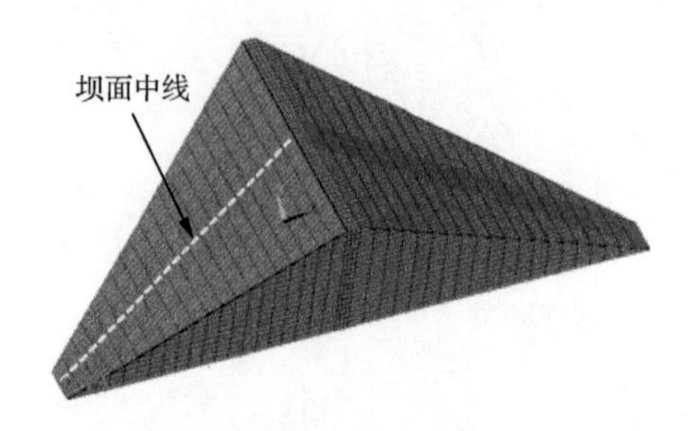

图 4.24 三维坝体网格图

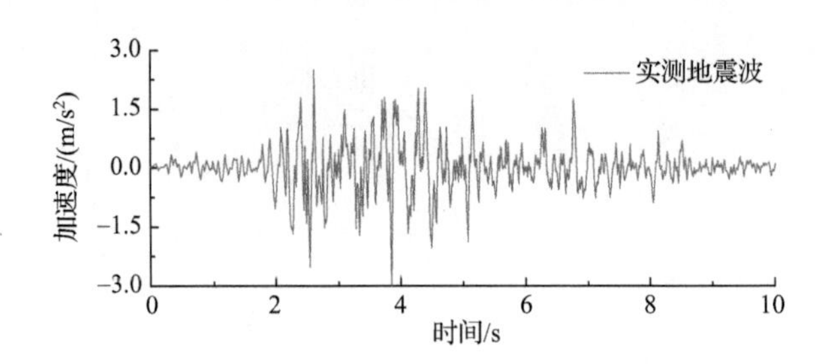

图 4.25 第一组算例地震波加速度时程

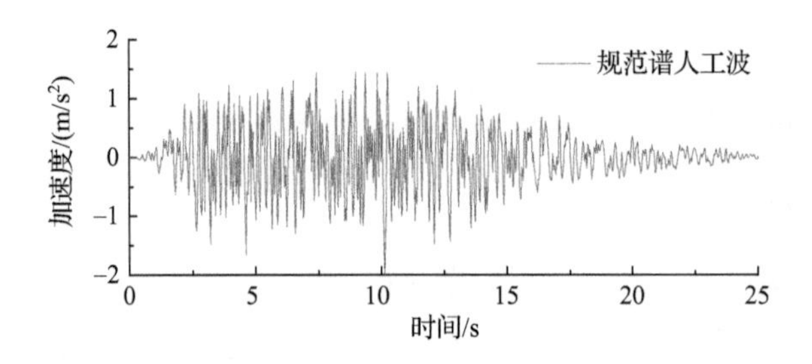

图 4.26 第二组算例地震波加速度时程

筑坝堆石料采用等效线性黏弹性模型(Hardin and Drnevich,1972),模型参数 K 与 n 分别为 5297 和 0.283,归一化动剪切模量 (G/G_{max})、阻尼比 λ 与动剪应变 γ 的关系如图 4.27 所示。混凝土面板采用线弹性模型,弹性模量 E 为 30GPa,泊松比 ν 为 0.167。堆石料与面板均采用 8 节点(或退化的)等参元,周边缝和竖缝单元参数采用邹德高等(2009)的建议值,其法向压缩与拉伸刚度分别为 25GPa/m 和 5MPa/m,切向刚度为 1MPa/m。面板与垫层之间的接触面采用 Goodman 单元模拟,其动力本构模型采用河海大学实验成果(吴军帅和姜朴,1992),试验参数 C 和 M 分别为 22.0 与 2.0,摩擦角 φ 为 34°。

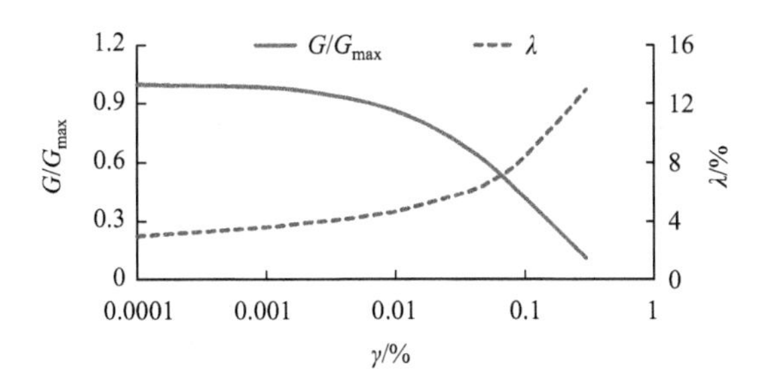

图 4.27　筑坝堆石料归一化动剪切模量和阻尼比

1）第一组算例分析

地震条件下面板坝的三维动水压力包络如图 4.28 所示，峰值动水压力分别为 202.6kPa（正压）和－141.4kPa（负压）；动水压力在坝面中线附近区域分布最大，在坝顶靠近岸坡区域分布次之。从坝面中线动水压力包络（图 4.29）可以看出，动水压力最大值出现在约$\frac{1}{2}$水深处。

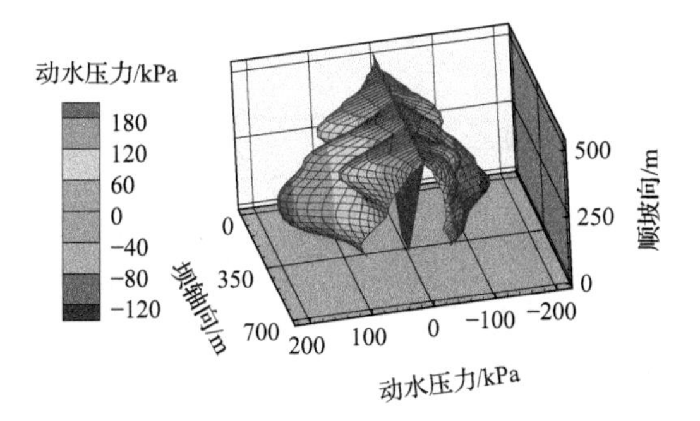

图 4.28　动水压力三维包络

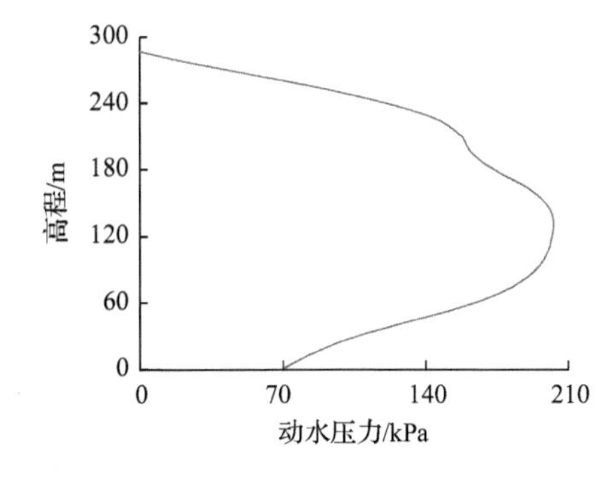

图 4.29　坝面中线动水压力包络

面板顺坡向动拉、压应力最大值分布如图 4.30、图 4.31 所示，SBFEM 与 Westergaard 两种方法得到的面板高动应力区有较为明显的差别。与 SBFEM 方法相比，Westergaard 方法计算的面板顺坡向动应力偏大（表 4.1），动拉应力最大值高估约 38%（动压应力高估约 24%），在河床附近的面板底部位置（单元 A，如图 4.24 所示），Westergaard 方法计算的顺坡向动应力极值甚至高估达 40%以上，如图 4.32 和表 4.2 所示。这主要是由于 Westergaard 方法通常将动水压力简化为集中质量阵（即对角阵），地震作用下集中质量的惯性力会在面板的切向（即顺坡向）产生作用力，但动水压力是垂直于面板作用的，不应该产生切向力。因此，采用 Westergaard 方法会高估面板顺坡向动应力，不利于合理评价面板的抗震能力。

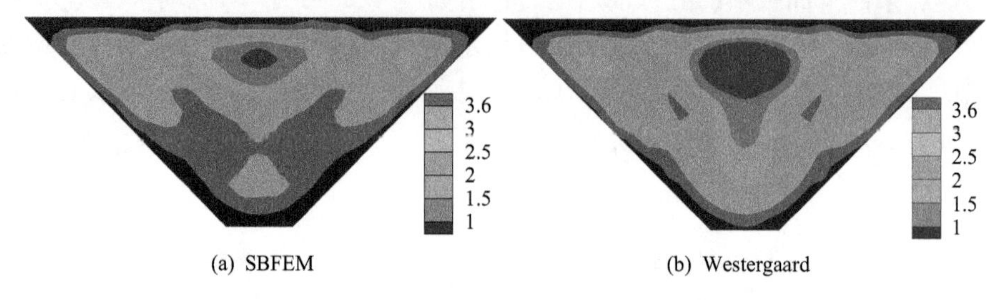

(a) SBFEM (b) Westergaard

图 4.30 顺坡向动拉应力极值分布（单位：MPa）

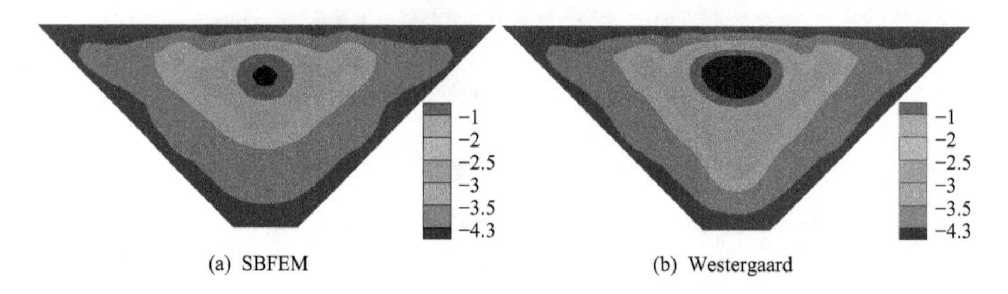

(a) SBFEM (b) Westergaard

图 4.31 顺坡向动压应力极值分布（单位：MPa）

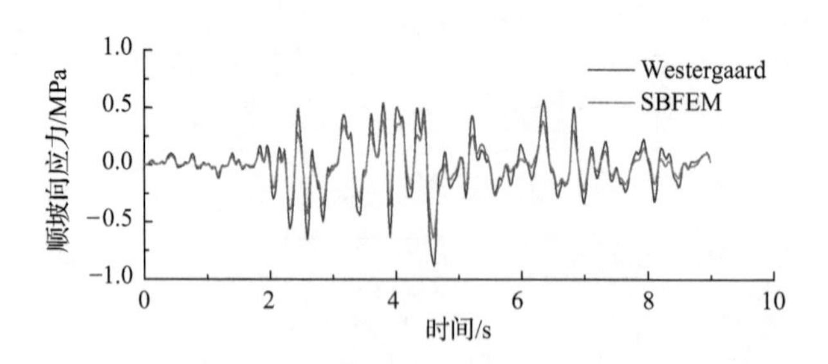

图 4.32 单元 A 顺坡向应力时程

表 4.1　面板应力极值及误差

方法	顺坡向应力	
	拉	压
Westergaard /MPa	5.30	−5.67
SBFEM/MPa	3.85	−4.57
Westergaard 误差	37.7%	24.1%

表 4.2　单元 A 动应力极值及误差

方法	A 单元顺坡向应力	
	拉	压
Westergaard/MPa	0.87	−1.36
SBFEM/MPa	0.61	−0.98
Westergaard 误差	42.6%	40.8%

另外，Westergaard 方法为基于刚性坝面假定的二维简化公式，难以准确考虑坝面倾角以及河谷形状对动水压力的影响。值得注意的是，这里所用的 Westergaard 方法为经过折半修正的质量阵(陈厚群等，1989)，如果不进行修正，则会更严重地高估动应力最大值及高动应力区范围，这对评价大坝的极限抗震能力是十分不利的。

2) 第二组算例分析

不同方向地震作用下的动水压力最大值见表 4.3，顺河向和坝轴向地震作用时的动水压力最大值相差不大，而竖向地震作用时的动水压力最大值差别相对较大，约为其他两激振方向的 2 倍以上。

表 4.3　动水压力最大值

动水压力	顺河向	坝轴向	竖向
正压/ kPa	+200.1	+174.8	+435.8
负压/ kPa	−163.8	−179.1	−533.2

各向激振下的动水压力包络如图 4.33 所示。在顺河向地震作用下，动水压力只包含迎水面激振分量，其在坝面中线附近较大，在岸坡处较小，加速度放大倍数较大的区域，动水压力较大；在坝轴向地震作用下，动水压力包含迎水面与河谷的激振分量，其分布规律与前者相反，在坝面中线附近动水压力很小，而在岸坡附近动水压力较大，这主要是由于大坝算例是对称的(几何条件与材料)，坝体迎水面节点的加速度分布特性使得动水压力的两个分量均在坝面中线附近，正负抵消；在竖

向地震作用下，动水压力包含迎水面与河谷的激振分量，其包络接近一个平面（当坝体为刚性时，竖向地震作用下动水压力包络则为一个严格的平面），在坝基附近区域最大。

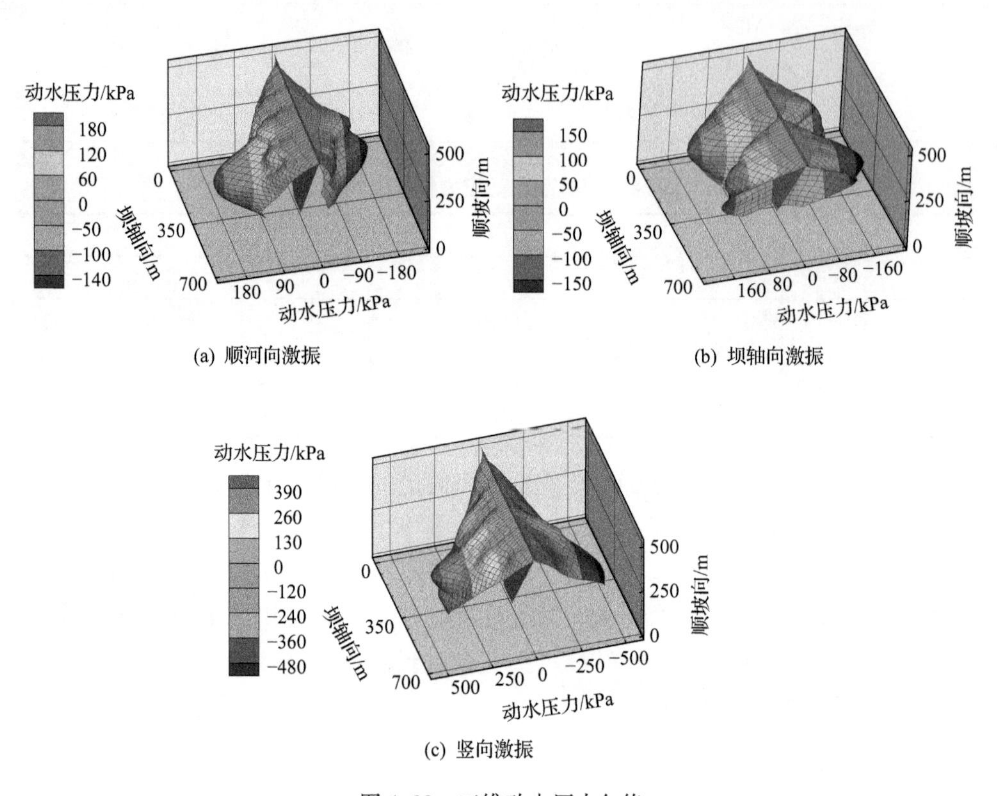

图 4.33　三维动水压力包络

2. 考虑库水可压缩性算例

对一坝高为 300m 的高面板坝进行三维有限元数值模拟，分别计算了顺河向、竖向地震单独作用下可压缩和不可压缩库水两种工况，研究了不同河谷压力波反射系数下（0.65、0.75、0.85）库水可压缩性对动水压力分布规律、面板动应力极值及其分布差异的影响。与上节的算例相比，本节算例采用的有限元网格不同（库水深度为 270m），坝体的三维有限元网格如图 4.34 所示（面板迎水面网格即水体

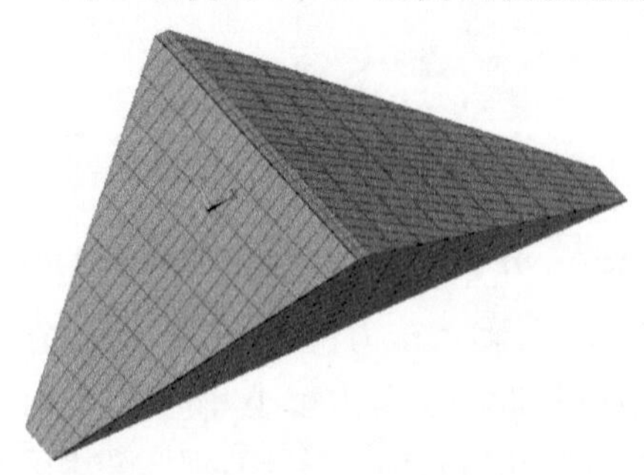

图 4.34　坝体的三维有限元网格

网格)，共有 2258 个单元。顺河向及竖向地震波采用实测 Koyna 地震波的相应分量，峰值加速度均为 2m/s^2，加速度时程见图 4.35 和图 4.36。

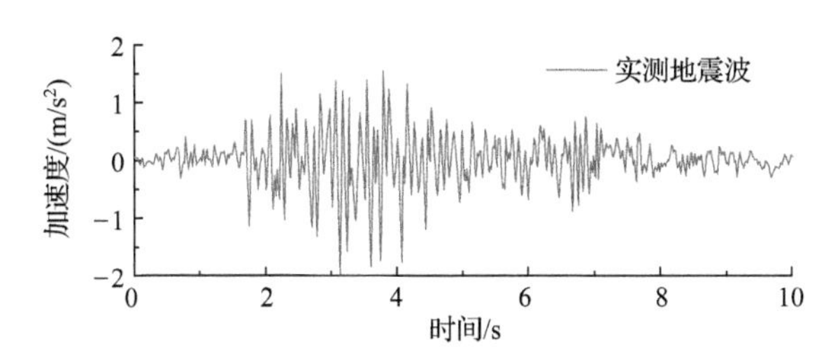

图 4.35　顺河向地震加速度时程

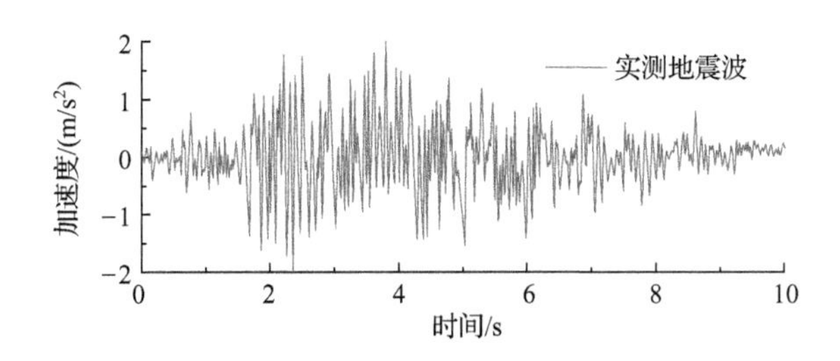

图 4.36　竖向地震加速度时程

1）顺河向地震作用

顺河向地震动输入时的动水压力极值见表 4.4，库水不可压缩时，动水压力极值最小；库水可压缩时，随着河谷反射系数的增大，动水压力极值随之增大。不可压缩库水与可压缩库水河谷反射系数为 0.85 两种工况的动水压力三维包络如图 4.37所示，二者动水压力分布规律基本一致，动水压力在坝面中线分布最大，可压缩库水河谷反射系数为 0.85 工况的动水压力包络值较大。从坝面中线动水压力包络(图 4.38)可以看出，对于不同的工况，动水压力最大值均出现在大约$\frac{1}{2}$水深处。

表 4.4　顺河向地震作用下的动水压力最大值

压力	不可压缩	可压缩		
		反射系数 0.65	反射系数 0.75	反射系数 0.85
正压/kPa	+85.1	+95.4	+96.8	+98.4
负压/ kPa	−93.0	−105.0	−107.4	−110.1

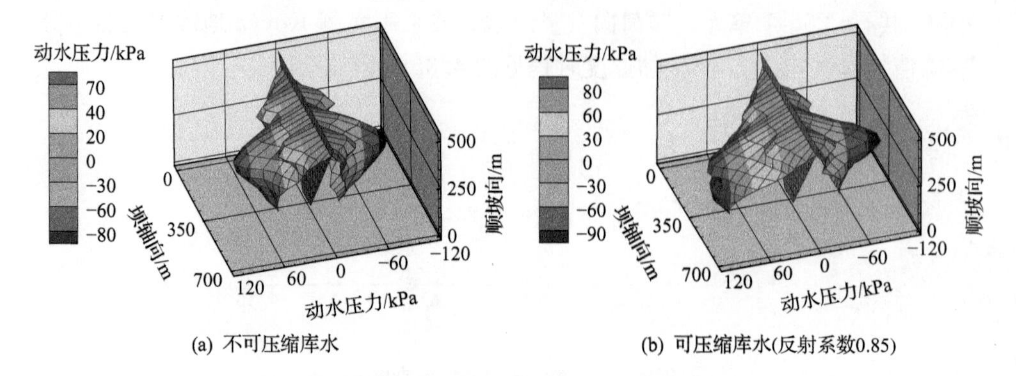

(a) 不可压缩库水　　(b) 可压缩库水(反射系数0.85)

图 4.37　顺河向地震动作用下的动水压力三维包络

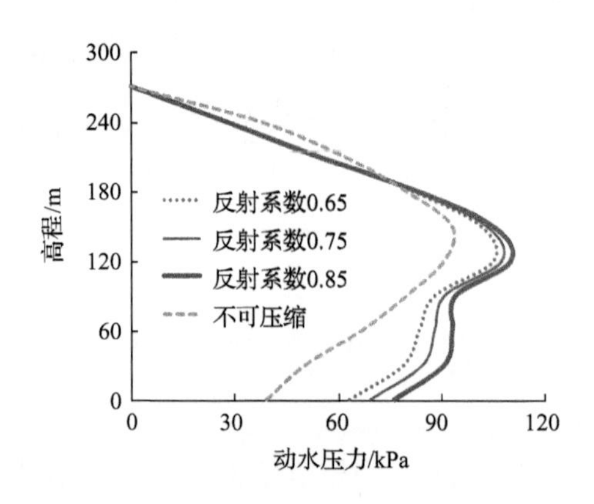

图 4.38　顺河向地震作用下坝面中线动水压力包络

表 4.5 为顺河向地震动作用下不同库水条件时面板顺坡向动应力最大值。库水可压缩时,不同的河谷反射系数条件下,面板顺坡向动应力极值基本一致,这主要是由于不同的河谷反射系数条件下的动水压力相差不大。与不可压缩库水工况相比,库水可压缩性对动水压力影响不大,库水可压缩性对面板的顺坡向动应力有一定的影响。

表 4.5　顺河向地震动作用下面板顺坡向动应力最大值

应力	不可压缩	可压缩		
		反射系数 0.65	反射系数 0.75	反射系数 0.85
拉应力/ MPa	+2.37	+2.28	+2.29	+2.29
压应力/ MPa	−2.05	−1.89	−1.88	−1.88

2）竖向地震作用

竖向地震作用下的动水压力最大值(极值)见表 4.6,库水可压缩时,随着河谷反射系数的增大，动水压力极值随之增大，而且增幅比较明显。不可压缩库水与可压缩库水河谷反射系数为 0.85 两种工况的动水压力三维包络见图 4.39，库水可压缩时动水压力包络比较饱满，动水压力在坝面中线分布最大，可压缩库水河谷反射系数为 0.85 工况的动水压力包络值明显较大。从坝面中线动水压力包络(图 4.40)可以看出，对于不同的工况，动水压力最大值均出现在库底附近区域。

表 4.6　竖向地震作用下动水压力最大值

动水压力	不可压缩	可压缩		
		反射系数 0.65	反射系数 0.75	反射系数 0.85
正压/kPa	+352.1	+372.3	+446.1	+569.1
负压/ kPa	−409.3	−380.9	−444.3	−559.7

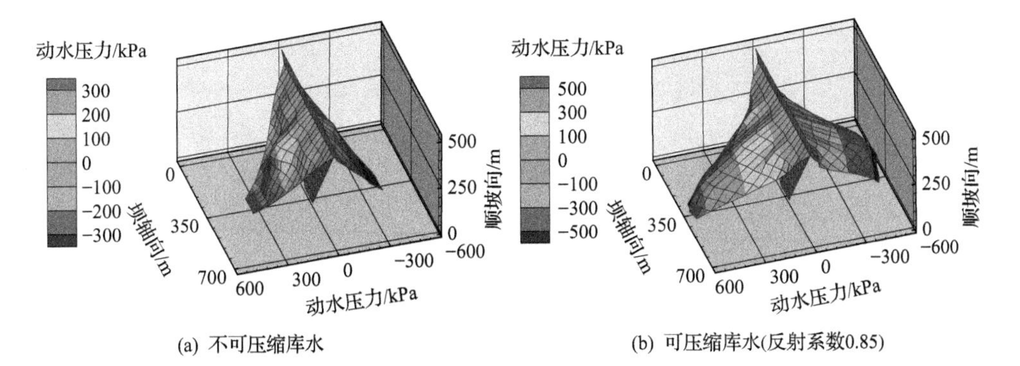

图 4.39　竖向地震作用下动水压力三维包络

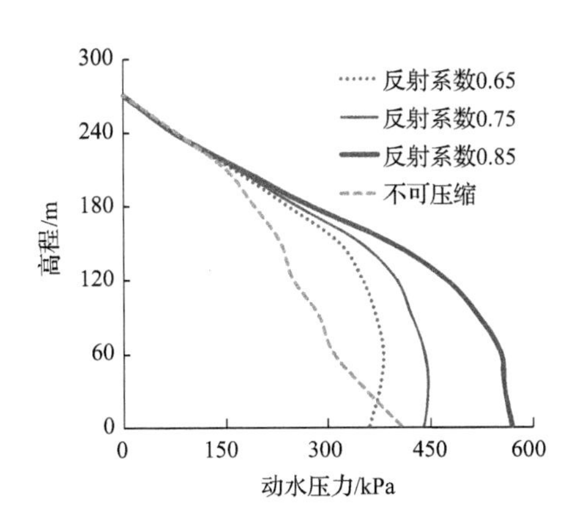

图 4.40　竖向地震作用下坝面中线动水压力包络

表 4.7 为不同库水条件下面板顺坡向动应力最大值。与不可压缩库水相比，库水可压缩时面板顺坡向动应力明显较大，而且随着河谷反射系数的增大，面板顺

坡向应力极值随之明显增大。图 4.41 和图 4.42 为不可压缩库水与可压缩库水河谷反射系数为 0.85 的顺坡向动拉应力、压应力极值分布，两种工况的高应力区范围差别较大，这主要是由于竖向地震作用下，库水可压缩性对动水压力影响较大，而且库水可压缩时不同河谷反射系数条件下动水压力差别明显。

表 4.7 竖向地震动作用下面板顺坡向动应力最大值

动应力	不可压缩	可压缩		
		反射系数 0.65	反射系数 0.75	反射系数 0.85
拉应力/ MPa	+2.67	+2.97	+2.98	+3.19
压应力/ MPa	−2.66	−3.14	−3.27	−3.48

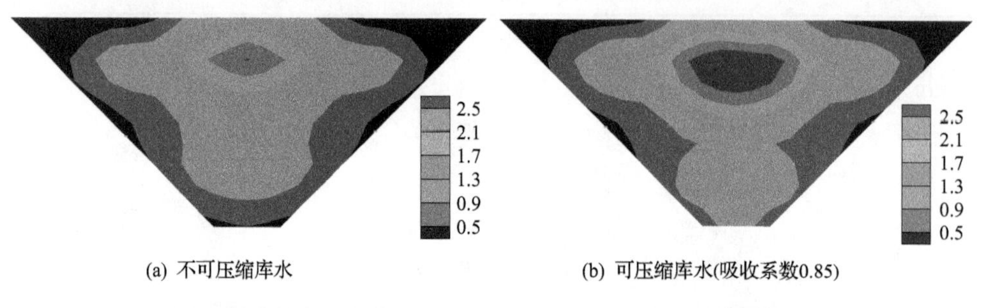

(a) 不可压缩库水　　(b) 可压缩库水(吸收系数0.85)

图 4.41 竖向地震作用下顺坡向拉应力极值分布(单位:MPa)

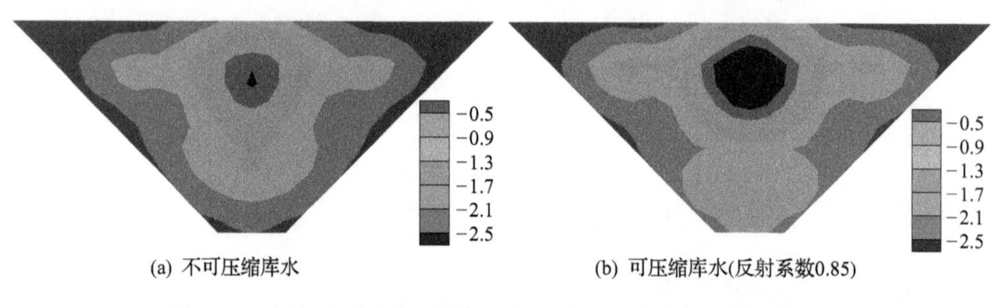

(a) 不可压缩库水　　(b) 可压缩库水(反射系数0.85)

图 4.42 竖向地震动作用下顺坡向压应力极值分布(单位:MPa)

4.4 考虑库水及涌浪的流固耦合精细分析方法

4.4.1 实现思路

有限体积法和比例边界有限元方法皆可用来分析高面板堆石坝-库水相互作用。但它们各有特点，可充分利用各自的优点寻求一个坝库流固耦合分析的最优方案。

对于有限体积法，它是研究流体问题的主流方法，既具有有限元方法的几何灵活性(模拟复杂的几何边界)，又具有有限差分法的守恒性，且可以精确地模拟自由水面的波动(VOF 方法)。另外，必要时还可采用湍流理论及大涡模拟等相对势流、层流理论复杂的数值模拟手段来提高数值模拟的精确性。其与有限元方法的耦合思路如图 4.43 所示。

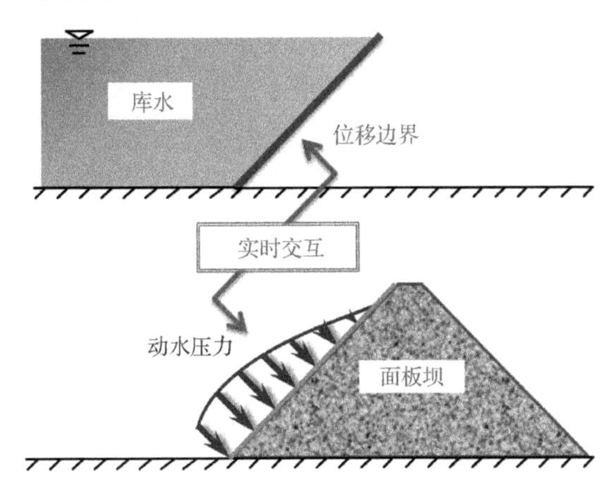

图 4.43　有限体积法与有限元方法耦合的实现思路

对于比例边界有限元方法，其优势有很多：首先，它可以把三维问题降低为二维问题来处理，而且不需要像边界元方法那样寻找基本解，因而使用方便、计算效率高；其次，比例边界有限元方法不需要另外划分流体域网格，可直接借用坝体迎水面的网格划分自动生成网格，简化处理过程；最后，它可以模拟无限水域，所以自动满足无穷远处辐射条件，避免引入人工边界条件。由此可见，比例边界有限元方法不仅具有流固耦合力学的基本特征，还具有很高的计算效率。

根据两种方法各自优势，提出了一个高精度、高效率的考虑库水及涌浪的流固耦合精细分析方法：即先采用有限元方法(坝体离散)和比例边界有限元方法(库水离散)进行地震作用下流固耦合的计算，然后将计算所得的真实坝面位移传递给用有限体积法离散的库水位移边界进行自由面捕捉计算，具体实现思路如图 4.44 所示。

4.4.2　高面板堆石坝地震涌浪分析

涌浪分析的坝库计算模型示意如图 4.45 所示。

基于上述考虑库水及涌浪的流固耦合精细分析方法，计算三维面板堆石坝算例：坝高为 300m，分 20 层填筑，上游坝坡为 1∶1.5，下游坝坡为 1∶1.6，两岸的岸坡为 1∶1，河谷宽度为 100m，水深为 270m，坝体三维网格如图 4.46 所示，基于比例边界有限元方法的流体域离散网格通过坝面网格自动生成，只需二维离散。顺

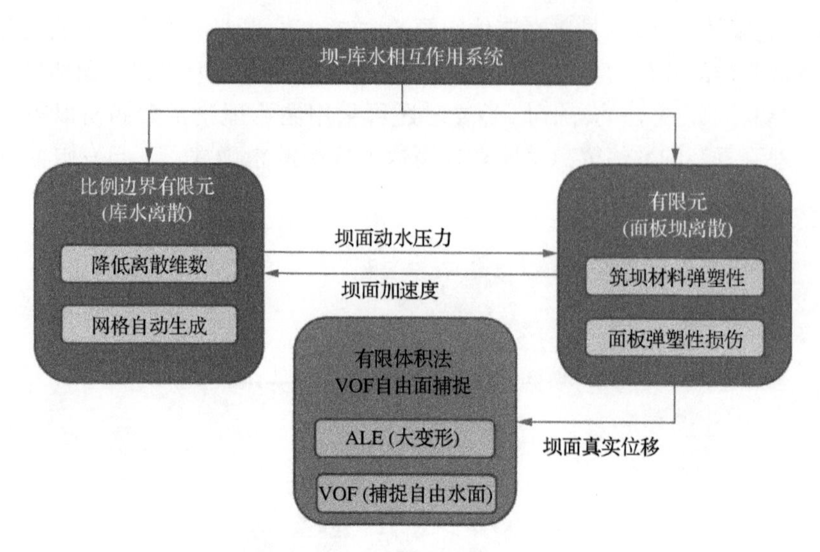

图 4.44　考虑库水及涌浪的流固耦合精细分析方法实现

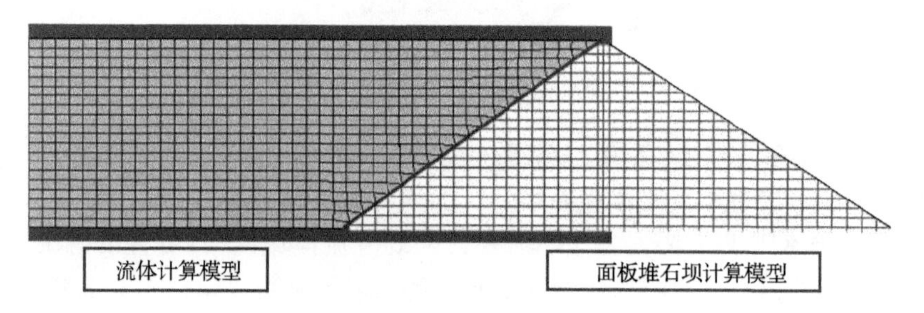

图 4.45　坝库计算模型示意图

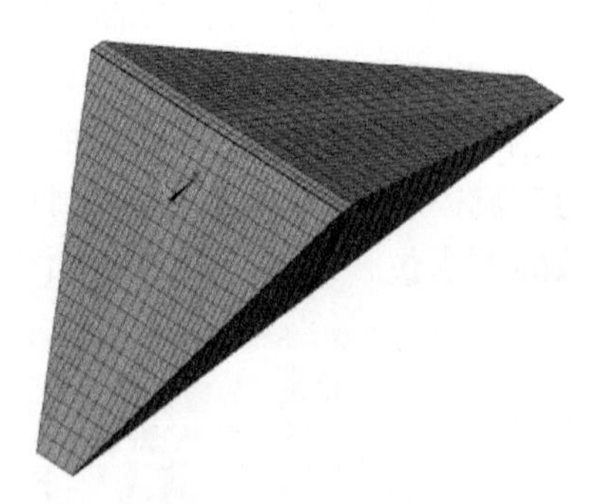

图 4.46　坝体三维网格

河向地震加速度时程为某面板坝工程场地谱人工地震波(图 4.47),峰值加速度为 0.6g。

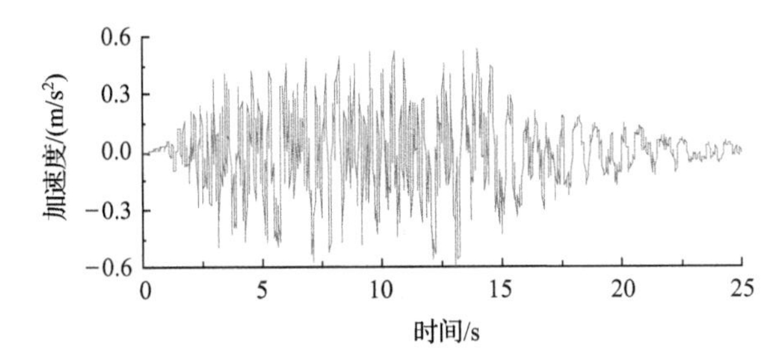

图 4.47　某场地谱人工地震波时程

某典型时刻的涌浪情况如图 4.48～图 4.50 所示，水面波动范围为－1.15～＋1.82m，即涌浪高度为 1.82m。其中，白线为捕捉的自由水面，黄色箭头为静水位，红色箭头和绿色箭头分别为正负涌浪峰值线。

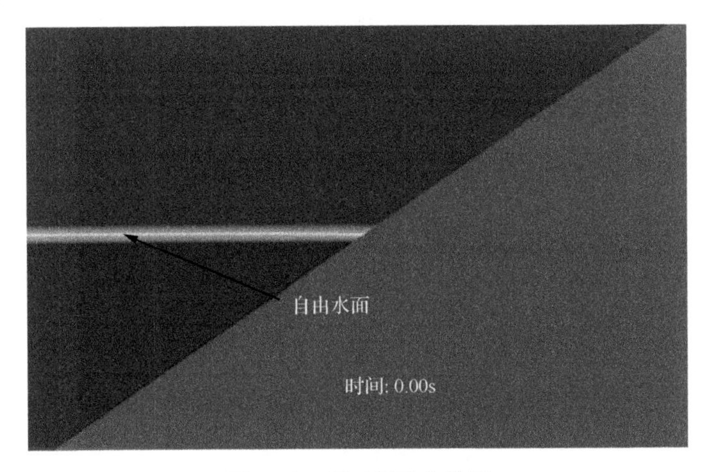

图 4.48　零时刻静水位图

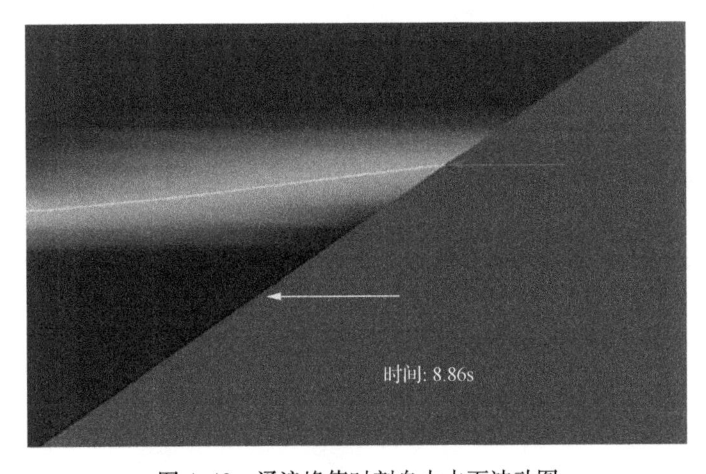

图 4.49　涌浪峰值时刻自由水面波动图

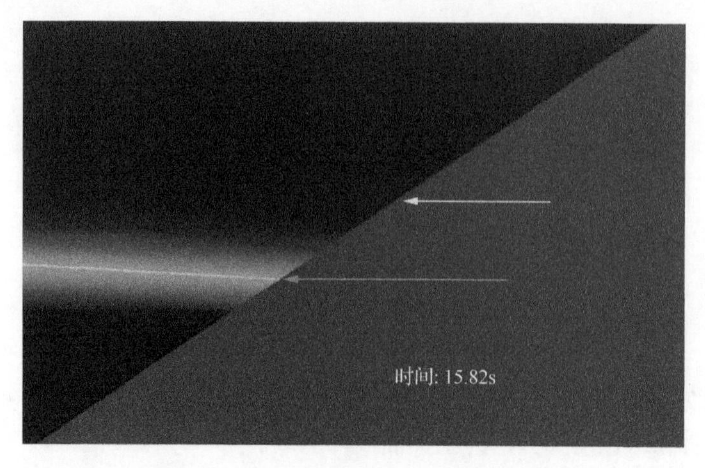

图 4.50 坝面水位最低时自由水面波动图

4.4.3 地震动峰值加速度和反应谱对涌浪高度的影响

为了分析不同地震动峰值加速度和反应谱对涌浪高度的影响，分别计算峰值加速度为 0.4g 的场地谱人工地震波和峰值加速度为 0.4g、0.6g 的规范谱人工地震波(图 4.51)等工况，涌浪结果详见图 4.52～图 4.54，以及表 4.8。

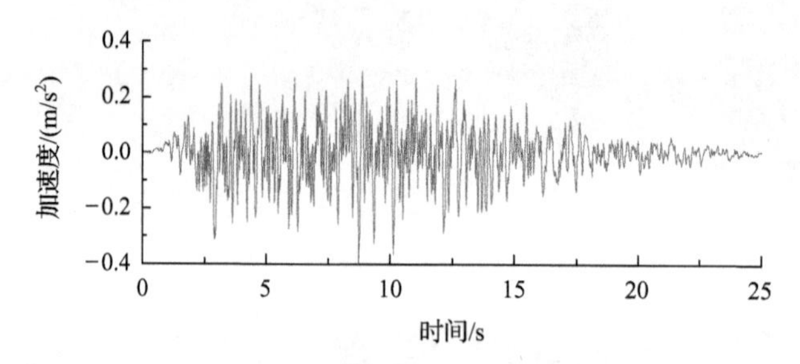

图 4.51 规范谱人工地震波时程

可见，地震动峰值加速度和反应谱对涌浪影响比较明显，具体工程应开展专门研究确定涌浪高度，据此确定大坝超高。

表 4.8 涌浪高度表

地震波	峰值加速度	
	0.4g	0.6g
场地谱	0.78m	1.82m
规范谱	0.53m	0.61m

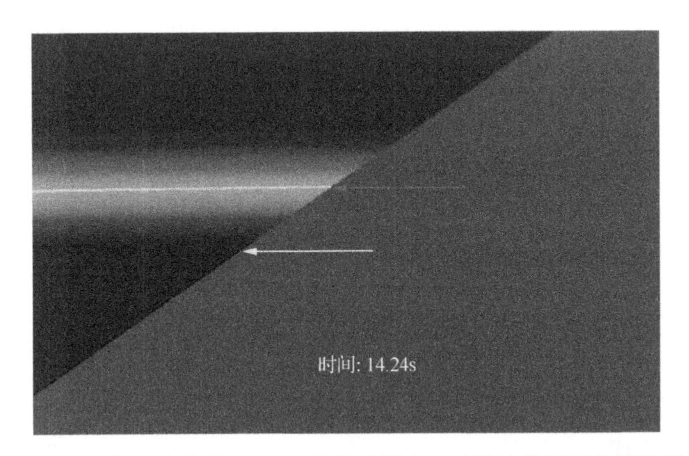

图 4.52　加速度峰值为 0.4g 的场地谱人工地震波作用下的涌浪图

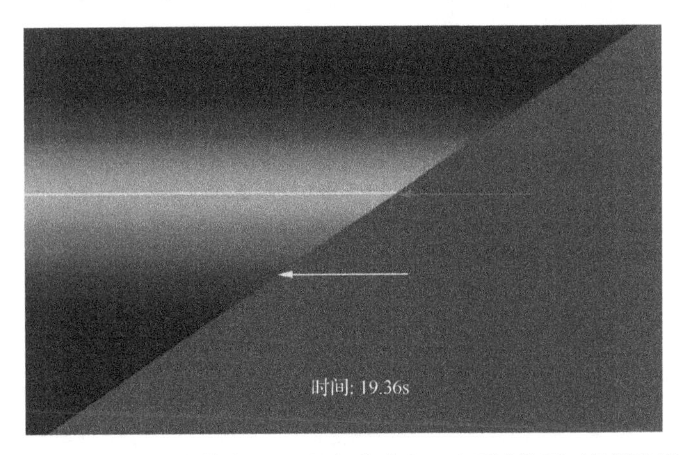

图 4.53　加速度峰值为 0.4g 的规范谱人工地震波作用下的涌浪图

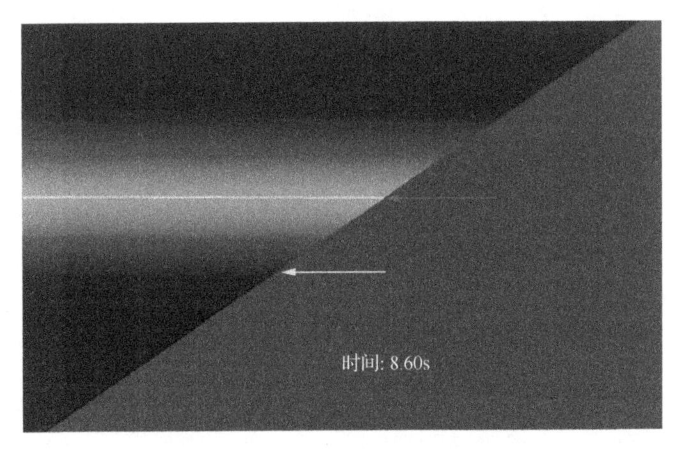

图 4.54　加速度峰值为 0.6g 的规范谱人工地震波作用下的涌浪图

4.5 结 论

(1) 联合有限元法、有限体积法和比例边界有限元分析法，建立了复杂河谷形状条件下的面板坝-库水流固耦合精细分析模型，该模型考虑库水可压缩性，可以精确计算涌浪以及动水压力。

(2) 建立的流固耦合精细分析方法具有很多优点：①固体和流体相互独立计算，求解方程自由度少，避免了流体和固体界面处理的复杂性；②流体（涌浪）计算可以考虑大幅度振动（强震）、自由表面非线性波动（涌浪）、黏滞性和有旋流动（能量耗散）等复杂问题；③该分析方法不仅适用于面板坝，也适用于混凝土拱坝和重力坝的流固耦合研究。

(3) 库水不可压缩时，用比例边界有限元分析方法计算的精度较高，采用Westergaard方法计算的面板顺坡向应力偏大。

(4) 考虑库水的可压缩性时，竖向地震作用下面板的顺坡向动应力增大，而且随着河谷反射系数的增大，应力极值也随之明显增大。因此，对于高面板坝考虑库水可压缩性是十分有必要的。

参考文献

陈厚群，侯顺载，杨大伟. 1989. 地震条件下拱坝库水相互作用的试验研究. 水利学报，7：29-39.

陈振诚. 1964. 地震所激起而作用于倾斜坝面上的流体动载荷. 力学学报，01：48-62.

迟世春，顾淦臣. 1995. 面板堆石坝坝水系统自振特性研究. 河海大学学报(自然科学版)，23(6)：104-107.

迟世春，林皋. 1998. 混凝土面板堆石坝与库水动力相互作用研究. 大连理工大学学报，38(6)：718-723.

高毅超，徐艳杰，金峰，等. 2013. 基于高阶双渐近透射边界的大坝-库水动力相互作用直接耦合分析模型. 地球物理学报，(12)：4189-4196.

施小民，陶明德. 1991. 应用 Lagrange 方法对斜坝在水平地震时的动水压力的计算. 上海力学，12(2)：62-68.

王毅. 2013. 混凝土坝水库水动力相互作用计算模型研究. 大连：大连理工大学博士学位论文.

王毅，林皋，胡志强. 2014. 基于 SBFEM 的竖向地震重力坝动水压力算法研究. 振动与冲击，33(1)：183-187.

吴军帅，姜朴. 1992. 土与混凝土接触面的动力剪切特性. 岩土工程学报，14(2)：61-66.

肖天铎，周淦明. 1965. 河谷断面形式对铅直坝面上地震动水压力的影响. 水利学报，(1)：1-15.

赵兰浩. 2006. 考虑坝体-库水-地基相互作用的有横缝拱坝地震响应分析. 南京：河海大学博士学位论文.

郑巢生. 2012. 基于 OpenFOAM 的空泡流数值模拟方法研究. 北京：中国舰船研究院硕士学位论文.

邹德高，尤华芳，孔宪京，等. 2009. 接缝简化模型及参数对面板堆石坝面板应力及接缝位移的影响研究. 岩石力学与工程学报，28(增刊1)：3257-3263.

Bayraktar, Kartal M E. 2010. Linear and nonlinear response of concrete slab on CFR dam during earthquake. Soil Dynamics and Earthquake Engineering, 30(10): 990-1003.

Bayraktar, Kartal M E, Adanur S. 2011. The effect of concrete slab-rockfill interface behavior on the earthquake performance of a CFR dam. International Journal of Non-Linear Mechanics, 46(1): 35-46.

Crank J, Nicolson P. 1947. A practical method for numerical evaluation of solutions of partial differential equations of the heat-conduction type//Mathematical Proceedings of the Cambridge Philosophical Society. Cambridge: Cambridge University Press, 43(01): 50-67.

Chakraba P, Chopra A K. 1974. Hydrodynamic effects in earthquake response of gravity dams. Journal of the Structural Division-ASCE, 100(NST6): 1211-1224.

Dasgupta G. 1982. A finite element formulation for unbounded homogeneous continua. Journal of Applied Mechanics-Transactions of the ASME, 49(1): 136-140.

Fok K, Chopra A K. 1986. Earthquake analysis of arch dams including dam-water interaction, reservoir boundary absorption and foundation flexibility. Earthquake Engineering and Structural Dynamics, 14(2): 155-184.

Hall J, Chopra A K. 1983. Dynamic analysis of arch dams including hydrodynamic effects. Journal of Engineering Mechanics-ASCE, 109(1): 149-167.

Hanna Y G, Humar J L. 1982. Boundary element analysis of fluid domain. Journal of the Engineering Mechanics Division-ASCE, 108(2): 436-450.

Hardin B O, Drnevich V P. 1972. Shear modulus and damping in soils. Journal of the Soil Mechanics and Foundations Division, 98(7): 667-692.

Humar J L, Jablonski A M. 1988. Boundary element reservoir model for seismic analysis of gravity dams. Earthquake Engineering and Structural Dynamics, 16(8): 1129-1156.

Lin G, Du J G, Hu Z Q. 2007. Dynamic dam-reservoir interaction analysis including effect of reservoir boundary absorption. Science in China Series E(Technological Sciences), 50(1) : 1-10.

Lin G, Wang Y, Hu Z Q. 2012. An efficient approach for frequency-domain and time-domain hydrodynamic analysis of dam-reservoir systems. Earthquake Engineering & Structural Dynamics, 41(13): 1725-1749.

Porter C S, Chopra A K. 1982. Hydrodynamic effects in dynamic response of simple arch dams. Earthquake Engineering and Structural Dynamics, 10(3): 417-431.

Song C, Wolf J P. 1997. The scaled boundary finite-element method-alias consistent infinitesimal finite-element cell method-for elastodynamics. Computer Methods in Applied Mechanics and Engineering, 147(3-4): 329-355.

Wang X, Jin F, Prempramote S, et al. 2011. Time-domain analysis of gravity dam-reservoir interaction using high-order doubly asymptotic open boundary. Computers & Structures, 89(7-8): 668-680.

Westergaard H M. 1933. Water pressures on dam during earthquake. Transactions-ASCE, 98: 418-433.

第 5 章　混凝土面板破坏发展过程和加固措施分析方法

面板混凝土作为一种准脆性材料，在较小荷载作用下，表现为线弹性行为，随着拉应力的增加，混凝土将发生损伤开裂，并表现出刚度退化和应变软化的特性。目前，分析面板堆石坝面板应力时基本采用线弹性模型，该模型计算的应力往往远超过混凝土的强度，尤其是拉应力。汶川地震中，紫坪铺面板堆石坝出现了面板挤压破坏、错台和脱空等防渗体严重震损现象，对大坝的安全构成严重威胁。我国混凝土面板堆石坝正面临着从 200m 级向 300m 级坝高跨越的技术挑战，工程上迫切需要对强震时超高面板坝防渗面板的工作特性，尤其是面板破损机理进行系统研究(孔宪京，2015)。此外，汶川地震后，高土石坝的极限抗震能力评估引起了广泛的关注，在进行面板坝极限抗震能力分析时，可以允许面板发生一定程度的破损，若不考虑在超强地震荷载下混凝土材料的刚度退化、应变软化和损伤特性，很难得到客观的结果。因此，采用先进模型来描述混凝土面板的非线性行为，开展面板堆石坝弹塑性分析方法研究，对于高面板堆石坝的安全评价和抗震设计显得尤为迫切。

近年来，国内外一些学者先后建立了基于宏观损伤力学的混凝土损伤模型(Hillerborg et al.，1967；Bažant and Oh，1983；Lubliner et al.，1989)，并将模型应用于研究混凝土重力坝的地震破坏过程和机理(张楚汉等，2008；潘坚文，2010)。其中，Lee 和 Fenves(1998a)在 Lubliner 等(1989)研究的基础上提出塑性损伤模型，揭示了混凝土相互独立的拉、压损伤模式及反向加载时的刚度恢复现象，并成功模拟了 Koyna 混凝土重力坝的震害(Lee and Fenves，1998b)。

作者课题组在筑坝堆石料广义塑性本构模型(Xu et al.，2012；孔宪京等，2013；Zou et al.，2013)、面板与垫层广义塑性接触面模型(Liu et al.，2014)的基础上，根据 Lee 和 Fenves(1998a)所提出的混凝土塑性-损伤本构关系及其应力更新算法和算法模量，成功在 GEODYNA 中实现了塑性损伤本构模型的数值方法(Xu et al.，2015)。通过对高面板坝的弹塑性有限元动力反应分析，研究了混凝土面板在地震荷载作用下损伤的发生和发展过程。此外，为了研究面板抗震措施的效果，还集成了普通混凝土和超韧性混凝土的旋转裂缝模型，发展了钢纤维混凝土塑性损伤模型，为定量评估面板抗震措施效果提供了理论和技术支撑。

5.1　普通混凝土塑性损伤模型实现

5.1.1　有效应力和损伤变量

1. 有效应力和损伤变量的定义

塑性应变表示所有不可逆变形,包括微裂纹所引起的不可逆变形。总应变由弹性应变和塑性应变组成,应力应变关系可表示成下式:

$$\boldsymbol{\sigma} = \boldsymbol{E}:(\boldsymbol{\varepsilon} - \boldsymbol{\varepsilon}^{\mathrm{p}}) \tag{5.1}$$

$$\boldsymbol{\varepsilon} = \boldsymbol{\varepsilon}^{\mathrm{e}} + \boldsymbol{\varepsilon}^{\mathrm{p}} \tag{5.2}$$

式中, $\boldsymbol{E}$ 为四阶弹性张量; $\boldsymbol{\varepsilon}$ 为总应变; $\boldsymbol{\varepsilon}^{\mathrm{e}}$ 为弹性总应变; $\boldsymbol{\varepsilon}^{\mathrm{p}}$ 为塑性总应变; $\boldsymbol{\sigma}$ 为总应力。根据连续介质损伤力学理论中等效应变假设,可将总应力 $\boldsymbol{\sigma}$ 通过四阶损伤张量 $\boldsymbol{D}$ 映射成定义在无损状态下的有效应力 $\bar{\boldsymbol{\sigma}}$

$$\bar{\boldsymbol{\sigma}} = \boldsymbol{D}:\boldsymbol{\sigma} = E_0:(\boldsymbol{\varepsilon} - \boldsymbol{\varepsilon}^{\mathrm{p}}) \tag{5.3}$$

式中, E_0 为初始无损状态下的弹性模量。

这里,假定损伤为各向同性损伤,即损伤张量 $\boldsymbol{D}$ 变为损伤标量, $0 \leqslant D < 1$,则总应力和有效应力可表示为

$$\boldsymbol{\sigma} = (1-D)\bar{\boldsymbol{\sigma}} = (1-D)E_0:(\boldsymbol{\varepsilon} - \boldsymbol{\varepsilon}^{\mathrm{p}}) \tag{5.4}$$

由上式可见, D 表示弹性刚度的退化。

2. 内变量的定义

内变量为塑性应变 $\dot{\boldsymbol{\varepsilon}}^{\mathrm{p}}$ 和损伤变量 $\boldsymbol{\kappa}$。引入一个定义在有效应力空间中的标量塑性势函数 Φ,则塑性应变可表示为

$$\dot{\boldsymbol{\varepsilon}}^{\mathrm{p}} = \gamma \nabla_{\bar{\boldsymbol{\sigma}}} \Phi = \gamma \frac{\partial \Phi}{\partial \bar{\boldsymbol{\sigma}}} \tag{5.5}$$

式中, γ 表示塑性乘子。

损伤变量的演化方程为

$$\dot{\boldsymbol{\kappa}} = \gamma H(\bar{\boldsymbol{\sigma}}, \boldsymbol{\kappa}) \tag{5.6}$$

函数 H 可通过考虑塑性耗散不等式来确定。

从准脆性材料的试验中可以观察到,在应力空间中可确定一个破坏面或损伤面。这个面随着损伤和硬化变量的发展而发展。由于拉、压损伤不同,采用一个损

伤变量是不能表示所有损伤的，因此对于拉、压损伤，分别采用变量 $\dot{\boldsymbol{\kappa}}_t$、$\dot{\boldsymbol{\kappa}}_c$ 来表示。

3. 屈服函数和塑性势函数

引入两个状态变量 f_t、f_c，分别代表单轴拉、压强度，且是相应损伤变量变化率 $\dot{\boldsymbol{\kappa}}_t$、$\dot{\boldsymbol{\kappa}}_c$ 的函数

$$f_t = f_t(\dot{\boldsymbol{\kappa}}_t), \quad f_c = f_c(\dot{\boldsymbol{\kappa}}_c) \tag{5.7}$$

假定状态变量可分解为退化损伤和有效应力响应两部分，则 f_t、f_c 可表示为

$$f_t = [1 - D_t(\boldsymbol{\kappa}_t)]\bar{f}_t(\dot{\boldsymbol{\kappa}}_t), \quad f_c = [1 - D_c(\boldsymbol{\kappa}_c)]\bar{f}_c(\dot{\boldsymbol{\kappa}}_c) \tag{5.8}$$

式中，$\bar{f}_t(\dot{\boldsymbol{\kappa}}_t)$、$\bar{f}_c(\dot{\boldsymbol{\kappa}}_c)$ 为在有效应力空间中的单轴拉、压强度；D_t 和 D_c 为拉、压刚度退化变量，总损伤 D 可表示为

$$D = D(\boldsymbol{\kappa}) = 1 - [1 - D_t(\boldsymbol{\kappa}_t)][1 - D_c(\boldsymbol{\kappa}_c)] \tag{5.9}$$

则有效应力空间中的屈服面可表示为

$$\bar{F}(\bar{\boldsymbol{\sigma}}, \boldsymbol{\kappa}) = \frac{1}{1-\alpha}[\alpha I_1 + \sqrt{3J_2} + \beta(\boldsymbol{\kappa})\langle\hat{\bar{\boldsymbol{\sigma}}}_{\max}\rangle] - c_c(\boldsymbol{\kappa}) \tag{5.10}$$

式中

$$\alpha = \frac{f_{b0} - f_{c0}}{2f_{b0} - \bar{f}_{c0}}, \quad \beta = \frac{c_c(\boldsymbol{\kappa})}{c_t(\boldsymbol{\kappa})}(1-\alpha) - (1+\alpha)$$

$$c_c(\boldsymbol{\kappa}) = -\bar{f}_c(\boldsymbol{\kappa}_c), \quad c_t(\boldsymbol{\kappa}) = \bar{f}_t(\boldsymbol{\kappa}_t) \tag{5.11}$$

其中，f_{b0}、f_{c0}分别为双轴和单轴初始抗压强度；I_1、J_2 分别为有效应力的第一不变量和第二偏应力不变量；$\hat{\bar{\boldsymbol{\sigma}}}_{\max}$ 表示有效主应力的最大代数值。图 5.1 为平面应力空间的初始屈服面。

采用 Drucker-Prager 型函数作为塑性势函数 Φ，即

$$\Phi = \sqrt{2J_2} + \alpha_p I_1 = \|s\| + \alpha_p I_1 \tag{5.12}$$

式中，α_p 为表示混凝土体积膨胀特性的参数；$\|s\| = \sqrt{s : s}$ 为偏应力的模。则塑性应变率可由下式计算得到

$$\dot{\boldsymbol{\varepsilon}}_{ij}^{p} = \gamma\left(\frac{s_{ij}}{\|s\|} + \alpha_p \delta_{ij}\right) \tag{5.13}$$

4. 单轴受力状态下的本构关系

单轴受力状态下，采用指数函数拟合总应力和塑性应变之间的关系：

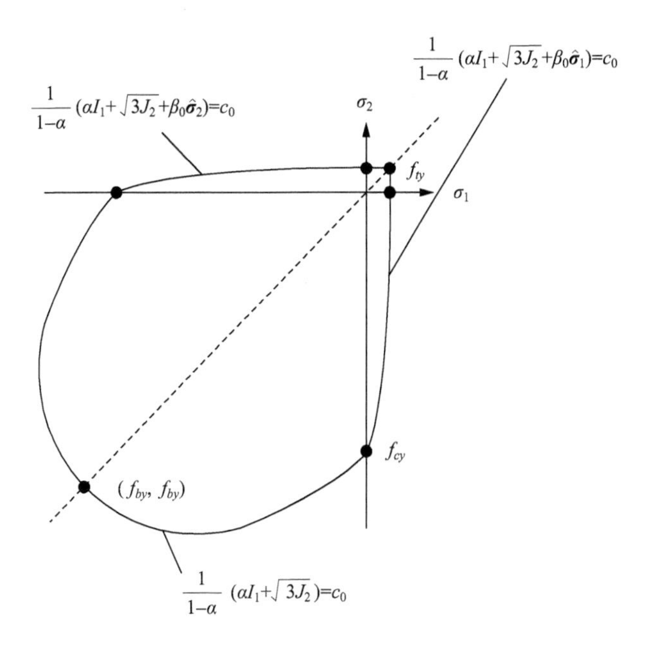

图 5.1　平面应力空间的初始屈服面

$$\boldsymbol{\sigma}_N = f_{N0}[(1+a_N)\exp(-b_N\boldsymbol{\varepsilon}^{\mathrm{p}}) - a_N\exp(-2b_N\boldsymbol{\varepsilon}^{\mathrm{p}})], \qquad N=\mathrm{t,c} \tag{5.14}$$

式中，a_N 和 b_N 为常数，在受拉和受压情形中是不同的；f_{N0} 表示初始无损状态下的屈服应力。这里假定退化变量 D_N 也随着指数形式变化：

$$1-D_N = \exp(-d_N\boldsymbol{\varepsilon}^{\mathrm{p}}) \tag{5.15}$$

式中，d_N 为常数。这样可将总应力和塑性应变之间的关系表示成有效应力和塑性应变的关系，即

$$\begin{aligned}\bar{\boldsymbol{\sigma}}_N &= \boldsymbol{\sigma}_N\frac{1}{1-D_N}\\ &= f_{N0}\{(1+a_N)\exp(-b_N\boldsymbol{\varepsilon}^{\mathrm{p}})^{1-d_N/b_N} - a_N[\exp(-b_N\boldsymbol{\varepsilon}^{\mathrm{p}})]^{2-d_N/b_N}\}, \qquad N=\mathrm{t,c}\end{aligned} \tag{5.16}$$

描述混凝土拉、压损伤的损伤变量 $\boldsymbol{\kappa}_N$ 可由下式定义：

$$\boldsymbol{\kappa}_N = \frac{1}{g_N}\int_0^{\boldsymbol{\varepsilon}^{\mathrm{p}}}\boldsymbol{\sigma}_N(\boldsymbol{\varepsilon}^{\mathrm{p}})\mathrm{d}\boldsymbol{\varepsilon}^{\mathrm{p}}, \quad g_N = \int_0^{\infty}\boldsymbol{\sigma}_N(\boldsymbol{\varepsilon}^{\mathrm{p}})\mathrm{d}\boldsymbol{\varepsilon}^{\mathrm{p}} \tag{5.17}$$

式中，g_N 为在微裂纹张开的全过程单位体积的混凝土所耗散的能量密度，这个参数不是材料特性，可从已知的材料特性常数（如断裂能 G_N）来获得

$$g_N = G_N/l_N \tag{5.18}$$

式中，l_N 为混凝土材料的特征长度，与骨料大小有关。将总应力表达式带入 g_N 的表达式中，可得

$$g_N = \frac{f_{N0}}{b_N}\left(1+\frac{a_N}{2}\right) \tag{5.19}$$

由单轴受力状态下损伤变量定义式，损伤变量的增量可表示为

$$\dot{\boldsymbol{\kappa}}_N = \frac{1}{g_N} f_N(\boldsymbol{\kappa}_N)\dot{\boldsymbol{\varepsilon}}^{\mathrm{p}} \tag{5.20}$$

为了能够将该定义扩展到多轴受力状态，可将多轴受力状态下的塑性应变率采用加权的形式定义为标量形式的塑性应变率，即

$$\dot{\boldsymbol{\varepsilon}}^{\mathrm{p}} = \delta_{\mathrm{t}N} r(\hat{\bar{\boldsymbol{\sigma}}})\hat{\dot{\boldsymbol{\varepsilon}}}^{\mathrm{p}}_{\max} + \delta_{\mathrm{c}N}[1-r(\hat{\bar{\boldsymbol{\sigma}}})]\hat{\dot{\boldsymbol{\varepsilon}}}^{\mathrm{p}}_{\min} \tag{5.21}$$

式中，δ 为 Kronecker 符号；$\hat{\dot{\boldsymbol{\varepsilon}}}^{\mathrm{p}}_{\max}$、$\hat{\dot{\boldsymbol{\varepsilon}}}^{\mathrm{p}}_{\min}$ 分别为塑性应变率张量的最大和最小代数特征值。$r(\hat{\bar{\boldsymbol{\sigma}}})$ 是权系数，$0 \leqslant r \leqslant 1$，定义如下，其中$\hat{\bar{\sigma}}_i\,(i=1,2,3)$ 表示有效应力的三个主应力。

$$r(\hat{\bar{\boldsymbol{\sigma}}}) = \begin{cases} 0, & \hat{\bar{\sigma}}_i = 0 \\ \left(\sum_{i=1}^{3}\langle\hat{\bar{\sigma}}_i\rangle\right) \Big/ \left(\sum_{i=1}^{3}|\hat{\bar{\sigma}}_i|\right), & \hat{\bar{\sigma}}_i \neq 0 \end{cases} \tag{5.22}$$

损伤变量演化还可表示为

$$\dot{\boldsymbol{\kappa}}_N = \frac{1}{g_N} f_N(\boldsymbol{\kappa}_N)\{\delta_{\mathrm{t}N} r(\hat{\bar{\boldsymbol{\sigma}}})\hat{\dot{\boldsymbol{\varepsilon}}}^{\mathrm{p}}_{\max} + \delta_{\mathrm{c}N}[1-r(\hat{\bar{\boldsymbol{\sigma}}})]\hat{\dot{\boldsymbol{\varepsilon}}}^{\mathrm{p}}_{\min}\} \tag{5.23}$$

采用张量和矩阵的形式来表示

$$\dot{\boldsymbol{\kappa}} = h(\hat{\bar{\boldsymbol{\sigma}}}):\hat{\dot{\boldsymbol{\varepsilon}}}^{\mathrm{p}} = \begin{bmatrix} r(\hat{\bar{\boldsymbol{\sigma}}})f_{\mathrm{t}}(\boldsymbol{\kappa}_{\mathrm{t}})/g_{\mathrm{t}} & 0 & 0 \\ 0 & 0 & r(\hat{\bar{\boldsymbol{\sigma}}})f_{\mathrm{c}}(\boldsymbol{\kappa}_{\mathrm{c}})/g_{\mathrm{c}} \end{bmatrix} \begin{Bmatrix} \hat{\dot{\boldsymbol{\varepsilon}}}^{\mathrm{p}}_{\max} \\ 0 \\ \hat{\dot{\boldsymbol{\varepsilon}}}^{\mathrm{p}}_{\min} \end{Bmatrix} \tag{5.24}$$

引入流动法则后，则最终可得损伤变量演化方程为

$$\dot{\boldsymbol{\kappa}} = h(\hat{\bar{\boldsymbol{\sigma}}}):\hat{\dot{\boldsymbol{\varepsilon}}}^{\mathrm{p}} = h(\hat{\bar{\boldsymbol{\sigma}}}):[\gamma\,\nabla_{\hat{\bar{\boldsymbol{\sigma}}}}\Phi(\hat{\bar{\boldsymbol{\sigma}}})] = \gamma h(\hat{\bar{\boldsymbol{\sigma}}}):\nabla_{\hat{\bar{\boldsymbol{\sigma}}}}\Phi(\hat{\bar{\boldsymbol{\sigma}}}) = \gamma\hat{H}(\hat{\bar{\boldsymbol{\sigma}}},\boldsymbol{\kappa}) \tag{5.25}$$

5. 刚度退化变量的定义

在地震循环荷载作用下，混凝土微裂纹受拉张开时刚度退化，而微裂纹由受拉

张开转换到受压闭合状态时，刚度恢复，为了能够反映刚度恢复效应，刚度退化损伤变量可定义为

$$D(\boldsymbol{\kappa},\bar{\boldsymbol{\sigma}}) = 1-[1-D_{\mathrm{c}}(\boldsymbol{\kappa}_{\mathrm{c}})][1-s(\bar{\boldsymbol{\sigma}})D_{\mathrm{t}}(\boldsymbol{\kappa}_{\mathrm{t}})] \tag{5.26}$$

式中，参数 s 为表示刚度恢复的变量，即

$$s(\bar{\boldsymbol{\sigma}}) = s_0 + (1-s_0)r(\hat{\bar{\boldsymbol{\sigma}}}) \tag{5.27}$$

式中，s_0 表示初始刚度恢复系数，是给定的常数。

5.1.2　混凝土弹塑性损伤本构积分的 Return-Mapping 算法

在进行弹塑性损伤本构积分时，增量本构关系采用向后欧拉差分形式：

$$\begin{cases} \boldsymbol{C}^{-1}:\Delta\bar{\boldsymbol{\sigma}} = \boldsymbol{\varepsilon}_{n+1} - \boldsymbol{\varepsilon}_{n+1}^{\mathrm{p}} = \boldsymbol{\varepsilon}_{n+1} - \boldsymbol{\varepsilon}_{n}^{\mathrm{p}} - \gamma\dfrac{\partial\Phi}{\partial\bar{\boldsymbol{\sigma}}} \\ \boldsymbol{\kappa}_{n+1} = \boldsymbol{\kappa}_n + \gamma\boldsymbol{H} \\ \mathrm{d}f = \dfrac{\partial f}{\partial\bar{\boldsymbol{\sigma}}}:\mathrm{d}\bar{\boldsymbol{\sigma}} + \dfrac{\partial f}{\partial\boldsymbol{\kappa}}:\mathrm{d}\boldsymbol{\kappa} = 0 \end{cases} \tag{5.28}$$

式中，C^{-1} 为弹性柔度阵。

1. 有效应力所对应的算法模量

对式(5.28)进行微分，可得

$$\begin{cases} \mathrm{d}\bar{\boldsymbol{\sigma}} = \boldsymbol{C}:\left(\mathrm{d}\varepsilon - \mathrm{d}\gamma\dfrac{\partial\Phi}{\partial\bar{\boldsymbol{\sigma}}} - \gamma\dfrac{\partial^2\Phi}{\partial\bar{\boldsymbol{\sigma}}^2}:\mathrm{d}\bar{\boldsymbol{\sigma}}\right) \\ \mathrm{d}\boldsymbol{\kappa} = \mathrm{d}\gamma\boldsymbol{H} + \gamma\dfrac{\partial\boldsymbol{H}}{\partial\bar{\boldsymbol{\sigma}}}\mathrm{d}\bar{\boldsymbol{\sigma}} + \gamma\dfrac{\partial\boldsymbol{H}}{\partial\boldsymbol{\kappa}}\mathrm{d}\boldsymbol{\kappa} \\ \dfrac{\partial f}{\partial\bar{\boldsymbol{\sigma}}}:\mathrm{d}\bar{\boldsymbol{\sigma}} + \dfrac{\partial f}{\partial\boldsymbol{\kappa}}:\mathrm{d}\boldsymbol{\kappa} = 0 \end{cases} \tag{5.29}$$

由式(5.29)可得

$$\mathrm{d}\boldsymbol{\kappa} = \left(\boldsymbol{I} - \gamma\frac{\partial\boldsymbol{H}}{\partial\boldsymbol{\kappa}}\right)^{-1}:\left(\mathrm{d}\gamma\boldsymbol{H} + \gamma\frac{\partial\boldsymbol{H}}{\partial\bar{\boldsymbol{\sigma}}}:\mathrm{d}\bar{\boldsymbol{\sigma}}\right) \tag{5.30}$$

$$\left(\boldsymbol{C}^{-1} + \gamma\frac{\partial^2\Phi}{\partial\bar{\boldsymbol{\sigma}}^2}\right):\mathrm{d}\bar{\boldsymbol{\sigma}} = \mathrm{d}\boldsymbol{\varepsilon} - \mathrm{d}\gamma\frac{\partial\Phi}{\partial\bar{\boldsymbol{\sigma}}}$$

$$\mathrm{d}\bar{\boldsymbol{\sigma}} = \left(\boldsymbol{C}^{-1} + \gamma\frac{\partial^2\Phi}{\partial\bar{\boldsymbol{\sigma}}^2}\right)^{-1}:\left(\mathrm{d}\boldsymbol{\varepsilon} - \mathrm{d}\gamma\frac{\partial\Phi}{\partial\bar{\boldsymbol{\sigma}}}\right) \tag{5.31}$$

将式(5.30)代入式(5.29)中，可得

$$\frac{\partial f}{\partial \bar{\boldsymbol{\sigma}}}:\mathrm{d}\bar{\boldsymbol{\sigma}}+\frac{\partial f}{\partial \boldsymbol{\kappa}}:\left(\boldsymbol{I}-\gamma\frac{\partial \boldsymbol{H}}{\partial \boldsymbol{\kappa}}\right)^{-1}:\left(\mathrm{d}\gamma\boldsymbol{H}+\gamma\frac{\partial \boldsymbol{H}}{\partial \bar{\boldsymbol{\sigma}}}:\mathrm{d}\bar{\boldsymbol{\sigma}}\right)=0$$

$$\left[\frac{\partial f}{\partial \bar{\boldsymbol{\sigma}}}+\gamma\frac{\partial f}{\partial \boldsymbol{\kappa}}:\left(\boldsymbol{I}-\gamma\frac{\partial \boldsymbol{H}}{\partial \boldsymbol{\kappa}}\right)^{-1}:\frac{\partial \boldsymbol{H}}{\partial \bar{\boldsymbol{\sigma}}}\right]:\mathrm{d}\bar{\boldsymbol{\sigma}}+\mathrm{d}\gamma\frac{\partial f}{\partial \boldsymbol{\kappa}}:\left(\boldsymbol{I}-\gamma\frac{\partial \boldsymbol{H}}{\partial \boldsymbol{\kappa}}\right)^{-1}:\boldsymbol{H}=0 \tag{5.32}$$

将式(5.31)代入式(5.32)中,可得

$$\left[\frac{\partial f}{\partial \bar{\boldsymbol{\sigma}}}+\gamma\frac{\partial f}{\partial \boldsymbol{\kappa}}:\left(\boldsymbol{I}-\gamma\frac{\partial \boldsymbol{H}}{\partial \boldsymbol{\kappa}}\right)^{-1}:\frac{\partial \boldsymbol{H}}{\partial \bar{\boldsymbol{\sigma}}}\right]:\left[\left(\boldsymbol{C}^{-1}+\gamma\frac{\partial^2 \Phi}{\partial \bar{\boldsymbol{\sigma}}^2}\right)^{-1}:\left(\mathrm{d}\boldsymbol{\varepsilon}-\mathrm{d}\gamma\frac{\partial \Phi}{\partial \bar{\boldsymbol{\sigma}}}\right)\right]+ \mathrm{d}\gamma\frac{\partial f}{\partial \boldsymbol{\kappa}}:\left(\boldsymbol{I}-\gamma\frac{\partial \boldsymbol{H}}{\partial \boldsymbol{\kappa}}\right)^{-1}:\boldsymbol{H}=0 \tag{5.33}$$

令

$$\boldsymbol{S}=\left(\boldsymbol{C}^{-1}+\gamma\frac{\partial^2 \Phi}{\partial \bar{\boldsymbol{\sigma}}^2}\right)^{-1} \tag{5.34}$$

$$\boldsymbol{T}_{\mathrm{f}\bar{\sigma}}=\frac{\partial f}{\partial \bar{\boldsymbol{\sigma}}}+\gamma\frac{\partial f}{\partial \boldsymbol{\kappa}}:\left(\boldsymbol{I}-\gamma\frac{\partial \boldsymbol{H}}{\partial \boldsymbol{\kappa}}\right)^{-1}:\frac{\partial \boldsymbol{H}}{\partial \bar{\boldsymbol{\sigma}}} \tag{5.35}$$

$$\boldsymbol{T}_{\mathrm{f}\gamma}=\frac{\partial f}{\partial \boldsymbol{\kappa}}:\left(\boldsymbol{I}-\gamma\frac{\partial \boldsymbol{H}}{\partial \boldsymbol{\kappa}}\right)^{-1}:\boldsymbol{H} \tag{5.36}$$

则式(5.33)可写作

$$\boldsymbol{T}_{\mathrm{f}\bar{\sigma}}:\left[\boldsymbol{S}:\left(\mathrm{d}\boldsymbol{\varepsilon}-\mathrm{d}\gamma\frac{\partial \Phi}{\partial \bar{\boldsymbol{\sigma}}}\right)\right]+\mathrm{d}\gamma\boldsymbol{T}_{\mathrm{f}\gamma}=0$$

$$\left[\boldsymbol{T}_{\mathrm{f}\bar{\sigma}}:\boldsymbol{S}:\frac{\partial \Phi}{\partial \bar{\boldsymbol{\sigma}}}-\boldsymbol{T}_{\mathrm{f}\gamma}\right]\mathrm{d}\gamma=\boldsymbol{T}_{\mathrm{f}\bar{\sigma}}:\boldsymbol{S}:\mathrm{d}\boldsymbol{\varepsilon}$$

$$\frac{\mathrm{d}\gamma}{\mathrm{d}\boldsymbol{\varepsilon}}=\frac{\boldsymbol{T}_{\mathrm{f}\bar{\sigma}}:\boldsymbol{S}}{\boldsymbol{T}_{\mathrm{f}\bar{\sigma}}:\boldsymbol{S}:\dfrac{\partial \Phi}{\partial \bar{\boldsymbol{\sigma}}}-\boldsymbol{T}_{\mathrm{f}\gamma}} \tag{5.37}$$

将式(5.37)代入式(5.31),可得

$$\mathrm{d}\bar{\boldsymbol{\sigma}}=\boldsymbol{S}:\left(\mathrm{d}\boldsymbol{\varepsilon}-\frac{\dfrac{\partial \Phi}{\partial \bar{\boldsymbol{\sigma}}}:\boldsymbol{T}_{\mathrm{f}\bar{\sigma}}:\boldsymbol{S}}{\boldsymbol{T}_{\mathrm{f}\bar{\sigma}}:\boldsymbol{S}:\dfrac{\partial \Phi}{\partial \bar{\boldsymbol{\sigma}}}-\boldsymbol{T}_{\mathrm{f}\gamma}}\mathrm{d}\boldsymbol{\varepsilon}\right)$$

$$\frac{\mathrm{d}\bar{\boldsymbol{\sigma}}}{\mathrm{d}\boldsymbol{\varepsilon}}=\boldsymbol{S}-\frac{\boldsymbol{S}:\dfrac{\partial \Phi}{\partial \bar{\boldsymbol{\sigma}}}\otimes\boldsymbol{T}_{\mathrm{f}\bar{\sigma}}:\boldsymbol{S}}{\boldsymbol{T}_{\mathrm{f}\bar{\sigma}}:\boldsymbol{S}:\dfrac{\partial \Phi}{\partial \bar{\boldsymbol{\sigma}}}-\boldsymbol{T}_{\mathrm{f}\gamma}} \tag{5.38}$$

式(5.38)即为有效应力所对应的算法模量。

2. 计算总应力所对应的算法模量

根据应变等效原则,总应力与有效应力的关系为

$$\boldsymbol{\sigma}=[1-D(\boldsymbol{\kappa},\bar{\boldsymbol{\sigma}})]\bar{\boldsymbol{\sigma}} \tag{5.39}$$

由式(5.39)可得总应力的全微分形式如下:

$$\mathrm{d}\boldsymbol{\sigma}=(1-D)\mathrm{d}\bar{\boldsymbol{\sigma}}-\mathrm{d}D\bar{\boldsymbol{\sigma}} \tag{5.40}$$

刚度退化变量的微分可写作

$$\mathrm{d}D(\boldsymbol{\kappa},\bar{\boldsymbol{\sigma}})=\frac{\partial D}{\partial \boldsymbol{\kappa}}:\mathrm{d}\boldsymbol{\kappa}+\frac{\partial D}{\partial \bar{\boldsymbol{\sigma}}}:\mathrm{d}\bar{\boldsymbol{\sigma}} \tag{5.41}$$

将损伤变量的全微分 $\mathrm{d}\boldsymbol{\kappa}$ 式(5.30)代入式(5.41)可得

$$\mathrm{d}D(\boldsymbol{\kappa},\bar{\boldsymbol{\sigma}})=\frac{\partial D}{\partial \boldsymbol{\kappa}}:\left(\boldsymbol{I}-\gamma\frac{\partial \boldsymbol{H}}{\partial \boldsymbol{\kappa}}\right)^{-1}:\left(\mathrm{d}\gamma\boldsymbol{H}+\gamma\frac{\partial \boldsymbol{H}}{\partial \bar{\boldsymbol{\sigma}}}:\mathrm{d}\bar{\boldsymbol{\sigma}}\right)+\frac{\partial D}{\partial \bar{\boldsymbol{\sigma}}}:\mathrm{d}\bar{\boldsymbol{\sigma}}$$

$$\mathrm{d}D(\boldsymbol{\kappa},\bar{\boldsymbol{\sigma}})=\mathrm{d}\gamma\left[\frac{\partial D}{\partial \boldsymbol{\kappa}}:\left(\boldsymbol{I}-\gamma\frac{\partial \boldsymbol{H}}{\partial \boldsymbol{\kappa}}\right)^{-1}:\boldsymbol{H}\right]+\left[\frac{\partial D}{\partial \boldsymbol{\kappa}}:\left(\boldsymbol{I}-\gamma\frac{\partial \boldsymbol{H}}{\partial \boldsymbol{\kappa}}\right)^{-1}:\gamma\frac{\partial \boldsymbol{H}}{\partial \bar{\boldsymbol{\sigma}}}+\frac{\partial D}{\partial \bar{\boldsymbol{\sigma}}}\right]:\mathrm{d}\bar{\boldsymbol{\sigma}} \tag{5.42}$$

令

$$\boldsymbol{T}_{\mathrm{D}\gamma}=\frac{\partial D}{\partial \boldsymbol{\kappa}}:\left(\boldsymbol{I}-\gamma\frac{\partial \boldsymbol{H}}{\partial \boldsymbol{\kappa}}\right)^{-1}:\boldsymbol{H} \tag{5.43}$$

$$\boldsymbol{T}_{\mathrm{D}\bar{\sigma}}=\frac{\partial D}{\partial \boldsymbol{\kappa}}:\left(\boldsymbol{I}-\gamma\frac{\partial \boldsymbol{H}}{\partial \boldsymbol{\kappa}}\right)^{-1}:\gamma\frac{\partial \boldsymbol{H}}{\partial \bar{\boldsymbol{\sigma}}}+\frac{\partial D}{\partial \bar{\boldsymbol{\sigma}}} \tag{5.44}$$

由式(5.42)、式(5.43)可知,刚度退化变量的全微分式(5.41)变为

$$\mathrm{d}D(\boldsymbol{\kappa},\bar{\boldsymbol{\sigma}})=\mathrm{d}\gamma\boldsymbol{T}_{\mathrm{D}\gamma}+\boldsymbol{T}_{\mathrm{D}\bar{\sigma}}:\mathrm{d}\bar{\boldsymbol{\sigma}} \tag{5.45}$$

$$\frac{\mathrm{d}D}{\mathrm{d}\varepsilon}=\frac{\mathrm{d}\gamma}{\mathrm{d}\varepsilon}:\boldsymbol{T}_{\mathrm{D}\gamma}+\boldsymbol{T}_{\mathrm{D}\bar{\sigma}}:\frac{\mathrm{d}\bar{\boldsymbol{\sigma}}}{\mathrm{d}\boldsymbol{\varepsilon}} \tag{5.46}$$

将式(5.46)和式(5.38)代入式(5.40),可得总应力所对应的算法模量为

$$\frac{\mathrm{d}\boldsymbol{\sigma}}{\mathrm{d}\varepsilon}=(1-D)\frac{\mathrm{d}\bar{\boldsymbol{\sigma}}}{\mathrm{d}\boldsymbol{\varepsilon}}-\frac{\mathrm{d}D}{\mathrm{d}\boldsymbol{\varepsilon}}\otimes\bar{\boldsymbol{\sigma}} \tag{5.47}$$

3. 应力更新的谱 Return-Mapping 算法

由于屈服函数是采用主应力表示的,因此 Lee 和 Fenves(1998a)提出采用基

于有效应力谱分解形式的 Return-Mapping 算法进行应力更新。

第 $n+1$ 荷载步的总应力可表示为

$$\boldsymbol{\sigma}_{n+1} = (1 - D_{n+1})\bar{\boldsymbol{\sigma}}_{n+1} \tag{5.48}$$

则有效应力可表示为

$$\bar{\boldsymbol{\sigma}}_{n+1} = \boldsymbol{E}_0 : (\varepsilon_{n+1} - \varepsilon_{n+1}^{\mathrm{p}}) = \boldsymbol{\sigma}_{n+1}^{\mathrm{tr}} - \boldsymbol{E}_0 : \Delta\varepsilon^{\mathrm{p}} \tag{5.49}$$

式中，$\boldsymbol{E}_0$ 表示初始弹性模量；$\bar{\boldsymbol{\sigma}}_{n+1}^{\mathrm{tr}}$ 是有效应力的弹性预测值，即

$$\boldsymbol{\sigma}_{n+1}^{\mathrm{tr}} = \boldsymbol{E}_0 : \varepsilon_{n+1} \tag{5.50}$$

对于三维问题和平面应变问题，如果采用 Drucker-Prager 流动法则，则更新后的有效应力为

$$\bar{\boldsymbol{\sigma}}_{n+1} = \boldsymbol{\sigma}_{n+1}^{\mathrm{tr}} - \Delta\gamma\left(2G\frac{\bar{\boldsymbol{s}}_{n+1}}{\|\bar{\boldsymbol{s}}_{n+1}\|} + 3K\alpha_{\mathrm{p}}\boldsymbol{I}\right) \tag{5.51}$$

式中，G 为剪切模量。

因此，总应力更新共分三步：第一步是计算弹性预测值 $\boldsymbol{\sigma}_{n+1}^{\mathrm{tr}}$，第二步计算塑性修正 $-\boldsymbol{E}_0 : \Delta\varepsilon^{\mathrm{p}}$，第三步计算退化修正 $-D_{n+1}\bar{\boldsymbol{\sigma}}_{n+1}$。可见，在进行应力更新计算时，只需对有效应力进行应力更新即可，总应力可通过更新后的有效应力和刚度退化变量求出。

由于 $\bar{\boldsymbol{\sigma}}_{n+1}$ 是对称张量，因此有如下的谱分解形式：

$$\bar{\boldsymbol{\sigma}}_{n+1} = \boldsymbol{P}\hat{\bar{\boldsymbol{\sigma}}}_{n+1}\boldsymbol{P}^{\mathrm{T}} \tag{5.52}$$

式中，$\boldsymbol{P}$ 是非奇异矩阵，由$\bar{\boldsymbol{\sigma}}_{n+1}$ 相互正交的特征向量组成；$\hat{\bar{\boldsymbol{\sigma}}}_{n+1}$ 是对角矩阵，对角元为 $\bar{\boldsymbol{\sigma}}_{n+1}$ 的特征值，即 $\bar{\boldsymbol{\sigma}}_{n+1}$ 的主应力。由于假定材料是各向同性的，因此有 $\hat{\Phi}(\hat{\bar{\boldsymbol{\sigma}}}) = \Phi(\bar{\boldsymbol{\sigma}})$，则塑性应力也可写成谱分解的形式：

$$\Delta\varepsilon^{\mathrm{p}} = \Delta\gamma\boldsymbol{P}\boldsymbol{\nabla}\hat{\Phi}\boldsymbol{P}^{\mathrm{T}} \tag{5.53}$$

则对于 Drucker-Prager 势函数，应力的返回-映射方程(5.51)可写成

$$\boldsymbol{P}\hat{\boldsymbol{\sigma}}_{n+1}\boldsymbol{P}^{\mathrm{T}} = \boldsymbol{\sigma}_{n+1}^{\mathrm{tr}} - 2\Delta\gamma G\boldsymbol{P}\hat{\Phi}\boldsymbol{P}^{\mathrm{T}} - \bar{\lambda}\Delta\bar{\theta}^{\mathrm{p}}\boldsymbol{I} \tag{5.54}$$

因此，由上式，试应力可写作

$$\boldsymbol{\sigma}_{n+1}^{\mathrm{tr}} = \boldsymbol{P}(\hat{\boldsymbol{\sigma}}_{n+1} + 2\Delta\gamma G\hat{\Phi} - \bar{\lambda}\Delta\bar{\theta}^{\mathrm{p}}\boldsymbol{I})\boldsymbol{P}^{\mathrm{T}} \tag{5.55}$$

可以证明，试应力的特征向量与有效应力的特征向量是相同的，因而有

$$\boldsymbol{\sigma}_{n+1}^{\mathrm{tr}} = \boldsymbol{P}\hat{\bar{\boldsymbol{\sigma}}}_{n+1}^{\mathrm{tr}}\boldsymbol{P}^{\mathrm{T}} \tag{5.56}$$

式中，$\hat{\bar{\boldsymbol{\sigma}}}_{n+1}^{\mathrm{tr}}$ 表示有效试应力的特征值，是对角矩阵。因此由式(5.54)和式(5.46)，返回-映射方程(5.53)可写成解耦的形式：

$$\hat{\bar{\boldsymbol{\sigma}}}_{n+1} = \hat{\boldsymbol{\sigma}}_{n+1}^{\mathrm{tr}} - \Delta\gamma\left(2G\,\nabla\hat{\Phi} + \bar{\lambda}\,\frac{\Delta\bar{\theta}^{\mathrm{p}}}{\Delta\gamma}\boldsymbol{I}\right) \tag{5.57}$$

采用 Drucker-Prager 流动法则，塑性应变增量的特征值变为

$$\Delta\hat{\boldsymbol{\varepsilon}}^{\mathrm{p}} = \Delta\gamma\nabla\hat{\Phi} = \Delta\gamma\left(\frac{\hat{\bar{\boldsymbol{s}}}_{n+1}}{\|\bar{\boldsymbol{s}}_{n+1}\|} + \alpha_{\mathrm{p}}\boldsymbol{I}\right) = \Delta\gamma\left[\frac{1}{\|\boldsymbol{s}_{n+1}^{\mathrm{tr}}\|}\hat{\boldsymbol{\sigma}}_{n+1}^{\mathrm{tr}} + \left(\alpha_{\mathrm{p}} - \frac{\boldsymbol{I}_1^{\mathrm{tr}}}{3\|\boldsymbol{s}_{n+1}^{\mathrm{tr}}\|}\right)\boldsymbol{I}\right] \tag{5.58}$$

由式(5.57)和式(5.58)可得有效主应力的返回-映射方程为

$$\hat{\bar{\boldsymbol{\sigma}}}_{n+1} = \hat{\boldsymbol{\sigma}}_{n+1}^{\mathrm{tr}} - \Delta\gamma\left[\frac{2\lambda G_0}{\|\boldsymbol{s}_{n+1}^{\mathrm{tr}}\|}\hat{\boldsymbol{\sigma}}_{n+1}^{\mathrm{tr}} - \left(\frac{G_0\boldsymbol{I}_1^{\mathrm{tr}}}{3\|\boldsymbol{s}_{n+1}^{\mathrm{tr}}\|} - 3K_0\alpha_{\mathrm{p}}\right)\boldsymbol{I}\right] \tag{5.59}$$

最终，总应力的特征值可表示为

$$\hat{\boldsymbol{\sigma}}_{n+1} = (1-D)\,\hat{\bar{\boldsymbol{\sigma}}}_{n+1} \tag{5.60}$$

总应力可表示为

$$\boldsymbol{\sigma}_{n+1} = (1-D)\,\bar{\boldsymbol{\sigma}}_{n+1} = \boldsymbol{P}_{n+1}(1-D)\,\hat{\bar{\boldsymbol{\sigma}}}_{n+1}\boldsymbol{P}_{n+1}^{\mathrm{T}} \tag{5.61}$$

5.1.3 模型和程序数值验证

根据 Lee 和 Fenves(1998a)所提出的混凝土塑性-损伤本构关系及其应力更新算法，成功在大型岩土工程静、动力分析软件 GEODYNA 中实现了本构模型的数值分析过程，并利用软件对 Gopalaratnam 和 Shah(1985)、Karsan 和 Jirsa(1969)的混凝土单轴拉、压试验结果进行了数值模拟。模拟时采用平面四边形等参单元(图 5.2)，加载方式为位移控。计算参数见表 5.1。

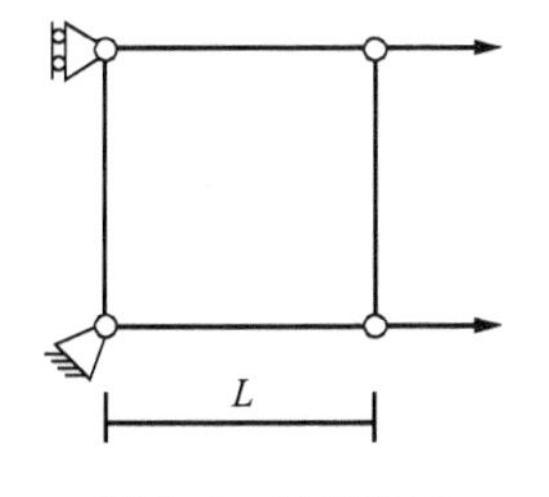

图 5.2　计算单元

表 5.1　单轴拉伸加载测试

ρ/(g/cm³)	E/Pa	f_{t}/MPa	f_{c}/MPa	G_{t}/(N/m)	G_{c}/(N/m)	L/mm	ν
2.4	3.1e10	3.48	15.6	12.3	1750	25.4	0.18

图 5.3 为单轴拉压的模拟,图 5.4 为单轴拉压循环模拟,图 5.5 为全副循环模拟。全幅循环加载解释了混凝土从拉伸状态变成压缩状态,再从压缩状态变成拉伸状态的刚度恢复能力。由此可以看出,模拟的结果跟试验结果吻合较好,验证了计算方法和软件数值过程的可靠性。

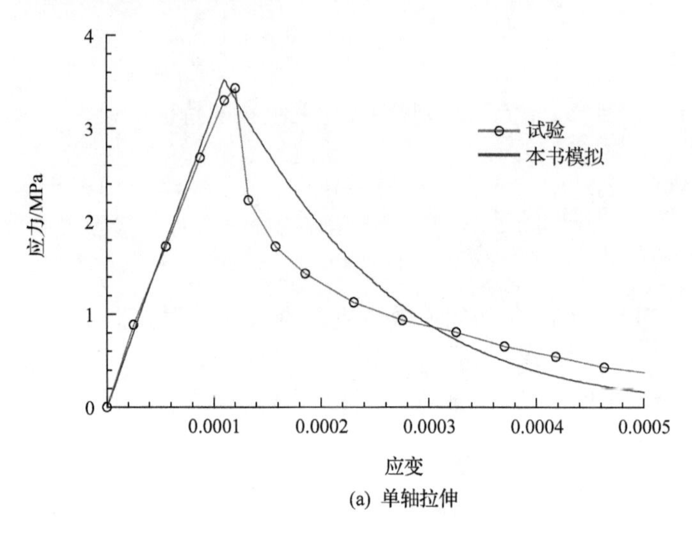

(a) 单轴拉伸

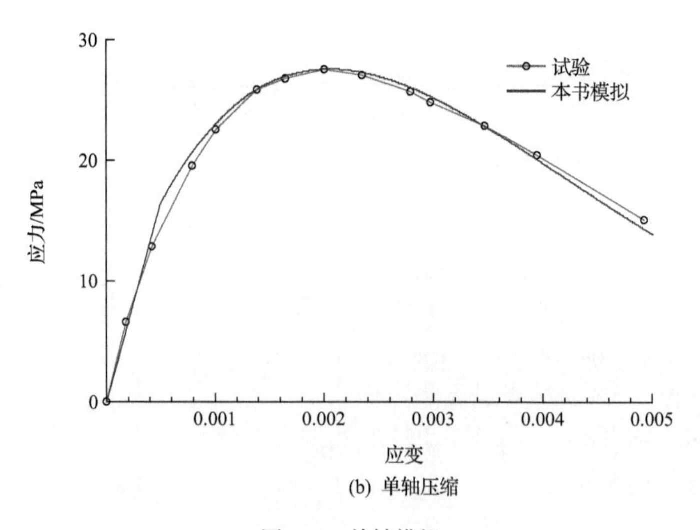

(b) 单轴压缩

图 5.3　单轴模拟

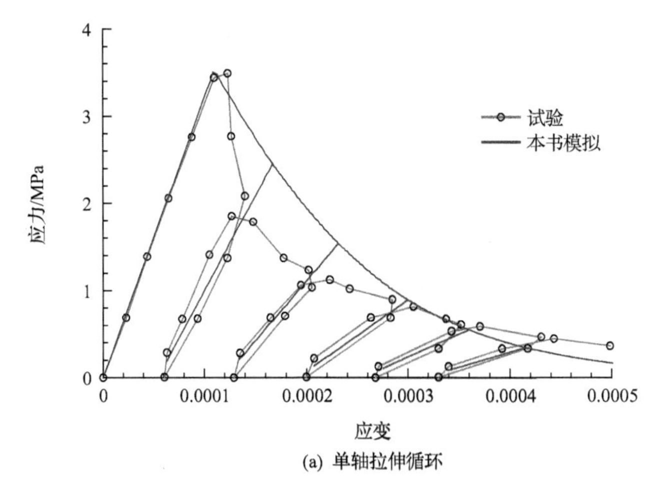

(a) 单轴拉伸循环

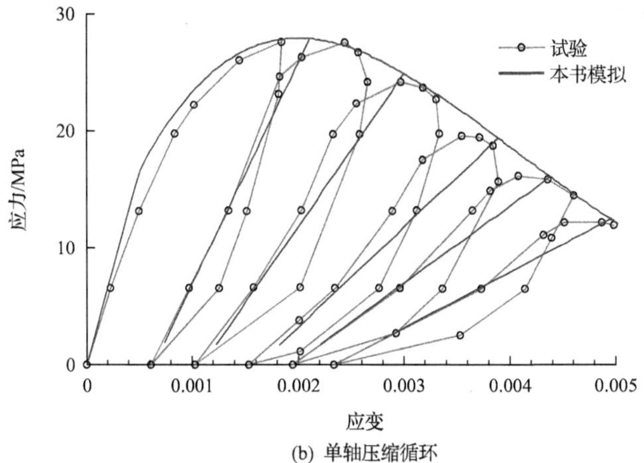

(b) 单轴压缩循环

图 5.4　单轴循环模拟

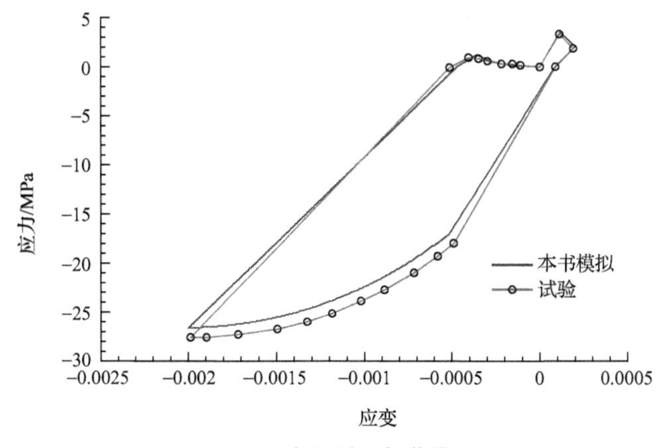

图 5.5　全幅循环加载模拟

5.1.4　Koyna 大坝地震损伤分析

采用集成的 Lee-Fenves 塑性损伤模型，对 Koyna 混凝土重力坝进行地震下的损伤分析。计算基本参数如表 5.2 所示(Lee and Fenves，1998b)。

表 5.2　损伤分析参数

ρ/(g/cm³)	E/GPa	ν	f_t/MPa	G_t/(N/m)
2.63	30	0.20	2.9	200

输入的地震波为实测的水平向和竖向地震加速度时程，如图 5.6 所示。

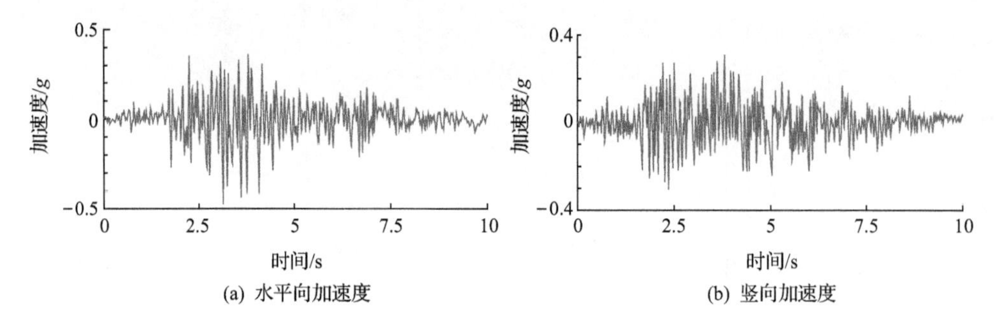

(a) 水平向加速度　　(b) 竖向加速度

图 5.6　地震波时程

图 5.7 为地震过程中大坝的拉损伤因子分布的发展过程，分别给出了第 4.155s(时间 A)、4.375s(时间 B)和 4.860s(时间 C)3 个时刻的损伤因子分布。该数值结果与 Lee 等(Lee and Fenves，1998b)(图 5.8)得到的结果基本一致，这表明作者课题组实现的混凝土塑性损伤分析方法和集成的软件是可靠的。

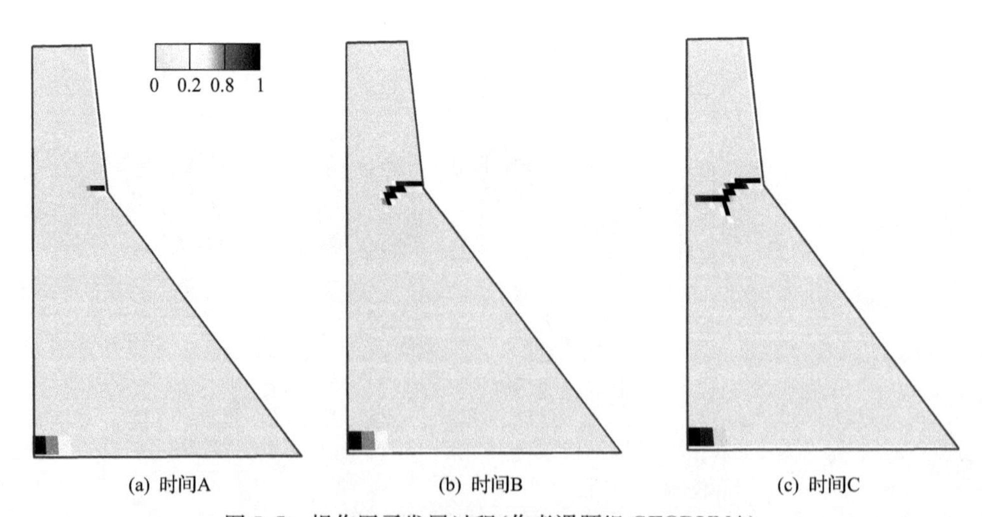

(a) 时间A　　(b) 时间B　　(c) 时间C

图 5.7　损伤因子发展过程(作者课题组 GEODYNA)

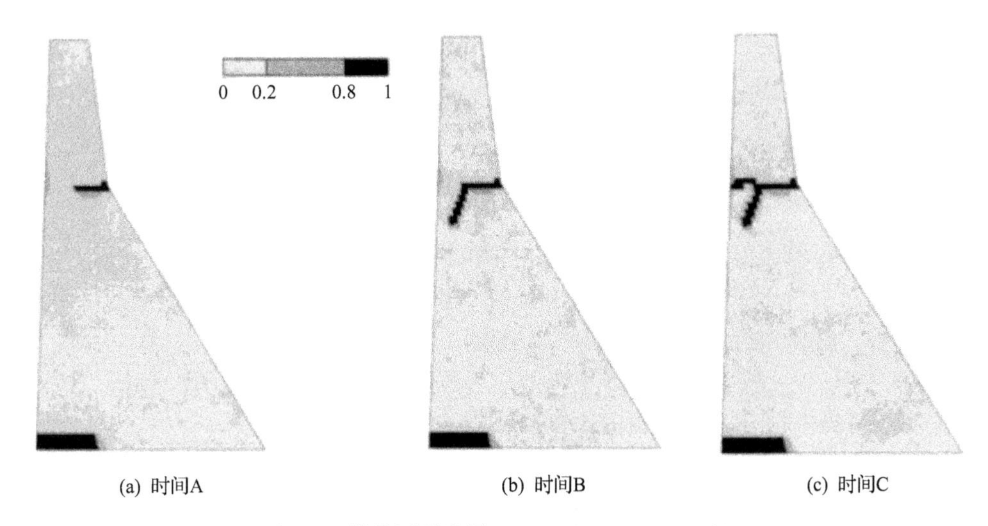

图 5.8　损伤因子发展(Lee and Fenves,1998b)

5.2　普通混凝土共轴旋转裂缝模型集成

除了塑性损伤模型,基于强度理论的弥散裂缝模型(Rashid,1968)也是混凝土结构数值模拟中常用的本构模型之一。弥散裂缝模型假定混凝土开裂后材料仍然是连续的,裂缝平均分布在整个单元内部,用材料应力和模量的降低模拟裂缝的开展,所以在有限元计算过程中可以采用固定的网格划分(姜庆远等,2008)。该模型还可以直接将应力应变试验曲线应用于数值计算中,因此既可以模拟应变软化材料(混凝土),又可以模拟应变硬化材料(超高韧性水泥基复合材料)。

传统弥散裂缝模型的提出与应用,使得基于连续介质力学模型分析损伤开裂行为成为可能(Rashid,1968)。但是,基于强度理论和试验的应变软化曲线的直接使用仍然存在数值计算结果的网格敏感性。Bažant 和 Oh 于 1983 年提出钝断裂带模型(Bažant and Oh,1983),将断裂能弥散于表征裂缝的断裂带宽度范围内,并将断裂能作为混凝土材料的一个基本力学参数,不随网格剖分的不同而发生改变,通过调整应力应变软化曲线以适应不同的离散网格,使断裂能保持唯一(张楚汉等,2008)。

依据计算中对追踪开裂方向的不同处理方法,断裂带模型主要分为固定裂缝和旋转裂缝两大类,其中,Cope 等(1980)首先提出的旋转裂缝模型较好地避免了固定裂缝模型中出现应力自锁现象,通过定义一个与加载过程中材料的应力、应变主轴重合的局部坐标,在该坐标系统中定义的开裂混凝土应力应变软化关系不再需要定义剪切项。按照迭代计算中应力应变关系的不同取值方法,又可分为全量和增量模型两种描述。根据旋转裂缝模型的基本假设，一点发生裂缝的方向始终与当前应力张量的主轴方向保持一致，即由全量应变分布可确定各材料点的裂缝分布方向和状态，因此采用全量应力应变关系描述这一模型更为直接简便(张楚汉等，2008)。

5.2.1　共轴旋转应力应变概念

共轴旋转裂缝模型已经被广泛应用于钢筋混凝土结构的模拟中。该模型的基本概念是基于当前应变主轴所构成的局部坐标空间，衡量当前应力大小及材料的开裂行为。旋转裂缝模型的基本假设如下：

(1) 一点发生裂缝方向始终与当前应力(或应变)张量的主轴方向保持一致。

(2) 开裂方向随主应力方向的改变进行旋转调整。

(3) 当混凝土某一单元最大主拉应力超过抗拉强度时，则认为该单元产生垂直于最大主拉应力方向的裂缝，裂缝分布于整个区域，开裂方向的应力应变分量关系满足材料的软化力学行为。

全局坐标系下，应变矢量 ε 的更新表述为

$$ {}^{t+\Delta t}\varepsilon_{xyz} = {}^{t}\varepsilon_{xyz} + \Delta\varepsilon_{xyz} \tag{5.62}$$

利用全局应变，可由下式计算主应变大小及方向

$$\begin{aligned} \varepsilon_1 &= \varepsilon_0 + \frac{3+\mu}{\sqrt{2(3+\mu^2)}}\gamma_0 \\ \varepsilon_2 &= \varepsilon_0 - \frac{\sqrt{2}\mu}{\sqrt{3+\mu^2}}\gamma_0 \\ \varepsilon_3 &= \varepsilon_0 - \frac{3-\mu}{\sqrt{2(3+\mu^2)}}\gamma_0 \end{aligned} \tag{5.63}$$

式中，Lode-Nadai 系数 $\mu = \sqrt{3}\cot(\varphi + 4/3\pi)$，$\varphi = 1/3\cos^{-1}\{(3\sqrt{3}/2)[I_3(D_\varepsilon)/\sqrt{I_2^3(D_\varepsilon)}]\}$，$I_2(D_\varepsilon)$ 为偏应变 D_ε 的第二不变量；$I_3(D_\varepsilon)$ 为偏应变 D_ε 的第三不变量；八面体正应变 $\varepsilon_0 = 1/3(\varepsilon_{xx} + \varepsilon_{yy} + \varepsilon_{zz})$；八面体剪应变 $\gamma_0 = 1/3\sqrt{(\varepsilon_{xx}-\varepsilon_{yy})^2 + (\varepsilon_{yy}-\varepsilon_{zz})^2 + (\varepsilon_{zz}-\varepsilon_{xx})^2 - 6(\varepsilon_{xy}^2 + \varepsilon_{yz}^2 + \varepsilon_{zx}^2)}$。

考虑到泊松效应的影响，引入等效应变 $\tilde{\varepsilon}_{ns}$ 概念，利用矩阵 $\boldsymbol{P}$ 将得到的主应变 ε_i 转换为等效应变 $\tilde{\varepsilon}_i$：

$$\tilde{\varepsilon}_i = \boldsymbol{P}\varepsilon_i \tag{5.64}$$

$$\boldsymbol{P} = \frac{1}{\varphi}\begin{bmatrix} 1-\nu_{32}\nu_{23} & \nu_{12}+\nu_{13}\nu_{32} & \nu_{13}+\nu_{12}\nu_{23} \\ \nu_{21}+\nu_{31}\nu_{23} & 1-\nu_{31}\nu_{13} & \nu_{23}+\nu_{21}\nu_{13} \\ \nu_{31}+\nu_{21}\nu_{32} & \nu_{32}+\nu_{12}\nu_{31} & 1-\nu_{12}\nu_{21} \end{bmatrix} \tag{5.65}$$

式中，$\varphi=1-\nu_{32}\nu_{23}-\nu_{21}\nu_{12}-\nu_{31}\nu_{13}-\nu_{21}\nu_{32}\nu_{13}-\nu_{31}\nu_{12}\nu_{23}$，泊松比 ν_{ij} 是描述 j 方向应力导致 i 方向变形。

随后，利用等效应变计算主应力

$$\sigma_i=F(\tilde{\varepsilon}_i) \tag{5.66}$$

式中，F 为材料基于总应变的应力应变关系。

最后，全局坐标系下应力分量可由下式得到

$$\boldsymbol{S}=\boldsymbol{L}^{\mathrm{T}}\boldsymbol{S}'\boldsymbol{L} \tag{5.67}$$

式中，$\boldsymbol{S}$ 是全局坐标系下的应力矩阵；$\boldsymbol{S}'$ 是主方向应力矩阵；$\boldsymbol{L}$ 是主方向相对于全局坐标系的方向余弦矩阵；$\boldsymbol{L}^{\mathrm{T}}$ 是 $\boldsymbol{L}$ 矩阵的转置。方向余弦矩阵可以通过应变矢量的特征向量计算：

$$\boldsymbol{L}=\begin{bmatrix}\cos(1,x) & \cos(1,y) & \cos(1,z)\\ \cos(2,x) & \cos(2,y) & \cos(2,z)\\ \cos(3,x) & \cos(3,y) & \cos(3,z)\end{bmatrix} \tag{5.68}$$

$$\begin{aligned}\cos(i,x)&=\frac{A_i}{\sqrt{A_i^2+B_i^2+C_i^2}}\\ \cos(i,y)&=\frac{B_i}{\sqrt{A_i^2+B_i^2+C_i^2}}\\ \cos(i,z)&=\frac{C_i}{\sqrt{A_i^2+B_i^2+C_i^2}}\end{aligned} \tag{5.69}$$

式中，$A_i=(\varepsilon_{yy}-\varepsilon_i)(\varepsilon_{zz}-\varepsilon_i)-\varepsilon_{zy}\varepsilon_{yz}$；$B_i=\varepsilon_{zy}\varepsilon_{xz}-\varepsilon_{xy}(\varepsilon_{zz}-\varepsilon_i)$；$C_i=\varepsilon_{xy}\varepsilon_{yz}-\varepsilon_{xz}(\varepsilon_{yy}-\varepsilon_i)$；$i=1,2,3$。

5.2.2　等效裂缝宽度计算

旋转裂缝模型是建立在钝断裂带模型基础上的，假设裂缝在单元内沿裂缝法向均匀分布。材料中一点的总应变 ε 可分解材料自身应变 ε_e 和裂缝张开引起的开裂应变 ε_c

$$\varepsilon=\varepsilon_e+\varepsilon_c \tag{5.70}$$

等效裂缝宽度 ω 可表示为沿单元裂缝方向开裂应变的积分，即

$$\omega=\int_0^h\varepsilon_c\mathrm{d}h \tag{5.71}$$

式中，ε_c 为单元开裂应变分布；h 为单元断裂带宽度，$h=l\cos\theta$，其中 l 为单元积分点连线方向高度，θ 为 l 与裂缝法向夹角。

对于相邻若干单元开裂的区域，其等效裂缝宽度可认为是裂缝法向上的若干单元等效裂缝宽度之和，即

$$\omega = \sum w_i = \sum \widetilde{\varepsilon}_{ci} h_i \tag{5.72}$$

式中，$\widetilde{\varepsilon}_{ci}$ 为第 i 个单元的开裂应变均值；h_i 为第 i 个单元的断裂带宽度。等效裂缝的位置处于该区域单元开裂应变最大的单元内，其方向与断裂带法向相同。

5.2.3 材料应力应变关系

利用基于总应变的旋转裂缝模型，成功实现了对普通混凝土和超高韧性水泥基复合材料（ultra high toughness concrete composite，UHTCC）的本构数值分析。

弥散裂缝模型认为开裂破坏分布在宽度为 l 的断裂带内，断裂带的宽度与有限元网格的划分有关。为了避免网格敏感性对分析结果的影响，计算中采用断裂力学的能量准则来模拟混凝土中裂缝开展过程。受拉状态下的断裂能表示为

$$G_t = \frac{1}{2}\varepsilon_f f_t l_c \tag{5.73}$$

式中，ε_f 为极限拉应变；f_t 为峰值强度；l_c 为网格特征长度。

1. 普通混凝土

单轴拉伸荷载作用下，混凝土材料应力应变关系在未开裂阶段假设为线弹性。软化段采用 Reinhardt 于 1984 年提出的软化曲线方程：

$$\frac{\sigma}{f_t} = 1 - \left(\frac{\varepsilon}{\varepsilon_f}\right)^{0.31} \tag{5.74}$$

单轴受拉软化关系曲线如图 5.9 所示，由于这里主要研究面板受拉开裂破坏形式，因此混凝土材料受压时应力应变关系曲线可采用简化的双线性模型。

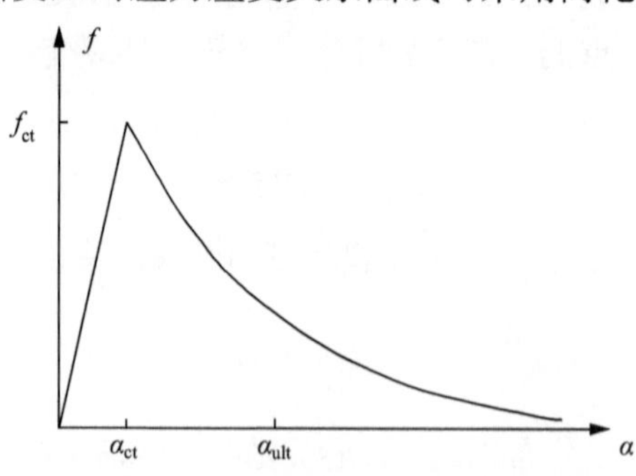

图 5.9 单轴受拉软化关系曲线

2. 超高韧性水泥基复合材料

UHTCC是一种具有阻裂、耐冲击、抗疲劳、高韧性、高耐久性等卓越优点的新型水泥基材料(Vorel and Boshoff,2014)。UHTCC受拉时表现出明显的应变硬化特征,并且其极限拉伸应变可达3%以上,将传统水泥基材料在单轴抗拉荷载下单一裂纹的宏观开裂模式转化为多条细密裂纹的微观开裂模式。基于Kesner和Billington(2001)对UHTCC单轴往复循环实验的结果,Han等(2003)提出了一套更有利于数值实现的简化模型,该模型能较好地反映UHTCC受拉时应变硬化特性以及循环荷载作用下UHTCC的变形特性。

UHTCC单轴受压和受拉的强度包络线可由式(5.75)和式(5.76)确定。拉伸强度包络线如图5.10(a)所示,分为弹性段、硬化段和软化段,计算公式为

$$F_{\text{tensile}}=\begin{cases}E\varepsilon, & 0\leqslant\varepsilon<\varepsilon_{t0}\\ \sigma_{t0}+(\sigma_{tp}-\sigma_{t0})\left(\dfrac{\varepsilon-\varepsilon_{t0}}{\varepsilon_{tp}-\varepsilon_{t0}}\right), & \varepsilon_{t0}\leqslant\varepsilon<\varepsilon_{tp}\\ \sigma_{tp}\left(1-\dfrac{\varepsilon-\varepsilon_{tp}}{\varepsilon_{tu}-\varepsilon_{tp}}\right), & \varepsilon_{tp}\leqslant\varepsilon<\varepsilon_{tu}\\ 0, & \varepsilon_{tu}\leqslant\varepsilon\end{cases}\tag{5.75}$$

式中,E为杨氏模量。当$\varepsilon>\varepsilon_{to}$时,材料产生第一条裂缝,材料进入应变硬化段直至应变达到峰值拉应变ε_{tp}。当应变超过ε_{tp},应力逐渐下降直至极限拉应变达到ε_{tu}。

受压强度包络线如图5.10(b)所示,在峰值压应变ε_{cp}之前,强度包络线被假定为线弹性,随后以线弹性形式软化直至应变ε超过极限压应变ε_{cu},计算公式为

$$F_{\text{compressive}}=\begin{cases}E\varepsilon, & \varepsilon_{cp}\leqslant\varepsilon<0\\ \sigma_{cp}\left(1-\dfrac{\varepsilon-\varepsilon_{cp}}{\varepsilon_{cu}-\varepsilon_{cp}}\right), & \varepsilon_{cu}\leqslant\varepsilon<\varepsilon_{cp}\\ 0, & \varepsilon\leqslant\varepsilon_{cu}\end{cases}\tag{5.76}$$

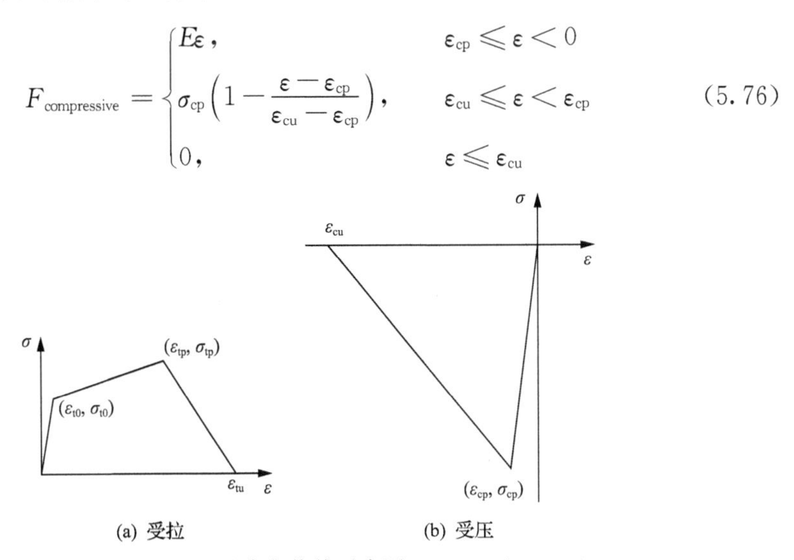

(a) 受拉　(b) 受压

图5.10　UHTCC强度包络线示意图(Han et al.,2003)

根据往复循环单轴试验结果，当材料处于受拉硬化或受压软化时，卸载及再加载曲线遵循幂函数变化，如图 5.11 所示，具体公式为

$$F_{\text{tensile}}=\begin{cases}E\varepsilon, & 0\leqslant\varepsilon_{\text{tmax}}<\varepsilon_{\text{t0}}\\ \max\left\{0,\sigma_{\text{tmax}}^{*}\left(\dfrac{\varepsilon-\varepsilon_{\text{tul}}}{\varepsilon_{\text{tmax}}^{*}-\varepsilon_{\text{tul}}}\right)^{\alpha_t}\right\}, & \varepsilon_{\text{t0}}\leqslant\varepsilon_{\text{tmax}}<\varepsilon_{\text{tp}},\varepsilon<0\\ \max\left\{0,\sigma_{\text{tul}}^{*}+(\sigma_{\text{tmax}}-\sigma_{\text{tul}}^{*})\left(\dfrac{\varepsilon-\varepsilon_{\text{tul}}^{*}}{\varepsilon_{\text{tmax}}^{*}-\varepsilon_{\text{tul}}^{*}}\right)\right\}, & \varepsilon_{\text{t0}}\leqslant\varepsilon_{\text{tmax}}<\varepsilon_{\text{tp}},\varepsilon\geqslant0\\ \max\left\{0,\sigma_{\text{tmax}}\left(\dfrac{\varepsilon-\varepsilon_{\text{tul}}}{\varepsilon_{\text{tmax}}-\varepsilon_{\text{tul}}}\right)\right\}, & \varepsilon_{\text{tp}}\leqslant\varepsilon_{\text{tmax}}<\varepsilon_{\text{tu}}\\ 0, & \varepsilon_{\text{tu}}\leqslant\varepsilon_{\text{tmax}}\end{cases}\tag{5.77}$$

式中，$\varepsilon_{\text{tmax}}$为历史最大拉应变；$\alpha_{\text{t}}$ 为与卸载行为有关的实验常数；$\varepsilon_{\text{tprl}}$为部分加载时的最大拉应变；$\sigma_{\text{tmax}}$是与 $\varepsilon_{\text{tmax}}^{*}$相关的应力，$\varepsilon_{\text{tmax}}^{*}$及 $\varepsilon_{\text{tul}}^{*}$分别为

$$\varepsilon_{\text{tmax}}^{*}=\begin{cases}\varepsilon_{\text{tmax}}, & \text{初始加载}\\ \varepsilon_{\text{tprl}}, & \text{卸载后部分加载}\end{cases}\quad \varepsilon_{\text{tmax}}^{*}\leqslant\varepsilon_{\text{tmax}}\tag{5.78}$$

$$\varepsilon_{\text{tul}}^{*}=\begin{cases}\varepsilon_{\text{tul}}, & \text{初始加载}\\ \varepsilon_{\text{tpul}}, & \text{卸载后部分加载}\end{cases}\tag{5.79}$$

式中，$\varepsilon_{\text{tul}}=b_{\text{t}}\varepsilon_{\text{tmax}}$($b_{\text{t}}$ 为常数)；σ_{tul}^{*}为与 $\varepsilon_{\text{tul}}^{*}$相关的应力。需要注意的是，$\varepsilon_{\text{tmax}}$、$\varepsilon_{\text{tprl}}$和 $\varepsilon_{\text{tpul}}$均为内变量，在卸载、再加载过程中需要被追踪记录。

利用上述关系式，UHTCC 在受拉硬化段的卸载、再加载行为可以表述为：$O\rightarrow A\rightarrow B$：加载；$B\rightarrow C$：部分卸载；$C\rightarrow D$：部分再加载；$D\rightarrow E$：完全卸载；$E\rightarrow O$：卸载到原点；$O\rightarrow E\rightarrow B$：完全再加载；$B\rightarrow F$：进一步加载。

当应变超过峰值拉应变 ε_{tp} 时，进入软化段，卸载、再加载曲线为线性，如图 5.11(b)所示。

利用相似的方法，UHTCC 受压时的卸载、再加载曲线如下式所示：

$$F_{\text{compressive}}=\begin{cases}E\varepsilon, & \varepsilon_{\text{cp}}\leqslant\varepsilon_{\text{cmin}}<0\\ \min\left\{0,\sigma_{\text{cmin}}^{*}\left(\dfrac{\varepsilon-\varepsilon_{\text{cul}}}{\varepsilon_{\text{cmin}}^{*}-\varepsilon_{\text{cul}}}\right)^{\alpha c}\right\}, & \varepsilon_{\text{cu}}\leqslant\varepsilon_{\text{cmin}}<\varepsilon_{\text{cp}},\varepsilon>0\\ \min\left\{0,\sigma_{\text{cu}}^{*}+(\sigma_{\text{cmin}}-\sigma_{\text{cmin}}^{*})\left(\dfrac{\varepsilon-\varepsilon_{\text{cul}}^{*}}{\varepsilon_{\text{cmin}}^{*}-\varepsilon_{\text{cul}}^{*}}\right)\right\}, & \varepsilon_{\text{cu}}\leqslant\varepsilon_{\text{cmin}}<\varepsilon_{\text{cp}},\varepsilon\leqslant0\\ 0, & \varepsilon_{\text{cmin}}<\varepsilon_{\text{cu}}\end{cases}\tag{5.80}$$

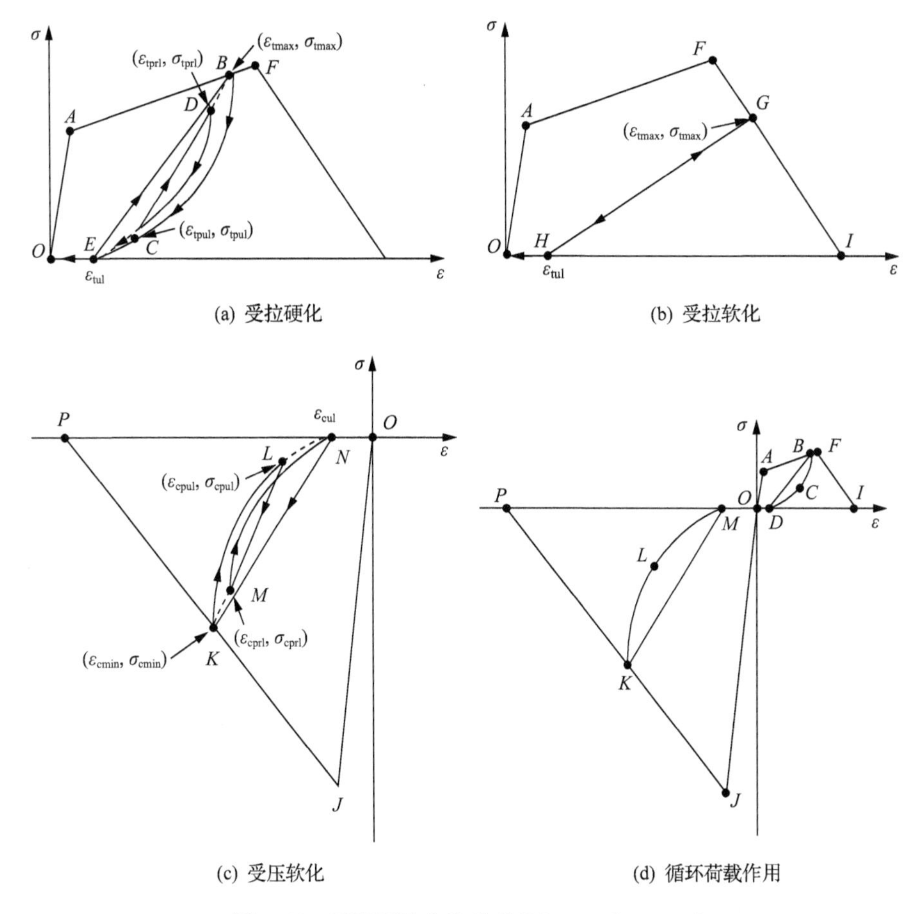

图 5.11 UHTCC 本构关系(Han et al., 2003)

式中，$\alpha_c(\geqslant 1)$为常数；ε_{cmin}^{*}表示为

$$\varepsilon_{cmin}^{*}=\begin{cases}\varepsilon_{cmin}, & \text{初始加载}\\ \varepsilon_{crpl}, & \text{卸载后部分加载}\end{cases} \tag{5.81}$$

ε_{cprl}是受压部分加载时最小应变；σ_{cmin}^{*}是与ε_{cmin}^{*}有关的应力，式(5.80)中的ε_{cul}^{*}可写为

$$\varepsilon_{cul}^{*}=\begin{cases}\varepsilon_{cul}, & \text{初始加载}\\ \varepsilon_{cpul}, & \text{卸载后部分加载}\end{cases} \tag{5.82}$$

式中，$\varepsilon_{cul}=b_c\varepsilon_{cmin}$($b_c$ 为常数)；ε_{cpul}为受压部分卸载过程中的最小应变。

式(5.77)～式(5.80)描述了材料在拉压往复循环荷载作用下的应力应变路径，具体可以表述为：$O\to A\to B\to C\to D\to O$：受拉进入应变硬化段的初始循环加载；$O \to J \to K \to L \to M \to O$：受压软化段的初始循环加载；$O \to D \to B \to F \to I \to O$：受拉二次加载直至破坏；$O \to M \to K \to P \to O$：受压二次加载直至破坏。

5.2.4 模型和程序数值验证

根据旋转裂缝模型的概念，提出了考虑混凝土材料和UHTCC本构关系的非线性开裂分析方法。采用该方法对UHTCC（Kesner and Billington，2001）及混凝土材料（Gopalaratnam and Shah，1985）的单轴往复循环试验结果进行了数值模拟。模拟时采用边长为L的二维平面四边形等参单元（图5.12），加载方式为位移控，计算参数见表5.3。

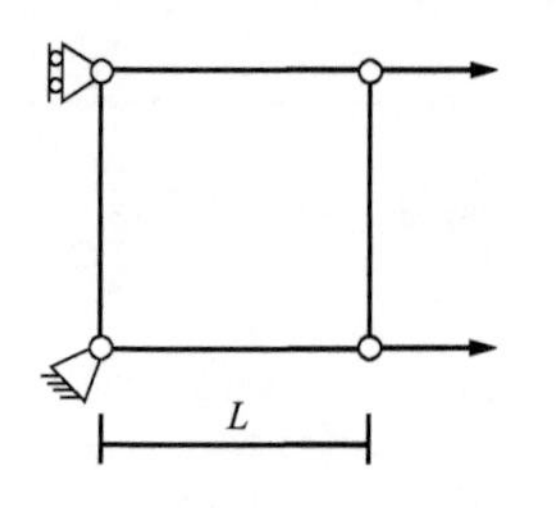

图5.12 二维计算单元

表5.3 材料参数

物理量	UHTCC	普通混凝土
开裂应变 ε_{to}	0.00015	—
开裂应力 σ_{to}	2MPa	—
峰值应变 $\varepsilon_{tp}/\varepsilon_{cp}$	0.03/−0.001	0.0001/−0.001
峰值应力 σ_{tp}/σ_{cp}	2.5MPa/−40MPa	3.48MPa/−34MPa
极限应变 $\varepsilon_{tu}/\varepsilon_{cu}$	0.06/−0.05	0.0006/−0.007
泊松比 υ	0.15	0.18
断裂能 G_t	27kJ/m^2	60kJ/m^2

注：下标t代表受拉，c代表受压。

1. UHTCC

对比Kesner和Billington（2001）进行的UHTCC单轴往复荷载实验结果，图5.13给出试验曲线与模拟结果，可以看出模拟结果与试验吻合较好。

2. 普通混凝土

图5.14给出了Gopalaratnam和Shah（1985）、Karsan和Jirsa（1969）进行的单轴拉、压循环载荷试验与数值模拟结果的对比，可以看出模拟结果与试验吻合较好，验证了数值方法的可靠性。

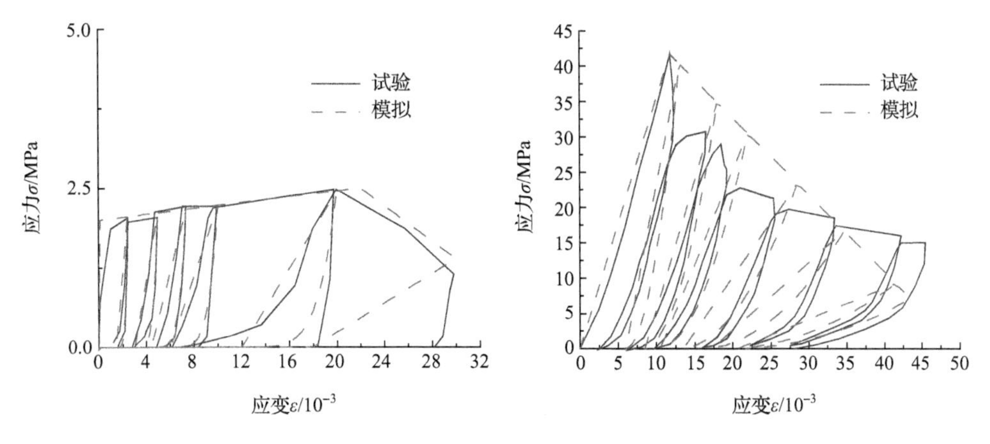

图 5.13　UHTCC 单轴试验结果与数值模拟

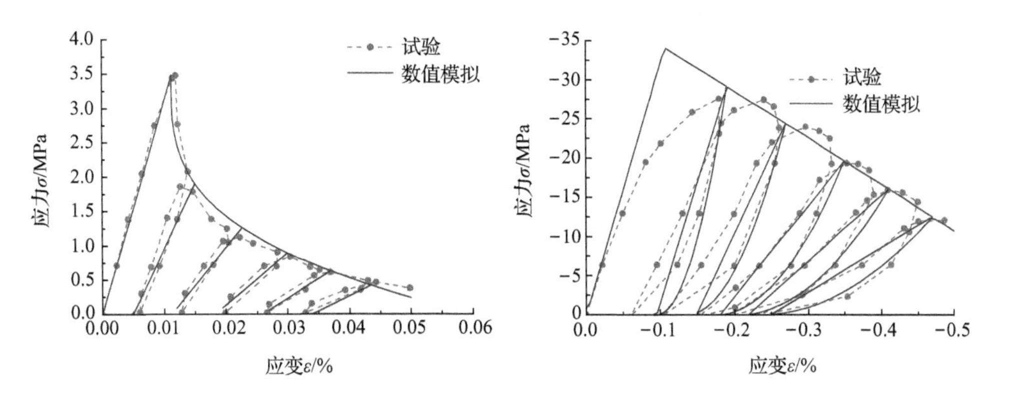

图 5.14　混凝土单轴试验结果与数值模拟

5.3　发展钢纤维混凝土塑性损伤模型

Lee-Fenves 模型(Lee and Fenves,1998a)不但适用于混凝土,而且在钢筋混凝土方面也有应用,但是在钢纤维混凝土方面的应用还很少看到相关报道。钢纤维的掺入使得钢纤维混凝土的韧性显著提高,其应力应变关系的软化段与普通混凝土有较大差别(图 5.15)。因此对于钢纤维混凝土,Lee-Fenves 模型的应力-塑性应变关系已不再适用。作者课题组在现有钢纤维混凝土应力应变关系的基础上,对 Lee-Fenves 模型的应力-塑性应变关系进行了改进,改进后的模型可以较好地描述不同钢纤维掺量下钢纤维混凝土的应力应变特性。

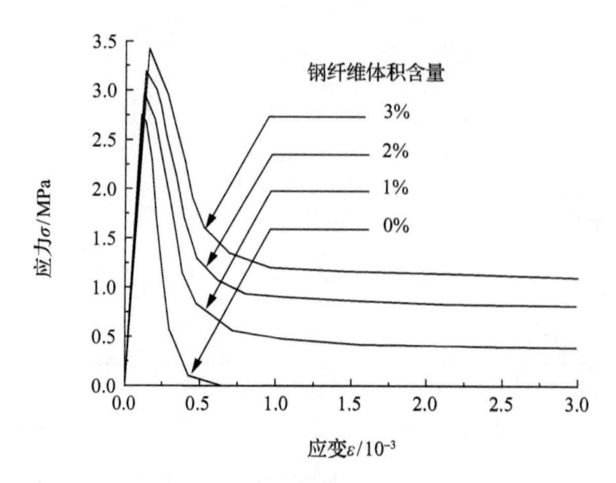

图 5.15　不同钢纤维含量的钢纤维混凝土拉伸应力-应变关系曲线(Maidl,1991)

5.3.1　模型改进

采用黄承逵(2004)提出的钢纤维混凝土受拉软化段曲线：

$$Y=\frac{X}{\alpha_{\mathrm{f}}\,(X-1)^{1.7}+X},\quad \alpha_{\mathrm{f}}=\frac{\alpha_0}{1+3.58\,\dfrac{l_{\mathrm{f}}}{d_{\mathrm{f}}}\rho_{\mathrm{f}}} \tag{5.83}$$

式中，Y 为应力比，$Y=\sigma/f_{\mathrm{ft}}$，f_{ft} 为抗拉强度；X 为应变比，$X=\varepsilon/\varepsilon_0$，$\varepsilon_0=f_{\mathrm{ft}}/E$，$E$ 为弹性模量，对于下降段有 $X\geqslant 1.0$；α_0 为基体曲线系数，$\alpha_0=0.312f_{\mathrm{mt}}^2$，$f_{\mathrm{mt}}$为基体混凝土的抗弯强度，单位 MPa；$\alpha_{\mathrm{f}}$ 为钢纤维混凝土的曲线系数；l_{f} 为钢纤维长度；d_{f} 为钢纤维直径；ρ_{f} 为钢纤维的体积含量。钢纤维混凝土的抗拉强度 f_{ft}采用下式计算：

$$f_{\mathrm{ft}}=f_{\mathrm{t}}\left(1+\alpha_{\mathrm{t}}\,\frac{l_{\mathrm{f}}}{d_{\mathrm{f}}}\rho_{\mathrm{f}}\right) \tag{5.84}$$

式中，f_{ft}、f_{t} 分别为钢纤维混凝土和基体混凝土的抗拉强度；α_{t} 为钢纤维对混凝土抗拉强度的影响系数，主要与钢纤维品种形状和基体强度有关。

已有研究成果(Campione et al.,2001;Bayramov et al.,2004)表明，对于钢纤维混凝土，当基体混凝土开裂时，钢纤维仍起明显的连接作用，钢纤维混凝土的整体刚度并不出现明显的退化。因此，可以认为钢纤维混凝土在循环荷载作用下，其卸载和再加载刚度与初始刚度保持一致，即不考虑混凝土内部损伤对整体刚度的影响，此时 $d_{\mathrm{N}}=0$。由此，可将塑性应变引入到式(5.83)中，得到用于钢纤维混凝土的塑性损伤分析的如下关系：

$$\sigma = f(\varepsilon^{p}), \quad \varepsilon^{p} = \varepsilon - \sigma / E \tag{5.85}$$

5.3.2 模型和程序数值验证

基于上述理论，提出了钢纤维混凝土的弹塑性分析方法。采用该方法对文献(Maidl，1991)中单轴单调受拉条件下钢纤维混凝土应力应变关系进行了数值模拟。钢纤维混凝土塑性损伤模型的材料参数如下：弹性模量 E 为 31.0GPa，泊松比 ν 为 0.18，密度 ρ 为 2450kg/m³，抗压强度 f_{c0} 为 35.0MPa。钢纤维含量为 80kg/m³ 时，抗拉强度 f_{t} 为 2.95MPa，断裂能 G_{t} 为 2000N/m；钢纤维含量为 160kg/m³ 时，抗拉强度 f_{t} 为 3.25MPa，断裂能 G_{t} 为 2400N/m，单元长度 l_{c} 为 1.0m，α_{p} 为 0.2。其中，断裂能按照式(5.17)计算得到。图 5.16(a)和图 5.16(b)分别为钢纤维含量为 80kg/m³ 和 160kg/m³ 时的钢纤维混凝土单轴单调拉伸试验(Maidl，1991)和模拟结果。可以看出，模拟结果与试验结果吻合较好。

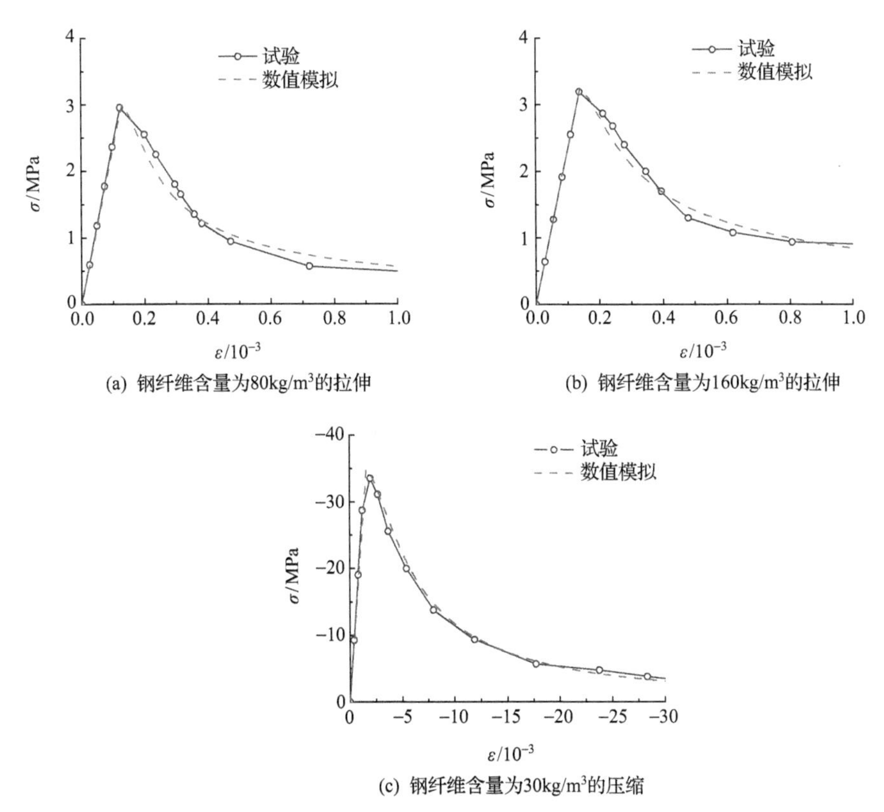

图 5.16　单轴单调荷载作用下的钢纤维混凝土应力应变关系曲线

此外，还采用该方法模拟了文献(Ezeldin and Balaguru，1992)中钢纤维混凝土单轴单调受压条件下的应力应变关系，其钢纤维含量为 30kg/m³。钢纤维混凝土材料参数如下：弹性模量 E 为 31.7GPa，泊松比 ν 为 0.18，密度 ρ 为 2450kg/m^3，抗压强度 f_{c0} 为 35.0MPa，单元长度 $l_c=1.0$m，$\alpha_p=0.2$。图 5.16(c)为钢纤维混凝土单轴单调压缩试验曲线(Ezeldin and Balaguru，1992)和模拟结果，可以看出模拟结果和试验结果吻合较好。

5.4　普通钢筋混凝土面板的动力开裂分析

采用混凝土共轴旋转裂缝模型和堆石料弹塑性本构模型，模拟了地震荷载作用下 200m 级钢筋混凝土面板坝的面板裂缝发生和发展过程。

5.4.1　有限元模型

采用二维的混凝土面板堆石坝为计算模型。坝高为 200m，上游坝坡 1∶1.4，下游坝坡 1∶1.65，坝体分 50 层填筑，蓄水 190m，分为 20 步进行。

混凝土面板堆石坝的有限元网格见图 5.17，对面板及其以下部分坝体进行网格局部加密。面板网格在厚度上分为 10 层，顺坡向尺寸小于 0.4m。钢筋网设置在面板厚度方向的中部，采用 2 节点的杆单元模拟。面板采用四边形等参单元模拟，面板与垫层接触面采用 Goodman 界面单元模拟。动力计算时，面板受到的动水压力采用附加质量法进行模拟。

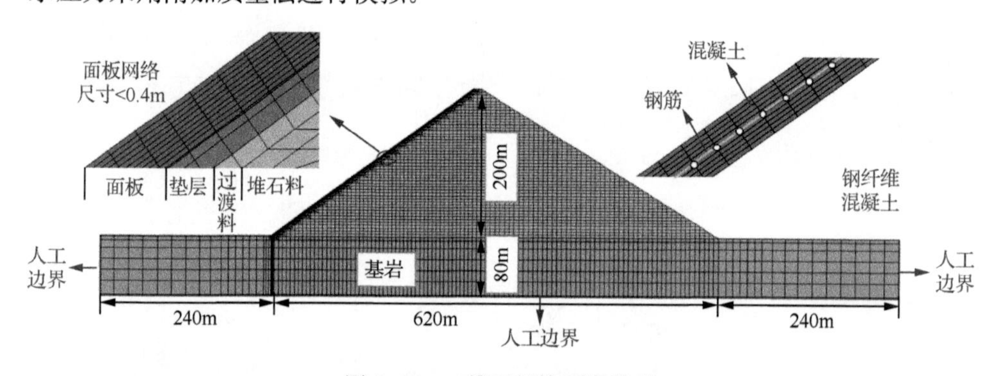

图 5.17　二维面板堆石坝模型

5.4.2　材料参数

堆石料的广义塑性模型参数见表 5.4，面板与垫层之间接触面材料参数见表 3.2，钢筋型号为 HPB400，弹性模量 E 为 200GPa，屈服强度 f_y 为 400MPa，采用理想弹塑性模型模拟。坝体下卧基岩采用线弹性模型，密度 ρ 为 2600kg/m^3，弹性模量 E 为 10GPa，泊松比 ν 为 0.25。混凝土旋转裂缝模型参数见表 5.3，受压时应力应变关系假定为线弹性。

表 5.4　堆石料广义塑性模型参数

G_0	K_0	M_g	M_f	α_f	α_g	H_0	H_{U0}	m_s	m_v	m_l	m_u	r_d	γ_{DM}	γ_u	β_0	β_1
1000	1400	1.8	1.38	0.45	0.4	1800	3000	0.5	0.5	0.2	0.2	180	50	4	35	0.022

5.4.3　地震动输入

地震动输入采用《水工建筑物抗震设计规范》(DL 5073—2000)规范谱人工地震波(图 5.18),顺河向地震波峰值加速度为 0.3g,竖向地震峰值加速度取顺河峰值加速度的 2/3。

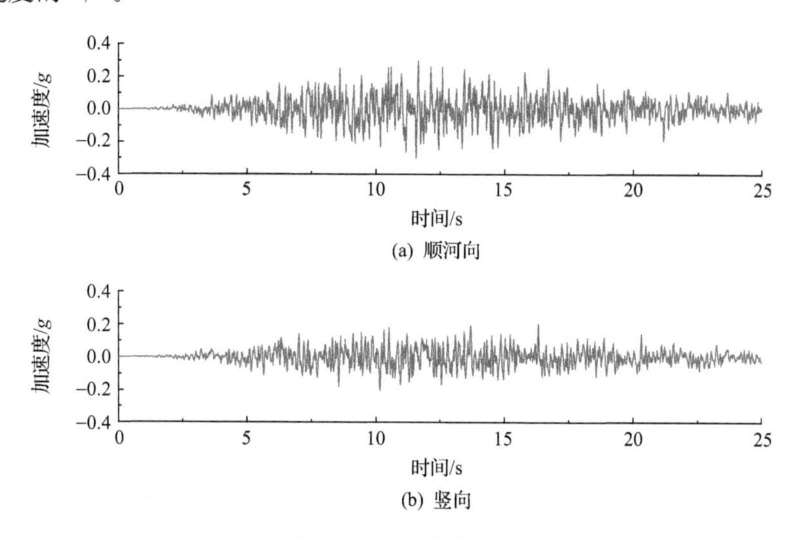

图 5.18　地震动输入

5.4.4　钢筋混凝土面板动力响应分析

图 5.19 给出 9.711～9.821s 的地震过程中,沿坝高 0.5－1H(H 为坝高)范围内面板开裂应变的分布情况。

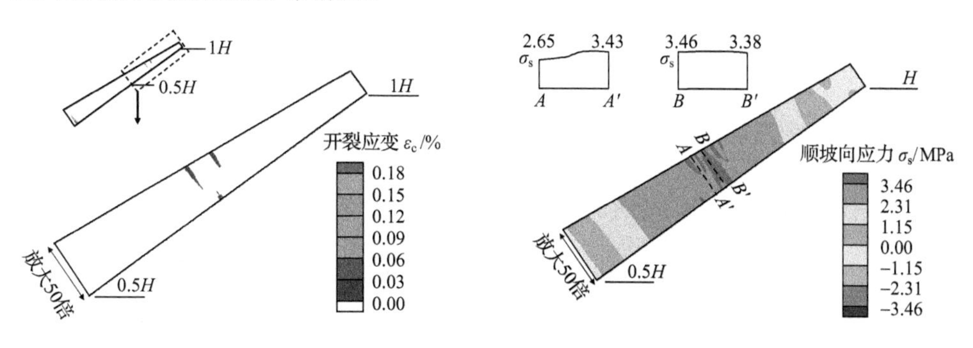

(a) T=9.711s

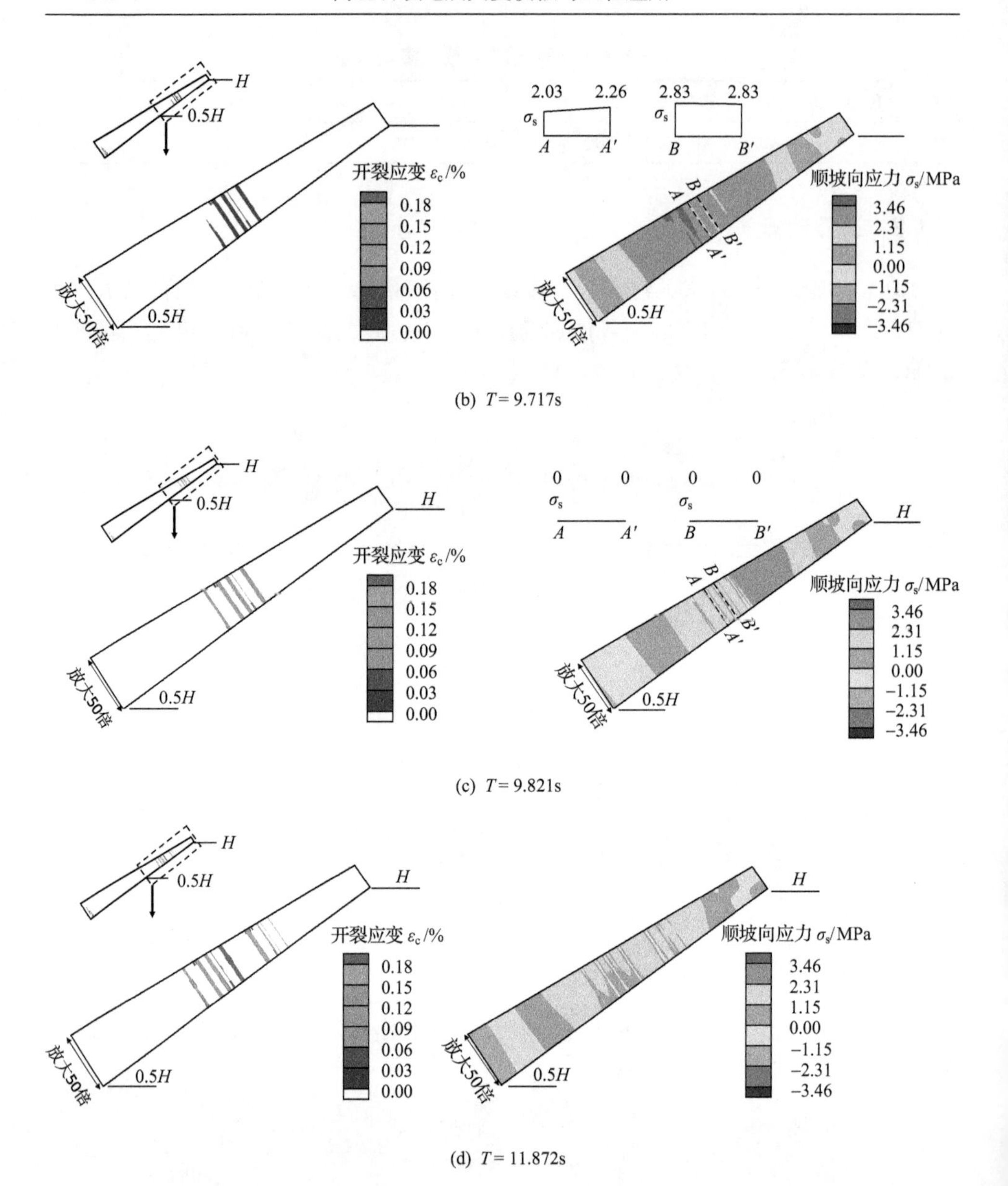

图 5.19　特征时刻面板内开裂应变及顺坡向应力分布(拉为正)

可以看出,在 9.711s 时刻,沿面板 $0.7H$ 附近承受了超过混凝土抗拉强度(3.48MPa)的拉应力作用(A—A'截面),面板中上部出现开裂应变。此时坝顶出现指向下游变形,堆石体的变形通过接触面传递给面板指向坝顶的摩擦力[图 5.20(a)],将垫层对面板的摩擦力在面板内引起的应力记为 σ^f,图 5.20(b)给出 σ^f 沿坝高的分布。可以看出,此时摩擦力将在 A—A'截面($0.7H$)附近面板截面内引起 3.3MPa 左右的拉应力，占该截面平均拉应力的 97%以上。当应力超过混凝土抗拉强度(3.48MPa)时，开裂混凝土将进入应力应变关系软化段，抗拉强度降低。

此后，面板 $A—A'$ 截面靠近堆石侧的拉应力不断增加，并以贯通面板的趋势发展(T=9.717s)，开裂应变幅值不断增大(T=9.821s)，开裂混凝土的抗拉能力逐渐降低。由上述分析可以看出，面板开裂破坏发生时间较短(0.2s 以内)，且开裂应变超过混凝土的极限拉伸应变时，开裂混凝土将丧失大部分承载力，面板出现明显的脆性断裂特性。

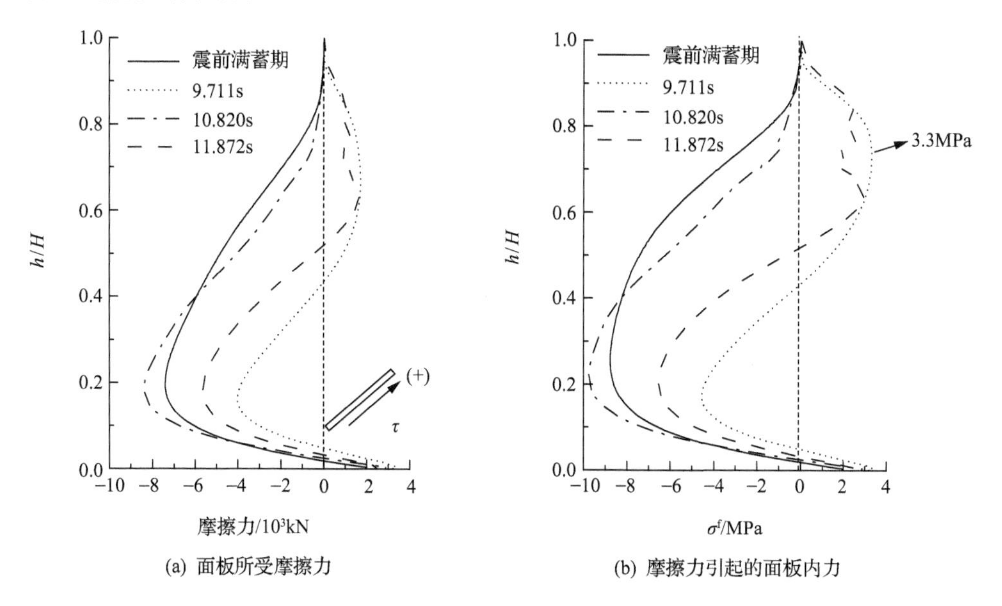

图 5.20　面板所受摩擦力及其引起的内力 σ^f 沿坝高分布(拉为正)

综上所述，地震作用下堆石体变形和面板的相对变形使面板受到垫层的摩擦力作用，这是导致面板中上部出现拉应力的主要原因。拉应力过大会导致面板出现贯穿性裂缝，当运行水位较高时，库水会流入裂隙腐蚀内部介质、锈蚀钢筋。

地震过程中，面板在 T=10.820s 时刻承受指向坝底的摩擦力作用[图 5.20(a)]，面板内出现压应力，裂缝闭合。在 T=11.872s，面板内裂缝再次受堆石体较大的指向下游的变形而张开，且扩展至 0.65—0.85H[图 5.19(d)]，最大开裂应变值达到 0.18%，远超过混凝土的极限拉应变 ε_{tu}(0.06%)，开裂混凝土丧失大部分抗拉承载力。

Lepech 和 Li(2005)的研究指出，当普通钢筋混凝土结构的裂缝宽度大于 0.1mm 时，渗透性急剧增大，因此将等效裂缝宽度 ω>0.1mm 时的裂缝定义为有害裂缝。图 5.21 给出普通面板内有害裂缝的分布情况，可以看出，面板内分布 9

条贯穿性有害裂缝，水流可能会通过裂缝流入堆石体内，影响面板甚至整个坝体的抗震安全。

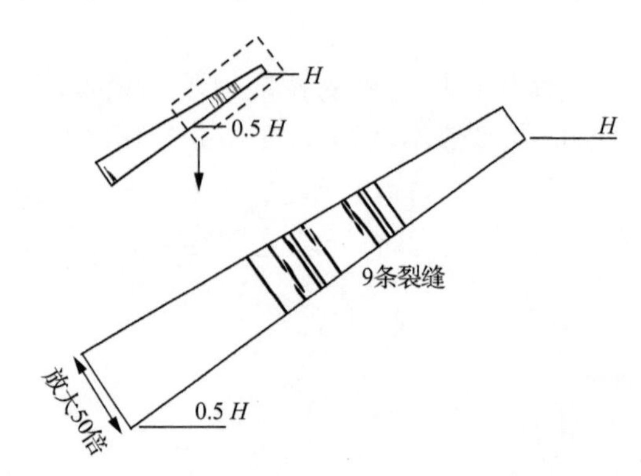

图 5.21 普通钢筋混凝土面板内有害裂缝的分布

5.5 面板损伤细观不均匀性分析

目前对面板堆石坝分析时，面板基本被视为均质材料。但在细观层次上，由于混凝土骨料、孔隙等在基质中随机分布，其宏观力学特性具有较强的随机性。此外，施工过程中搅拌、运输、浇筑等因素，也导致面板不同位置的混凝土力学性能的差异。因此，有必要采用混凝土的损伤模型并考虑材料的不均匀性来描述面板的非线性性能，这对高面板堆石坝的抗震设计尤为重要。

国内外一些学者从混凝土的细观结构角度出发，利用细观力学研究方法并结合统计学理论进行相应的本构关系研究。Bažant 等(1990)假设材料为圆形颗粒组成，并考虑粒子分布的随机性，以模拟混凝土骨料的力学特性，提出了随机粒子模型，但模型中忽略了各粒子间的摩擦力与剪力；唐欣薇等(2013)基于颗粒元建立混凝土细观模型，通过混凝土动力弯曲试验，进行了率效应的研究；Tang(1997)基于微元强度的统计分布，用带有残余强度的弹脆性本构关系建立了反映材料非均匀性与变形非线性的弹性损伤模型，模型简单容易实现。Zhong 等(2011)用该模型模拟了拱坝的破坏模式，并与振动台试验进行了对比，结果得到很好的吻合。Tang 等(2010)基于细观损伤力学模型进行了 Koyna 大坝的模拟，模拟坝体破坏形式与实际一致。

作者课题组采用 Tang(1997)提出的带有残余强度的混凝土弹脆性细观本构模型，建立了面板堆石坝动力损伤的弹脆性细观分析方法。考虑面板由于施工及材料本身等因素引起的不均匀性，研究混凝土面板在地震荷载作用下的损伤过程和分布规律。

5.5.1　混凝土细观单元模型

由国内外大量的试验资料可知，混凝土是典型的非均匀材料，由于它是多项材料的复合物，加上施工工艺的影响，混凝土内部不可避免地存在大量的微裂纹、微孔洞等缺陷。这些缺陷使混凝土内部存在着强度不同的薄弱环节，并且这部分微元体的力学性质（强度、弹性模量等）也不能保持一致。

在数值模拟混凝土受力破坏过程时，为了描述其材料性质的非均匀性，混凝土面板经有限元离散后，认为各个细观单元的材料特性符合一种随机分布——Weibull分布（张娟霞，2006）。目前，Weibull分布被广泛应用于可靠性研究和断裂力学研究之中，它可以很好地反映材料特性分布的随机性，其概率密度函数为

$$f(x)=\frac{m}{x_0}\left(\frac{x}{x_0}\right)^{m-1}\mathrm{e}^{-(x/x_0)^m}\tag{5.86}$$

式中，m为材料的均质度，反映统计模型中参数的均匀程度，$m>0$，其中m值越大，表示微元体的力学性质分布越窄，材料越均匀，当m趋于无穷大时，则统计模型趋于理想的均匀分布；x为统计参数（弹性模量和抗拉强度）；x_0为统计参数的平均值。图5.22表示混凝土的概率密度值随x/x_0变化的曲线，由图5.22可以看出，随着m的增大，概率密度曲线趋近平均值，即随均质度增大，混凝土材料趋近均匀。

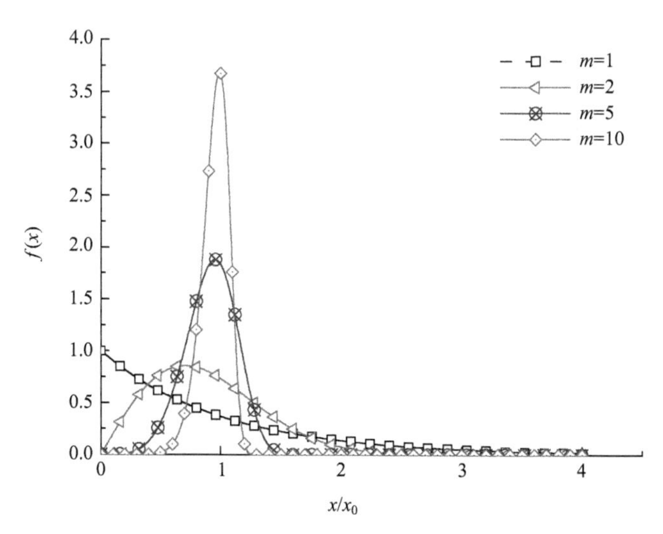

图5.22　Weibull分布概率密度曲线

数值分析时，将面板单元看作宏观上均匀、细观上不均匀的材料。由于单元尺寸较小，可以将面板离散后的单元作为一个总体样本空间，各个单元力学特性均符

合 Weibull 分布。通过取不同的均质度,来反映面板不均匀性的强弱。这种方法要求网格尺寸较小,保证面板内拥有足够的样本值,确保样本中包含单元材料所有的可能取值。图 5.23 表示在不同均质度时面板单元数与抗拉强度关系图。从图 5.23可以看出,随着均质度 m 值增大,靠近平均值强度的单元数目增多。图 5.24和图 5.25 分别表示 m 取不同值时,混凝土面板单元弹性模量和抗拉强度的分布图,其中颜色越深表示单元弹性模量(抗拉强度)越高。由于目前没有与面板混凝土材料随机分布的均质度试验相关的研究报道,故分别取材料均质度 m 为 2、5 和 10 进行敏感性的数值分析。

一般认为,混凝土类准脆性材料在受力时,应力应变关系表现出的非线性主要是损伤引起微裂纹和扩展造成材料性质不断弱化的结果,可以采用弹性损伤本构关系描述混凝土在细观层面上的力学性质。由损伤力学中应变等效原理可知

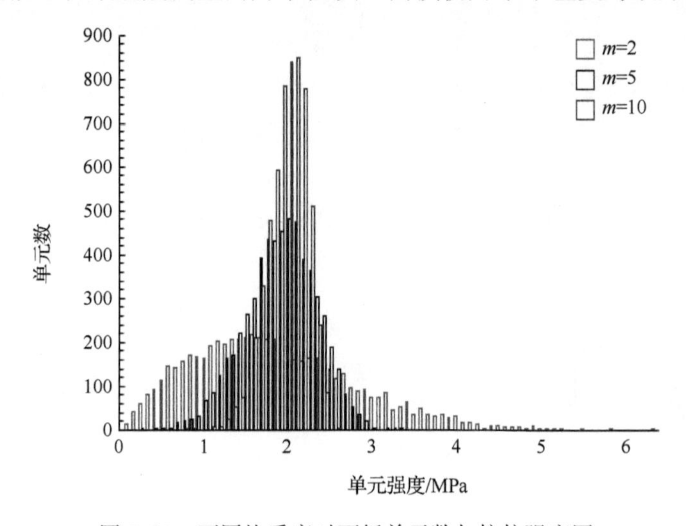

图 5.23　不同均质度时面板单元数与抗拉强度图

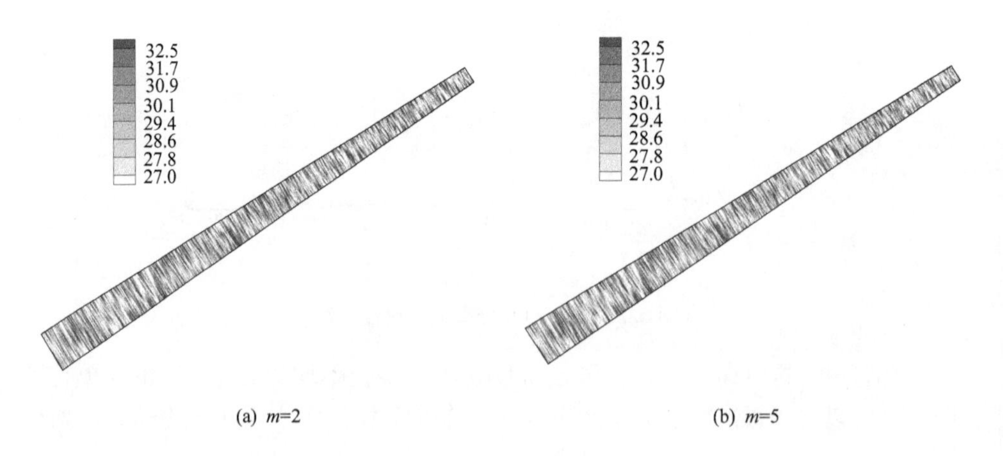

(a) m=2　　(b) m=5

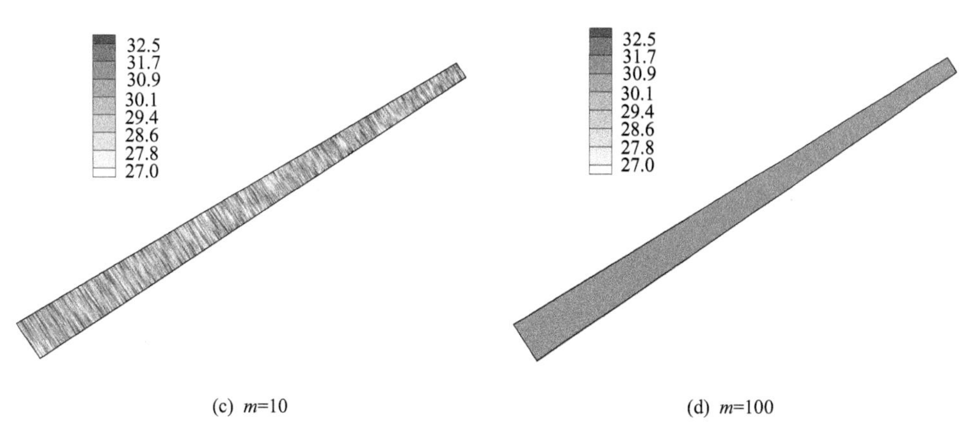

(c) m=10　　(d) m=100

图 5.24　不同均质度面板单元弹性模量分布图(单位:GPa)

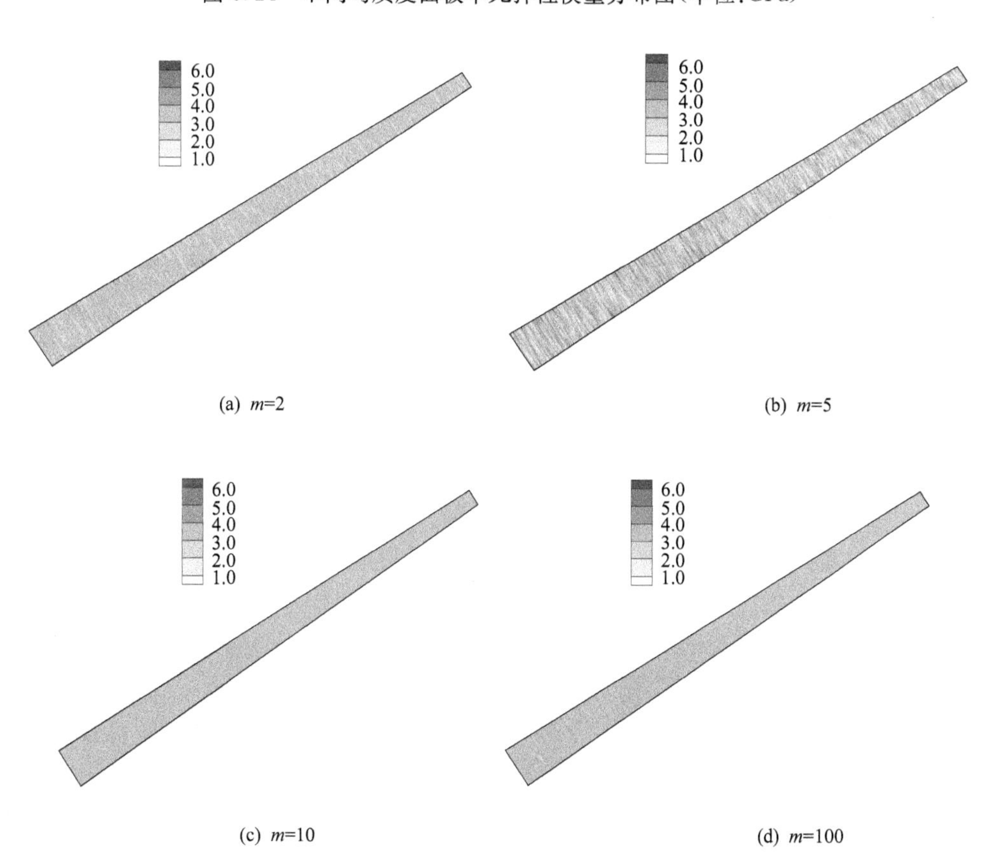

(a) m=2　　(b) m=5

(c) m=10　　(d) m=100

图 5.25　不同均质度面板单元抗拉强度分布图(单位:MPa)

$$\varepsilon=\frac{\sigma}{E_0}=\frac{\bar{\sigma}}{E_0}=\frac{\sigma}{(1-D)E_0} \tag{5.87}$$

式中，E_0 为初始弹性模量；D 为损伤变量，$D=0$ 时表示无损状态，$D=1$ 时表示完全损伤，宏观表现为出现裂纹，$0<D<1$ 时对应不同程度的损伤，一般认为 $D\geqslant 0.8$ 时出现严重损伤(Lee and Fenves，1998b)；σ 表示为名义应力；$\bar{\sigma}$ 为有效应力。

带有残余强度的弹脆性模型，在单轴受拉作用下，损伤演化方程为

$$D=\begin{cases}0, & \varepsilon\leqslant\varepsilon_{t0}\\ 1-\dfrac{\sigma_{rt}}{\varepsilon E_0}, & \varepsilon_{t0}\leqslant\varepsilon\leqslant\varepsilon_{ut}\\ 1, & \varepsilon\geqslant\varepsilon_{ut}\end{cases} \tag{5.88}$$

式中，σ_{rt} 为残余强度，$\sigma_{rt}=\lambda\sigma_t$，$\lambda$ 为残余强度系数；ε_{t0} 为初始损伤阀值，弹性极限所对应的拉伸应变；ε_{ut} 为极限拉伸应变，$\varepsilon_{ut}=\eta\varepsilon_{t0}$，$\eta$ 为应变系数。单轴拉伸的本构关系曲线如图 5.26 所示。

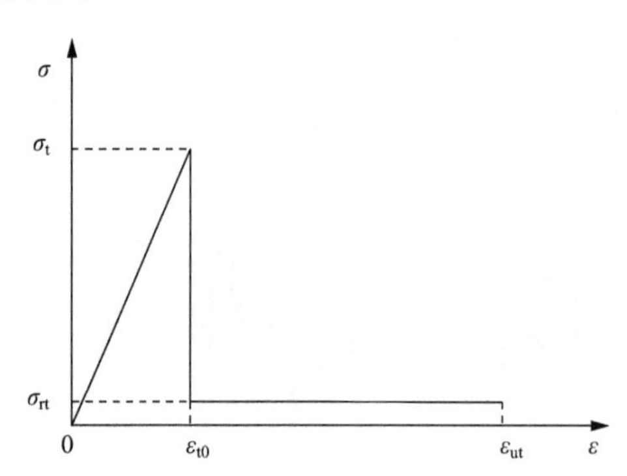

图 5.26　拉伸单元弹性损伤本构关系曲线

对于多轴受力条件下，假定损伤仍然是各向同性的，用等效应变 $\bar{\varepsilon}$ 代替 ε。$\bar{\varepsilon}=\sqrt{\langle\varepsilon_1\rangle^2+\langle\varepsilon_2\rangle^2+\langle\varepsilon_3\rangle^2}$，$\varepsilon_1$、$\varepsilon_2$、$\varepsilon_3$ 分别表示主应变。

当细观单元受力满足 Mohr-Coulomb 准则时，将发生剪切损伤，因此，单元可能同时出现拉损伤和剪切损伤。混凝土的抗拉强度远低于抗压强度，而且混凝土面板在动力荷载作用时主要是受拉产生裂缝，因此，对于面板堆石坝面板的计算未考虑剪切损伤，假定混凝土也不会产生压碎破坏，对于受压情况，仍采用线弹性模型。

5.5.2　考虑面板不均性动力损伤分析

1. 有限元模型

采用二维混凝土面板堆石坝作为有限元计算模型。坝高取200m，上游坝坡为1∶1.4，下游坝坡为1∶1.5，大坝分34层进行填筑，面板分三期浇筑（分期面板顶高程分别为60m、130m和200m）。正常蓄水位为190m，二期面板浇筑完后开始蓄水。

混凝土面板有限元网格如图5.27所示，面板、垫层和过渡层网格被局部加密如图5.28所示。面板网格沿法线方向分20层，单元尺寸最大值为5cm，以便于研究面板损伤的发展过程。面板单元采用四边形等参单元，面板与垫层间接触面、周边缝采用4节点Goodman界面单元。模型共有37989个单元和37550个节点，其中面板共有24000个单元。

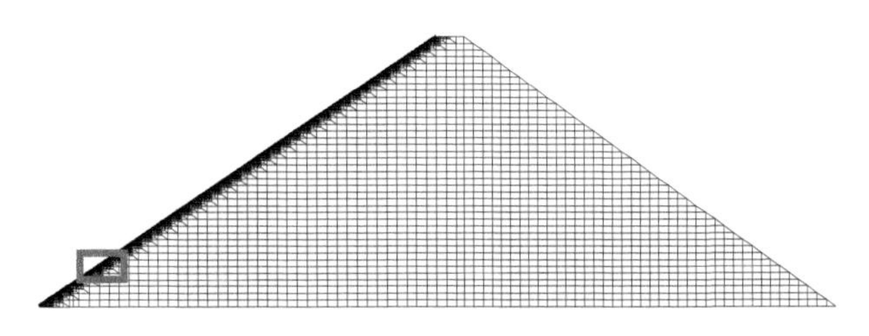

图5.27　混凝土面板堆石坝有限元模型

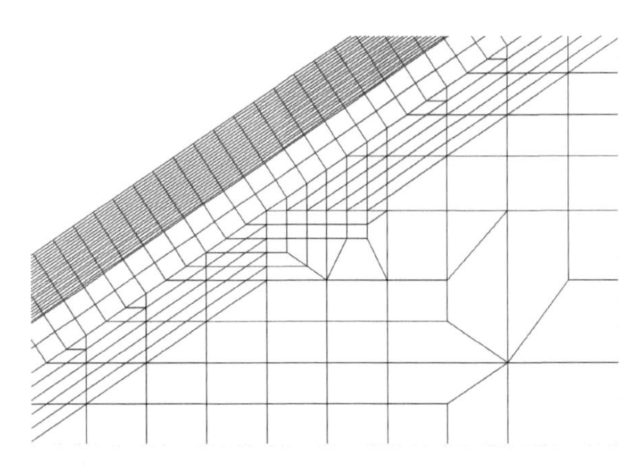

图5.28　面板和过渡层局部放大图

2. 计算参数

堆石料广义塑性模型参数如表5.4所示，面板与垫层间的接触面采用广义塑性接触面模型，计算参数如表 3.2 所示，面板混凝土标号为 C30，这里主要考虑弹性模量、抗拉强度的不均匀性，表 5.5 给出了材料参数的平均值。

表 5.5 混凝土面板的参数

细观单元参数						不均匀度参数		
$\rho/(\mathrm{kg/m^3})$	E/MPa	ν	f_t/MPa	λ	η	m_1	m_2	m_3
2400	31	0.18	3.48	0.05	10	2	5	10

3. 地震动的输入

动力计算地震动的输入根据《水工建筑物抗震设计规范》(DL 5073—2000)规范谱合成人工地震波，地震波时程曲线如图 5.29 所示。顺河向地震波峰值加速度为 $0.3g$，竖直向峰值加速度取顺河向峰值加速度的 2/3。

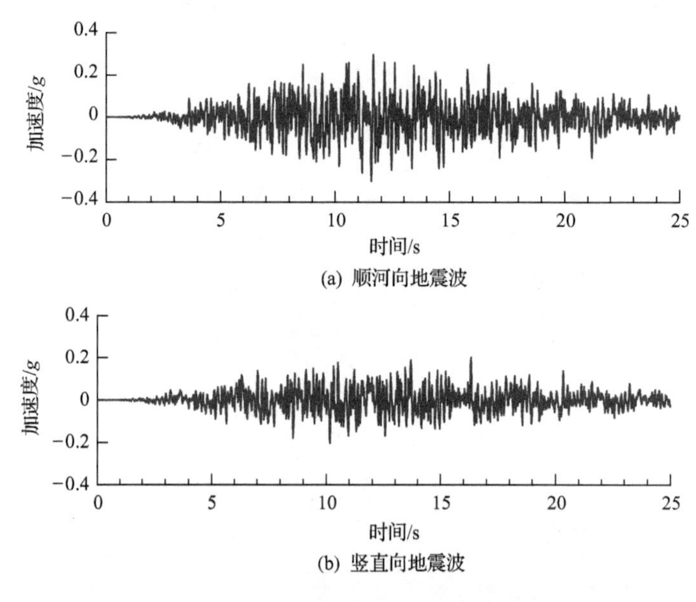

(a) 顺河向地震波

(b) 竖直向地震波

图 5.29 地震加速度时程曲线

4. 计算结果分析

当面板为均匀材料时(均质度 m 取无穷大)，采用弹脆性损伤模型和线弹性模型计算的面板中间层单元顺坡向拉应力包络线随面板高度变化如图 5.30 所示。计算结果表明，采用线弹性模型计算得到的面板顺坡向拉应力在 $0.65H \sim 0.85H$(H 表示坝高)范围内超过了混凝土的抗拉强度；弹脆性损伤模型则反映了混凝土超过抗拉强度的损伤特性，顺坡向拉应力最大值小于混凝土抗拉强度，计算结果更为合理。上述两种方法计算结果均表明，当考虑面板作为均匀材料，在地震荷载作用下，面板在 $0.65H \sim 0.85H$ 范围内的顺坡向拉应力较大，此区域为损伤发生的重点区域。

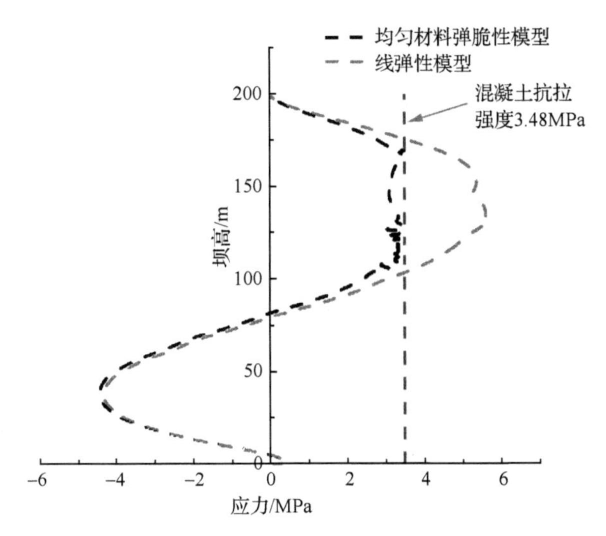

图 5.30　不同模型计算的面板顺坡向应力

当考虑混凝土的不均匀性时，为了消除随机分布函数取值造成计算结果的偶然性，均质度 m 分别取 2、5 和 10，各计算 30 个算例，并对每种工况条件下的算例结果进行分析。以 $m=2$ 为例，10 组地震结束时的面板损伤分布如图 5.31 所示，面板单元满足相同的随机分布时，损伤过程虽不完全相同，但面板整体损伤部位和损伤程度却大致相同。损伤主要发生在 $0.4H \sim 0.9H$ 坝高范围内。

图 5.32 为 $m=2$ 时典型的面板损伤随时间发展过程。可以看出，地震过程中面板在 $0.8H$ 坝高附近范围处先发生损伤，之后逐渐向中下部扩展。

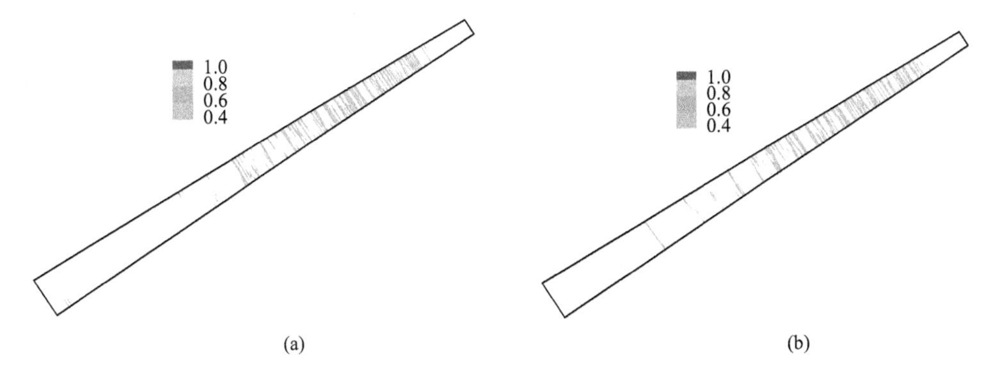

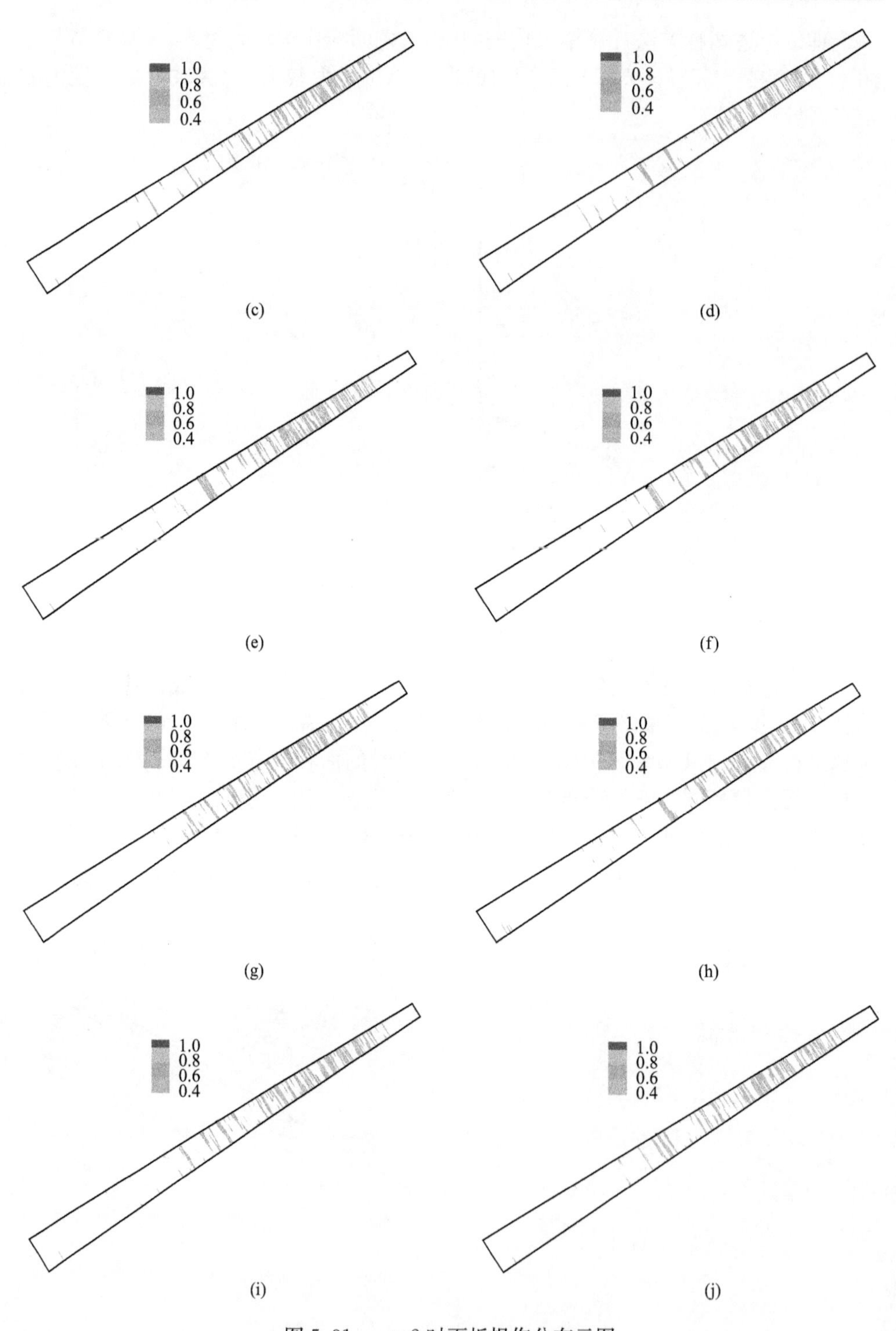

(c)　(d)　(e)　(f)　(g)　(h)　(i)　(j)

图 5.31　$m=2$ 时面板损伤分布云图

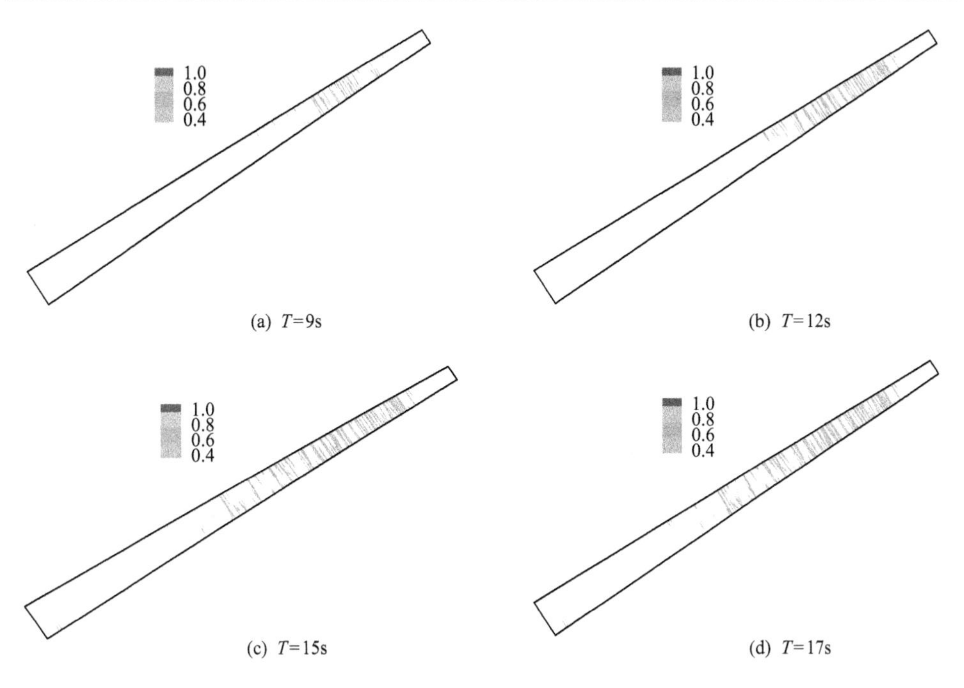

(a) T=9s　(b) T=12s

(c) T=15s　(d) T=17s

图 5.32　面板损伤发展过程

图 5.33 显示了均质度 m 取不同值时面板在地震结束时的损伤分布。由图 5.33

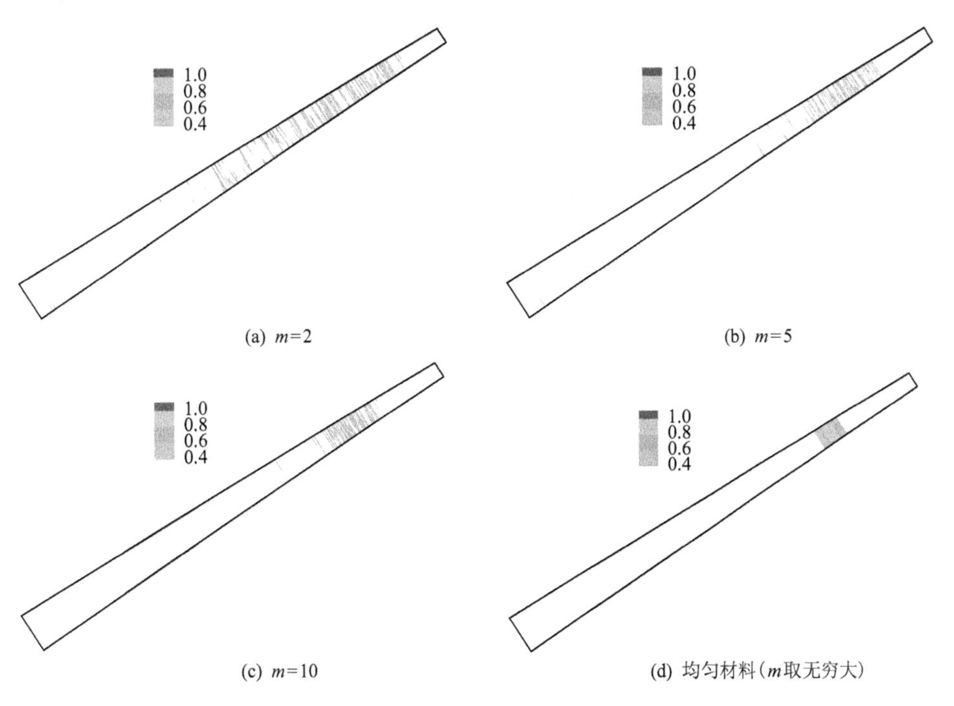

(a) m=2　(b) m=5

(c) m=10　(d) 均匀材料(m取无穷大)

图 5.33　不同均质度时面板损伤

可知，均质度越小，面板上出现损伤的部位越趋于分散，其原因主要是均质度越小，材料不均匀性越大，面板中受力薄弱环节越多，损伤范围较大且较为分散。而随着均质度的增大，材料特性趋向于均匀材料，各单元抗拉强度接近，达到混凝土抗拉强度的单元较为集中，出现损伤的部位主要在拉应力较大的部位。

研究结果表明，当面板材料较为均匀时，坝高在 0.65H 以上的面板在地震时容易发生损伤；当面板材料均质度较小时，地震可能导致面板损伤的范围较大，应引起注意。

5.6 结　论

(1) 根据混凝土塑性-损伤本构关系及其应力更新算法，率先将混凝土塑性损伤本构模型引入高面板堆石坝数值分析中，并通过室内试验和实际震害验证了该分析方法的精度。塑性损伤分析方法可以通过损伤变量了解其损伤分布和薄弱环节，计算结果比通常采用的线弹性模型更为合理，使从防渗体损伤角度评价高面板坝极限抗震能力成为可能。

(2) 基于共轴旋转裂缝理念，引入不同材料的应力应变关系，提出既可以模拟准脆性材料(混凝土)的软化特性，又可以模拟 UHTCC 应变硬化特性的分析方法，并验证了该分析方法的准确性。用该方法模拟在地震荷载作用下 200m 级钢筋混凝土面板坝的面板裂缝发生和发展过程，模拟结果表明，强震时面板堆石坝的防渗面板中上部可能产生贯穿性宏观裂缝，超过混凝土结构规范规定的最大裂缝宽度限制(0.1mm)，对大坝抗震安全十分不利。

(3) 引入钢纤维混凝土的应力应变关系，发展了钢纤维混凝土塑性损伤模型，提出纤维混凝土面板堆石坝弹塑性动力分析方法，为面板坝面板抗震措施定量分析提供了理论和技术支撑。

(4) 对不同均质度造成的材料参数随机性进行敏感性分析，结果表明，在地震动荷载作用下，面板混凝土材料均匀度越小，面板发生损伤的部位越趋于分散，出现损伤的范围变大。因此，考虑施工过程导致的面板不均匀性时，可适当增大面板抗震设计区域。

参考文献

黄承逵. 2004. 纤维混凝土结构. 北京：机械工业出版社.

姜庆远，叶燕春，刘宗仁. 2008. 弥散裂缝模型的应用探讨. 土木工程学报，41(2)：81-85.

孔宪京. 2015. 混凝土面板堆石坝抗震性能. 北京：科学出版社.

孔宪京，邹德高. 2014. 紫坪铺面板堆石坝震害分析与数值模拟. 北京：科学出版社.

孔宪京，邹德高，徐斌，等. 2013. 紫坪埔面板堆石坝三维有限元弹塑性分析. 水力发电学报，32(2)：213-222.

潘坚文. 2010 高混凝土坝静动力非线性断裂与地基辐射阻尼模拟研究. 北京：清华大学博士学位论文.

唐欣薇，周元德，张楚汉. 2013. 基于细观损伤力学模型的混凝土坝抗震分析. 水力发电学报，32(2)：195-200.

张楚汉，金峰，侯艳丽，等. 2008. 岩石和混凝土离散-接触-断裂分析. 北京：清华大学出版社.

张娟霞. 2006. 混凝土结构破坏机理的数值试验研究. 沈阳：东北大学博士学位论文.

Bažant Z P, Oh B H. 1983. Crack band theory for fracture of concrete. Matériaux et Construction, 16(3): 155-177.

Bažant Z P, Tabbara M R, Kazemi M T, et al. 1990. Random particle model for fracture of aggregate or fiber composites. Journal of Engineering Mechanics, 116(8): 1686-1705.

Bayramov F, Ilki A, Tasdemir C, et al. 2004. An optimum design of steel fiber reinforced concretes under cyclic loading, FraMCos, 5: 12-16.

Campione G, Miraglia N, Papia M. 2001. Mechanical properties of steel fibre reinforced lightweight concrete with pumice stone or expanded clay aggregates. Materials and Structures, 34(4): 201-210.

Cope R, Rao P, Clark L, et al. 1980. Modelling of reinforced concrete behaviour for finite element analysis of bridge slabs. Numerical Methods for Nonlinear Problems. Swansea: Pineridge Press: 457-470.

Ezeldin A S, Balaguru P N. 1992. Normal-and high-strength fiber-reinforced concrete under compression. Journal of Materials in Civil Engineering, 4(4): 415-429.

Gopalaratnam V S, Shah S P. 1985. Softening response of plain concrete in direct tension. ACI Materials Journal, 82(3): 310-323.

Han T S, Feenstra P H, Billington S L. 2003. Simulation of highly ductile fiber-reinforced cement-based composite components under cyclic loading. ACI Structural Journal, 100(6): 749-757.

Hillerborg A, Modeer M, Petersson P E. 1976. Analysis of crack formation and crack growth in concrete by means of fracture mechanics and finite elements. Cement and Concrete Research, 6(6): 733-782.

Karsan I D, Jirsa J O. 1969. Behavior of concrete under compressive loading. Journal of the Structural Division, 95(12): 2535-2563.

Kesner K E, Billington S L. 2001. Investigation of ductile cement-based composites for seismic strengthening and retrofit//de Bost et al Fractural Mechanics of Concrete Structures. Rotterdam: AA Balkema: 65-72.

Lee J, Fenves L G. 1998a. Plastic-damage model for cyclic loading of concrete structures. Journal of Engineering Mechanics, 124(3): 892-900.

Lee J, Fenves L G. 1998b. A plastic-damage concrete model for earthquake analysis of dams. Earthquake Engineering and Structural Dynamics, 27(9): 937-956.

Lepech M, Li V C. 2005. Durability and long term performance of engineered cementitious composites//Proceedings of the International Workshop on HPFRCC in Structural Applications: 23-26.

Liu J M, Zou D G, Kong X J. 2014. A three-dimensional state-dependent model of soil-structure interface for monotonic and cyclic loadings. Computers and Geotechnics, 61(61): 166-177.

Lubliner J, Oliver J, Oller S, et al. 1989. A plastic-damage model for concrete. International Journal of Solids and Structures, 25(3): 299-326.

Maidl B. 1991. Stahlfaserbeton. Berlin: Ernst & Sohn Verlag für Architektur und Technische Wissenschaften

Rashid Y. 1968. Ultimate strength analysis of prestressed concrete pressure vessels. Nuclear Engineering and Design, 7(4): 334-344.

Tang C A. 1997. Numerical simulation of progressive rock failure and associated seismicity. International Journal of Rock Mechanics and Mining Sciences, 34(2): 249-261.

Tang X W, Zhou Y D, Zhang C H, et al. 2010. Study on the heterogeneity of concrete and its failure behavior using the equivalent probabilistic model. Journal of Materials in Civil Engineering, 23(4): 402-413.

Vorel J, Boshoff W P. 2014. Numerical simulation of ductile fiber-reinforced cement-based composite. Journal of Computational and Applied Mathematics, 270: 433-442.

Xu B, Zou D G, Liu H B. 2012. Three-dimensional simulation of the construction process of the Zipingpu concrete face rockfill dam based on a generalized plasticity model. Computers and Geotechnics, 43(6): 143-154.

Xu B, Zou D G, Kong X J. 2015. Dynamic damage evaluation on the slabs of the concrete faced rockfill dam with the plastic-damage model. Computers and Geotechnics, 65: 258-265.

Zhong H, Lin G, Li X Y, et al. 2011. Seismic failure modeling of concrete dams considering heterogeneity of concrete. Soil Dynamics and Earthquake Engineering, 31(12): 1678-1689.

Zou D G, Xu B, Kong X J, et al. 2013. Numerical simulation of the seismic response of the Zipingpu concrete face rockfill dam during the Wenchuan earthquake based on a generalized plasticity model. Computers and Geotechnics, 49(4): 111-122.

第6章　高土石坝-河谷-地基动力相互作用分析

地震动输入是大坝抗震安全性评价的重要前提(陈厚群,2006),也是土石坝动力计算中尚未解决的关键问题之一。地震波从产生到作用于坝体上要经历一个传播过程,传播过程中建基面上各点的加速度不同。目前,土石坝动力有限元计算中采用的地震动输入方式主要是均匀一致的输入方式,即直接在坝体上施加惯性力,这就等价于整个河谷成为一个刚性的振动台,建基面上各点的位移过程都相同。对于高土石坝而言,由于其尺寸和跨度很大,地震动输入的非一致性是很明显的,均匀一致输入的简化处理显得过于粗略。此外,地震的随机性、地壳结构的复杂性会导致地震波传播到坝体结构时的入射波类型及角度存在一定的不确定性,当震源距离场地较近时,地震波并不总是垂直向上入射的(Takahiro,2000)。高土石坝-河谷-地基系统实为一个能量开放的系统,河谷、地基与坝体之间存在着不同程度的相互作用,同时外行的散射能量会向无限地基辐射。这些因素会导致坝体边界处各点的反应幅值及相位存在差异,地震波动效应的影响可能更加显著。因此,为了对高土石坝的地震安全性作出更准确的评估,有必要采用非一致地震波动输入方式进行动力计算,并考虑不同类型体波的入射方向。

基于以上问题,作者课题组通过集成黏弹性人工边界和等效节点荷载的技术,实现了高土石坝-河谷-地基系统能量开放的动力相互作用分析方法,并系统地分析了地震动输入方法、地震波类型和入射方向对高土石坝动力响应的影响。

6.1　非一致地震波动输入方法

土石坝抗震分析一般采用刚性边界模型,假定边界处各点的地震加速度相同,利用施加惯性力来实现地震动输入,这种传统的地震动输入方法可称为均匀一致输入方法。该方法采用的是一个能量封闭的系统,在地震过程中,外行散射波无法透过边界,边界上的反射波继续影响坝体,不能考虑无限地基的辐射阻尼作用。此外,随着坝体高度的增加,坝基的尺寸也随之增大,地震波动使大坝底部各点的振动存在着较大的差异,行波效应的作用明显增强。因此,传统的均匀一致输入方法存在一定的局限性,很难真实地反映出高土石坝的地震响应规律。

针对传统均匀一致输入方法存在的局限性,当今学术界涌现出较多的人工边界和相应的地震波动输入方法。人工边界的本质在于允许来自广义结构的外行散射波透过人工边界进入无限域。近三十年来,国内外学者对人工边界开展了深入的研究，提出了不同形式的局部人工边界，包括 Sommerfeld 边界（Sommerfeld，1964）、黏性人工边界（Lysmer and Kulemeyer，1969）、叠加边界（Smith，1974）、Clayton-Engquist 边界（Clayton and Engquist，1977）、黏弹性人工边界（Deeks and Randolph，1994；刘晶波和吕彦东，1998）、透射人工边界（廖振鹏等，1984）等，并已在拱坝（刘云贺等，2006）、均质土石坝（窦兴旺等，2000；邹德高等，2008）、地下结构（杜修力等，2007；马行东和李海波，2007；刘晶波等，2009）、斜拉桥（李炜和丁海平，2009）等大型建筑物的动力反应分析中有所应用。

6.1.1 黏弹性人工边界及黏弹性人工边界单元

作者课题组采用了物理概念清晰、应用方便、易于实现的黏弹性人工边界（刘晶波等，2005），三维集中黏弹性人工边界（图 6.1）的单元弹簧和阻尼系数分别为

$$K = \alpha \frac{G}{r} \sum_{i=1}^{I} A_i \tag{6.1}$$

$$C = \rho c \sum_{i=1}^{I} A_i \tag{6.2}$$

式中，G 为边界处材料的剪切刚度；ρ 为质量密度；r 为散射源到人工边界节点的距离；在计算法向边界物理元件系数时，c 为 P 波波速，在计算切向边界物理元件系数时，c 为 S 波波速；参数 α 为不同方向边界的边界参数；$\sum_{i=1}^{I} A_i$ 为边界节点代表的面积。

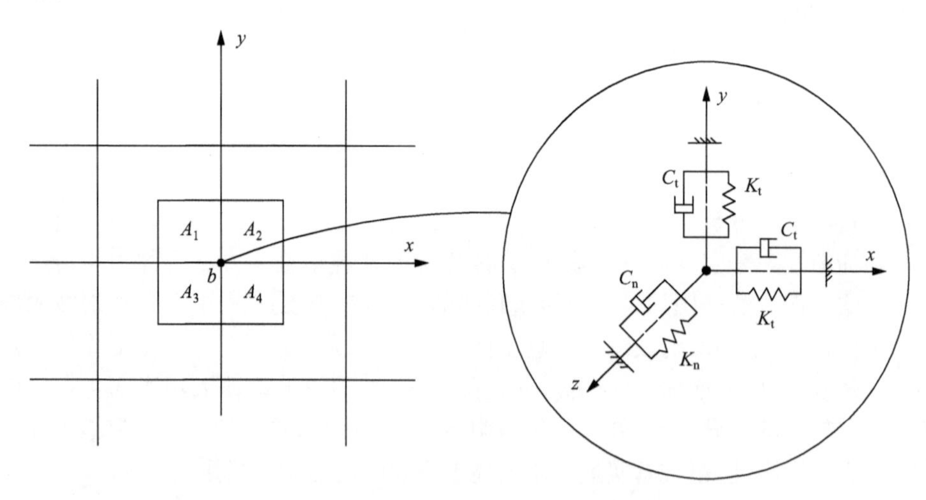

图 6.1 三维集中黏弹性人工边界示意图

作者课题组在自主研发的大型岩土工程静、动力分析软件 GEODYNA 平台

上，开发了黏弹性人工边界单元(具有弹簧和阻尼器的界面单元，如图 6.2 所示，k_n、k_t 分别为单位面积上法向、切向的弹簧系数，c_n、c_t分别为单位面积上法向、切向的阻尼系数)替代集中黏弹性人工边界，在三维模型中，集中黏弹性人工边界需要在切向和法向上设置三个单元，而黏弹性人工边界单元只需一个单元即可实现，且适应复杂边界形状，使模型的创建更加快捷。

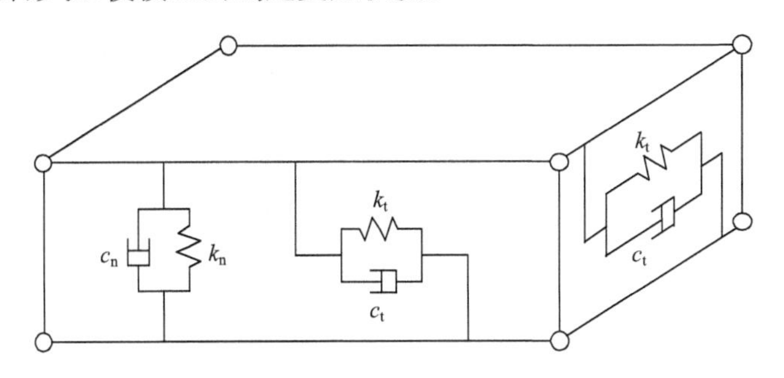

图 6.2　黏弹性人工边界单元

考虑到部分土石坝直接修建于覆盖层上，覆盖层土体具有明显的动力非线性特性，作者课题组在上述黏弹性人工边界的基础上，结合土体等效线性模型的模量衰减曲线，开发了依附于土体单元的非线性黏弹性人工边界单元(王振宇和刘晶波，2004；卢华喜等，2008)，将相邻土体单元的动力参数自动传递至人工边界单元并计算其参数，以使其具有较好的吸收效果，如图 6.3 所示。

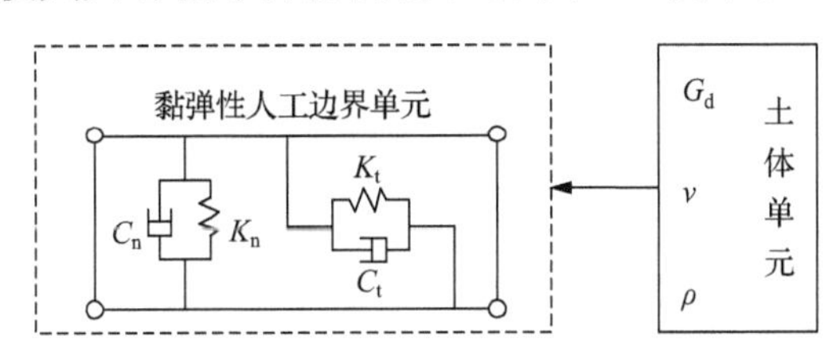

图 6.3　非线性黏性人工边界单元

6.1.2　等效节点荷载

非一致地震波动输入是通过黏弹性人工边界和等效节点荷载(刘晶波和吕彦东，1998)共同实现的，等效节点荷载的计算表达式为

$$\boldsymbol{F}_b = \boldsymbol{R}_b^{ef} + \boldsymbol{C}_b \dot{\boldsymbol{u}}_b^{ef} + \boldsymbol{K}_b \boldsymbol{u}_b^{ef} \tag{6.3}$$

式中，$\boldsymbol{u}_b^{ef}$、$\dot{\boldsymbol{u}}_b^{ef}$、$\boldsymbol{R}_b^{ef}$ 分别是由自由波场在系统边界节点上引起的位移向量、速度向量和相应的力向量；$\boldsymbol{K}_b$ 和 $\boldsymbol{C}_b$ 分别为黏弹性人工边界对边界单元刚度和阻尼的附加作用矩阵；$\boldsymbol{F}_b$ 是在边界节点上施加的等效节点荷载向量。

推导过程可采用如图 6.4 所示的计算模型(李建波等，2005)，图中 o 表示结构与地基的接触部分,b 表示系统边界,即近场地基的外边界,d 表示结构除去 o 的部分,m 表示地基除去 o 和 b 的部分。

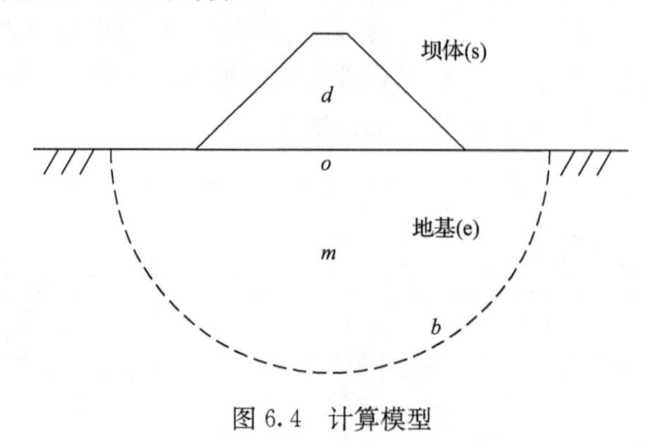

图 6.4 计算模型

地震激励下,将结构-地基动态相互作用系统看成一个完整体系,其动力平衡方程(李建波等,2005)为

$$\begin{bmatrix} \boldsymbol{M}_{\mathrm{II}} & \boldsymbol{M}_{\mathrm{Ib}} \\ \boldsymbol{M}_{\mathrm{Ib}}^{\mathrm{T}} & \boldsymbol{M}_{\mathrm{bb}} \end{bmatrix} \begin{Bmatrix} \ddot{\boldsymbol{u}}_{\mathrm{I}} \\ \ddot{\boldsymbol{u}}_{\mathrm{b}}^{\mathrm{e}} \end{Bmatrix} + \begin{bmatrix} \boldsymbol{C}_{\mathrm{II}} & \boldsymbol{C}_{\mathrm{Ib}} \\ \boldsymbol{C}_{\mathrm{Ib}}^{\mathrm{T}} & \boldsymbol{C}_{\mathrm{bb}} \end{bmatrix} \begin{Bmatrix} \dot{\boldsymbol{u}}_{\mathrm{I}} \\ \dot{\boldsymbol{u}}_{\mathrm{b}}^{\mathrm{e}} \end{Bmatrix} + \begin{bmatrix} \boldsymbol{K}_{\mathrm{II}} & \boldsymbol{K}_{\mathrm{Ib}} \\ \boldsymbol{K}_{\mathrm{Ib}}^{\mathrm{T}} & \boldsymbol{K}_{\mathrm{bb}} \end{bmatrix} \begin{Bmatrix} \boldsymbol{u}_{\mathrm{I}} \\ \boldsymbol{u}_{\mathrm{b}}^{\mathrm{e}} \end{Bmatrix} = \begin{Bmatrix} \boldsymbol{0} \\ \boldsymbol{R}_{\mathrm{b}}^{\mathrm{e}} \end{Bmatrix} \tag{6.4}$$

式中, 下标 I 表示结构和近场地基系统内部;$\boldsymbol{R}_{\mathrm{b}}^{\mathrm{e}}$ 为远场地基与系统之间的相互作用力,它包含了入射波、反射波和散射波的共同作用。$\boldsymbol{M}_{\mathrm{II}}$、$\boldsymbol{M}_{\mathrm{Ib}}$和 $\boldsymbol{u}_{\mathrm{I}}$ 的具体表达见式(6.5),其他量的表达与此相似。

$$\boldsymbol{M}_{\mathrm{II}} = \begin{bmatrix} \boldsymbol{M}_{\mathrm{dd}}^{\mathrm{s}} & \boldsymbol{M}_{\mathrm{do}}^{\mathrm{s}} & \boldsymbol{0} \\ \boldsymbol{M}_{\mathrm{od}}^{\mathrm{s}} & \boldsymbol{M}_{\mathrm{oo}}^{\mathrm{s}} + \boldsymbol{M}_{\mathrm{oo}}^{\mathrm{e}} & \boldsymbol{M}_{\mathrm{om}}^{\mathrm{e}} \\ \boldsymbol{0} & \boldsymbol{M}_{\mathrm{mo}}^{\mathrm{e}} & \boldsymbol{M}_{\mathrm{mm}}^{\mathrm{e}} \end{bmatrix}, \quad \boldsymbol{M}_{\mathrm{Ib}} = \begin{bmatrix} \boldsymbol{0} \\ \boldsymbol{0} \\ \boldsymbol{M}_{\mathrm{mb}}^{\mathrm{e}} \end{bmatrix}, \quad \boldsymbol{u}_{\mathrm{I}} = \begin{bmatrix} \boldsymbol{u}_{\mathrm{d}}^{\mathrm{s}} \\ \boldsymbol{u}_{\mathrm{o}} \\ \boldsymbol{u}_{\mathrm{m}}^{\mathrm{e}} \end{bmatrix} \tag{6.5}$$

当采用集中黏弹性人工边界模型来研究上述问题时,其计算模型如图 6.5 所示,此时系统的动力平衡方程为

$$\begin{bmatrix} \boldsymbol{M}_{\mathrm{II}} & \boldsymbol{M}_{\mathrm{Ib}} \\ \boldsymbol{M}_{\mathrm{bI}} & \boldsymbol{M}_{\mathrm{bb}} \end{bmatrix} \begin{Bmatrix} \ddot{\boldsymbol{u}}_{\mathrm{I}} \\ \ddot{\boldsymbol{u}}_{\mathrm{b}}^{\mathrm{e}} \end{Bmatrix} + \begin{bmatrix} \boldsymbol{C}_{\mathrm{II}} & \boldsymbol{C}_{\mathrm{Ib}} \\ \boldsymbol{C}_{\mathrm{bI}} & \boldsymbol{C}_{\mathrm{bb}} + \boldsymbol{C}_{\mathrm{b}} \end{bmatrix} \begin{Bmatrix} \dot{\boldsymbol{u}}_{\mathrm{I}} \\ \dot{\boldsymbol{u}}_{\mathrm{b}}^{\mathrm{e}} \end{Bmatrix} + \begin{bmatrix} \boldsymbol{K}_{\mathrm{II}} & \boldsymbol{K}_{\mathrm{Ib}} \\ \boldsymbol{K}_{\mathrm{bI}} & \boldsymbol{K}_{\mathrm{bb}} + \boldsymbol{K}_{\mathrm{b}} \end{bmatrix} \begin{Bmatrix} \boldsymbol{u}_{\mathrm{I}} \\ \boldsymbol{u}_{\mathrm{b}}^{\mathrm{e}} \end{Bmatrix} = \begin{Bmatrix} \boldsymbol{0} \\ \boldsymbol{F}_{\mathrm{b}} \end{Bmatrix} \tag{6.6}$$

对比式(6.4)和式(6.6)可得等效节点荷载的一般表达:

$$\boldsymbol{F}_{\mathrm{b}} = \boldsymbol{R}_{\mathrm{b}}^{\mathrm{e}} + \boldsymbol{C}_{\mathrm{b}}\, \dot{\boldsymbol{u}}_{\mathrm{b}}^{\mathrm{e}} + \boldsymbol{K}_{\mathrm{b}} \boldsymbol{u}_{\mathrm{b}}^{\mathrm{e}} \tag{6.7}$$

若能得到实际波场作用下边界节点的位移和边界单元的应力,就可精确地模拟整个研究系统的振动情况,而且边界物理元件参数的取值基本不受限制,此时人

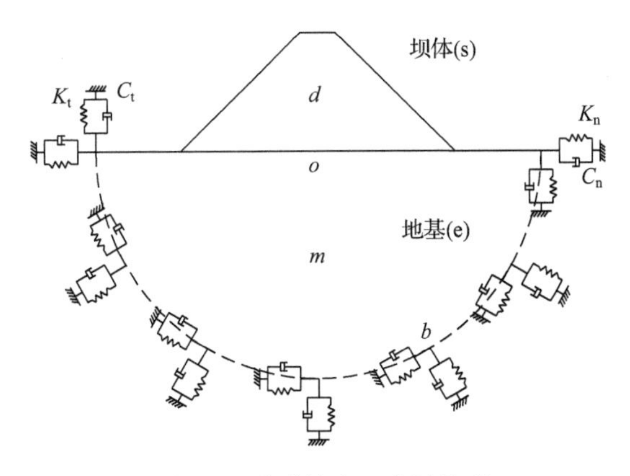

图 6.5　黏弹性人工边界模型

工边界的作用仅在于辅助等效节点荷载模拟应力边界条件，而没有发挥吸收散射波的作用。

目前的研究一般可以给出简单场地在自由波场作用下的理论解或近似理论解(廖振鹏，1984；刘晶波和廖振鹏，1992；刘晶波和王艳，2006a，2006b，2007)，以此计算等效节点荷载，并将其施加于黏弹性人工边界模型，可以较精确地模拟自由波场作用下的振动情况。

对于包含散射波的复杂波场，边界处的位移和应力很难得到，此时若将实际波场分离成自由波场 f 和散射波场 s，并且假设散射波的能量均被黏弹性人工边界吸收，便可得到

$$\boldsymbol{R}_b^e = \boldsymbol{R}_b^{ei} + \boldsymbol{R}_b^{er} + \boldsymbol{R}_b^{es} = \boldsymbol{R}_b^{ef} + \boldsymbol{R}_b^{es} \tag{6.8}$$

$$\dot{\boldsymbol{u}}_b^e = \dot{\boldsymbol{u}}_b^{ei} + \dot{\boldsymbol{u}}_b^{er} + \dot{\boldsymbol{u}}_b^{es} = \dot{\boldsymbol{u}}_b^{ef} + \dot{\boldsymbol{u}}_b^{es} \tag{6.9}$$

$$\boldsymbol{u}_b^e = \boldsymbol{u}_b^{ei} + \boldsymbol{u}_b^{er} + \boldsymbol{u}_b^{es} = \boldsymbol{u}_b^{ef} + \boldsymbol{u}_b^{es} \tag{6.10}$$

$$\boldsymbol{R}_b^{es} + \boldsymbol{C}_b \dot{\boldsymbol{u}}_b^{es} + \boldsymbol{K}_b \boldsymbol{u}_b^{es} = \boldsymbol{0} \tag{6.11}$$

式中，$\boldsymbol{u}_b^{ei}$、$\dot{\boldsymbol{u}}_b^{ei}$、$\boldsymbol{R}_b^{ei}$，$\boldsymbol{u}_b^{er}$、$\dot{\boldsymbol{u}}_b^{er}$、$\boldsymbol{R}_b^{er}$，$\boldsymbol{u}_b^{es}$、$\dot{\boldsymbol{u}}_b^{es}$、$\boldsymbol{R}_b^{es}$，$\boldsymbol{u}_b^{ef}$、$\dot{\boldsymbol{u}}_b^{ef}$、$\boldsymbol{R}_b^{ef}$ 分别是由入射波场、反射波场、散射波场和自由波场在系统边界节点上引起的位移向量、速度向量和相应的力向量，其中自由波场是由入射波场和反射波场叠加而成。

式(6.3)是等效节点荷载的一种特殊表达方式。对于只有自由波场作用的情况，式(6.3)与式(6.7)完全相同，且边界参数取值基本不受限制；而对于包含散射波场的实际波场，式(6.3)仅在黏弹性人工边界可以完全吸收散射波的假设下才成立，故对边界参数的取值很严格，对于不同问题参数的取值也可能不同。

作者课题组在 GEODYNA 平台上集成了上述非一致地震波动输入方法，只需提供入射波的加速度时程、入射波类型及角度即可自动计算等效节点荷载，使波

动输入模型的创建和计算更加快捷。

6.1.3 算例验证

1. 半圆形河谷散射问题

用SV波和P波分别入射半圆形河谷散射问题算例来验证软件在实现上述地震波动输入方法方面的正确性，示意见图6.6。图中θ为波动入射角度，当垂直入射时θ取为0，河谷半径r_0为210m，模型竖向高度y_b为525m，水平长度x_b为1050m，有限元网格如图6.7所示，外侧网格尺寸为17.5m×17.5m，材料剪切模量为5.292GPa，泊松比为1/3，密度为2.7g/cm^3，入射正弦波的位移振幅为1m。无量纲频率表达式为

$$\eta = 2r_0/\lambda = \omega r_0/\pi c_s \tag{6.12}$$

式中，λ为波长；ω为圆频率；c_s为剪切波速。η取值考虑0.5和1.5两种情况。

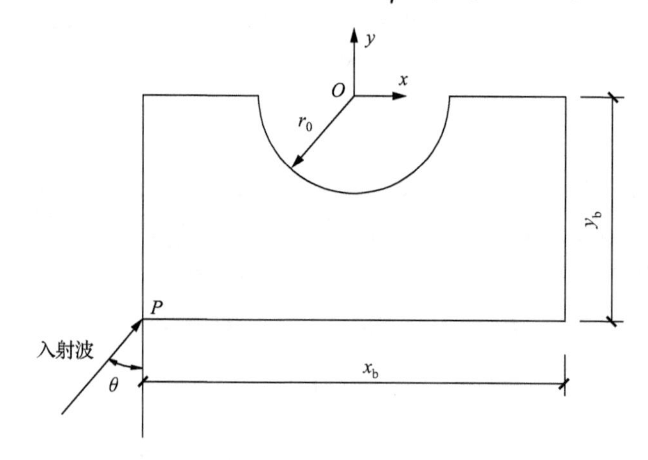

图6.6 波动入射半圆形河谷

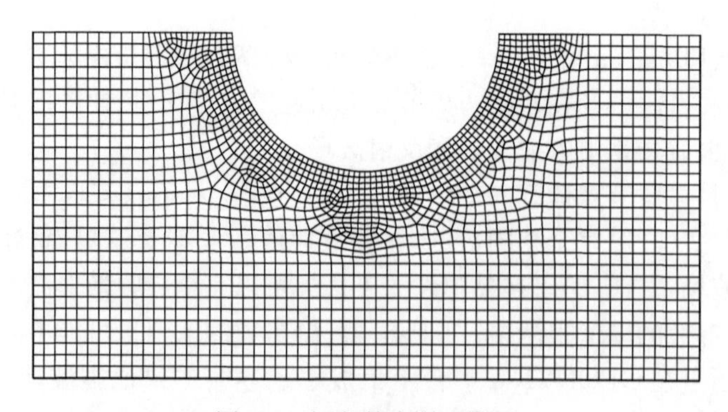

图6.7 河谷的有限元模型

图 6.8～图 6.15 中的横坐标表示水平向的相对位置，即河谷表面和周围地表节点横坐标值与河谷半径的比值，纵坐标表示节点进入稳态振动时水平向和竖向的位移幅值。可以看出，在波动垂直和倾斜入射时数值解与文献(Wong，1982)给

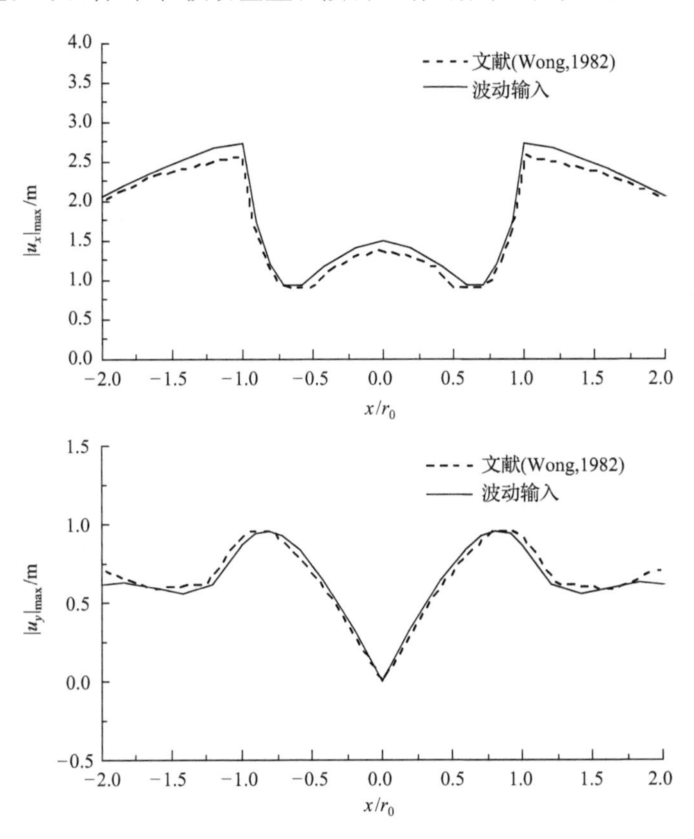

图 6.8　SV 波垂直入射时河谷地表位移幅值(η=0.5)

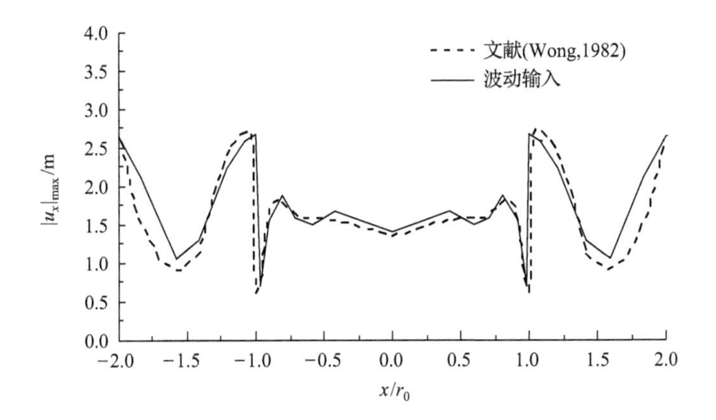

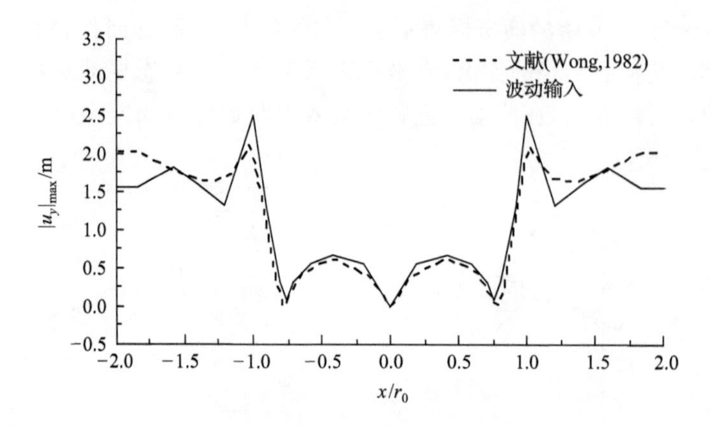

图 6.9　SV 波垂直入射时河谷地表位移幅值(η=1.5)

出的结果均吻合较好，说明黏弹性人工边界较好地吸收了外行散射波的能量，验证了地震波动输入方法和计算程序的正确性，并可考虑将此方法进一步应用于土石坝的动力反应分析中。

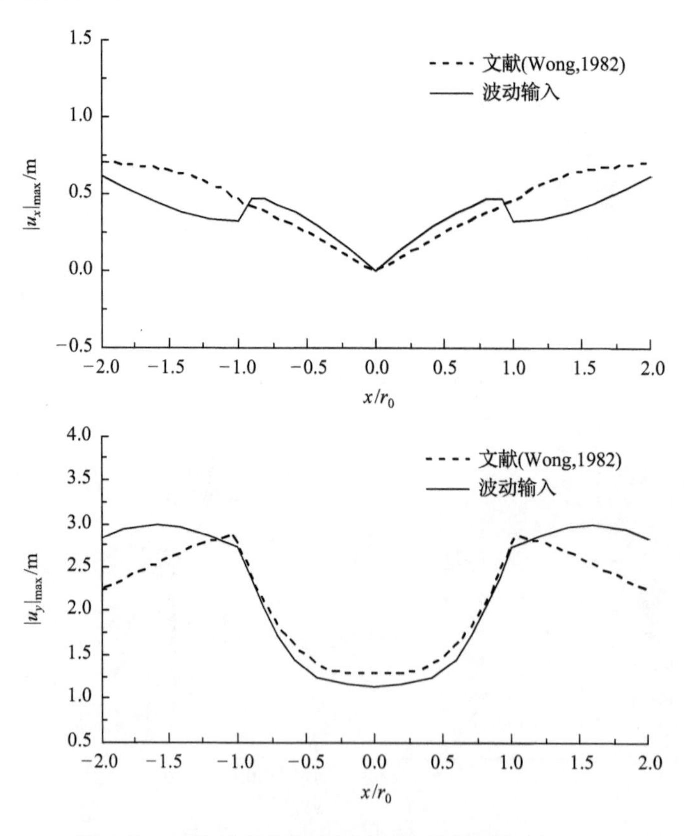

图 6.10　P 波垂直入射时河谷地表位移幅值(η=0.5)

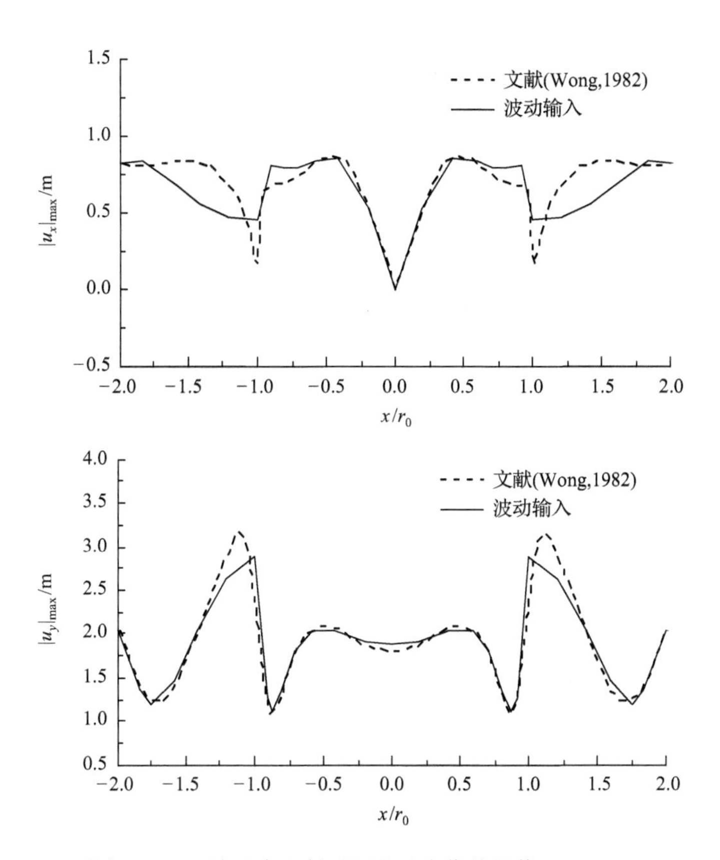

图 6.11　P 波垂直入射时河谷地表位移幅值(η=1.5)

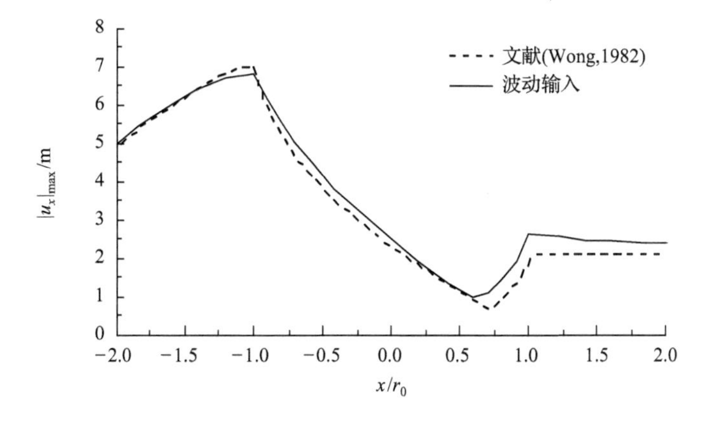

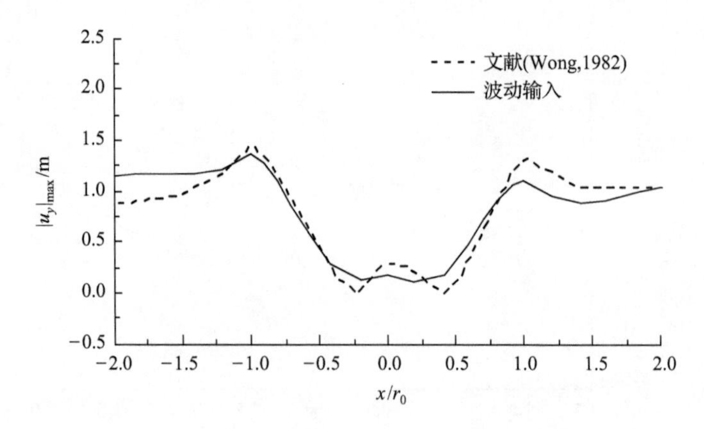

图 6.12　SV 波 30°角入射时河谷地表位移幅值(η=0.5)

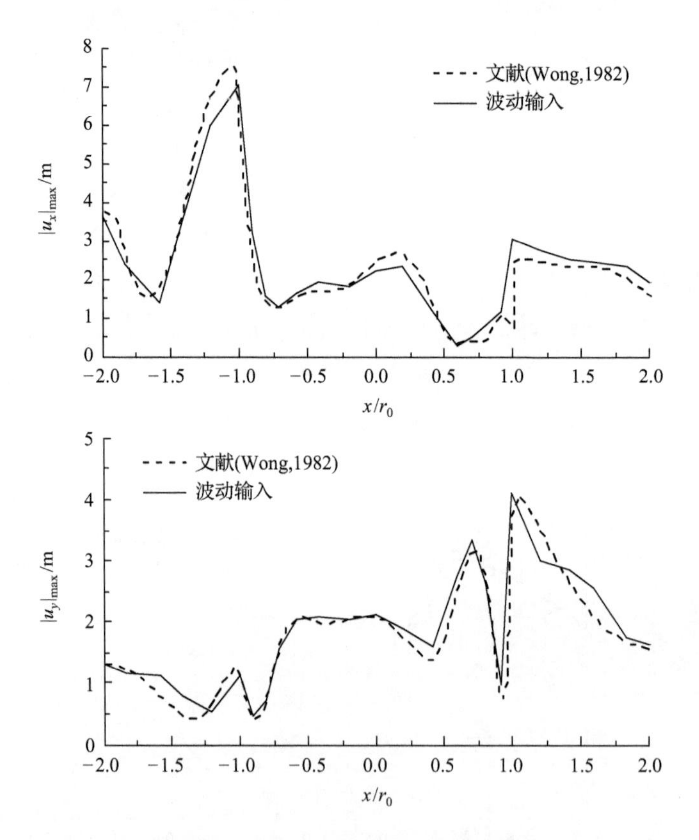

图 6.13　SV 波 30°角入射时河谷地表位移幅值(η=1.5)

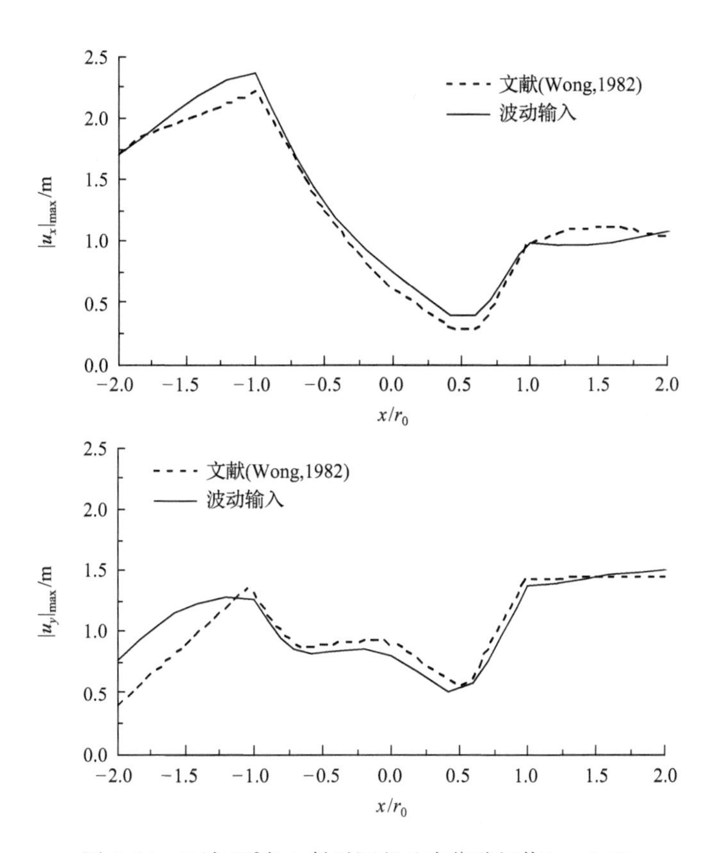

图 6.14　P 波 60°角入射时河谷地表位移幅值(η=0.5)

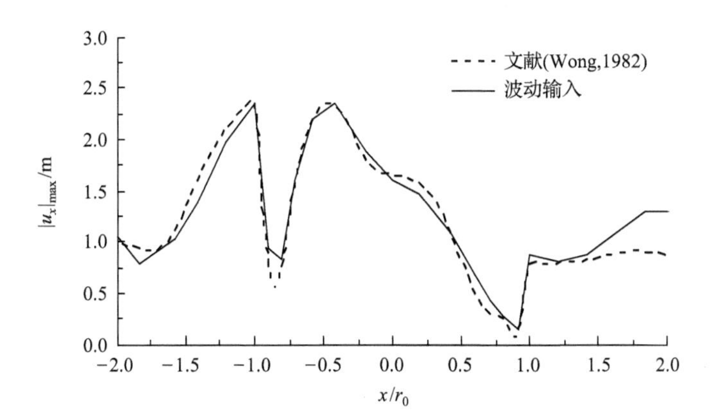

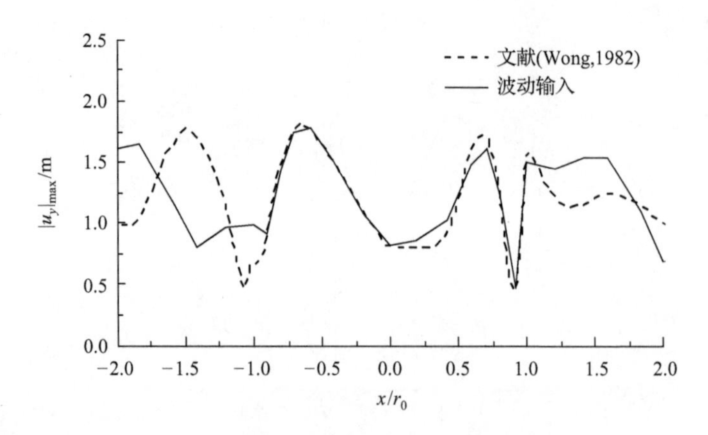

图 6.15　P 波 60°角入射时河谷地表位移幅值(η=1.5)

2. 水平成层非线性覆盖层地基自由场波动问题

采用上述的非一致地震波动输入方法计算水平成层非线性覆盖层地基的自由波场,通过与商用程序 SHAKE91 的计算结果比较来论证该方法的适用性。

覆盖土层材料参数如表 6.1 所示。建立二维模型(图 6.16),其侧边界为剪切边界,底部为黏性人工边界。水平方向地震动输入采用 RG1.60 谱(加速度峰值 PGA=0.167g)。图 6.17 给出了本节波动输入方法计算结果和 SHAKE91 的计算结果峰值加速度沿高程的变化,两者吻合得非常好,表明非一致地震波动输入方法可以有效模拟分层非线性覆盖层地基的自由波场。

表 6.1　覆盖土层参数

土层	厚度/m	剪切波速/(m/s)	比重/(kN/m^3)
素填土	3.3	108	17.658
	3.3	213	17.658
	3.3	257	17.658
淤泥质黏土	4.5	297	17.658
	4.5	348	17.658
	4.5	366	17.658
	4.5	412	17.658
淤泥质黏土	4.9	490	19.914
砂土	6.0	796	19.914
淤泥质黏土	7.3	796	19.620
基岩	8.0	1389	23.054

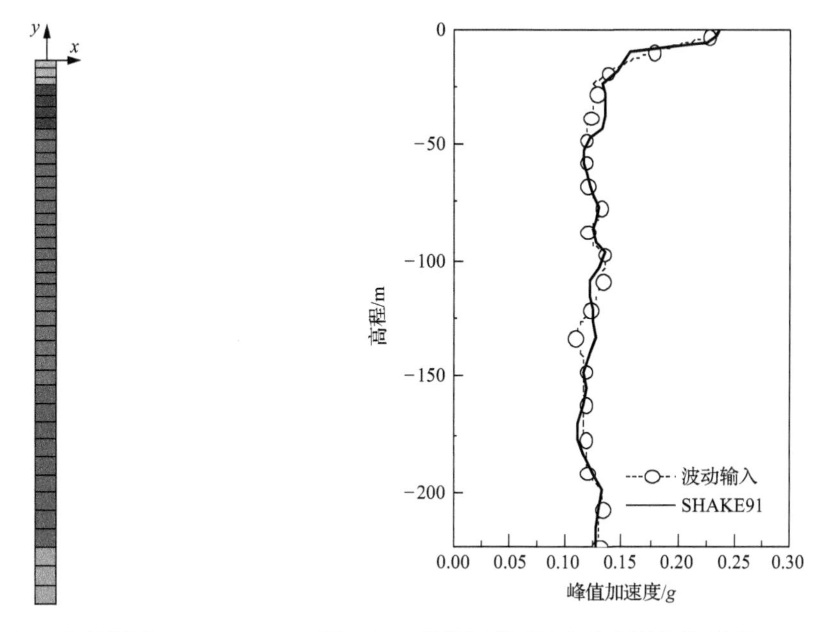

图 6.16 土柱模型

图 6.17 峰值加速度随地基高程变化(基岩 $\lambda=0.05$)

6.2 地震动输入方法对土石坝动力反应的影响分析

6.2.1 地震动输入方法对黏土心墙坝动力反应的影响

1. 坝体模型及坝料参数

以二维黏土心墙坝作为研究对象,同时创建了高度为 100m、200m 和 300m 的坝体模型。坝体顶部宽度取 16m,上、下游坝坡比均为 1∶2;黏土心墙顶部宽度取 4m,两侧坡比均为 1∶0.2;反滤层的水平厚度取 8m,坡比为 1∶0.2;过渡层的顶部宽度为 10m,距坝顶高度为 14m,坡比为 1∶0.3;蓄水高程距坝顶高度为 10m。坝料分区详见图 6.18。

非一致地震波动输入方法分析时采用的坝体有限元网格如图 6.19 所示,包含坝体与岩性地基,地基的深度和水平向外延距离均取为 100m。当采用一致输入方法时考虑两类模型:①无地基模型,即不包含岩性地基区域,模型底部刚性约束;②无质量地基模型,即考虑岩性地基部分,但不考虑其质量,地基底部和两侧均刚性约束。

坝体填筑计算采用邓肯-张 E-B 模型,具体参数见表 6.2,地震反应计算采用等效线性黏弹性 Hardin-Drnevich 模型,具体参数见表 6.3,图 6.20、图 6.21 给出了各种坝料的归一化等效动剪切模量和等效阻尼比与动剪应变幅的关系曲线。岩性地基的弹性模量为 30GPa,泊松比为 0.25,密度为 2.65g/cm^3。

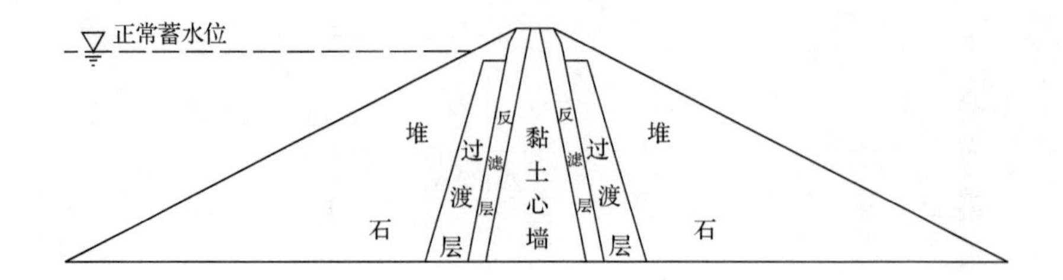

图 6.18　坝料分区示意图

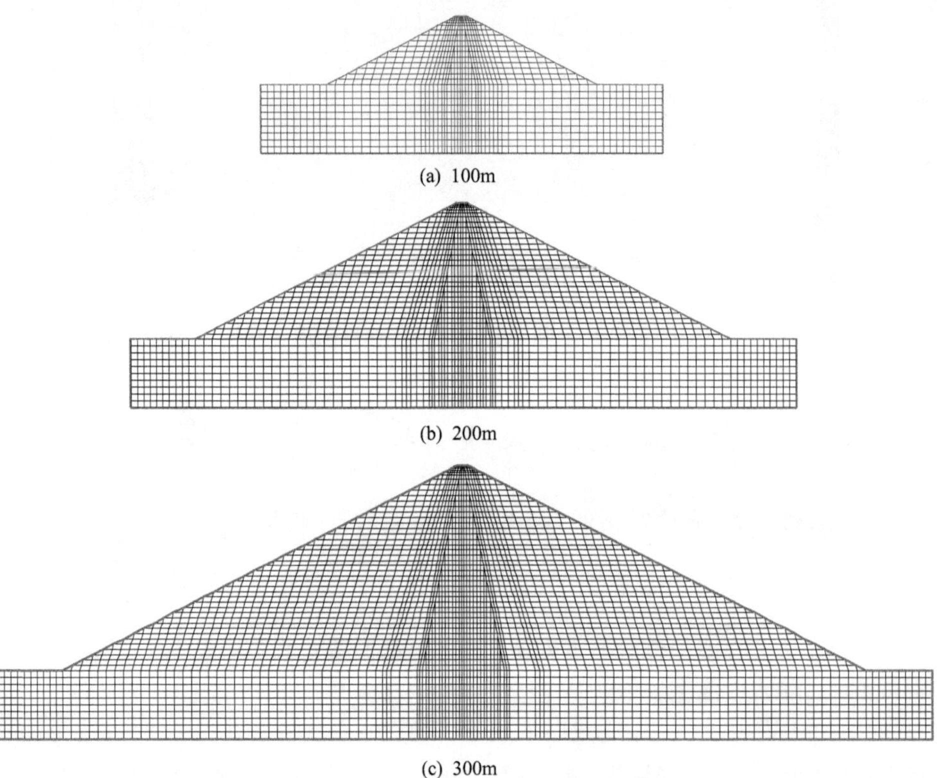

(a) 100m

(b) 200m

(c) 300m

图 6.19　三种高度的坝体有限元网格

表 6.2　静力模型参数

材料	ρ_d/(g/cm^3)	φ_0/(°)	$\Delta\varphi$/(°)	c/kPa	R_f	k	n	k_b	m
黏土心墙料	2.10	31.0	—	35	0.88	447	0.51	255	0.51
反滤料	2.00	42.7	3.8	—	0.72	1141	0.20	423	0.23
过渡料	2.09	47.3	6.4	—	0.79	960	0.25	357	0.34
主堆石料	2.12	41.8	3.0	—	0.71	1050	0.25	500	0.25

注：ρ_d 为材料的干密度；φ_0 为初始内摩擦角；$\Delta\varphi$ 为围压增加一个对数周期下摩擦角 φ 的减小值；c 为黏聚力；R_f 为破坏比；k、n 分别为初始弹性模量系数和指数；k_b、m 分别为初始体积模量系数和指数。

表 6.3 动力模型参数

材料	K	n
黏土心墙料	1609	0.53
反滤料	1117	0.58
过渡料	4722	0.42
主堆石料	4665	0.42

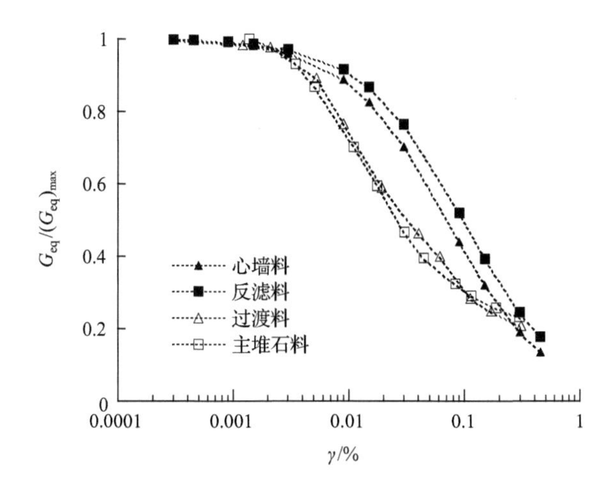

图 6.20 归一化等效动剪切模量与动剪应变幅关系

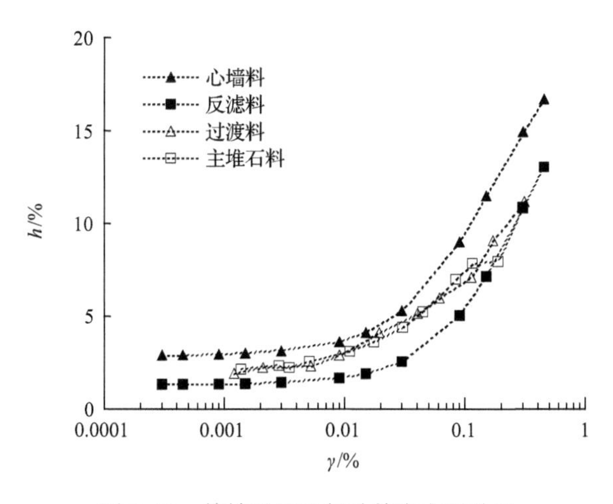

图 6.21 等效阻尼比与动剪应变幅关系

2. 地震加速度时程

选用双江口大坝场地谱和规范谱的人工地震波作为地震动输入，加速度时程如图 6.22 所示，其峰值取为 0.2g，图 6.23 绘制了相应的加速度放大倍数反应谱。

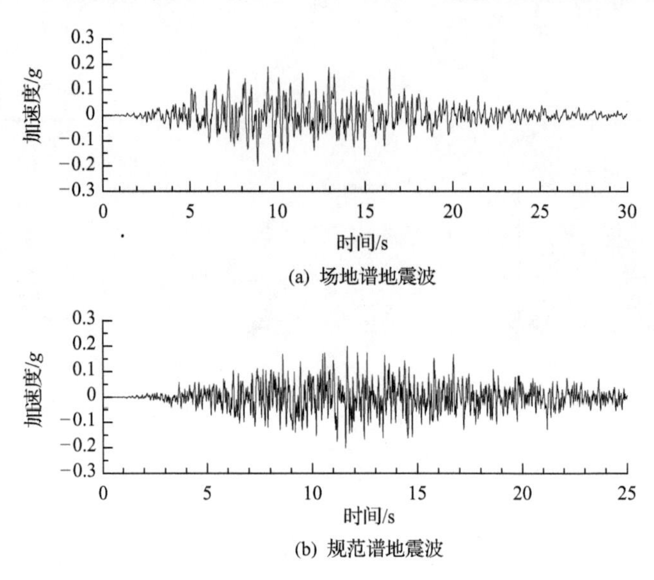

(a) 场地谱地震波

(b) 规范谱地震波

图 6.22 水平向地震动加速度时程

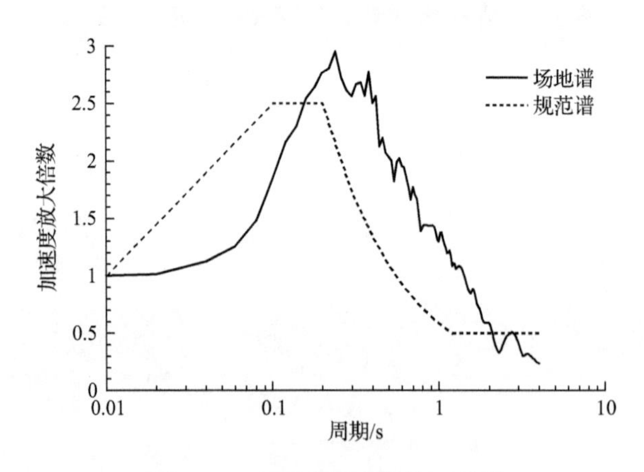

图 6.23 加速度放大倍数反应谱

3. 计算结果分析

1) 波动输入方法对地基辐射阻尼的模拟效果分析

采用 100m 坝高对应的波动输入模型[图 6.19(a)]和无地基一致输入模型进

行计算，地震波采用场地谱水平向加速度时程。为便于观察，提取在8～12s时段内坝底中点和坝顶中点的加速度时程曲线，分别如图6.24和图6.25所示。可以看出，在坝底中点处，波动输入模型得到的加速度反应略小于一致输入模型所得到的计算值，这表明波动输入模型考虑了坝体与地基之间的相互作用，坝-基交界面的加速度反应小于自由波场作用下的地表反应（即露头基岩位置的地震加速度）。波动输入模型中的人工边界考虑了地基辐射阻尼的作用，其坝顶加速度反应明显小于一致输入模型。

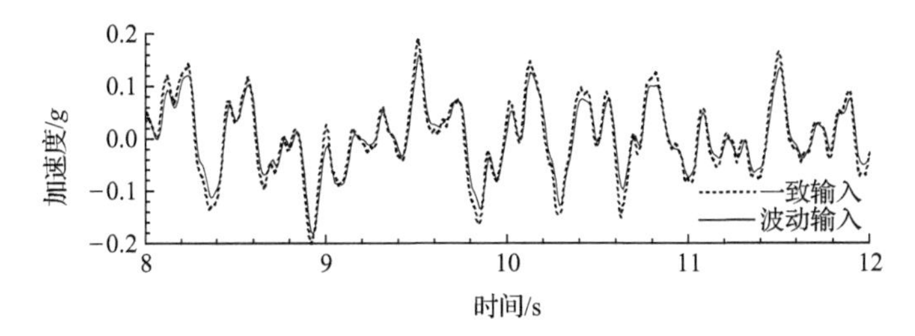

图6.24　坝底中点加速度时程曲线

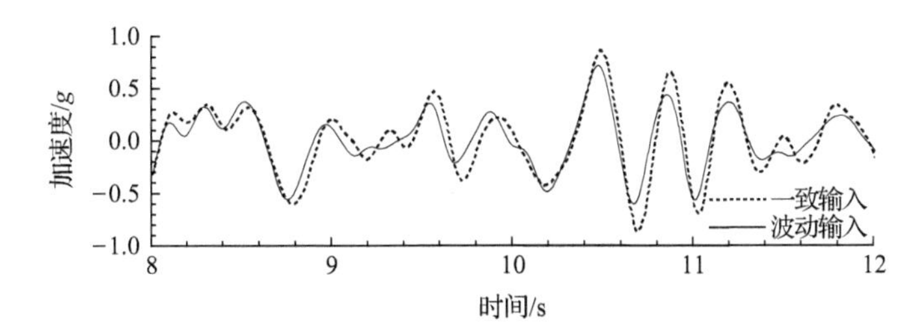

图6.25　坝顶中点加速度时程曲线

2）波动输入方法对地基范围的敏感性分析

一般来讲，在有限元数值分析中地基截取的区域越大，坝体的动力反应越真实，但这会大幅度增加计算的工作量。为了分析地基范围的敏感性，采用100m坝高对应的波动输入模型进行计算[图6.19(a)]，地基深度分别取为100m、200m和300m，地震波采用场地谱水平向加速度时程。不同地基深度的波动输入模型得到的坝顶最大加速度反应见表6.4。由表6.4可以看出，与地基深度为300m的工况相比，地基深度取100m和200m时的相对差值均小于3%，说明岩性地基范围变化对波动输入模型的数值结果影响不大。因此，后文计算模型的地基深度及水平向外延距离均取为100m。

表 6.4 坝顶最大加速度反应

地基深度/m	坝顶最大加速度反应/g
100	0.72
200	0.71
300	0.70

3) 地震波频谱特性的影响

采用 100m 坝高对应的波动输入模型[图 6.19(a)]和无地基一致输入模型进行计算，地震波分别采用场地谱、规范谱水平向加速度时程。坝体中轴线水平向最大加速度分布曲线如图 6.26 所示。可以发现，在低频成分含量相对较多的场地谱地震波的作用下，仅在坝顶局部范围内，波动输入模型的加速度反应明显小于一致输入模型；而在高频成分含量相对较多的规范谱地震波作用下，在整个坝高范围内波动输入模型的加速度反应都比一致输入模型小。这表明，当输入地震波的高频含量较多时，两类模型计算结果的差异较大。

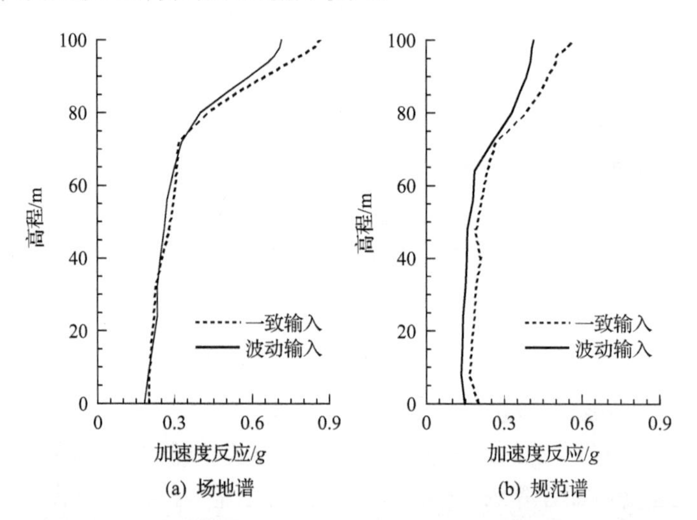

图 6.26 坝体中轴线水平向最大加速度分布曲线(坝高 100m)

近年来，汶川和芦山等地震的实测资料表明，实际地震的高频含量较多，因此，在高土石坝的地震安全评价中考虑合理的地震动输入方法是十分必要的。

4) 坝高的影响

采用坝高为 100m、200m 和 300m 时对应的波动输入模型(图 6.19)和一致输入模型进行计算，地震波采用场地谱水平向加速度时程。

坝体中轴线上水平向最大加速度的分布曲线如图 6.27 所示。可以发现，无地基模型和无质量地基模型在一致输入条件下的结果相差很小。高坝为 100m 时，在坝高 4/5 以上范围内波动输入模型得到的加速度反应明显小于一致输入模型；高坝为 200m 时，在坝高 1/2 以上范围内波动输入模型得到的加速度反应明显小于一致输入模型；高坝为 300m 时，在整个坝高范围内波动输入模型得到的加速度反应均明显小于一致输入模型。以上结果表明，坝体高度的增加会逐渐加大两类模型计算结果的差异区域，其原因是，坝体高度的增加会使坝体底部的模量增大，减小其与地基模量之间的差异，会使更多由坝体散射的波动能量透过坝-基交界面向无限域辐射。

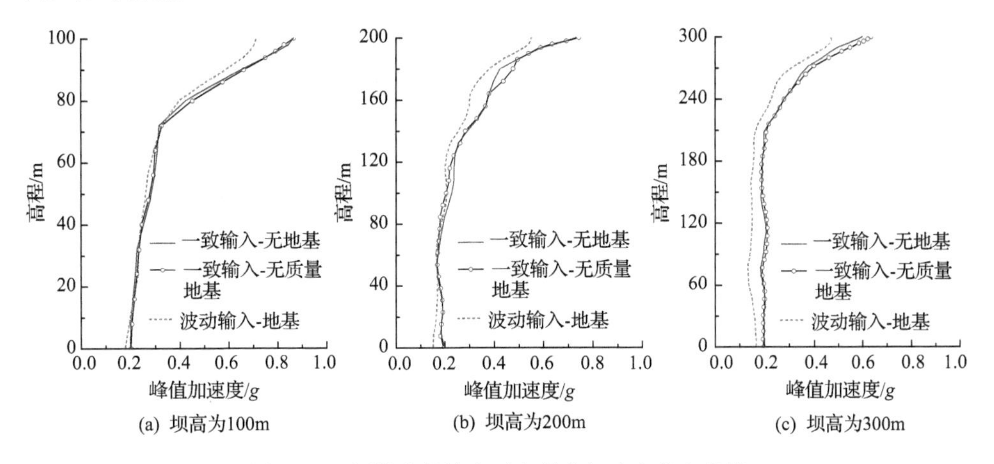

图 6.27　坝体中轴线水平向最大加速度分布曲线

由于波动输入方法可以描述出波动能量在坝-基交界面的传输过程，反映出上、下波动介质模量变化带来的影响，因此，波动输入方法可以合理地反映出坝高变化对坝体与地基之间相互作用的影响规律。

5）岩性地基模量的影响

采用图 6.19(c)所示的 300m 坝高模型进行动力反应计算，地基模量调整为 10GPa，地震波采用场地谱水平向加速度时程。

图 6.28 给出了坝体中轴线水平向最大加速度分布曲线，可以看出，无质量地基一致输入模型虽然在一定程度上考虑了坝体与地基之间的相互作用，但因未合理考虑波动传输过程以及地基辐射阻尼，其结果较波动输入模型明显偏大。而对于波动输入模型，降低岩性地基模量会减小坝体底部模量与地基模量之间的差异，使更多由坝体散射的能量透过坝-基交界面向无限域辐射，坝体的加速度反应减小，因此，波动输入方法可以较好地反映出地基模量变化对坝体与地基之间相互作用的影响。

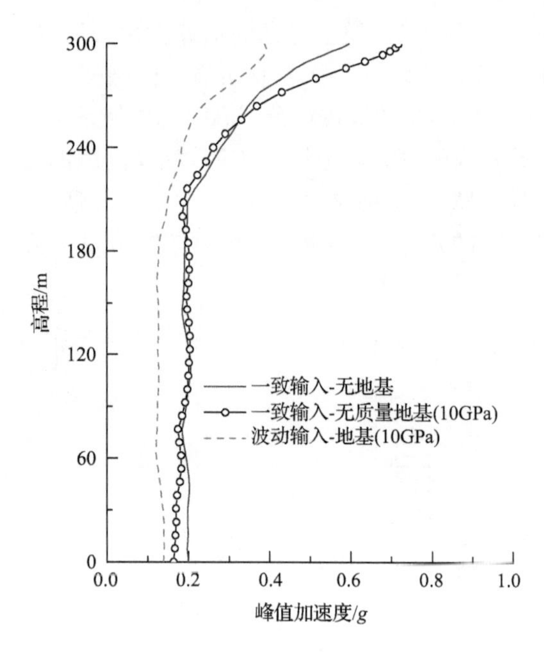

图 6.28　坝体中轴线水平向最大加速度分布曲线(坝高为 300m)

6.2.2　地震动输入方法对三维面板堆石坝动力反应的影响

为研究高土石坝-河谷-地基动力相互作用对高面板堆石坝动力响应的影响，采用不同地震动输入方法(一致输入和波动输入)对高面板堆石坝的动力反应进行计算，针对剪切波垂直入射工况(振动方向为顺河向)开展数值计算，对比分析了不同地震动输入方法对面板动应力和加速度分布规律的影响。

在计算中，一致输入模型不考虑地基和河谷部分，坝体底部节点的平动位移全部约束，有限元网格如图 6.29 所示；波动输入模型包含了坝体-河谷-地基整个系统，并在边界上施加黏弹性人工边界单元，有限元网格见图 6.30。分别创建坝体高度为 50m、100m、150m、200m、250m 和 300m 的一致输入模型和波动输入模型，上游坝坡均取 1∶1.4，下游坝坡取 1∶1.5，左右岸河谷对称，坡比取 1∶1，面板厚度取为 $0.3+0.0035H$(H 为坝高)。

图 6.29　一致输入有限元模型

坝料动力本构采用等效线性黏弹性模型，采用某面板坝堆石料动力试验参数。地基和河谷岩体材料的弹性模量取 30GPa，泊松比取 0.25，密度取 $2650\mathrm{kg/m^3}$。顺河向地震动输入采用规范谱人工生成的加速度时程(图 6.31)，加速度峰值取 0.2g。

图 6.32 给出了面板坝高度为 300m 时面板顺坡向最大动应力包线随高程的变化，图 6.33 和图 6.34 分别给出了面板坝高度为 300m 时面板顺坡向最大动应力分布，图 6.36 给出了坝体内部观测点（图 6.35）的顺河向最大加速度沿高程的分布。

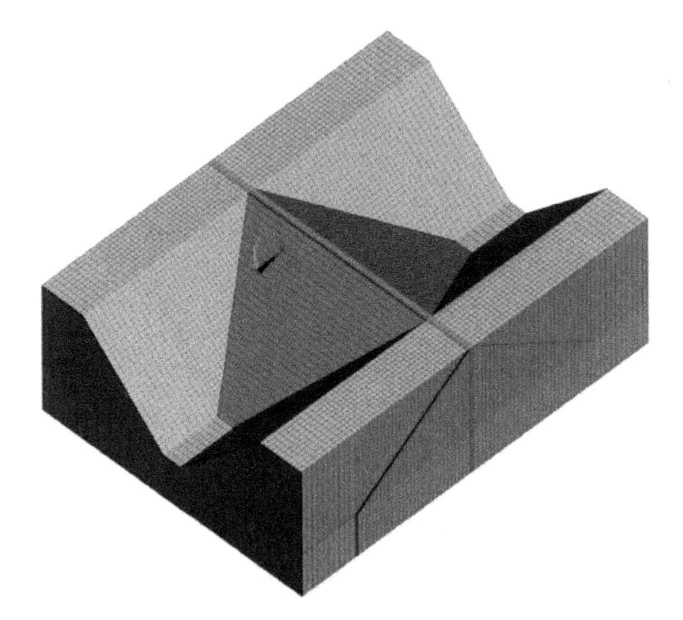

图 6.30　波动输入有限元模型

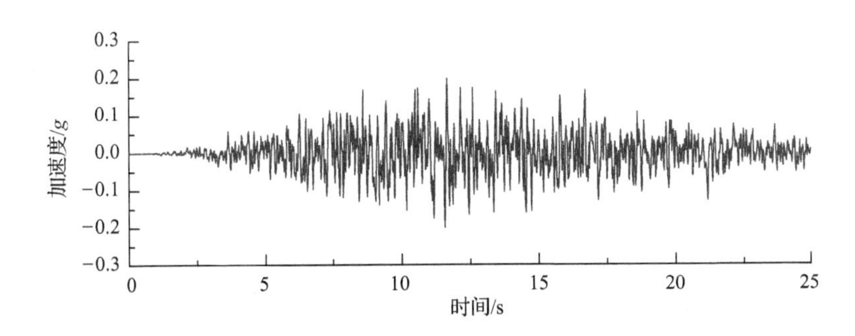

图 6.31　顺河向地震动加速度时程

可以看出，在剪切波垂直入射工况（振动方向为顺河向）下，一致输入模型与波动输入模型得到的面板应力和加速度分布规律定性基本一致，但由于波动输入方法考虑了地基辐射阻尼的作用，其面板动应力明显小于前者。

根据波动输入模型数值结果，提取坝体与河谷交界面上两点（图 6.37 中右岸坝顶点 A 和坝底河谷中点 B）在 8～13s 时段内的顺河向加速度反应时程，如

图 6.38 所示；绘制坝体与河谷交界面上(图 6.37 河谷轮廓线)顺河向加速度峰值分布，如图 6.39 所示。可以看出，波动输入方法可反映出河谷各点加速度峰值和相位的差异，即考虑了行波效应的影响。

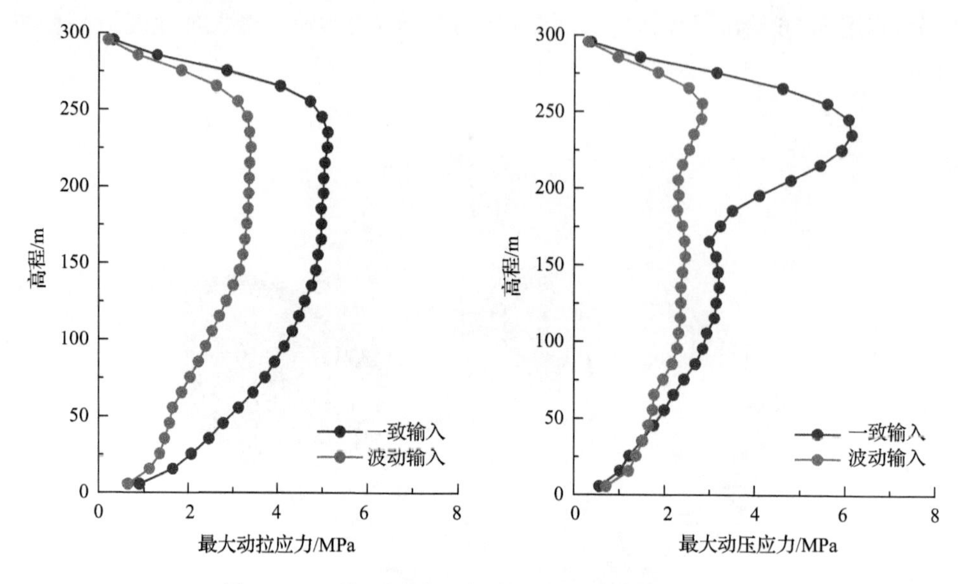

图 6.32　面板顺坡向最大动应力包线随高程的变化

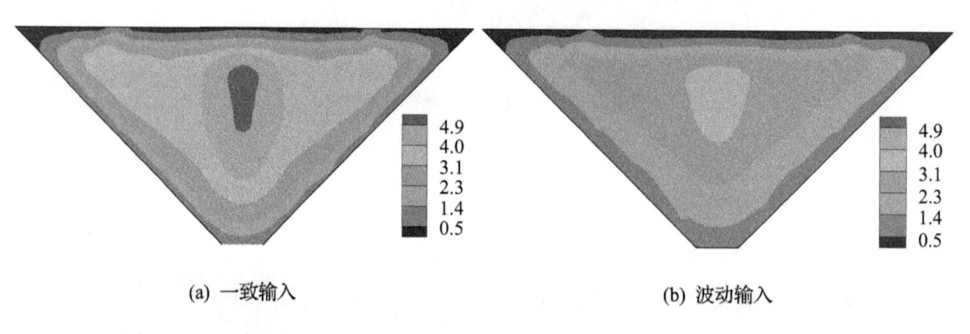

图 6.33　面板顺坡向最大动拉应力(300m 高面板坝，拉为正，单位：MPa)

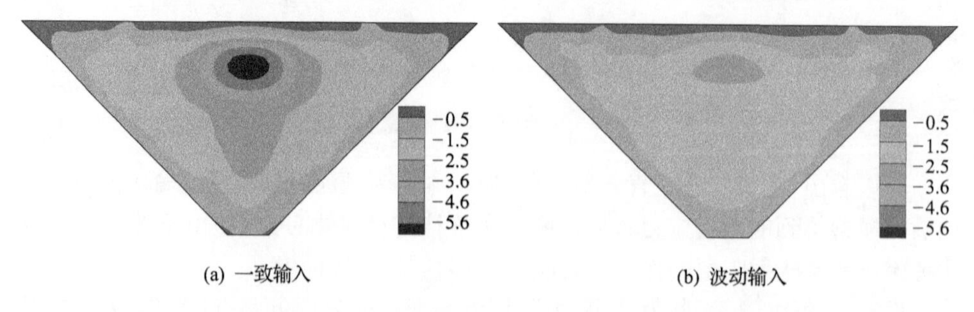

图 6.34　面板顺坡向最大动压应力(300m 高面板坝，拉为正，单位：MPa)

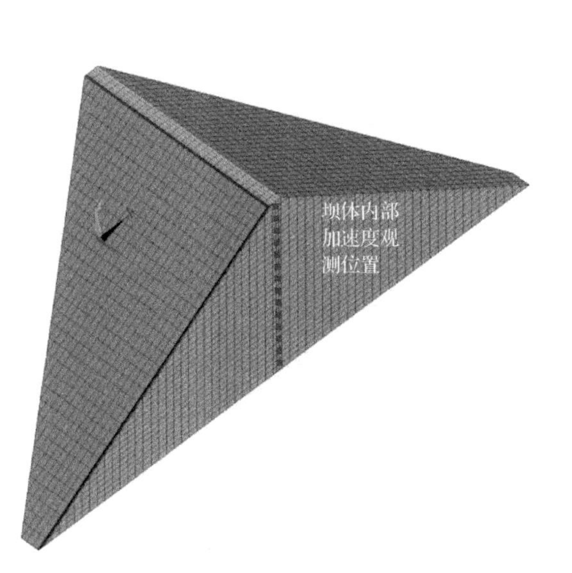

图 6.35　坝体内部加速度观测位置

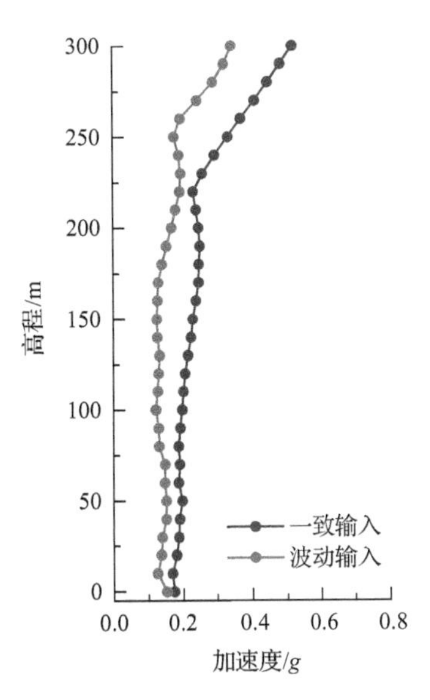

图 6.36　坝体内部观测点顺河向最大加速度分布

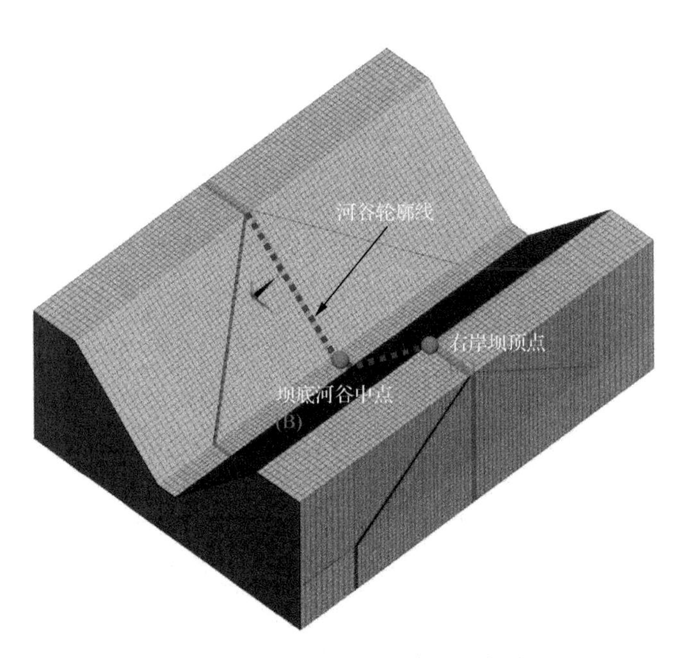

图 6.37　观测点和观测位置示意图

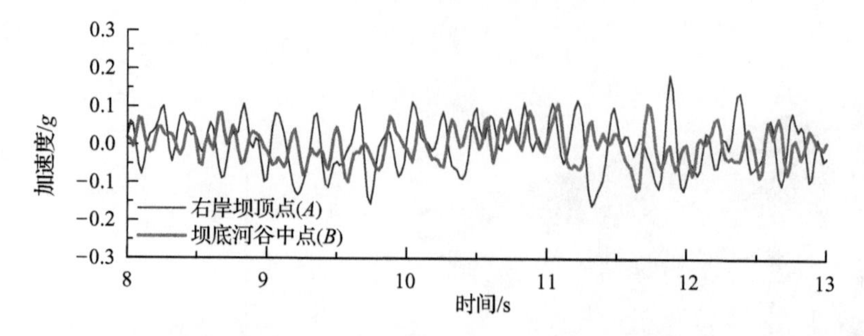

图 6.38　不同位置观测点顺河向加速度时程

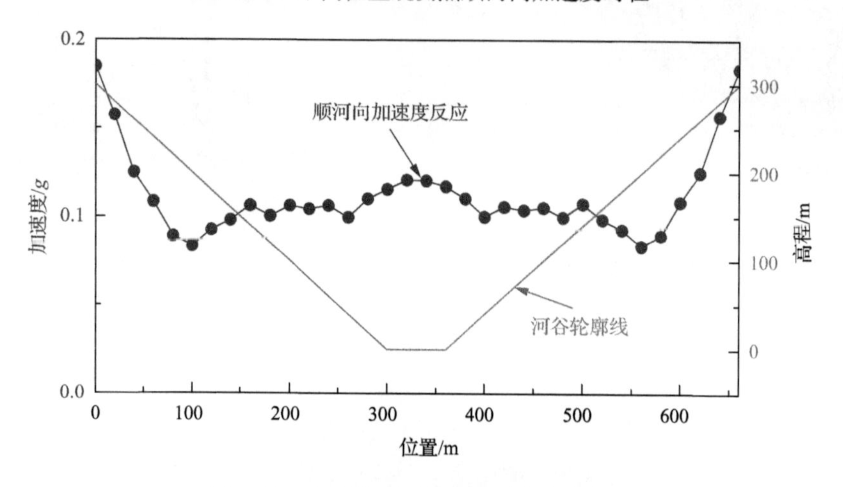

图 6.39　观测位置顺河向加速度峰值分布

表 6.5 汇总了不同地震动输入方法时河谷坝顶处顺河向最大加速度和面板最

表 6.5　顺河向加速度和面板动应力最大值

坝高/m	河谷坝顶处顺河向最大加速度/g			面板顺坡向最大动应力/MPa					
				拉			压		
	一致输入	波动输入	相差	一致输入	波动输入	相差	一致输入	波动输入	相差
50	0.74	0.53	−28%	2.1	1.6	−24%	2.3	1.5	−35%
100	0.66	0.37	−44%	2.7	1.8	−33%	3.6	2.2	−39%
150	0.72	0.61	−16%	5.4	3.5	−35%	5.3	3.6	−32%
200	0.53	0.39	−26%	4.9	2.7	−45%	4.5	3.4	−24%
250	0.52	0.41	−21%	4.9	3.2	−35%	5.8	4.2	−28%
300	0.52	0.34	−34%	5.1	3.4	−33%	6.1	2.8	−54%
	平均值		−28%	平均值		−34%	平均值		−35%

注:“相差”表示含义是(波动输入数值−一致输入数值)/一致输入数值。

大动应力值，并绘制于图 6.40 和图 6.41 中。通过对比分析面板动应力和加速度分布规律，可以发现，波动输入方法考虑了地基辐射阻尼的作用，其得到的面板动应力和加速度明显小于一致输入模型所得到的计算值，其减小程度在 30%左右。

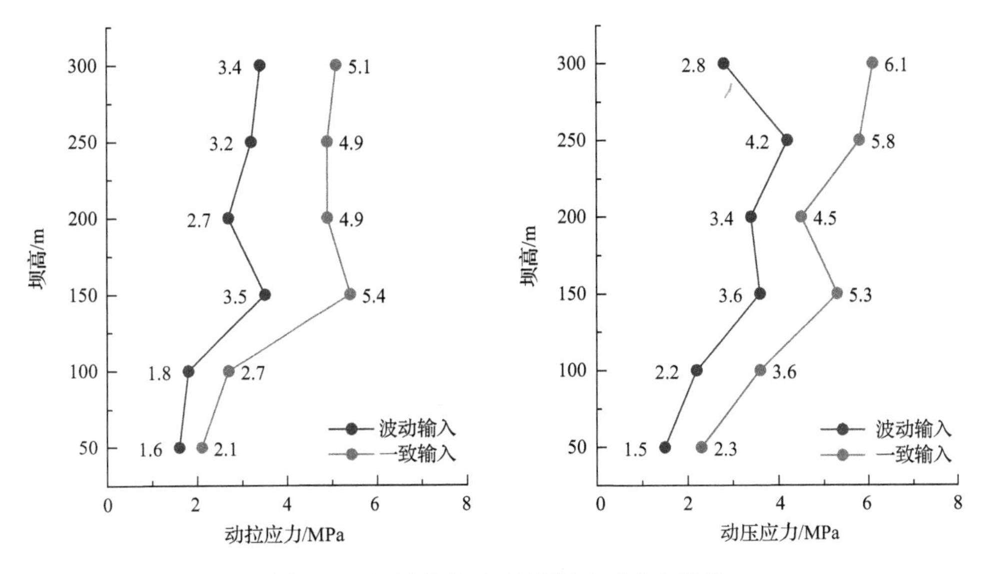

图 6.40　不同坝高时面板顺坡向动应力极值

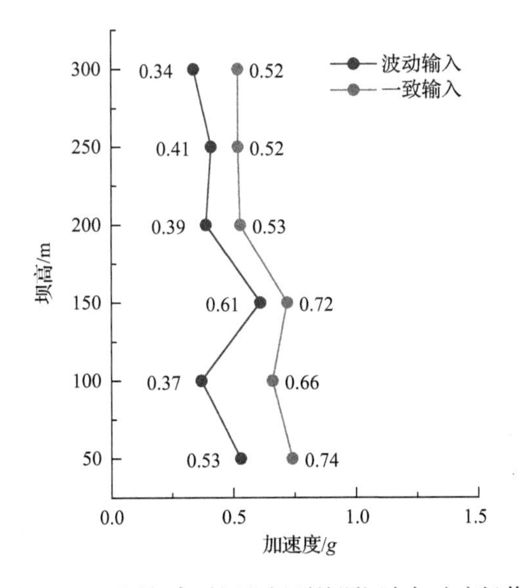

图 6.41　不同坝高时河谷坝顶处顺河向加速度极值

6.2.3　地震波动类型及入射方向对面板堆石坝动力反应的影响

对于近场浅源地震或者场地条件复杂的坝址区，地震波通常会以某个角度入射。作者课题组采用 300m 高面板堆石坝波动输入模型，假定地震波分别为剪切波(SH 波和 SV 波)和压缩波(P 波)，研究了地震波动类型及入射方向对面板堆石坝面板动应力分布规律的影响。采用的地震加速度时程、材料本构模型参数均与上节相同。

1. SH 波入射情况

考虑 SH 波以 θ 角(0°、15°、30°、45°、60°、75°)自左岸入射的 6 种工况，$\theta=0°$ 即为垂直入射，波动入射方向示意见图 6.42，入射 SH 波的剪切振动方向为顺河向。

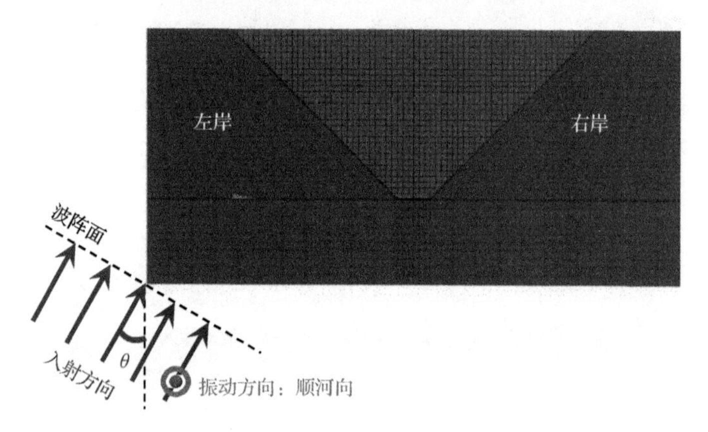

图 6.42　SH 波自左岸入射方向示意(视角：自上游向下游)

以入射角度 θ 为 0°、30°和 60°为例。图 6.43 和图 6.44 给出了面板顺坡向最大动应力分布，图 6.45 和图 6.46 给出了面板沿坝轴向最大动应力分布，图 6.47 给出了坝体顺河向最大位移分布。可以看出，地震波倾斜入射时，面板动应力和位移的分布不再保持对称性，随着入射角度的增加，不对称性表现得更加明显；同时，动应力和动位移的量值也有所增大，其最大值所在位置的高程基本不变，主要沿坝轴向发生平移。究其原因：一方面是计算工况下 SH 波的振动方向是顺河向，致使坝体主要发生顺河向的运动；另一方面是波动倾斜入射方向在竖向和坝轴向均有分量作用，行波效应造成两岸与坝体之间的相互作用存在差异。

图 6.48 和图 6.49 分别给出了面板顺坡向和坝轴向动应力极值随入射角度的变化规律。可以看出，SH 波从左岸入射时，入射角度越大，越不利于面板堆石坝的抗震安全。

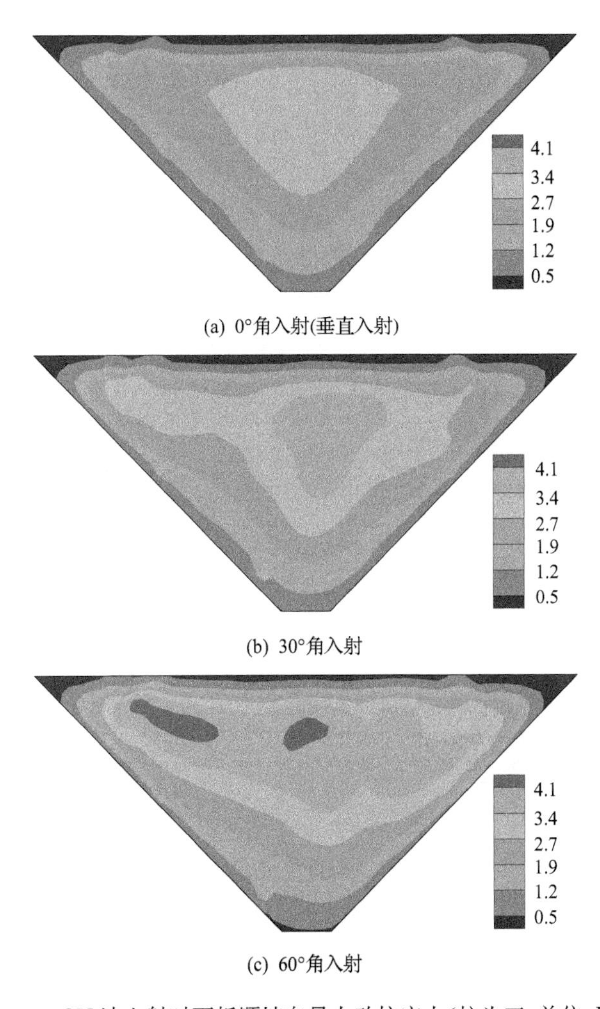

(a) 0°角入射(垂直入射)

(b) 30°角入射

(c) 60°角入射

图6.43　SH波入射时面板顺坡向最大动拉应力(拉为正,单位:MPa)

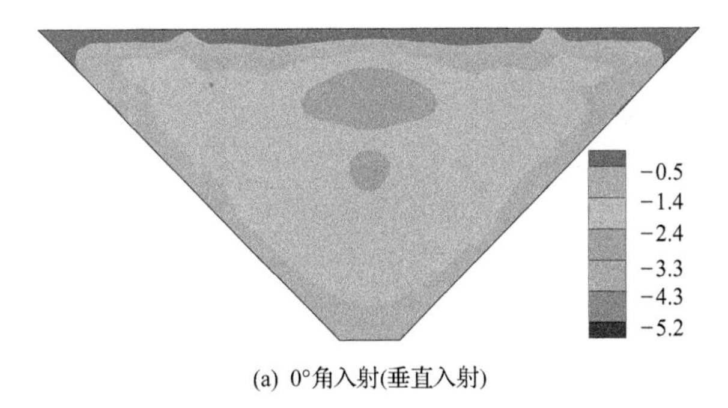

(a) 0°角入射(垂直入射)

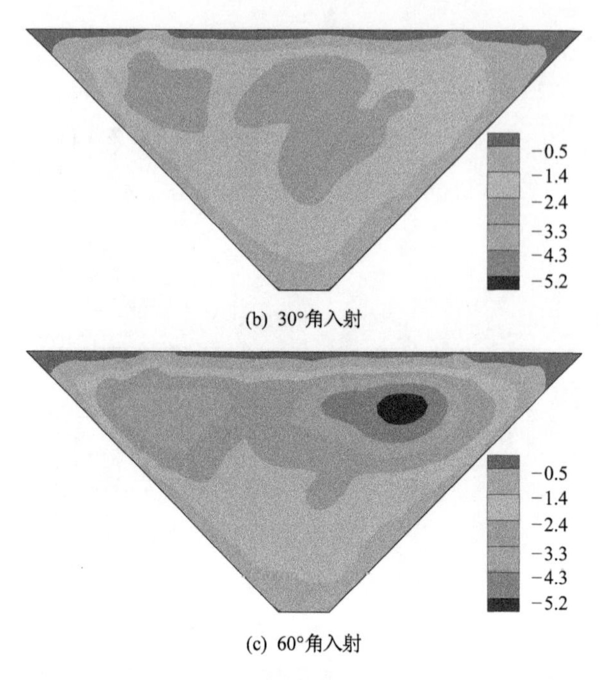

(b) 30°角入射

(c) 60°角入射

图 6.44　SH 波入射时面板顺坡向最大动压应力(拉为正,单位:MPa)

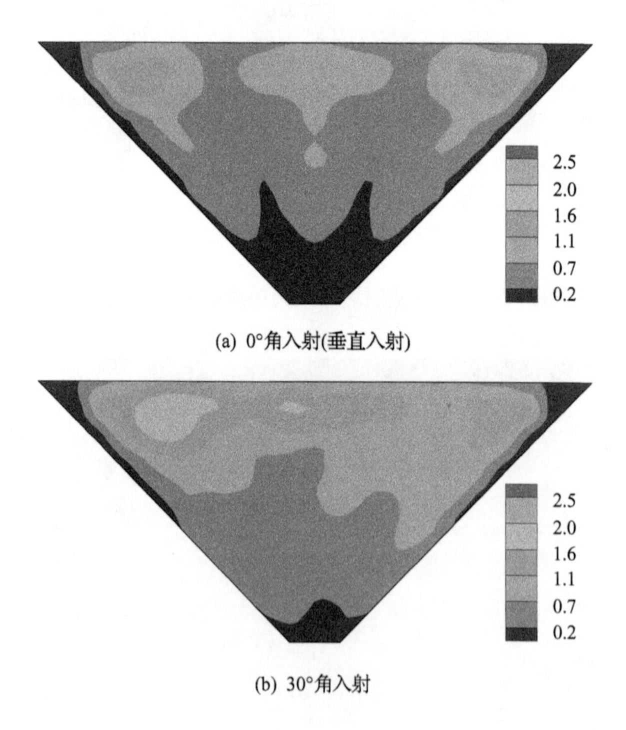

(a) 0°角入射(垂直入射)

(b) 30°角入射

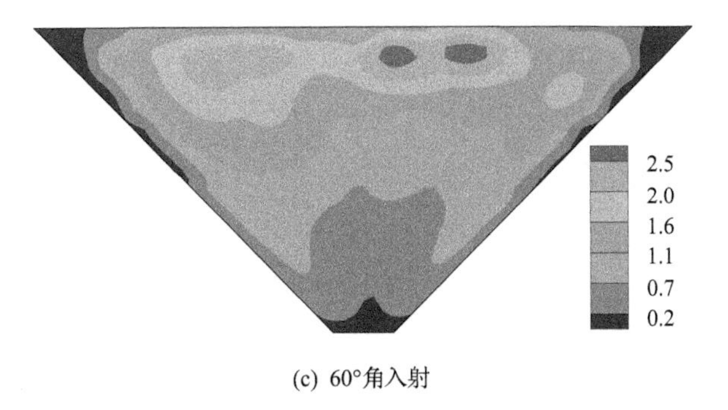

(c) 60°角入射

图 6.45　SH 波入射时面板沿坝轴向最大动拉应力(拉为正,单位:MPa)

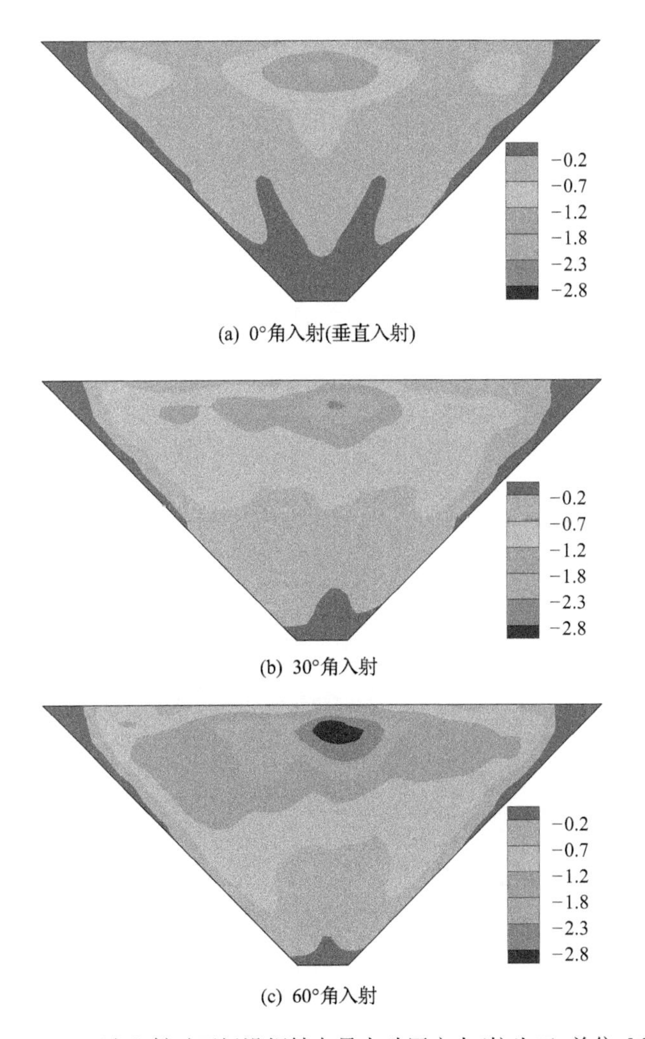

(a) 0°角入射(垂直入射)

(b) 30°角入射

(c) 60°角入射

图 6.46　SH 波入射时面板沿坝轴向最大动压应力(拉为正,单位:MPa)

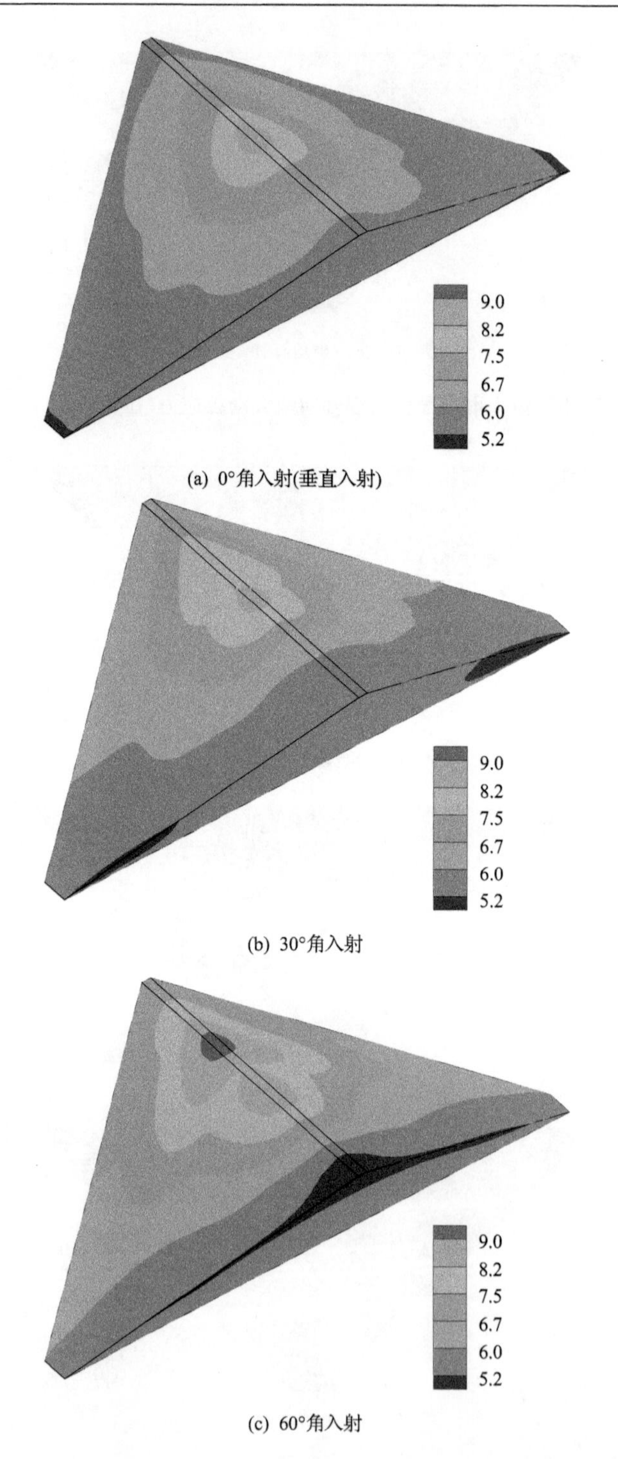

(a) 0°角入射(垂直入射)

(b) 30°角入射

(c) 60°角入射

图 6.47　SH 波入射时坝体顺河向最大位移(拉为正,单位:cm)

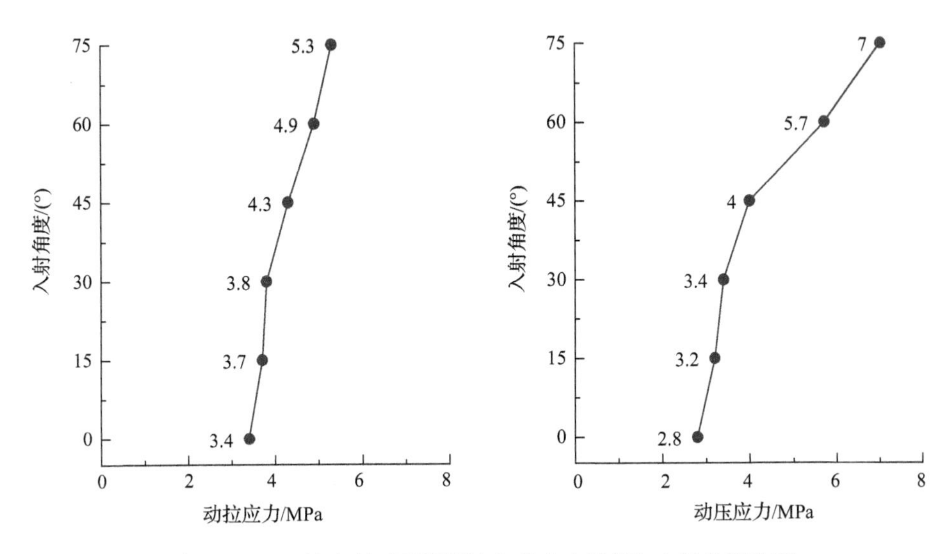

图 6.48　SH 波入射时面板顺坡向动应力极值与入射角度关系

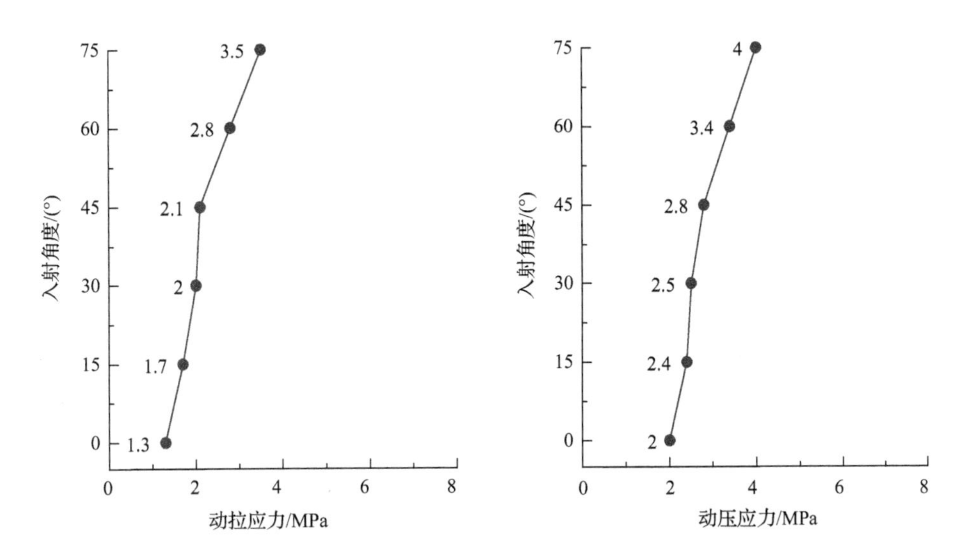

图 6.49　SH 波入射时面板坝轴向动应力极值与入射角度关系

2. SV 波入射情况

考虑 SV 波以 θ 角(0°、10°、20°和 30°)从上游入射的 4 种工况，波动入射方向示意见图 6.50，入射波的剪切振动方向与入射方向垂直，$\theta=0°$即为垂直入射。

图 6.51 和图 6.52 给出了面板顺坡向最大动应力分布，图 6.53 和图 6.54 给出了面板沿坝轴向最大动应力分布，对比 SV 波以 0°角和 30°角两种入射工况下的

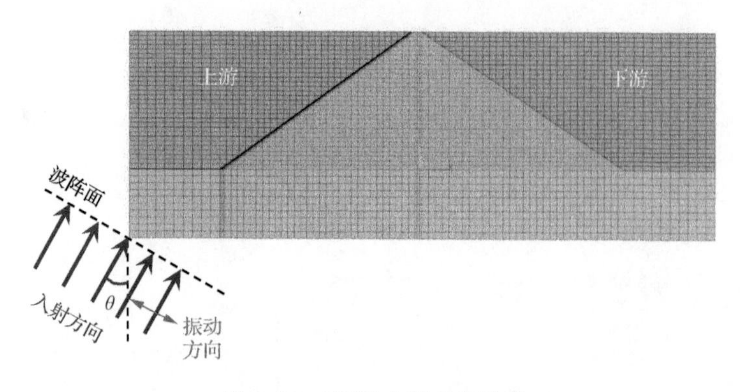

图 6.50　SV 波入射方向示意

数值结果，可以看出，结构和地震动输入的对称性使面板应力的分布对称，但倾斜入射使面板顺坡向应力极值区域位置在高程上发生变化，应力量值有所增大。

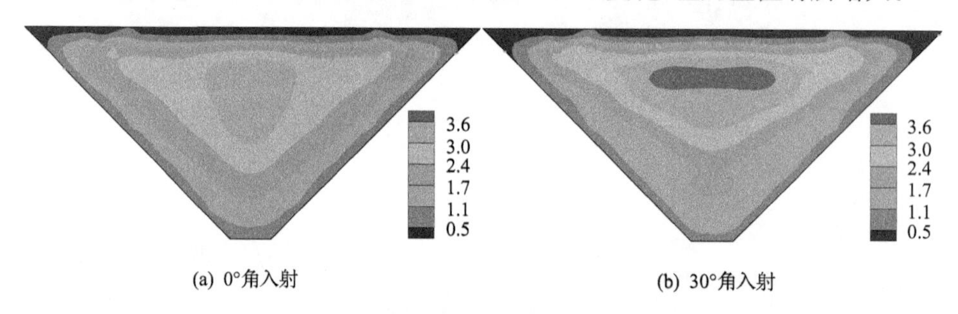

图 6.51　SV 波入射时面板顺坡向最大动拉应力(拉为正，单位：MPa)

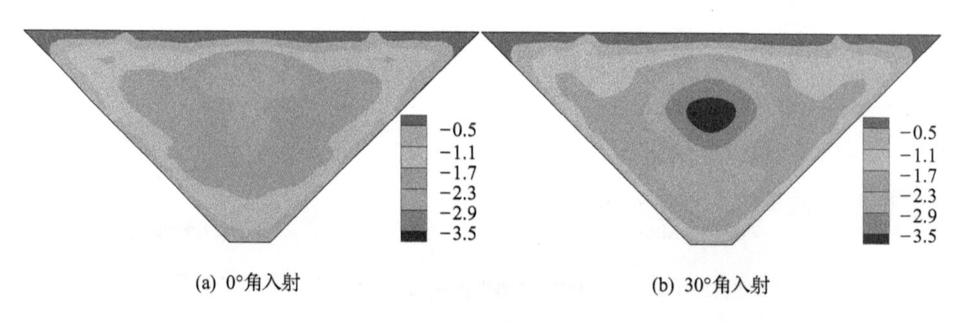

图 6.52　SV 波入射时面板顺坡向最大动压应力(拉为正，单位：MPa)

图 6.55 和图 6.56 分别给出了面板顺坡向和坝轴向动应力极值随入射角度的变化规律。可以看出，在临界角度 35.3°范围内(该临界角度是通过波动介质的泊松比确定的，当 SV 波入射角度大于临界角度时，会产生面波)，由于入射角度的变化幅度较小，随着入射角度的增大，面板动应力的极值增幅不大，主要表现为动应力极值区域所在高程的变化。

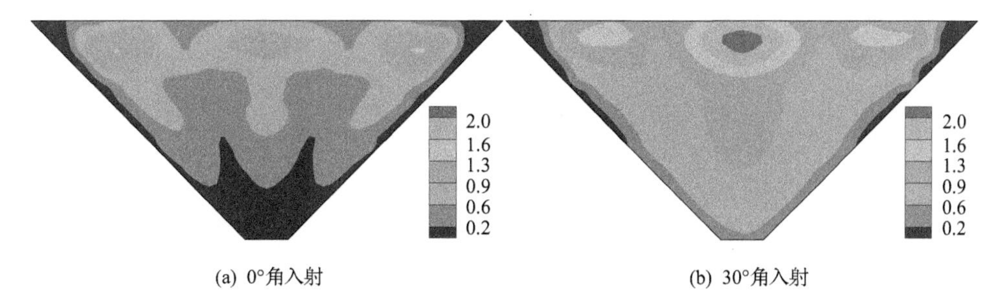

图 6.53　SV 波入射时面板沿坝轴向最大动拉应力(拉为正,单位:MPa)

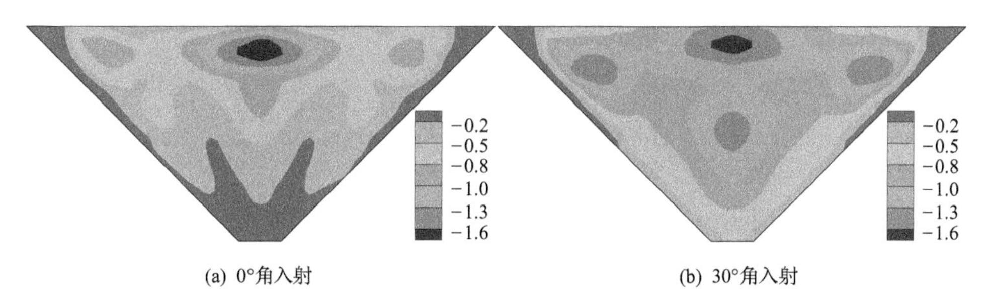

图 6.54　SV 波入射时面板沿坝轴向最大动压应力(拉为正,单位:MPa)

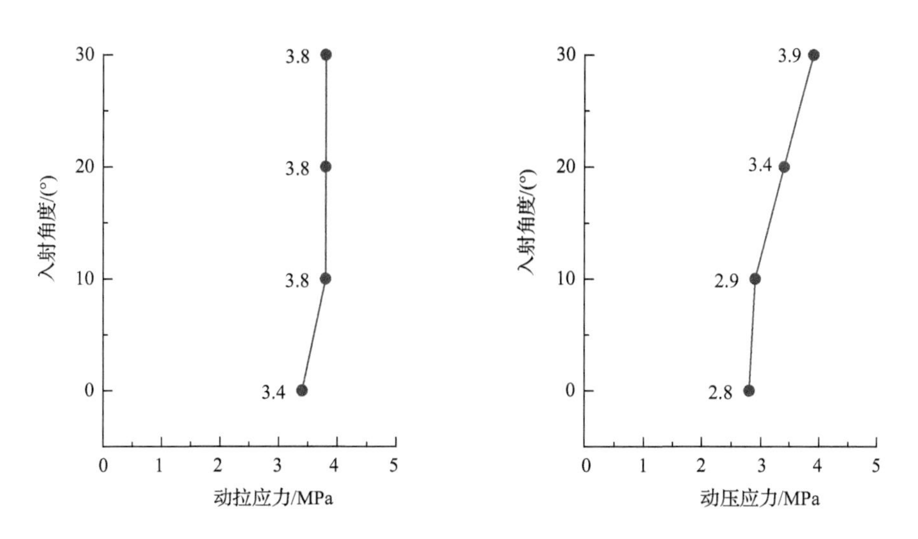

图 6.55　SV 波入射时面板顺坡向动应力极值与入射角度关系

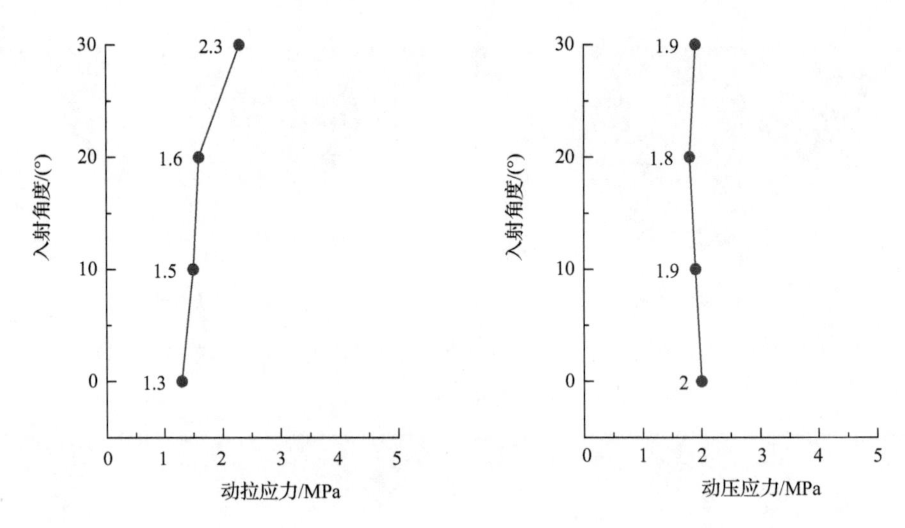

图 6.56 SV 波入射时面板坝轴向动应力极值与入射角度关系

3. P 波入射情况

考虑 P 波以 θ 角(0°、15°、30°、45°、60°和 75°)入射的 6 种工况,波动入射方向示意见图 6.57,$\theta=0°$即为垂直入射。

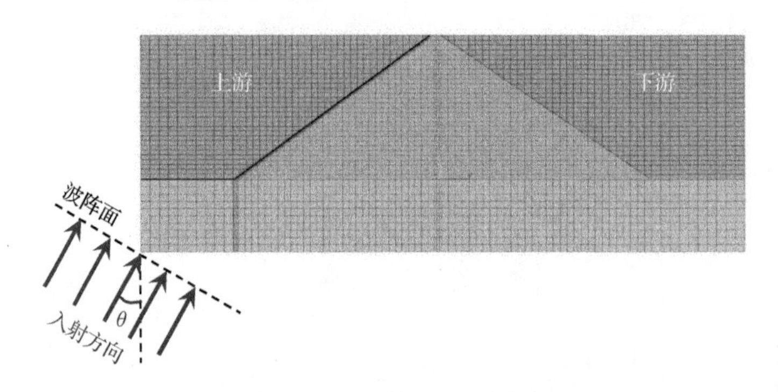

图 6.57 P 波入射方向示意图

图 6.58 和图 6.59 给出了面板顺坡向最大动应力分布,图 6.60 和图 6.61 给出了面板沿坝轴向最大动应力分布,通过对比可以看出,尽管结构和地震动输入的对称性使面板应力和加速度分布对称,但 P 波以 60°角倾斜入射时,坝体顺河向运动量明显增大,导致面板顺坡向动应力也有所增加,同时应力极值区域在高程上发生了变化。

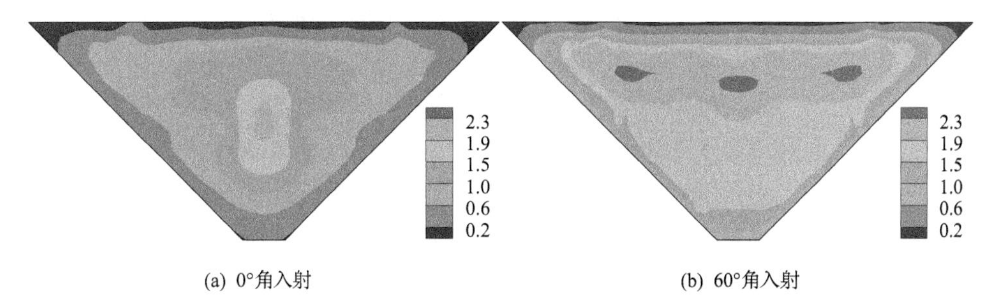

(a) 0°角入射　　(b) 60°角入射

图 6.58　P 波入射时面板顺坡向最大动拉应力(拉为正,单位:MPa)

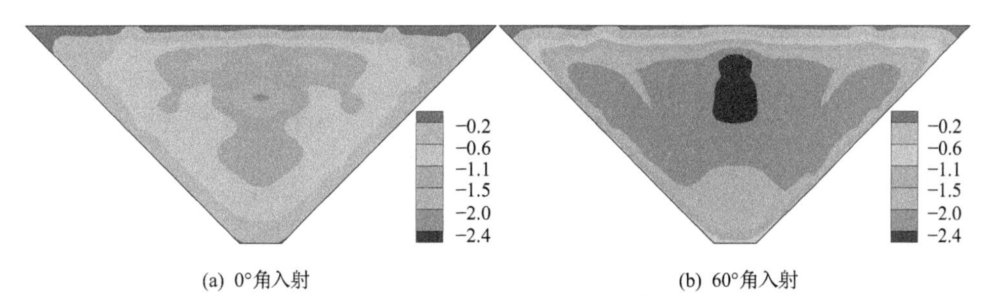

(a) 0°角入射　　(b) 60°角入射

图 6.59　P 波入射时面板顺坡向最大动压应力(拉为正,单位:MPa)

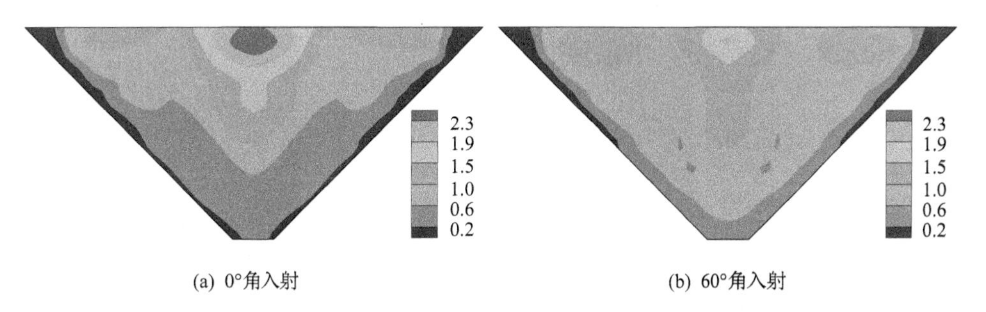

(a) 0°角入射　　(b) 60°角入射

图 6.60　P 波入射时面板沿坝轴向最大动拉应力(拉为正,单位:MPa)

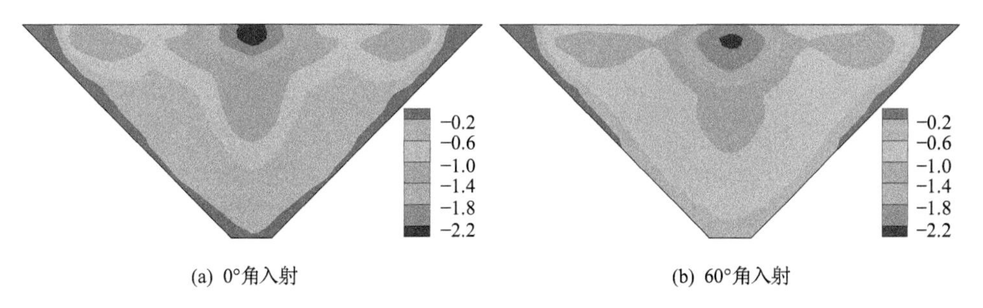

(a) 0°角入射　　(b) 60°角入射

图 6.61　P 波入射时面板沿坝轴向最大动压应力(拉为正,单位:MPa)

图 6.62 和图 6.63 分别给出了面板顺坡向和坝轴向动应力极值随 P 波入射角度的变化规律。可以看出，随着入射角度的增大，面板动应力的极值呈先减小后增加的趋势。入射角度较小时，坝体主要发生竖向振动，表现出面板坝轴向动应力极值较大；而入射角度较大时，坝体主要发生顺河向振动，表现出面板顺坡向动应力极值较大，表明入射角度对面板堆石坝的抗震安全影响应重点关注。

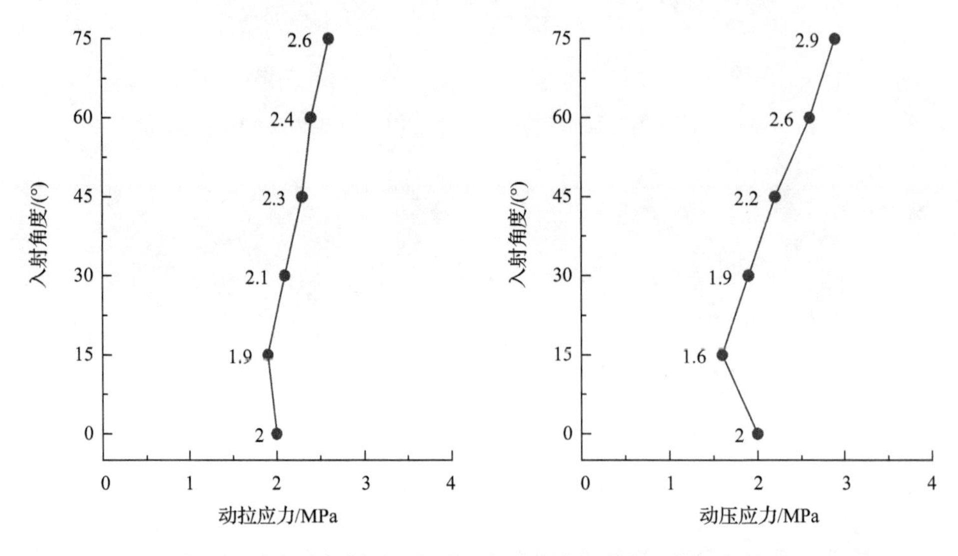

图 6.62　P 波入射时面板顺坡向动应力极值与入射角度关系

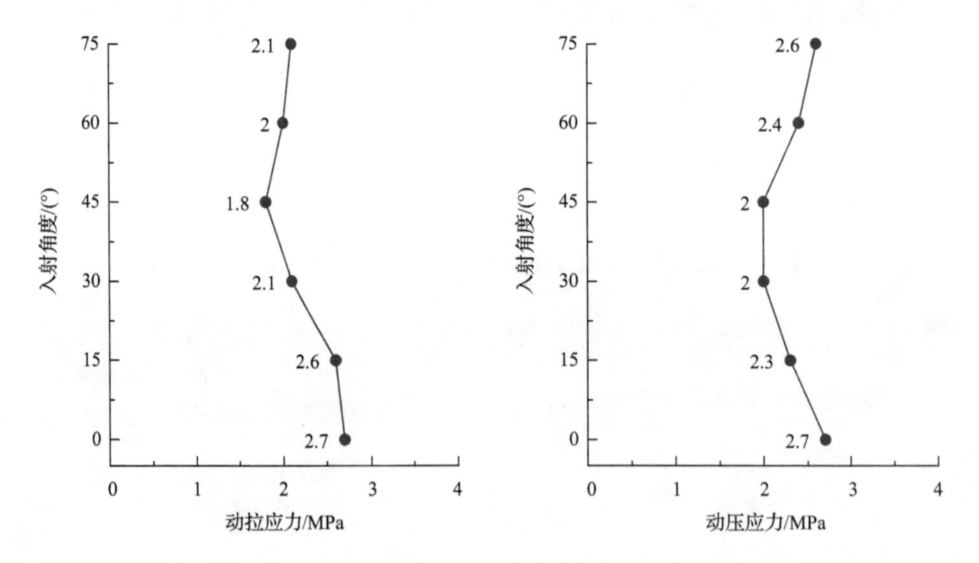

图 6.63　P 波入射时面板坝轴向动应力极值与入射角度关系

6.3 工程应用

结合两河口心墙堆石坝(最大坝高为295m),采用非一致地震波动输入方法研究坝体的动力反应,并综合考虑大坝-河谷-地基动力相互作用的影响。

6.3.1 工程概况

两河口水电站位于四川省甘孜州雅江县境内的雅砻江干流上,电站坝址位于雅砻江干流与支流鲜水河的汇合口下游约2km河段,下距雅江县城约25km,雅江县城内有318国道通过,从坝址经雅江沿318国道至成都的公路里程为536km。坝址控制流域面积为6.57万km^2,占全流域面积的48.3%左右,坝址处多年平均流量为670m^3/s。

两河口水电站为雅砻江中、下游的"龙头"水库,对整个雅砻江梯级电站的开发影响巨大。该电站的开发任务主要为发电。电站采用坝式开发,拦河大坝采用土心墙堆石坝型,最大坝高为295m。水库正常蓄水位为2865m,相应库容为101.54亿m^3,水库消落深度为80m,调节库容为65.6亿m^3,具有多年调节能力;电站装机容量为3000MW,多年平均发电量为114.91亿kW·h。

砾石土直心墙堆石坝坝顶高程为2875m,河床部位心墙底开挖高程为2580m,基底设2m厚混凝土基座,基座内设置帷幕灌浆廊道,最大坝高为295m(含2m厚基座);坝顶宽度为16m,上游坝坡坡比为1∶2.0,在2790m高程处设5m宽的马道;下游坝坡坡比为1∶1.9,在2815m、2755m、2655m高程处各设5m宽的马道。

挡水大坝为土质防渗体分区坝,坝体共分为防渗体、反滤层、过渡层和坝壳四大区。防渗体采用砾石土直心墙型式,坝壳采用堆石填筑,心墙与上、下游坝壳堆石之间均设有反滤层、过渡层。防渗心墙由下至上分为心墙A区、心墙B区和心墙C区;上游坝壳料下部为堆石Ⅱ区,上部为堆石Ⅰ区;下游坝壳料为堆石Ⅰ区,在堆石Ⅰ与过渡层之间设置堆石Ⅲ区。

大坝防渗心墙顶宽为6m,顶高程为2874m,心墙上、下游坡比均为1∶0.2,心墙底基座顶高程为2583m,顺河向宽度为153m,坝基混凝土基座上铺一层厚度为1m的高塑性黏土层。心墙上游设一层水平厚度为8m的反滤层,下游设两层水平厚度为6m的反滤层,上、下游反滤层坡比均为1∶0.2。上、下游反滤层与坝体堆石之间设置过渡层,过渡层顶高程为2865m,顶宽6.5m,上、下游坡比均为1∶0.4。

坝址河床覆盖层厚度较薄,实测最大厚度为12.4m,故将坝体建基面的河床覆盖层全部挖除。河床基础灌浆廊道结合心墙基座设置,断面宽度为3m,高度为4m。

通过地震危险性的概率分析,经国家地震局烈度鉴定委员会审定,工程场地地震基本烈度为7度,50年超越概率10%的基岩水平峰值加速度为137gal,50年超越概率为5%的基岩水平峰值加速度为182gal，100年超越概率2%的基岩水平峰值加速度为288gal。

工程挡水建筑物高度为300m量级，总库容超过100亿m^3，根据《水工建筑物抗震设计规范》(DL 5073—1997)的规定，工程壅水建筑物抗震设防类别为甲类。设计地震加速度代表值的概率水准，对壅水建筑物应取基准期100年内超越概率为2%，对非壅水建筑物应取基准期50年内超越概率为5%。

6.3.2　有限元模型及材料参数

有限元网格如图6.64所示，其中波动输入模型包含了部分岩性地基，地基底部和两侧设置了黏弹性人工边界。计算采用广义塑性模型，参数见表6.6～表6.8。

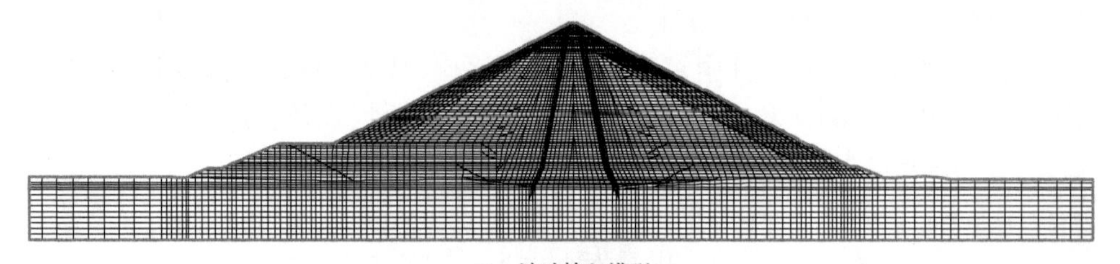

(a) 波动输入模型

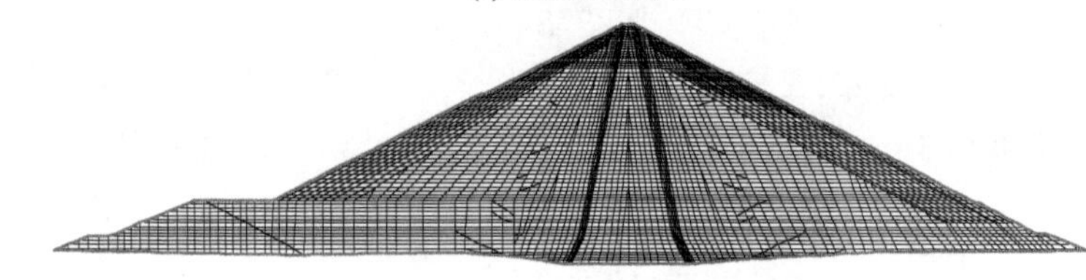

(b) 一致输入模型

图6.64　大坝有限元网格

表6.6　主堆石料广义塑性模型参数

G_0	K_0	m_s	m_v	M_g	M_f	α_f	α_g	
1200	1400	0.5	0.5	1.77	0.99	0.45	0.5	
H_0	m_l	β_0	β_1	H_{u0}	m_u	r_d	γ_{DM}	γ_u
900	0.4	24	0.045	3000	0.5	50	50	5

表6.7　反滤料广义塑性模型参数

G_0	K_0	m_s	m_v	M_g	M_f	α_f	α_g	
1200	1400	0.5	0.5	1.69	1.25	0.38	0.37	
H_0	m_l	β_0	β_1	H_{u0}	m_u	r_d	γ_{DM}	γ_u
1200	0.3	40	0.023	2000	0.5	50	60	10

表 6.8　心墙料广义塑性模型参数

G_0	K_0	m_s	m_v	M_g	M_f	α_f	α_g	
800	1000	0.3	0.3	1.25	1.21	0.01	0.01	
H_0	m_l	β_0	β_1	H_{u0}	m_u	r_d	γ_{DM}	γ_u
430	0.15	35	0.001	800	0.15	100	60	1

6.3.3　地震加速度时程

地震动输入采用100年内超越概率为2%的场地谱人工生成的地震波(图6.65)。顺河向峰值加速度为288gal,竖向峰值加速度取为顺河向的2/3。

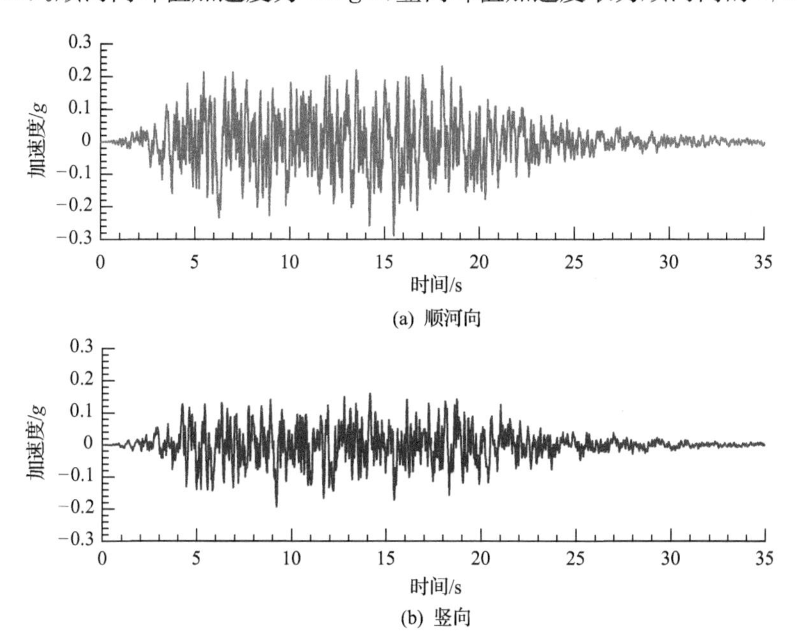

图6.65　100年内超越概率为2%的场地谱地震加速度时程

6.3.4　计算结果分析

图6.66～图6.69给出了坝体最大加速度分布。波动输入方法计算的坝顶顺河向加速度最大值为4.5m/s^2,竖向加速度最大值为3.2m/s^2;一致输入方法计算的坝顶顺河向加速度最大值为5.3m/s^2,竖向加速度最大值为4.6m/s^2。图6.70为不同地震动输入方法计算坝体中轴线加速度沿高程的分布。可以看出,由于波动输入方法考虑了坝基之间的相互作用和地基辐射阻尼,地震波动输入方法计算得到的坝顶加速度反应明显小于一致输入方法。

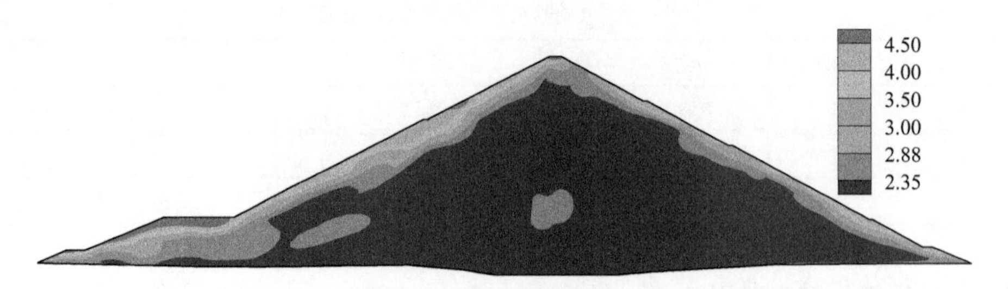

图 6.66　顺河向加速度(波动输入,单位:m/s^2)

图 6.67　竖向加速度(波动输入,单位:m/s^2)

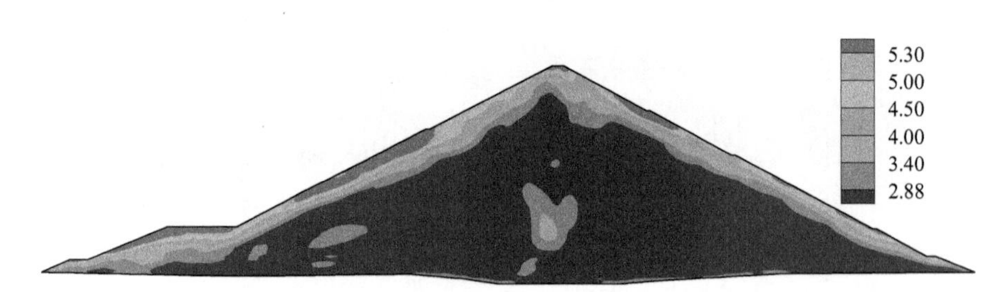

图 6.68　顺河向加速度(一致输入,单位:m/s^2)

图 6.69　竖向加速度(一致输入,单位:m/s^2)

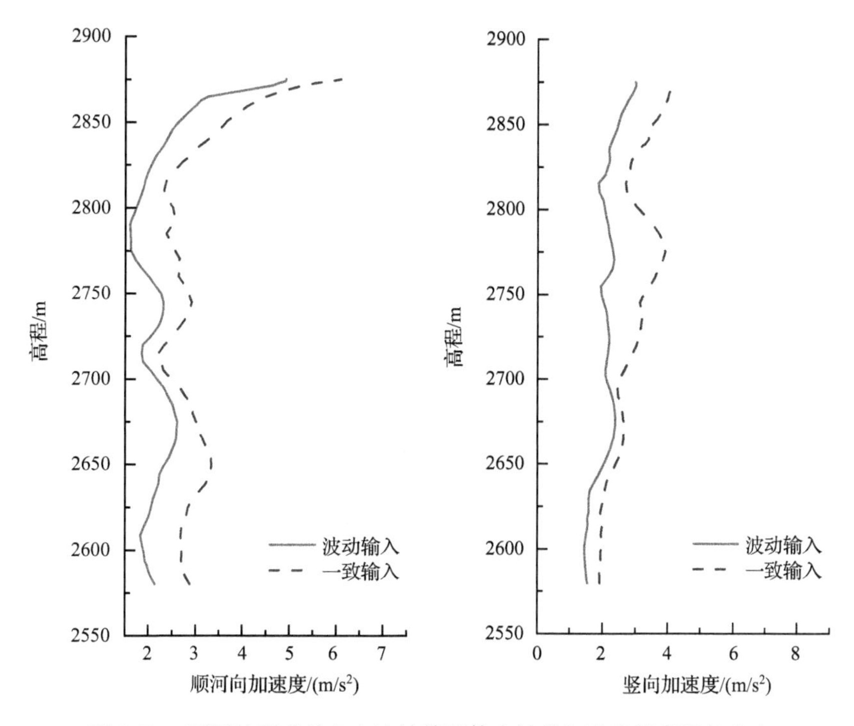

图 6.70　不同地震动输入方法计算坝体中轴线加速度沿高程的分布

参考文献

陈厚群. 2006. 坝址地震动输入机制探讨. 水利学报,37(12):1417-1423.

窦兴旺,夏颂佑,许百立. 2000. 人工边界法在土石坝动力分析中的应用. 河海大学学报,28(5):72-75.

杜修力,陈维,李亮,等. 2007. 斜入射条件下地下结构时域地震反应分析初步探讨. 震灾防御技术,2(3):290-296.

李建波,林皋,陈建云,等. 2005. 结构-地基动力相互作用时域数值计算模型研究. 地震工程与工程振动,25(2):169-176.

李炜,丁海平. 2009. 考虑土-结构相互作用的大跨度斜拉桥非线性地震反应分析. 防灾减灾工程学报,29(5):555-560.

廖振鹏. 1984. 近场波动问题的有限元解法. 地震工程与工程振动,4(2):1-14.

廖振鹏,黄孔亮,杨柏坡,等. 1984. 暂态波透射边界. 中国科学(A辑),26(6):50-56.

刘晶波,廖振鹏. 1992. 有限元离散模型中的出平面运动. 力学学报,24(2):207-215.

刘晶波,吕彦东. 1998. 结构-地基动力相互作用问题分析的一种直接方法. 土木工程学报,31(3):55-64.

刘晶波,王艳. 2006a. 成层半空间出平面自由波场的一维化时域算法. 力学学报,38(2):219-225.

刘晶波,王艳. 2006b. 弹性半空间二维出平面自由波场的一维化时域算法. 应用力学学报,2006,23(2):263-266.

刘晶波,王艳. 2007. 成层介质中平面内自由波场的一维化时域算法. 工程力学,24(7):16-22.

刘晶波,王振宇,杜修力,等. 2005. 波动问题中的三维粘弹性人工边界. 工程力学,22(06):46-51.

刘晶波，王艳，赵冬冬. 2009. 地震波斜入射时地铁盾构隧道的动力反应分析//第四届全国防震减灾工程学术研讨会，福州.

刘云贺，张伯艳，陈厚群. 2006. 拱坝地震输入模型中黏弹性边界与黏性边界的比较. 水利学报，37(6)：758-763.

卢华喜，梁平英，尚守平. 2008. 地基非线性波动问题中黏-弹性人工边界研究. 岩土力学，29(7)：1911-1916.

马行东，李海波. 2007. 地震波入射方向对地下岩体洞室动态响应的初步分析. 水力发电，33(1)：23-25.

王振宇，刘晶波. 2004. 成层地基非线性波动问题人工边界与波动输入研究. 岩石力学与工程学报，23(7)：1169-1173.

邹德高，徐斌，孔宪京. 2008. 边界条件对土石坝地震反应的影响研究. 岩土力学，29：101-106.

Clayton R，Engquist B. 1977. Absorbing boundary conditions for acoustic and elastic wave equations. Bulletin of the Seismological Society of America，67(6)：1529-1540.

Deeks A J，Randolph M F. 1994. Axisymmetric time-domain transmitting boundaries. Journal of Engineering Mechanics，120(1)：25-42.

Lysmer J，Kulemeyer R L. 1969. Finite dynamic model for infinite media. Journal of Engineering Mechanics Division，ASCE，95(4)：859-877.

Sommerfeld A. 1964. Partial Differential Equations in Physics(Lectures on Theoretical Physics Volume Ⅵ). New York：Academic Press.

Smith W D. 1974. A non-reflecting plane boundary for wave propagation problems. Journal of Computational Physics，15(4)：492-503.

Takahiro S. 2000. Estimation of earthquake motion incident angle at rock site//Proceedings of 12th World Conference Earthquake Engineering，Auckland.

Wong H L. 1982. Effects of surface topography on the diffraction of P，SV and Rayleigh waves. Bulletin of Seismological Society of America，72(4)：1167-1183.

第7章　高土石坝三维地震灾变模拟平台集成

目前已建、在建和拟建的高土石坝高度均已达到300m，双江口大坝高达314m，两河口、古水、马吉、如美及茨哈峡水电站坝高都接近或超过300m。这些高土石坝体型庞大、结构复杂、材料非线性强，完全依赖物理试验手段研究其地震灾变过程难度很大。常规振动台试验存在边界效应、相似性、应力水平低等诸多缺陷。尽管离心机振动台模型试验与常规振动台模型试验相比，可大幅提升模型的应力水平，但是目前世界上投入使用的离心机振动台的工作加速度一般在$50g$～$100g$，对于高土石坝等大型工程来说，即使按照1∶100的缩尺计算，模型尺寸、体积和质量仍远远超出现有离心机振动台工作能力的限制，且这些振动台试验能力很难进一步得到提高。

计算机数值模拟作为一种重要的科学研究手段，在土石坝抗震防灾方面得到日益广泛的应用。但传统的土石坝抗震软件仅适合非线性弹性问题，在材料强非线性、复杂地震动输入、多场耦合等方面进行了大量简化，且计算规模小、分析效率低，难以对强震作用下高土石坝动力灾变过程、耦合效应及其影响进行深入研究。

因此，课题组在自主开发的大型岩土工程静、动力分析软件GEODYNA的基础上，进一步综合筑坝材料强非线性、混凝土防渗体损伤分析方法、大坝-地基-库水动力相互作用以及精细化计算等方面的最新研究成果，实现了高土石坝的地震灾变全过程模拟，为准确评价大坝抗震性能、优化安全控制方法提供了有效的技术手段。

7.1　传统土石坝计算软件的框架

在传统的土石坝分析过程中，静力计算主要采用中点增量法，动力计算采用等价线性化方法，但是这两种方法在考虑非线性方面均不够严密。中点增量法不能使计算结果收敛于真实解，将产生一定的累计误差；等价线性化法是对地震动时间过程分多个时段，每个时段内是线弹性分析，不同时段间考虑刚度和阻尼变化来反映一定程度的材料非线性，属于经验的平均化方法，没有考虑强非线性。中点增量法和等价线性化方法难以互相兼容，一般只能在两个程序里分别实现，很难对静、动力统一分析，软件的维护困难，而且使用起来非常不方便。传统土石坝计算软件的框架如图7.1所示。

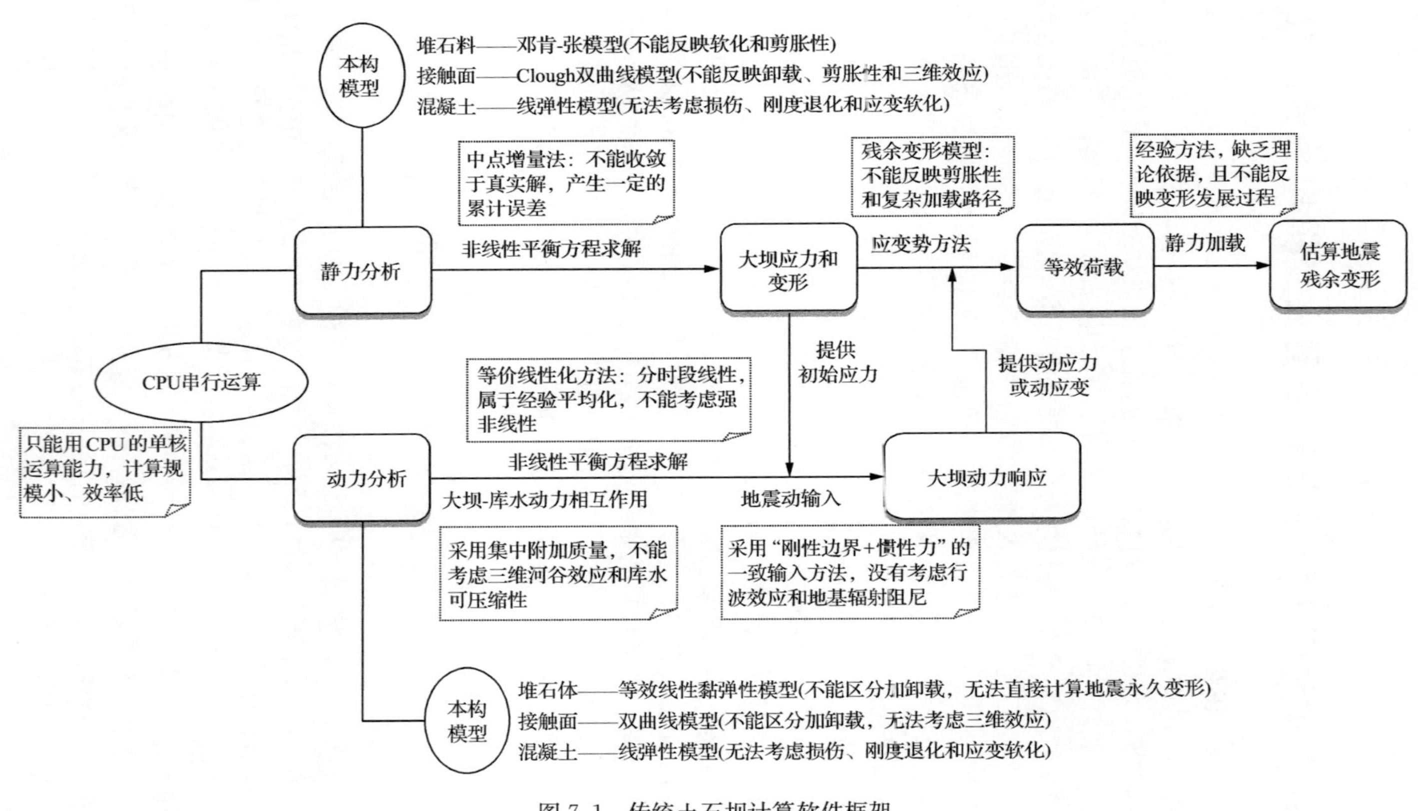

图 7.1　传统土石坝计算软件框架

在本构模型方面，传统的分析软件在分析静力和动力时也是不统一的。静力分析中，堆石料一般采用邓肯-张模型，该模型不能反映软化和剪胀性；接触面采用Clough双曲线模型，该模型不能反映卸载、剪胀性和三维效应；面板和防渗墙等混凝土材料采用线弹性模型，该模型没有考虑损伤、刚度退化和应变软化。动力分析中，堆石料一般采用等效线性黏弹性模型，该模型不能区分加卸载，无法直接计算地震永久变形；接触面采用动力双曲线模型，该模型不能区分加卸载，没有考虑三维效应；面板和防渗墙等混凝土材料采用线弹性模型，该模型难以模拟防渗体的地震破坏过程。

在地震动输入方面，采用“刚性边界＋惯性力”的一致输入方法，该方法没有考虑行波效应和地基辐射阻尼；在大坝-库水动力相互作用方面，采用集中附加质量，没有考虑三维河谷效应和库水可压缩性。

在地震永久变形分析方面，传统的软件需要先进行静力分析，得到大坝的震前应力，然后计算大坝的动力反应，根据静、动力计算结果采用应变势的经验方法估算大坝地震后的永久变形。该方法难以模拟高土石坝地震渐进破坏过程和破坏模式，不利于评价高土石坝的极限抗震能力和抗震效果。

在计算性能方面，传统的高土石坝分析程序均采用串行的设计方法，只能使用单核CPU的运算能力，浪费了系统资源，限制了计算效率和精度。

7.2　高土石坝地震灾变模拟软件集成

7.2.1　高性能计算技术

高土石坝地震灾变模拟分析时，计算面临的主要困难有如下三个方面：①结构规模大，需要求解自由度达上百万的方程组；②在材料进入非线性时需要进行复杂的本构积分运算；③计算步长都不能过大，而且每个时间步内都要重复进行方程组的求解和迭代。为克服这些困难，计算软件需要具有高速运算能力，因而研发高性能的有限元程序是非常迫切的。

1965年，摩尔(Moore)发现了这样一条规律：半导体厂商能够集成在芯片中的晶体管数量每18～24个月翻一番，这就是众所周知的摩尔定律。在过去的四十年中，摩尔定律一直引导着计算机设计人员的思维和计算机产业的发展，但由于器件物理极限的存在，计算机主频和器件密度不可能无限提高。因此，半导体制造厂商正致力于在单个基片上集成更多的执行核，而不是努力提升处理器的主频。Intel、IBM、Sun Microsystems以及AMD公司都推出了在单个芯片上集成多个执行核的微处理器产品，但这仅仅是一个开始，未来还会出现更多的多核处理器产品。可以预见,未来的计算平台可能都将采用多核结构(李宝峰等,2007)。

并行计算可以有效解决这个弊端,它能在合理的时间内满足精度要求并完成分析,课题组曾采用 OpenMP 模型将 GEODYNA 软件进行并行化,其速度得到大幅度提高(孔宪京和邹德高,2014)。

由于目前个人计算机或者小型服务器的 CPU 一般最多有几十个内核,当进行几百万自由度的非线性动力分析时,计算时间仍旧难以承受,研究者开始发展更加高效的计算技术。近年来,图形处理器 GPU 已大大超过摩尔定律的速度并高速发展。CPU 更适合任务处理和逻辑运算,而 GPU 则更适合数学运算,其浮点运算能力大大超过 CPU,且集成的内核多达几千个,具有强大的并行计算能力,基于 GPU 平台的高性能并行计算已经成为国内外研究的热点。2007 年,NVIDIA 公司发布的 CUDA 可以有效控制 GPU 进行编程。这种基于 GPU 的编程方法给作者解决并行计算问题提供了一种新的思路(李红豫等,2014)。

作者基于 CPU 多核并行版本的高土石坝地震灾变模拟软件,进一步开展了 CPU-GPU 异步并行计算平台研制。所谓 CPU-GPU 异构平台,是指由 CPU 和 GPU 两个不同的架构共同协同工作来解决同一个问题的计算平台。为了实现这个异构计算系统,作者采用了微软公司发布的 C++ AMP 开发环境(这个开发环境已经集成到 Visual Studio 2013 开发平台)。实际上,在 C++ AMP 之前已经有了两个异构编程框架:CUDA 与 OpenCL。因为 CUDA 与 OpenCL 比 C++ AMP 更接近硬件底层,所以前两者的性能更好,但 C++ AMP 的易编程性却要优于 CUDA 和OpenCL。与 C++ AMP 基于 C++ 语言特性直接进行扩展不同,OpenCL 是基于 C99 编程语言进行相关的修改和扩展,因此 C++ AMP 比 OpenCL 拥有更高层次的抽象,编程更加简单。在 CUDA 和 OpenCL 中,Kernels (运行在 GPU 上的代码)必须被封装成特定函数,而在 C++ AMP 中,代码看起来整洁的多:只需要使用 for 循环中内嵌的 Lambda 函数就能完成异构并行计算,而且它的内存模型也在一定程度上被大大简化了。从这点来看,C++ AMP 降低异构编程的编程难度,推进了异构编程的普及。

在大规模非线性有限元动力分析过程中,最为耗时的是方程组的求解,其次是单元等效刚度矩阵(包括刚度阵、阻尼阵、质量阵)、等效荷载向量的形成和本构模型的应力积分运算。因此,作者综合 CPU 和 GPU 的异构并行计算技术(图 7.2),对方程组求解部分采用 C++ AMP 实现了基于 GPU 的并行求解算法,对单元等效刚度矩阵和本构积分部分采用 CPU 的多核并行算法,使软件具备了 5000 万自由度的静力分析和 1000 万自由度的动力非线性时程分析能力,满足了 300m 级高土石坝施工期、运行期和地震全过程的高效、大规模精细化非线性分析的要求。

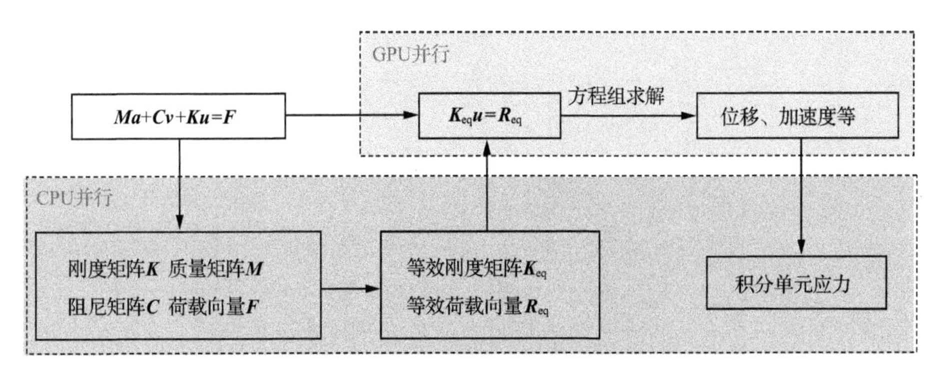

图7.2 CPU和GPU的异构并行框架

7.2.2 高土石坝地震灾变模拟软件框架

课题组自主研发和集成了高土石坝地震灾变全过程分析软件系统(分析框架如图7.3所示),其源代码近20万行,软件的特色和创新之处如下:

(1) 采用一致的命令输入方法、单元激活方法、应变势作用方法、时间积分方法、强度折减方法,综合填筑、开挖、湿化、蠕变、地震永久变形、固结、瞬态、稳定等静、动力分析过程,建立了大型土工构筑物统一分析的软件开发模型。

(2) 基于Visual Studio C++开发平台和MFC开发环境,采用类型抽象、继承、重载和多态等面向对象设计方法,对岩土工程有限元分析中的材料本构模型、孔隙水渗流模型、地震孔隙水压力模型、单元类型、荷载类型、求解器进行类型封装和设计,建立功能强大的岩土工程有限元分析模型的类库。

(3) 高土石坝地震灾变研究的最新成果,综合堆石料的广义塑性模型、混凝土的非线性本构模型、接触面的三维弹塑性模型、地震波动输入方法、大坝和库水耦合方法等高土坝地震灾变研究的最新成果,解决了高土石坝动力灾变全过程计算难题。

集成的地震灾变分析方法采用命令流的设计思路,格式简洁、使用方便、功能强大。

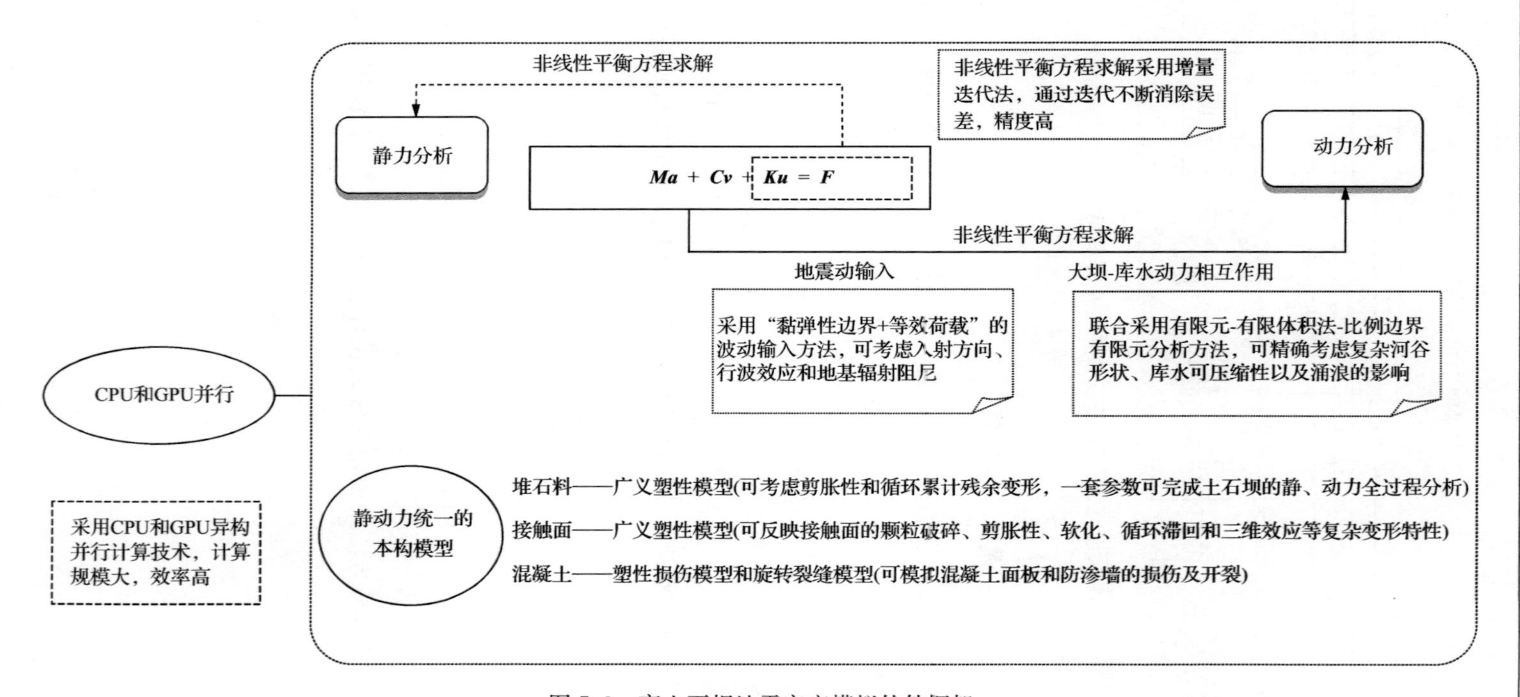

图 7.3　高土石坝地震灾变模拟软件框架

1. 弹塑性和非线性本构模型

1) 考虑颗粒破碎的状态相关堆石料广义塑性模型命令流

命令格式		说明
stress model = 25	//	模型编号25表示考虑颗粒破碎的状态相关堆石料广义塑性模型
code = x	//	x表示材料编号
name = x	//	x表示材料名称
Rho_s = x	//	x表示材料密度(kg/m³)
damping flag = x	//	x表示动力分析时阻尼参数
constant damping ratio = x	//	x表示动力分析时阻尼参数
Porosity = x	//	x表示材料孔隙率
G0 = x	//	x表示弹性相关参数
m = x	//	x表示弹性相关参数
wp_initial = x	//	x表示初始颗粒破碎相关参数
Mg = x	//	x表示临界状态相关参数
e_tao = x	//	x表示临界状态相关参数
lamda_c = x	//	x表示临界状态相关参数
Alfa = x	//	x表示塑性流动方向相关参数
ng = x	//	x表示塑性流动方向相关参数
nb = x	//	x表示塑性模量中加载及再加载相关参数
Hl0 = x	//	x表示塑性模量中加载及再加载相关参数
Beta = x	//	x表示塑性模量中加载及再加载相关参数
a = x	//	x表示颗粒破碎相关参数
b = x	//	x表示颗粒破碎相关参数
mf = x	//	x表示加载方向相关参数
rv = x	//	x表示应力历史相关参数
rd = x	//	x表示应力历史相关参数
void ratio = x	//	x表示初始孔隙比
End stress model	//	表示应力模型结束

2）三维广义塑性接触面模型命令流

命令格式		说明
stress model = 28	//	模型编号 28 表示三维广义塑性接触面模型
code = x	//	x 表示材料编号
name = x	//	x 表示材料名称
constant damping ratio = x	//	x 表示动力分析时阻尼参数
Ds0 = x	//	x 表示弹性相关参数
Dn0 = x	//	x 表示弹性相关参数
Mc = x	//	x 表示临界状态相关参数
lamda = x	//	x 表示临界状态相关参数
etao = x	//	x 表示临界状态相关参数
alfa = x	//	x 表示塑性流动方向相关参数
km = x	//	x 表示塑性流动方向相关参数
rd = x	//	x 表示塑性流动方向相关参数
Mf = x	//	x 表示加载方向相关参数
H0 = x	//	x 表示塑性模量中加载及再加载相关参数
kp = x	//	x 表示塑性模量中加载及再加载相关参数
fh = x	//	x 表示塑性模量中加载及再加载相关参数
pb_a = x	//	x 表示颗粒破碎相关参数
pb_b = x	//	x 表示颗粒破碎相关参数
pb_c = x	//	x 表示颗粒破碎相关参数
pb_d = x	//	x 表示颗粒破碎相关参数
e0 = x	//	x 表示初始孔隙比
thickness = x	//	x 表示接触面厚度
End stress model	//	表示应力模型结束

3）混凝土塑性损伤模型命令流

命令格式		说明
stress model = 24	//	模型编号 24 表示混凝土塑性损伤模型
code = x	//	x 表示材料编号
name = x	//	x 表示材料名称
constant damping ratio = x	//	x 表示动力分析时阻尼参数
E = x	//	x 表示初始弹性模量
Mu = x	//	x 表示材料泊松比

命令格式		说明
ft0 = x	//	x 表示单轴初始屈服抗拉强度
fc0 = x	//	x 表示单轴初始屈服抗压强度
fb0 = x	//	x 表示双轴初始屈服抗压强度
alfa = x	//	x 表示双轴和单轴抗压强度相关系数
beta = x	//	x 表示拉压强度相关系数
s0 = x	//	x 表示最小刚度恢复系数
alpha_p = x	//	x 表示材料剪胀系数
a_t = x	//	x 表示材料拉损伤相关参数
b_t = x	//	x 表示材料拉损伤相关参数
d_t = x	//	x 表示材料拉损伤相关参数
a_c = x	//	x 表示材料压损伤相关参数
b_c = x	//	x 表示材料压损伤相关参数
d_c = x	//	x 表示材料压损伤相关参数
End stress model	//	表示应力模型结束

4）混凝土共轴旋转裂缝模型命令流

命令格式		说明
stress model = 33	//	模型编号 33 表示混凝土共轴旋转裂缝模型
code = x	//	x 表示材料编号
name = x	//	x 表示材料名称
constant damping ratio = x	//	x 表示动力分析时阻尼参数
E = x	//	x 表示初始弹性模量
Mu = x	//	x 表示材料泊松比
Epsilon_t0 = x	//	x 表示受拉时初始开裂应变
Epsilon_tp = x	//	x 表示材料硬化的峰值拉应变
Sigma_tp = x	//	x 表示材料硬化的峰值拉应力
Epsilon_tu = x	//	x 表示极限拉应变
bt = x	//	x 表示受拉时卸载系数
alfa_t = x	//	x 表示受拉卸载的相关参数
Epsilon_cp = x	//	x 表示峰值压应变
Epsilon_cu = x	//	x 表示极限压应变
bc = x	//	x 表示受压时的卸载系数
alfa_c = x	//	x 表示受压卸载的相关参数

命令格式		说明
nu = x	//	x表示初始模量衰减系数
Epsilon0 = x	//	x表示材料受拉卸载相关参数
Sigma0 = x	//	x表示材料受拉卸载相关参数
ModelFlag = x	//	x表示区分普通混凝土和UHTCC的参数
s0 = x	//	x表示最小刚度恢复系数
End stress model	//	表示应力模型结束

2. 地震波动输入方法

1) 黏弹性人工边界单元参数设置

命令格式		说明
stress model = 14	//	模型编号14表示黏弹性人工边界单元模型
code = x	//	x表示材料编号
name = x	//	x表示材料名称
ct = x	//	x表示单位面积的切向阻尼系数
cn = x	//	x表示单位面积的法向阻尼系数
kt = x	//	x表示单位面积的切向弹簧系数
kn = x	//	x表示单位面积的法向弹簧系数
End stress model	//	表示应力模型结束

2) 非一致地震波动荷载设置

命令格式		说明
load = 16	//	荷载类型编号16表示非一致地震波动荷载
code = x	//	x表示荷载序号
Name = x	//	x表示荷载名称
WaveType = x	//	x表示入射地震波的类型,0为SV波,1为P波,2为SH波
inangle2 = x	//	x表示入射波传播方向与竖直方向的夹角
inanglex = x	//	x表示入射波传播方向在xoz平面内的投影与水平x轴的夹角(y为竖直方向)
load curve = x	//	x表示加速度时程曲线的编号
Rho = x	//	x表示边界单元相邻介质的密度
Mu = x	//	x表示边界单元相邻介质的泊松比
E = x	//	x表示边界单元相邻介质的弹性模量

命令格式		说明
x0 = x	//	x 表示入射波最先激励模型位置的 x 轴坐标
y0 = x	//	x 表示入射波最先激励模型位置的 y 轴坐标
z0 = x	//	x 表示入射波最先激励模型位置的 z 轴坐标
h = x	//	x 表示自由场地表到模型底部的高度
Object = x	//	x 表示等效节点荷载施加的节点数量，若 x 为大于 1 的整数，需在后面给出一列节点编号；通常设为 - 1，表示所有人工边界单元的内部节点均需施加
end load	//	表示荷载结束

3. 大坝-库水流固耦合分析方法

1) 附加质量超单元参数命令流

命令格式		说明
super element	//	附加质量单元
x y 0 z 0 0	//	x 表示单元号；y 表示单元类型；z 表示材料号
m	//	m 表示节点数，其下是相应的节点号列表
End super element	//	表示超级单元结束

2) 附加质量矩阵参数命令流

命令格式		说明
stress model = 29	//	模型编号 29 表示附加质量矩阵参数模型
code = x	//	x 表示材料编号
size = x	//	x 表示单元的自由度数，其下列出附加质量矩阵
End super element	//	表示超级附加质量模型结束

3) 可压缩库水动水压力荷载参数命令流

命令格式		说明
load = 12	//	荷载类型编号 12 表示可压缩库水动水压力荷载类型
code = x	//	x 表示荷载序号
name = x	//	x 表示荷载名称
Object = x	//	x 表示施加荷载的单元数，以下是单元列表
Node = x	//	x 表示施加荷载的节点数，以下是节点列表

命令格式		说明
begintime = x	//	x 表示施加荷载的起始时间
ImpulseResponseFile = x	//	x 表示脉冲响应函数数据文件名
End load	//	表示荷载结束

参 考 文 献

孔宪京,邹德高. 2014. 紫坪铺面板堆石坝震害分析与数值模拟. 北京:科学出版社.

李宝峰,富弘毅,李韬. 2007. 多核程序设计技术-通过软件多线程提升性能. 北京:电子工业出版社.

李红豫,滕军,李祚华. 2014. 基于 CPU-GPU 异构平台的高层结构地震响应分析方法研究. 振动与冲击, 33(13):86-91.

第8章　紫坪铺面板堆石坝静、动力弹塑性有限元分析

目前，土石坝的动力反应分析主要采用等效线性模型(Hardin and Drnevich，1972)，并在参数确定和计算程序开发方面积累了丰富的经验，计算得到的加速度反应在中等地震中基本合理，可以据此评价坝坡的稳定性。但等效线性模型不能直接得到大坝的地震永久变形，计算大坝的地震永久变形时需要借助滑动体分析方法(Newmark，1965)或基于应变势(Serff et al.，1976)的整体变形分析方法，此外，该方法在强震作用下的适用性还有待商榷。

弹塑性模型使用一套参数完成对高面板堆石坝的静、动力非线性分析，直接得到大坝的地震永久变形，一直是土石坝数值分析追求的目标之一，这样可以避免静、动力参数的不一致性，简化计算分析过程，且理论上更加严密。但对土石坝的三维弹塑性分析，尤其是动力分析方面往往面临诸多困难，如接触问题的处理、计算的稳定性和效率等。

近年来，作者课题组在这些方面取得了一定的进展，开发了土石坝三维静、动力统一的弹塑性分析平台，可完成土石坝的施工、蓄水及地震反应全过程的数值模拟。本章采用该分析软件平台，对紫坪铺面板堆石坝在汶川地震中出现的震害现象进行弹塑性数值分析，并根据数值计算结果，对大坝沉降、面板挤压破坏、面板施工缝错台和面板脱空等实际地震破坏现象进行模拟及对比分析(Xu et al.，2012；Zou et al.，2013；孔宪京等，2013；刘京茂，2015；Kong et al.，2016)。

8.1　紫坪铺大坝工程概况

紫坪铺水利枢纽是由四川水利水电勘测设计研究院主持设计的，其挡水建筑物为混凝土面板堆石坝(图8.1)。大坝的最大坝高为156m，坝顶长度为663.8m，坝顶宽度为12.0m，坝顶高程为884.0m。大坝上游坝坡坡度为1∶1.4(竖向∶顺河向)，下游坡面在高程840.0m以下坡度为1∶1.4，在高程840.0m以上坡度为1∶1.5。在下游坝坡高程840.0m和796.0m处均设有宽5.0m的马道。大坝正常蓄水位为877.00m，死水位为817.00m，汶川地震时库水位为828.65m。面板采用C25混凝土浇筑，面板顶部厚度为0.3m，底部厚度为0.85m，面板趾板最低建基高程728.00m。如图8.2所示，面板沿坝轴向编号依次为1#～49#，其中靠近两岸区域的面板宽度为8m(1#～10#、40#～49#)，中间面板宽度为16m (11#～

39#)。如图 8.3 所示,坝体主要由混凝土面板(Ⅰ)、垫层区(Ⅱ)(水平宽度 3m)、过渡区(ⅢA)(水平宽度 5m)、主堆石区(ⅢB)、次堆石区(ⅢC)、下游堆石区(ⅢD)及下游 1m 厚干砌石护坡(Ⅵ)组成。

图 8.1　紫坪铺面板堆石坝

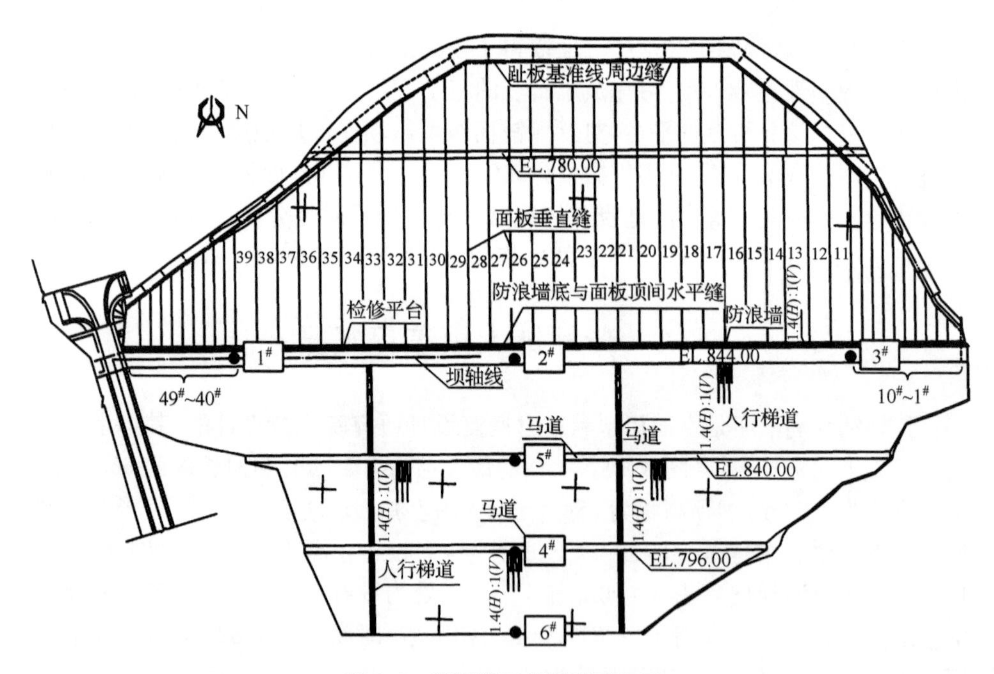

图 8.2　紫坪铺面板坝平面布置

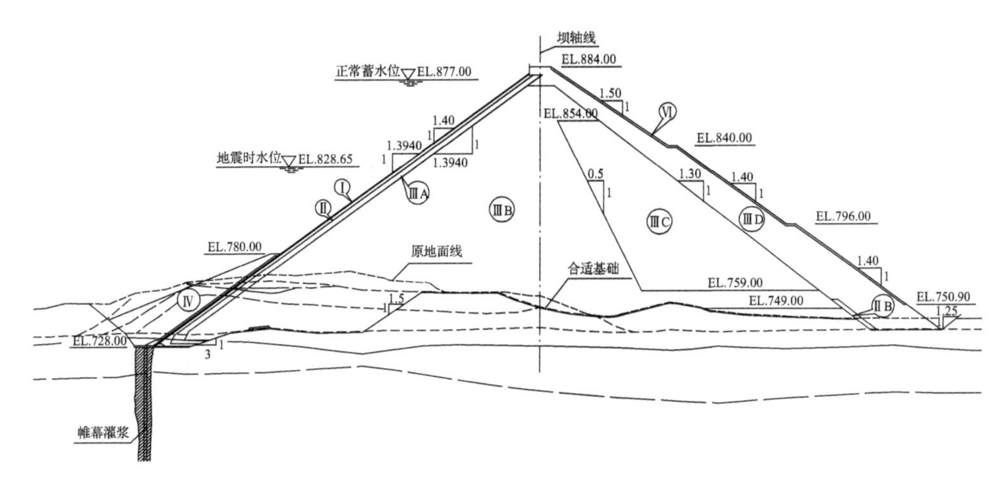

图 8.3　紫坪铺面板坝典型断面

8.2　紫坪铺面板坝有限元计算模型和堆石料参数反演分析

8.2.1　大坝有限元网格

如图 8.4 所示，采用作者课题组自主开发的"复杂河谷条件的土石坝三维网格自动生成软件 V1.0"DAMMESHER3D 生成了紫坪铺面板坝三维有限元网格。模型共有 24098 个单元，每层填筑厚度约 8m。面板和堆石均采用 8 节点等参实体单元。面板与垫层接触面、面板垂直缝及周边缝均采用三维 Goodman 单元。如图 8.3 所示，堆石材料分为垫层区、过渡区、主堆石区、次堆石区和下游堆石区。

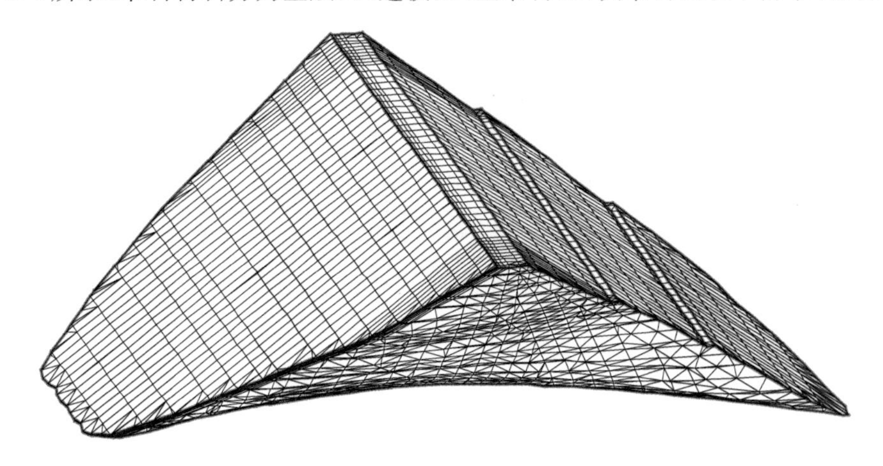

图 8.4　紫坪铺面板坝三维有限元网格

8.2.2　材料本构模型

1. 堆石料

采用考虑颗粒破碎的状态相关广义塑性模型模拟堆石料的变形特性。该模型将初始孔隙比作为模型输入参数，模型参数与孔隙比无关。这一特性可以较好地解决因室内试验和现场施工孔隙比不同而引起的模型参数差异的问题。

由于室内三轴试验缩尺效应较为显著，采用室内试验的结果很难反映大坝的沉降变形。Marachi 等(Marachi，1969；Marachi et al.，1972)对试验颗粒最大粒径达 152mm 的 Pyramid 大坝(人工开采的爆破料)和 Oroville 大坝(河床开挖的砂卵石)的筑坝堆石料进行了不同颗粒尺度的超大型三轴压缩试验，结果表明(相同密度条件下)：峰值强度随最大粒径的增大而减小，破坏时的轴向应变随着颗粒粒径的增大而增大，破坏时的体变随着颗粒粒径的增大而增大，颗粒尺寸越大的试样初始模量越低。因此，在紫坪铺堆石料室内试验的基础上，对考虑颗粒破碎的状态相关广义塑性模型一些参数的变化规律做了初步的认识：相同密度条件下，现场堆石料更容易发生剪缩，强度更低，临界状态线的位置在 e-lnp'(e 为孔隙比，p' 为有效平均主应力)空间中相对靠下。

采用作者课题组开发的有限元反馈分析程序进行了分析。该反馈分析程序有以下特点：①支持多种材料本构模型；②支持不同材料分区；③支持位移全时程分析；④框架明晰，便于植入其他反馈优化算法。本次反馈计算方法采用了粒子群优化算法。反馈分析由两个程序交互完成，反馈分析程序负责参数的优化，GEODYNA 程序负责有限元计算。

根据填筑和震后大坝 0+251 断面实测沉降，对紫坪铺筑坝堆石料本构模型参数进行反馈分析。次堆石区堆石料与其他分区有差异，所以次堆石区和其他分区的模型参数不同(表 8.1)。除次堆石区，其他分区采用的模型参数均一致，唯一的区别是孔隙比的差异。填筑后各个分区的孔隙比详见表 8.1，表 8.2 给出了紫坪铺筑坝堆石料弹塑性本构模型的反馈参数。

表 8.1　紫坪铺面板堆石坝坝料特性

材料分区	垫层区	过渡区	主堆石区	次堆石区	下游堆石区
材料类型	灰岩料	灰岩料	灰岩料	灰岩料和可用砂岩料	灰岩料
最大粒径/mm	100	300	800	800	1000
填筑后平均干密度/(t/m^3)	2.35	2.29	2.21	2.20	2.15
填筑后平均孔隙比 e	0.157	0.188	0.231	0.236	0.242

表 8.2　紫坪铺筑坝堆石料反馈模型参数

参数	G_0	ν	m	$\varphi_{cs}/(°)$	$e_{\tau 0}$	λ	α	k_m
室内试验	350	0.2	0.2	42.7	0.517	0.08	1.45	0
反馈主堆石	350	0.2	0.2	42.7	0.497	0.08	1.45	0
反馈次堆石	300	0.2	0.2	42.7	0.495	0.08	1.45	0
参数	k_p	H_0	β	a	b	m_f	r_v	r_d
室内试验	3	15	0.145	18.8	33535	0.2	3.5	15
反馈主堆石	3	38	0.040	18.8	33535	0.5	4.0	15
反馈次堆石	2	25	0.030	18.8	33535	0.5	4.0	15

2. 面板、趾板与垫层间界面模型

面板、趾板与垫层间的接触面采用本书中的三维广义塑性接触面模型。模型参数见表 3.2。

3. 面板和缝模型

面板采用线弹性模型，弹性模量 E 为 2.8×10^{10} Pa，泊松比 ν 为 0.167。面板垂直缝和周边缝压缩刚度取为 25000MPa/m，剪切刚度取为 1MPa/m。与文献中一致(Kong et al.,2011；周扬，2012)，在二、三期面板间设置水平施工缝，施工缝采用理想弹塑性模型进行模拟。混凝土的剪切强度采用李宏和刘西拉(1992)提出的计算公式：

$$\tau_0 = \frac{1}{2}\sqrt{f_c f_t}$$

C25 混凝土的抗压强度 f_c 和抗拉强度 f_t 分别等于 16.7MPa 和 1.78MPa，因此 C25 混凝土抗剪强度 τ_0 为 2.73MPa。Jensen(1975)的研究表明，在静力情况下施工缝剪切强度大约为整浇混凝土的 50%，动力情况下施工缝剪切强度还要下降约 60%，因此，施工缝剪切强度在静力和动力条件下分别等于 1.365MPa 和 0.545MPa。

8.2.3　填筑和蓄水过程

紫坪铺面板堆石坝大坝填筑、面板浇筑及蓄水进度如图 8.5 所示。大坝分三期进行填筑，面板分三期浇筑，一、二期面板浇筑顶部高程分别为 796.00m 和 845.00m。填筑完成后再进行蓄水。填筑具体过程如下(宋彦刚等，2006)。

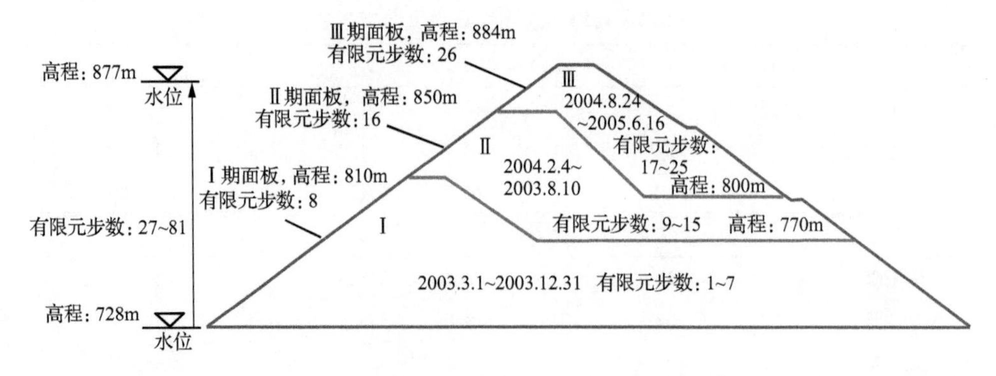

图 8.5　大坝施工填筑过程(宋彦刚等,2006)

1. 一期断面填筑期

紫坪铺面板堆石坝于 2003 年 3 月 1 日开始填筑,2003 年 10 月 4 日大坝一期填筑断面填筑至高程 771.0m,2003 年 10 月 4 日至 12 月 31 日期间,填筑范围在坝轴线上游侧,大坝自高程 771.0m 填筑到高程 810.0m,填筑高度为 39.0m。

2. 二期断面填筑期

二期断面填筑主要在距坝轴线 60.0m 上游侧的范围。大坝二期断面自 2004 年 2 月 4 日从高程 774.0m 开始填筑,2004 年 8 月 10 日填筑到高程 850.0m,填筑高度为 76.0m。

3. 三期断面填筑期

2004 年 8 月 24 日,大坝三期断面自高程 798.0m 开始向上填筑,2005 年 1 月 29 日填筑到高程 850.0m,填筑高度为 52.0m。2005 年 2 月初,大坝自高程 850.0m 开始全断面填筑,2005 年 6 月 16 日填筑到高程 880.0m,填筑高度为 30.0m。

蓄水过程如下:汶川地震时紫坪铺面板堆石坝的水位约为 828.7m,并且震前历史最高水位达到正常蓄水位 877m。按图 8.6 所示的大坝蓄水时间过程进行蓄水分析。蓄水过程的有限元步数为 27～81,其中 52 步为大坝初次满蓄时有限元步数,71 步对应汶川地震时紫坪铺面板堆石坝实际水位,81 步对应震后再次满蓄时水位。

8.2.4　汶川地震过程

动力分析时,采用 Westergaard(1933)提出的附加质量法考虑面板上的动水压力。汶川地震时地震台网未能测到紫坪铺面板堆石坝坝址基岩的地震加速度时

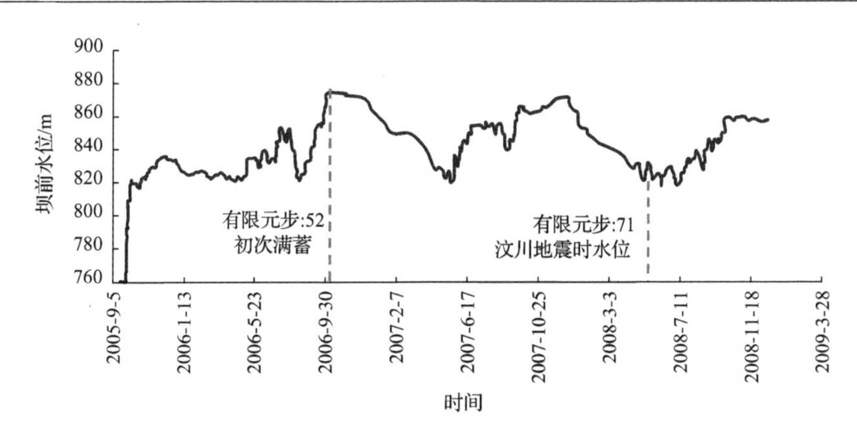

图 8.6　蓄水过程中大坝水位和时间的变化曲线(孔宪京和邹德高,2014)

程。孔宪京等(2012)从工程地震角度,论证了茂县地办台站的主震记录为紫坪铺面板坝在汶川地震中的地震动输入,地震波时程如图 8.7 所示。图 8.8 为加速度

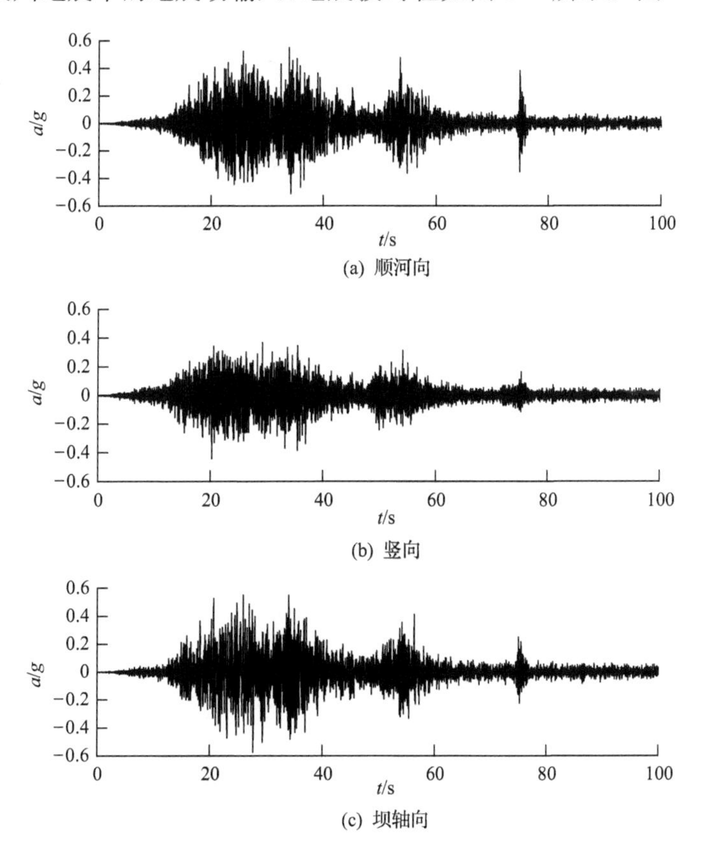

图 8.7　茂县地办基岩实测地震动(孔宪京等,2012)

放大倍数反应谱。动力分析时的顺河向、竖向和坝轴向峰值加速度分别调整为 0.55g、0.37g(顺河向峰值的 2/3)和 0.55g。

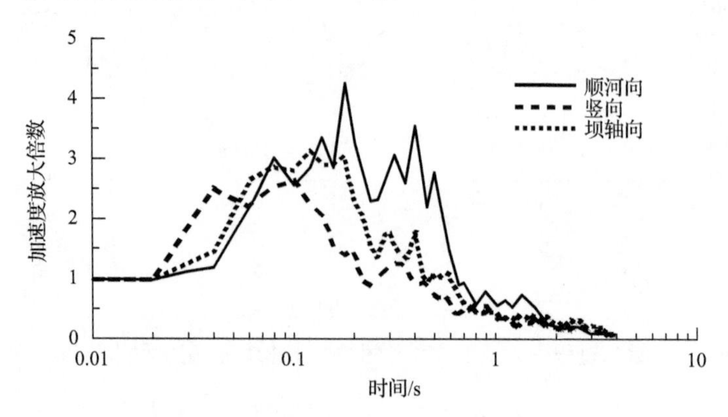

图 8.8 茂县地办基岩实测地震动加速度放大倍数反应谱(孔宪京和邹德高,2014)

8.3 紫坪铺面板堆石坝填筑分析

紫坪铺筑坝堆石料的填筑质量较好,填筑完成后实测大坝的最大沉降为 88.4cm(包括河床保留的厚度约为 10m 的砂卵石层的变形)(吴成根,2006)。填筑完成后的最大沉降量与坝高之比为 0.56%,对高坝来讲,坝体的沉降较小,坝体施工质量是优良的。

有限元分析时,填筑过程与实际施工过程基本一致。图 8.9 给出了填筑后0+251 和 0+371 断面实测和数值模拟的竖向沉降图。在高程为 820m 和 850m 时,反馈参数数值分析的沉降与实测沉降吻合较好,但高程在 760m 和 790m 时,反馈参数数值分析的沉降和实测沉降有较大的差异,数值分析的沉降明显偏小,并且两

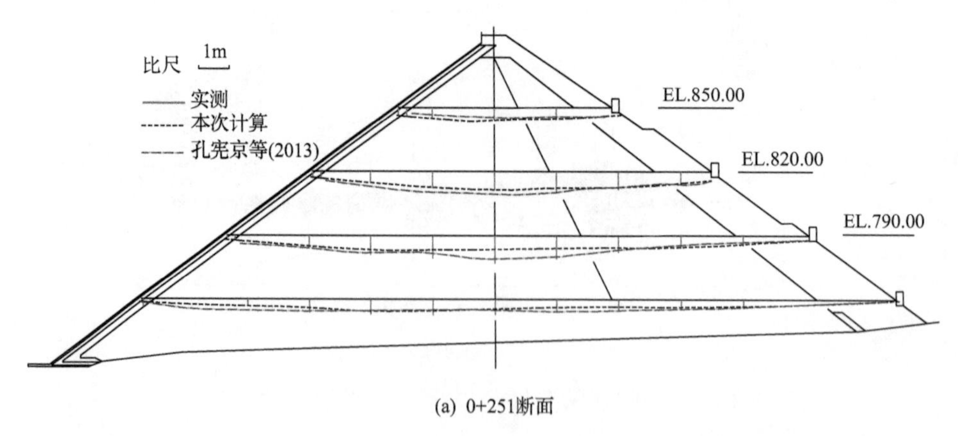

(a) 0+251断面

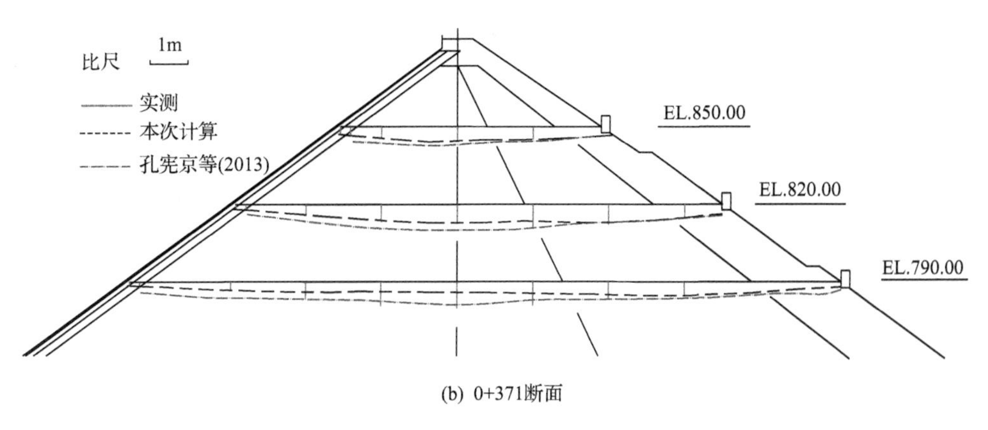

(b) 0+371断面

图 8.9　填筑后典型断面实测和数值分析沉降

处沉降数值较难与反馈计算的沉降同时吻合，这可能与反馈计算没有考虑蠕变有关(沈珠江，1994a，1994b)。反馈分析计算得到的顺河向最大位移为 0.08cm(向上游)和 0.16m(向下游)，最大沉降为 0.58m。图 8.9 还给出了 2013 年作者课题组采用改进的堆石料广义塑性模型计算的结果。

8.4　汶川地震下紫坪铺面板堆石坝动力分析

对汶川地震时紫坪铺面板堆石坝是否考虑错台两种情况(WL828.7m，WL 表示动力分析时大坝水位，有限元 71 步)进行了数值分析。计算表明，是否考虑错台对紫坪铺面板堆石坝的地震加速度反应和地震残余变形没有影响。同时还对震前库水满蓄的情况(WL877.0m，有限元 81 步)进行了数值分析。首先探讨了震前水位对坝体加速度和残余变形的影响，然后着重分析了面板错台和震前水位对面板脱空的影响。

8.4.1　加速度

图 8.10 给出了坝体 0+251 断面地震过程中最大加速度分布。图 8.11 给出了 0+251 断面中轴线顺河向和竖向加速度放大倍数随坝高的变化规律。WL828.7m 和 877.0m 工况下顺河向加速度的分布和量值差别较小，竖向加速度的分布和量值在 1/2 坝高以上差别较明显，WL877.0m 工况下的坝体竖向加速度更大。如图 8.11 所示，WL828.7m 工况下坝顶的顺河向和竖向加速度放大倍数分别为 1.56 和 1.59，WL877.0m 工况下坝顶的顺河向和竖向加速度放大倍数分别为 1.52 和 1.99。

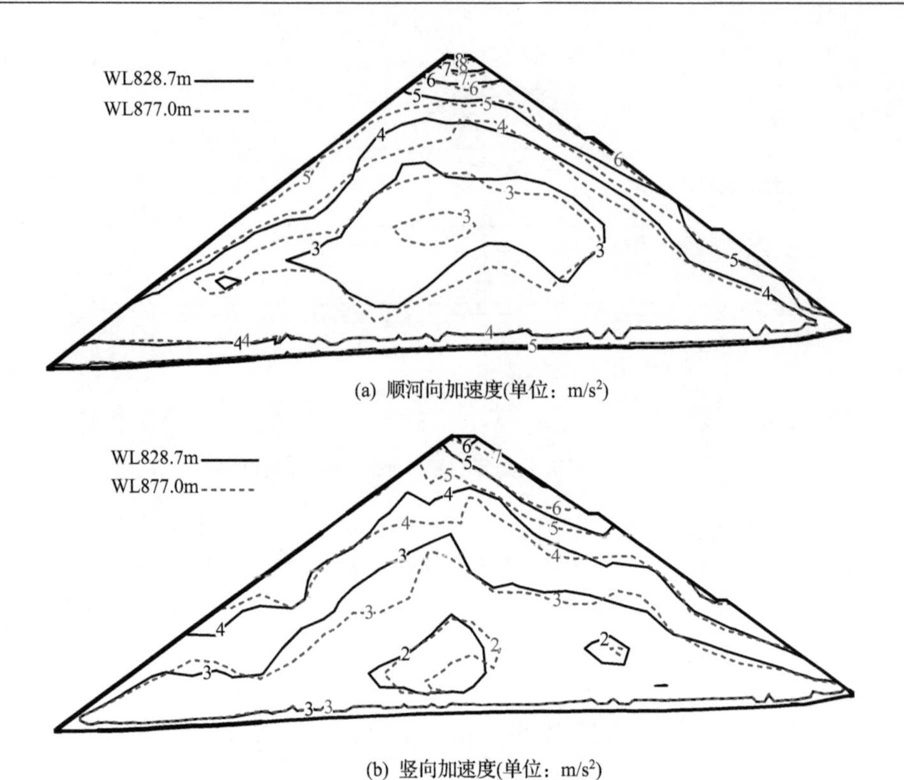

图 8.10　坝体 0+251 断面最大加速度分布

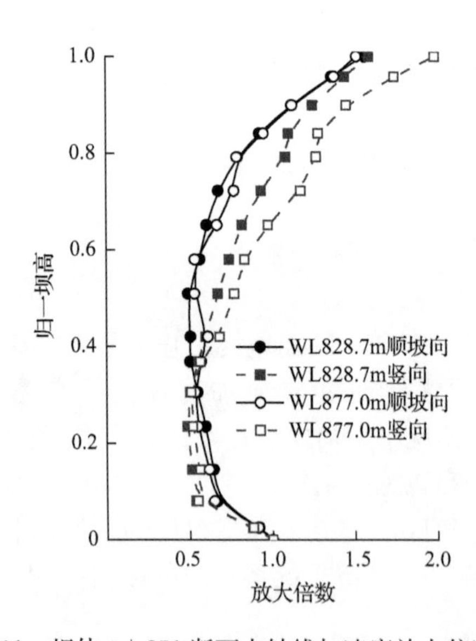

图 8.11　坝体 0+251 断面中轴线加速度放大倍数分布

图8.12给出了1989年美国Loma Prieta地震以及之前若干地震中一些土石坝实测的顺河向坝顶和坝基地震响应结果(Harder et al.,1991)。坝基地震加速度较小时,坝顶平均加速度放大系数在2倍以上,但当坝基加速度为0.5g左右时,坝顶平均加速度放大系数接近1.0。由于土石料的强非线性,随着激励加速度的逐步增大,加速度沿坝高的分布逐步趋于均匀。因此,计算的紫坪铺面板堆石坝坝顶的顺河向加速度放大倍数符合一般规律,与作者课题组采用改进的堆石料广义塑性模型计算的结果是基本一致的(孔宪京和邹德高,2014)。

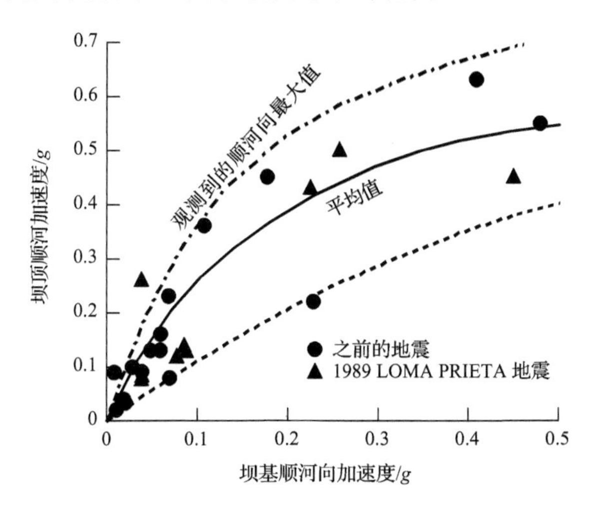

图8.12 美国若干土石坝实测坝顶和坝基响应(Harder et al.,1991)

8.4.2 大坝变形

汶川地震后紫坪铺面板堆石坝出现了明显的残余变形。图8.13给出了震后0+251断面实测沉降图。其中,高程为850m的竖向沉降高达0.81m。同时,震后

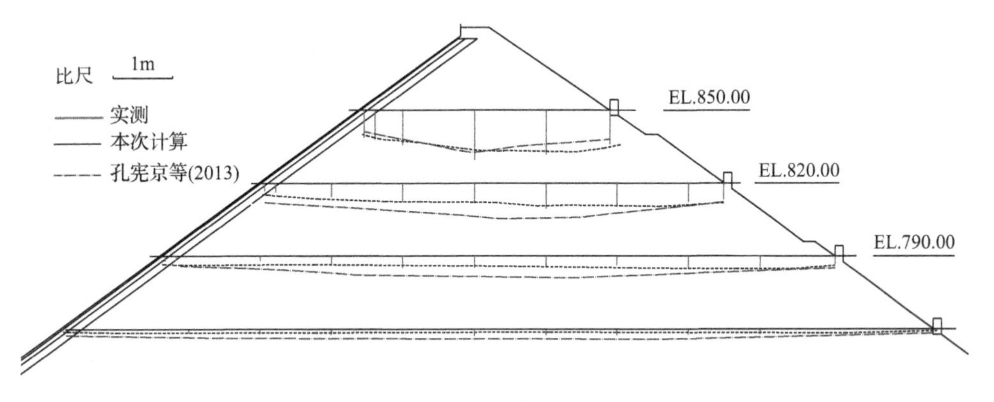

图8.13 震后竖向沉降实测和计算对比

钻孔观测结果表明，路面与坝顶土体存在约200mm的脱空（陈生水等，2008）。陈生水等(2008)据此推算汶川地震导致紫坪铺面板堆石坝最大竖向沉降约为1m。

图8.13给出了0+251断面实测竖向沉降和WL828.7m工况下数值模拟的结果对比，实测和数值模拟的沉降量值和规律均吻合较好，在坝顶的竖向沉降较大，在坝底部沉降变形较小。相比作者之前采用改进的堆石料广义塑性模型计算的结果，本次计算的坝体沉降能更好地反映汶川地震后紫坪铺大坝竖向沉降的变形规律。

图8.14给出了0+251断面竖向沉降和顺河向位移的等值线图。WL828.7m和WL877.0m两种工况下计算的坝体竖向沉降分布规律是基本一致的，但WL877.0m工况下坝顶区沉降明显偏大。WL828.7m和WL877.0m两种工况下计算的坝体顺河向位移分布规律差别较大，WL877.0m工况下坝顶区整体向下游变形的趋势明显大于WL828.7m的情况。

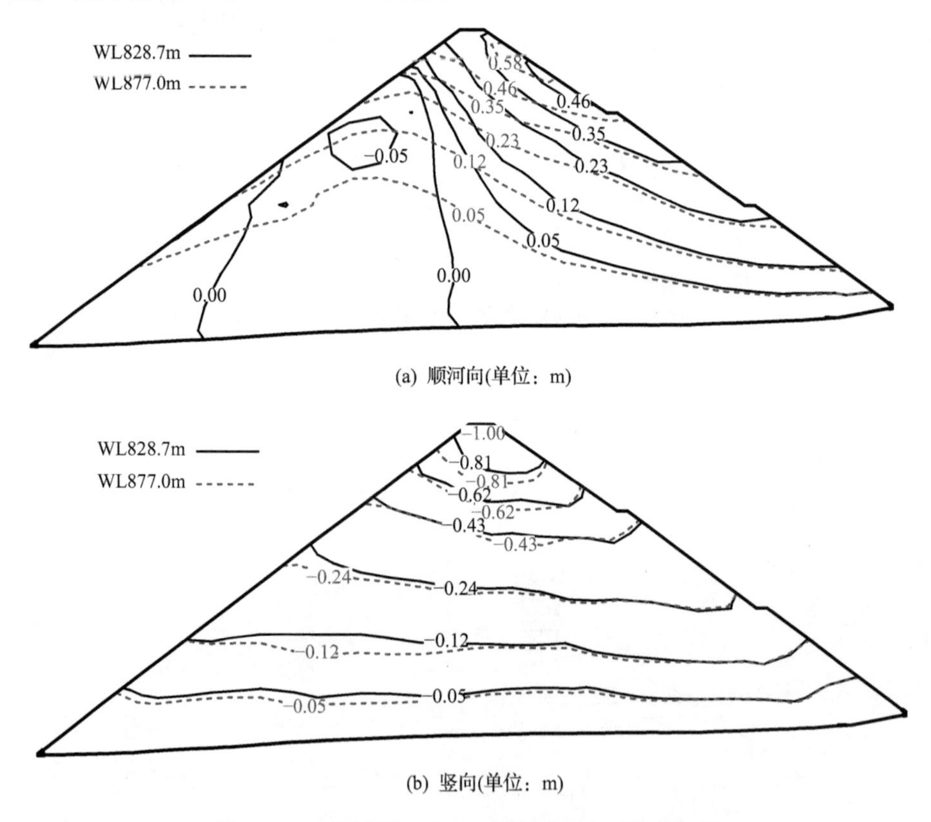

(a) 顺河向(单位：m)

(b) 竖向(单位：m)

图8.14 震后坝体0+251断面残余变形等值线图

在0+251断面，WL828.7m工况下最大沉降约为0.92m，最大顺河向位移约为0.48m，WL877.0m工况下最大沉降约为1.00m，最大顺河向位移约为0.60m。

如图 8.15 所示，WL828.7m 和 WL877.0m 两种工况下计算得到的坝顶区域节点位移时程的规律是一致的。地震过程中，大坝变形是不断积累的，竖向沉降逐渐增大，顺河向位移逐渐向下游发展，当地震加速度衰减后大坝变形逐渐稳定。但 WL877.0m 计算的顺河位移和竖向沉降均明显的大于 WL828.7m 的情况。

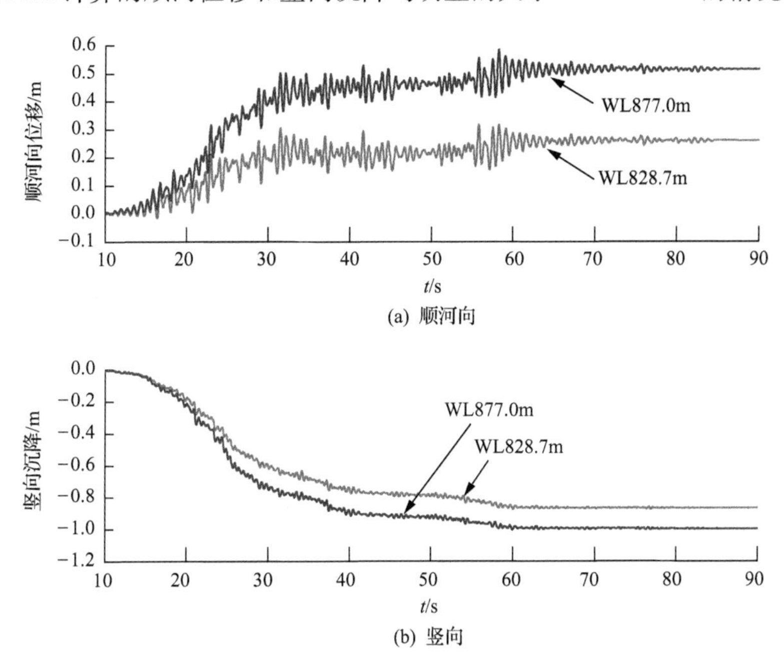

图 8.15　坝顶典型节点地震变形时程

8.4.3　面板与垫层间脱空

1. 紫坪铺面板脱空概况

Cogoti 面板堆石坝在 1943 年的地震后，坝顶附近面板出现了悬空外露的情况(Arrau et al.,1985；韩国城和孔宪京，1995)。Kong 和 Liu(2002)采用的非连续变形分析方法(DDA)的数值分析表明，地震荷载条件下坝顶区面板与垫层间也容易发生脱空。脱空后面板失去堆石的支撑，可能会使面板出现不利的工作状态。室内振动台试验表明，地震荷载下面板顶部可能会出现弯曲性裂缝(孔宪京，2015)。

汶川地震后紫坪铺面板堆石坝发生了较大的沉降。震后实测表明，紫坪铺面板堆石坝面板与垫层间存在明显的脱空。根据脱空计观测资料和补打的 75 个坝面取芯成果，测得紫坪铺面板脱空的主要情况(陈生水等，2008)如下。

(1) 大坝左岸 845m 高程以上三期面板与垫层间发生了较大范围的脱空。

(2) 右岸三期面板 880m 高程以上全部脱空，检测最大值达 23cm。

(3) 三期面板脱空面积约占三期面板总面积的55%。

(4) 大坝左肩区域二期面板顶部发生了局部脱空，检测最大值为7cm。

由于震后二、三期面板施工缝处发生了错台，所以震后测量的面板脱空分布和量值受错台的影响较大。如图8.16所示，5# ～12# 面板错台量为15～17cm，14# ～23# 面板错台量为12～15cm，30# ～42# 面板错台量为2～9cm。图8.17为二期与三期面板之间错台的实拍照片，三期面板底部也出现了脱空。

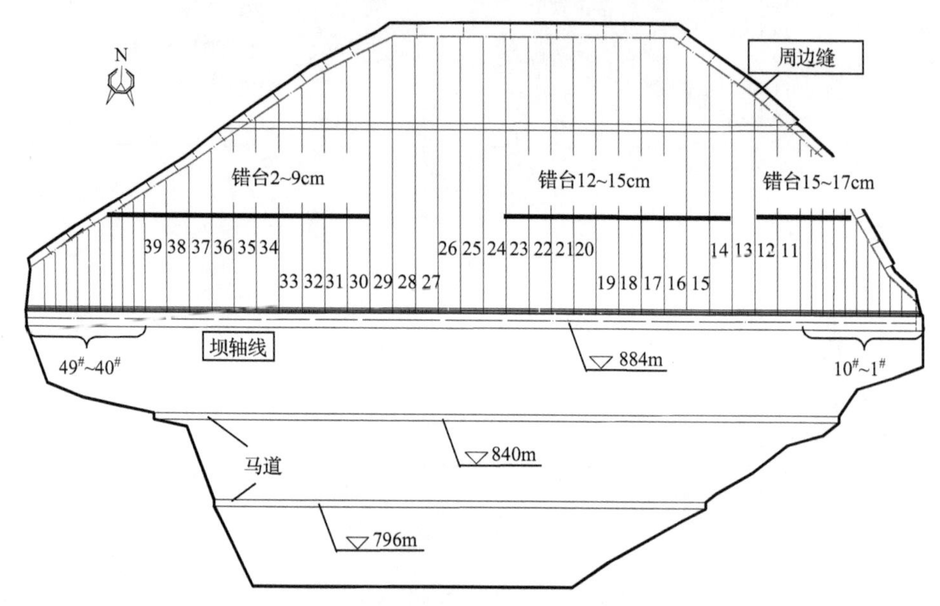

图8.16　紫坪铺面板坝面板错台分布

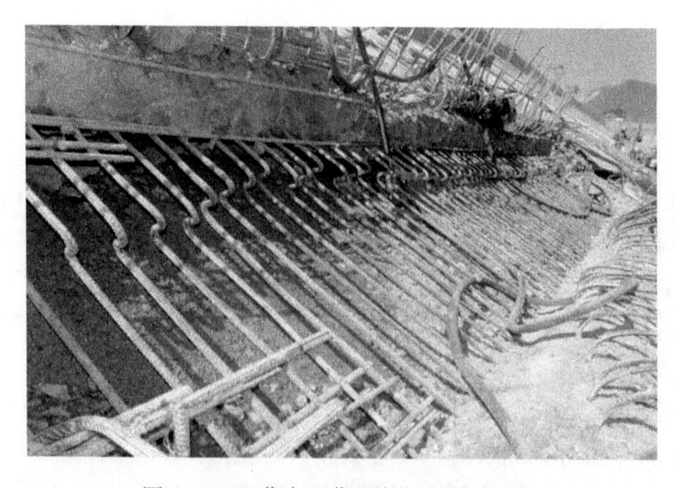

图8.17　二期与三期面板间的错台现象

2. 面板与垫层脱空机理及影响因素

1）错台对面板脱空的影响

对是否考虑面板错台两种工况进行了数值模拟。图 8.18 为计算的二、三期面板错台的情况，错台量最大为 10.7cm。

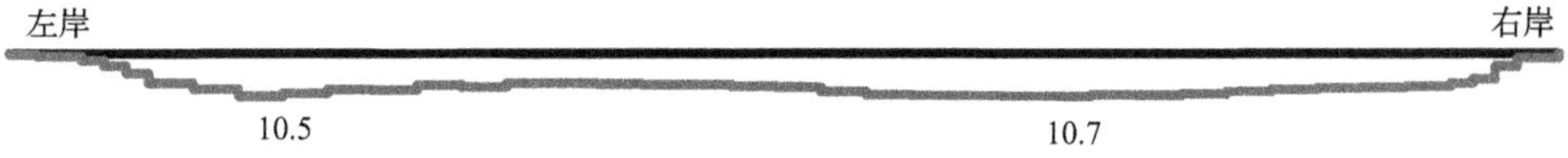

图 8.18　面板错台量(单位：cm)

图 8.19(a)和图 8.19(b)分别给出了不考虑错台情况下地震后面板脱空区域和量值的分布图。面板脱空区域主要集中在三期面板的顶部，一、二期面板没有发生脱空。面板最大脱空位于右岸三期面板顶部，最大脱空量 h 约为 30cm。图 8.19(c)给出了不考虑错台情况下地震后坝顶区域面板与堆石体的相对变位图。面板和垫层间的脱空与土体变形、面板刚度有密切的关系。地震荷载下坝顶土体产生竖向沉降和指向下游的顺河向水平位移，但由于面板的刚度较大，不能与坝顶土体协调变形，因此产生了面板与垫层张开的情况。如图 8.19(c)所示，脱空后面板失去了堆石的支撑，面板处于悬臂的不利状态。脱空后面板的支撑点更靠近二、三期面板施工缝位置，可能会加剧地震中错台的发生。

图 8.20(a)和图 8.20(b)分别给出了考虑错台情况下地震后面板脱空区域和量值的分布图。考虑错台情况下，震后面板脱空区域主要集中在三期面板的顶部，并且二、三期面板交界处也发生了明显的脱空现象，这与紫坪铺面板堆石坝震后实测结果是一致的。三期面板的脱空区域约占三期面板总面积的 56.4%，略大于震后实测的 55%。面板最大脱空也位于右岸三期面板顶部，最大脱空量约为 15cm，比实测结果 23cm 要小。图 8.20(c)给出了考虑错台情况下地震后坝顶区域面板与堆石的相对变位图。比较图 8.19 和 8.20 可知，二期面板顶部和三期面板底部出现的较大面板脱空是由于错台后面板在施工缝位置约束减弱造成的。

图 8.21 给出了坝顶右岸区域 *I-A* 位置(脱空量最大区域)的面板脱空量 h 的时程变化。如图 8.21 所示，两种工况下单元 *I-A* 位置的面板在张开后一直处于脱空状态，随着地震的进行脱空量是逐渐增大的，并在地震后期逐渐稳定。不考虑错台情况下的单元 *I-A* 位置的面板脱空量始终大于考虑错台的情况。

图 8.22(a)给出了二期面板顶部 *I-B* 位置(0+210 断面)的面板脱空量 h 的时程变化。不考虑错台情况下，*I-B* 位置的面板在地震初期的地震加速度较大时发生了少量的脱空，但震后处于闭合状态[图 8.19(a)]。考虑错台情况下，地震过程中 *I-B* 处的面板有明显的脱空，且错台情况下 *I-B* 处的面板脱空量要明显大于不

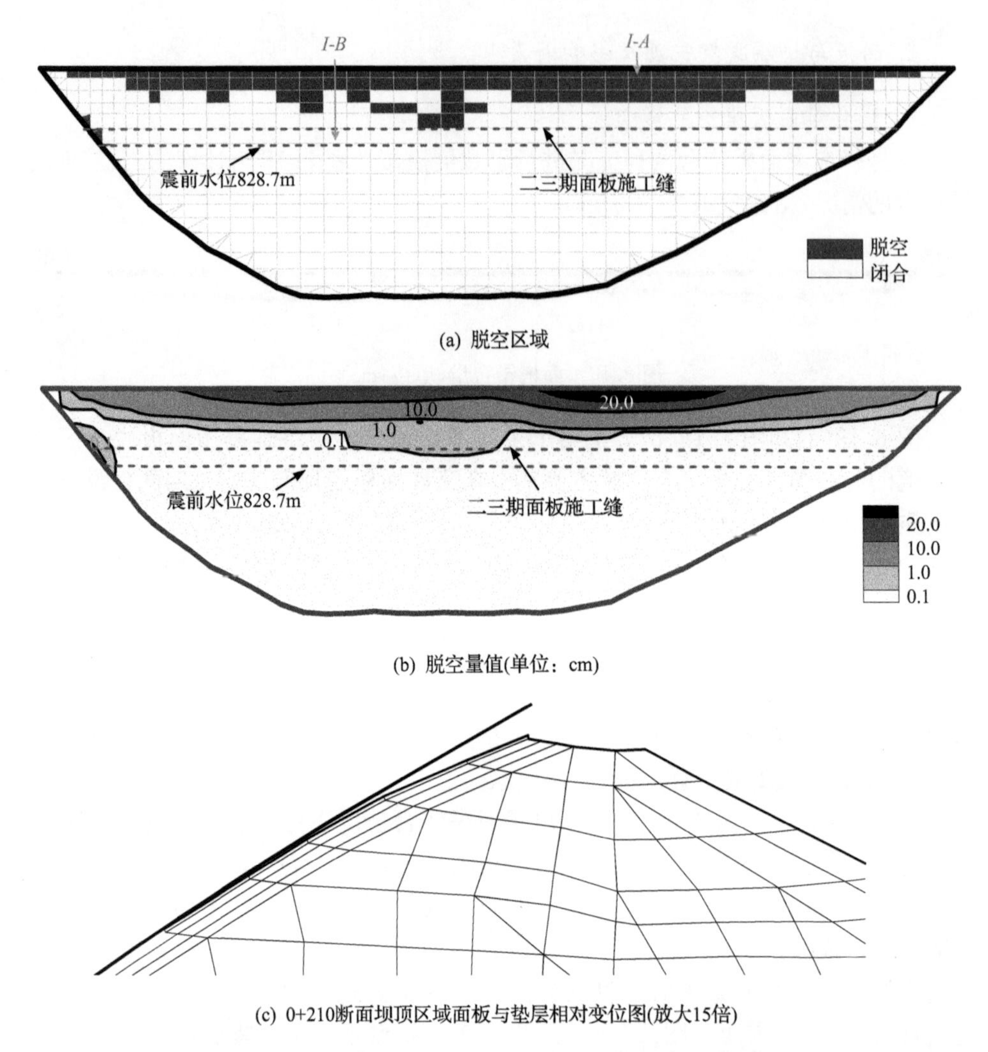

(a) 脱空区域

(b) 脱空量值(单位：cm)

(c) 0+210断面坝顶区域面板与垫层相对变位图(放大15倍)

图 8.19 不考虑错台 WL828m 工况下面板脱空区域和量值

考虑错台的情况。图 8.22(b)给出了单元 *I-B* 处面板与垫层间的脱空和闭合过程(图中参量 F 表示面板与垫层的脱空和闭合状态，$F=1$ 表示脱空，$F=0$ 表示闭合)。在地震初期，单元 *I-B* 处的面板与垫层是闭合的，随着地震的增强，面板与垫层处于闭合和脱空交替状态，并最终处于脱空状态。综上，三维广义塑性接触面模型可以较好地模拟地震过程中面板与垫层间的脱空及再闭合的过程。

2) 震前水位对面板脱空规律的影响

对震前水位高程为 877m 的工况(WL877.0m，有限元 81 步)进行了面板脱空的数值分析。孔宪京等(Kong et al.，2011)计算表明，WL877.0m 水位下二、三期面板的错台量较小。图 8.23 给出震后面板的脱空情况，WL877.0m 工况下只在三

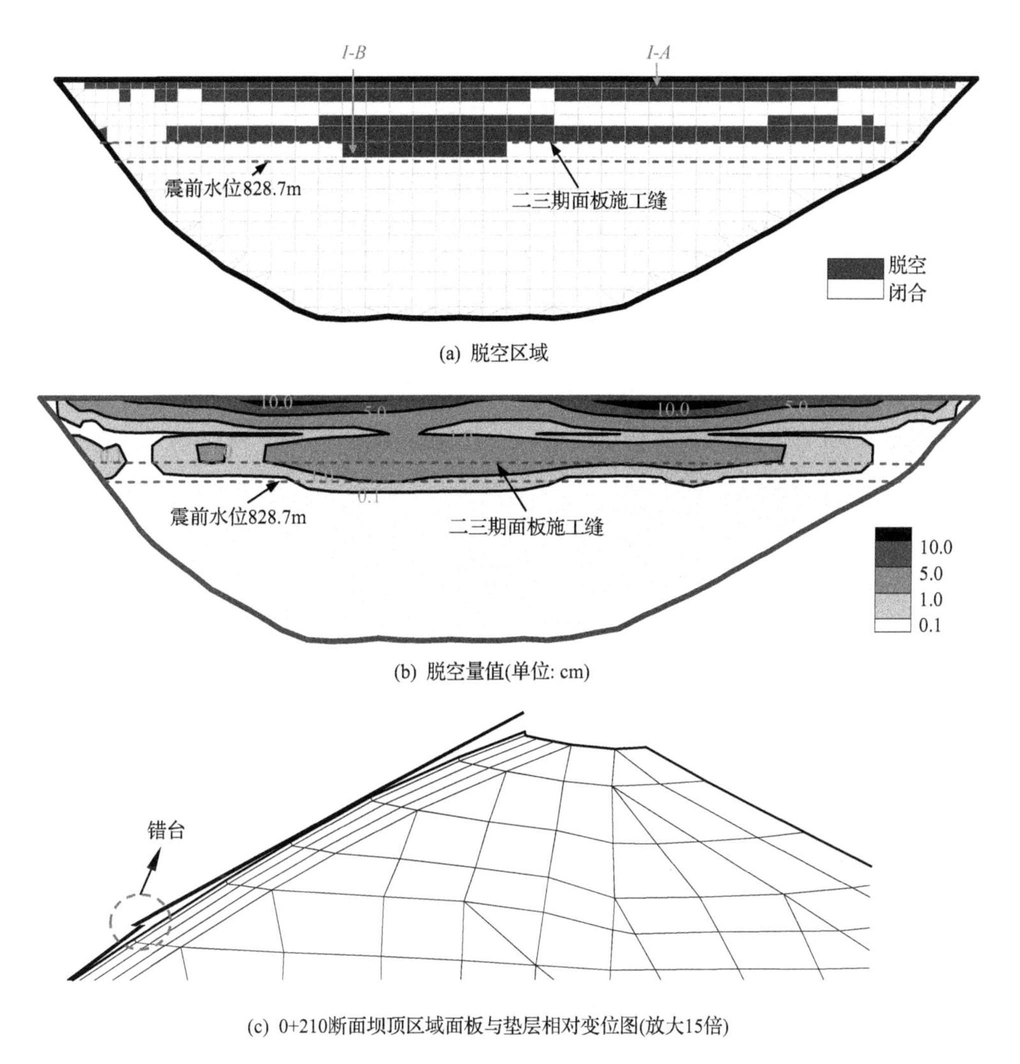

(a) 脱空区域

(b) 脱空量值(单位: cm)

(c) 0+210断面坝顶区域面板与垫层相对变位图(放大15倍)

图 8.20　考虑错台 WL828m 工况下面板脱空区域和量值

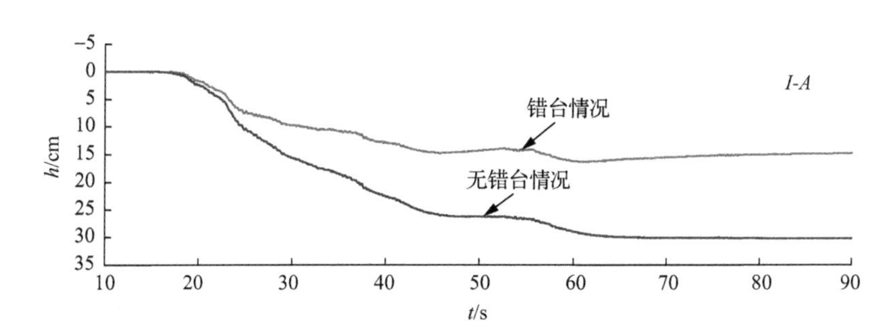

图 8.21　接触面单元 I-A 面板脱空时程

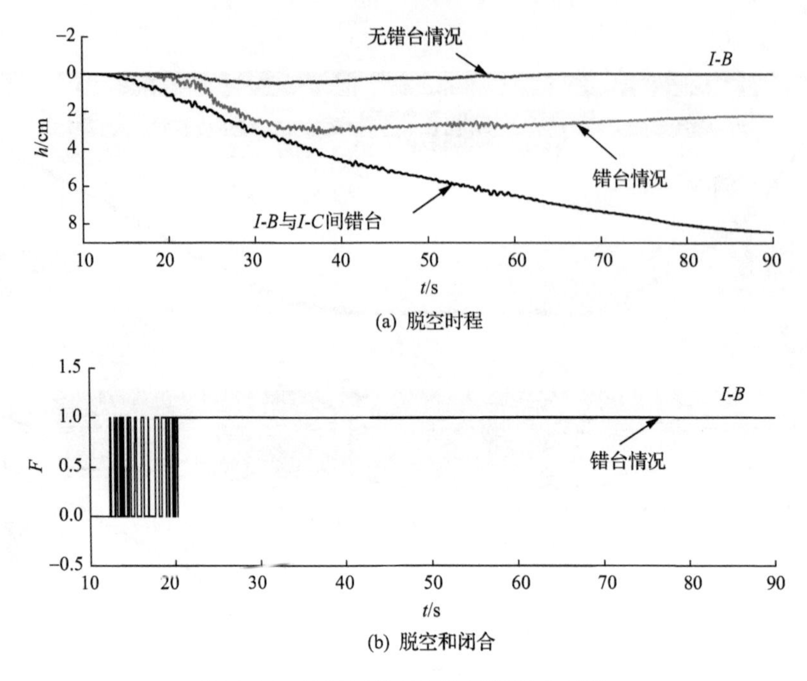

(a) 脱空时程

(b) 脱空和闭合

图 8.22 接触面单元 *I-B* 面板脱空时程

期面板靠近左右两岸的顶部区域发生了少量区域的脱空，且最大脱空量仅为 2.5cm。比较前文 WL828.7m 的工况，可以看到震后紫坪铺面板堆石坝三期面板大面积的脱空现象与震时水位高程有密切的关系。水位以上区域由于面板的法向约束较小，面板更容易发生脱空。

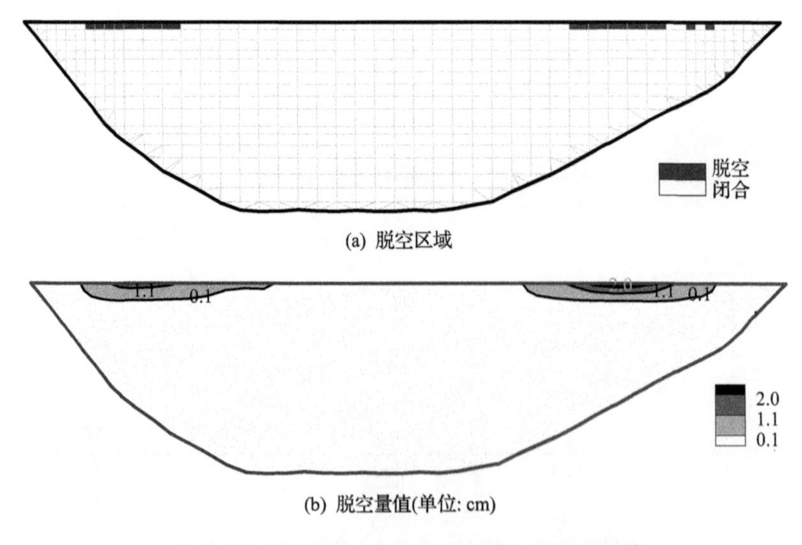

(a) 脱空区域

(b) 脱空量值(单位: cm)

图 8.23 WL877m 工况下面板脱空区域和量值

8.5 结　论

采用考虑颗粒破碎的状态相关堆石料广义塑性模型和三维广义塑性接触面模型，对紫坪铺面板堆石坝进行了三维静、动弹塑性有限元分析。首先根据大坝填筑沉降和汶川地震后残余变形进行了反馈分析，获取了堆石料模型参数。计算结果表明，填筑和地震过程中数值模拟的沉降与实测沉降吻合地较好，考虑颗粒破碎的状态相关堆石料广义塑性模型可以较好地反映面板堆石坝的静、动力变形特性。在此基础上，着重研究了汶川地震中紫坪铺面板堆石坝面板脱空现象。数值分析结果如下。

(1) 地震荷载下面板脱空的原因是支撑面板的堆石体发生了竖向沉降和指向下游的水平位移，但由于面板的刚度相对较大，面板不能同堆石体协调变形，因而出现了面板与垫层脱开的情况。

(2) 震后紫坪铺面板坝的面板脱空分布与面板错台和震前的水位有密切的关系。面板错台后二、三期面板在施工缝位置约束减弱，导致震后面板在二期面板的顶部和三期面板的底部有较明显的脱空。正常蓄水位(WL877.0m)时面板的脱空区域和脱空量均明显小于汶川地震时实际水位(WL828.7m)的结果。水位以上由于面板的法向约束较小，面板更容易发生脱空。

(3) 数值模拟的面板脱空分布与实测结果吻合较好。三维广义塑性接触面模型张开和闭合处理方式比较合理，可以较好地再现汶川地震时紫坪铺堆石坝面板与垫层间脱空的渐进发展过程。

参考文献

陈生水，霍家平，章为民. 2008.“5 · 12”汶川地震对紫坪铺混凝土面板坝的影响及原因分析. 岩土工程学报，30(6)：795-801.

韩国城，孔宪京. 1995. 混凝土面板堆石坝抗震研究进展//中国混凝土面板堆石坝十年学术研讨会，北京.

孔宪京. 2015. 混凝土面板堆石坝抗震性能. 北京：科学出版社.

孔宪京，邹德高. 2014. 紫坪铺面板堆石坝震害分析与数值模拟. 北京：科学出版社.

孔宪京，周扬，邹德高，等. 2012. 汶川地震紫坪铺面板堆石坝地震波输入研究. 岩土力学，33(07)：2110-2116.

孔宪京，邹德高，徐斌，等. 2013. 紫坪铺面板堆石坝三维有限元弹塑性分析. 水力发电学报，32(02)：213-222.

李宏，刘西拉. 1992. 混凝土拉、剪临界破坏及纯剪强度. 工程力学，9(04)：1-9.

刘京茂. 2015. 堆石料和接触面弹塑性本构模型及其在面板堆石坝中的应用研究. 大连：大连理工大学博士学位论文.

沈珠江. 1994a. 土石料的流变模型及其应用. 水利水运科学研究，04：335-342.

沈珠江. 1994b. 鲁布革心墙堆石坝变形的反馈分析. 岩土工程学报，16(03)：1-13.

宋彦刚，邓良胜，蔡德文，等. 2006. 紫坪铺混凝土面板堆石坝施工期沉降监测分析. 四川水力发电，25(01)：21-27.

吴成根. 2006. 紫坪铺大坝填筑质量控制. 四川水力发电,25(01):12-14.

周扬. 2012. 汶川地震紫坪铺面板堆石坝震害分析及面板抗震对策研究. 大连:大连理工大学博士学位论文.

Arrau L, Ibarra I, Noguera G. 1985. Performance of Cogoti dam under seismic loading. Concrete Face Rockfill Dams-Design, Construction, and Performance. ASCE: 1-14.

Harder Jr L F, Bray J D, Volpe R L, et al. 1991. Performance of earth dams during the Loma Prieta earthquake. The Lorna Prieta, California, Earthquake of October 17, 1989-Earth Structures and Engineering Characterization of Ground Motion: 3.

Hardin B O, Drnevich V P. 1972. Shear modulus and damping in soils: Design equations and curves. Journal of Soil Mechanics and Foundations Division, 98(7): 667-692.

Jensen B C. 1975. Lines of discontinuity for displacements in the theory of plasticity of plain and reinforced concrete. Magazine of Concrete Research, 27(92): 143-150.

Kong X J, Liu J. 2002. Dynamic failure numeric simulations of model concrete-faced rock-fill dam. Soil Dynamics and Earthquake Engineering, 22(9): 1131-1134.

Kong X J, Zhou Y, Zou D G, et al. 2011. Numerical analysis of dislocations of the face slabs of the Zipingpu concrete faced rockfill dam during the Wenchuan earthquake. Earthquake Engineering and Engineering Vibration, 10(4): 581-589.

Kong X J, Liu J M, Zou D G. 2016. Numerical simulation of the separation between concrete face slabs and cushion layer of Zipingpu dam during the Wenchuan earthquake. Science China Technological Sciences, 59(4): 531-539.

Marachi N D, Chan C K, Seed H B. 1972. Evaluation of properties of rockfill materials. Journal of the Soil Mechanics and Foundations Division, 98(1): 95-114.

Marachi N D. 1969. Strength and deformation characteristics of rockfill materials. Berkeley: University of California(Ph. D. Thesis).

Newmark N M. 1965. Effects of earthquake on dams and embankments. Géotechique, 15(2): 139-159.

Serff N., Seed H B, Makdisi F I, et al. 1976. Earthquake induced deformations of earth dams. Berkeley: Earthquake Engineering Research Centre, University of California.

Westergaard H M. 1933. Water pressures on dams during earthquakes. Trans. ASCE, 98: 418-432.

Xu B, Zou D G, Liu H B. 2012. Three-dimensional simulation of the construction process of the Zipingpu concrete face rockfill dam based on a generalized plasticity model. Computers and Geotechnics, 43: 143-154.

Zou D G, Xu B, Kong X J, et al. 2013. Numerical simulation of the seismic response of the Zipingpu concrete face rockfill dam during the Wenchuan earthquake based on a generalized plasticity model. Computers and Geotechnics, 49: 111-122.

第9章 高面板坝面板地震安全控制方法

面板坝的抗震安全性主要依赖于上游防渗面板的动力响应。作为迄今为止唯一一座经历超设计地震荷载作用的紫坪铺面板堆石坝,虽然处于低水位运行的大坝表现出了良好的整体抗震性能,但面板出现脱空、错台、河床中部面板挤压破坏等震害现象超出了以往的设计经验(陈生水等,2008;孔宪京等,2009),在以往面板堆石坝设计和抗震复核时均没有进行充分考虑。如果地震时运行水位较高,面板一旦形成沿厚度方向贯穿性破坏,将会严重威胁大坝的稳定性(Haselsteiner et al.,2011)。因此,准确把握和预测高面板坝面板应力特性,明确面板高应力区的分布情况,并建议有效的地震安全控制方法,是保证强震区高面板坝安全的重要基础。

为保证面板结构在地震荷载作用下的防渗性能,工程中主要从结构改进及材料改性两方面进行抗震设计。《混凝土面板堆石坝抗震性能》一书中建议采取通过改进面板结构的设计来保证面板抗震安全的措施,即通过在高地震应力区内设置水平永久缝,利用缝的变形释放面板内的高地震应力(孔宪京,2015)。另一方面,考虑到混凝土具有延性差、抗拉强度低、脆性破坏等缺陷(Bhattacharjee and Léger,2006),利用材料改性方法提高面板材料的控裂抗裂能力是符合经济和技术水平的另一选择。从该抗震设计角度出发,本书建议分别采用具有延性破坏特性的钢纤维混凝土面板及UHTCC-钢筋混凝土面板,并研究其对面板动力响应和损伤开裂过程的影响。

9.1 钢纤维混凝土面板堆石坝的抗震性能

纤维混凝土是以水泥浆、砂浆或混凝土为基材,以金属材料、无机纤维或有机纤维为增强材料组成的一种复合材料。与普通混凝土相比,纤维混凝土具有增强、阻裂和增韧的效果(程庆国等,1999;黄承逵,2004)。其中,钢纤维混凝土是目前应用最为广泛的纤维混凝土,它可以大幅度减小面板的早期收缩裂缝和干缩裂缝。且在混凝土开裂之后,裂缝间的钢纤维仍然可以传递荷载,仅呈现多条的细微裂缝。研究表明(Budweg和孙东亚,2000;文亚豪等,2002),在同等条件下,钢纤维混凝土的多条裂缝宽度小于普通混凝土裂缝总宽度的十分之一。此外,不配钢筋的钢纤维混凝土面板,一方面可以避免钢筋网施工对垫层和止水结构的不利影响;另一方面可以节省劳动力,缩短工期。然而,目前还未见钢纤维混凝土面板数值模拟和抗震性能的研究成果。因此,作者课题组综合塑性损伤模型和广义塑性模型进行面板堆石坝的弹塑性地震响应数值分析,研究钢纤维混凝土面板的抗震性能,为钢纤维混凝土面板的设计和应用提供技术手段和依据。

9.1.1 有限元模型

采用二维的混凝土面板堆石坝为计算模型。坝高为250m,上游坝坡1∶1.4,下游坝坡1∶1.65,坝体分64层填筑,蓄水240m,分为24步。面板厚度按照《混凝土面板堆石坝设计规范》确定。坝顶部分面板厚0.3m,在相应高度处的面板厚度t为$0.3+0.0035h$,h为计算断面至面板顶部的距离。

混凝土面板堆石坝的有限元网格如图9.1所示,对面板及其以下部分坝体进行了网格局部加密。面板网格在厚度上分为10层,顺坡向尺寸小于0.4m。钢筋混凝土面板的双向配筋率为1.4%(相当于钢含量为110kg/m^3)。钢筋网设置为双层,采用2节点的杆单元模拟。混凝土和钢纤维混凝土采用四边形等参单元模拟,面板与垫层接触面采用Goodman界面单元模拟。

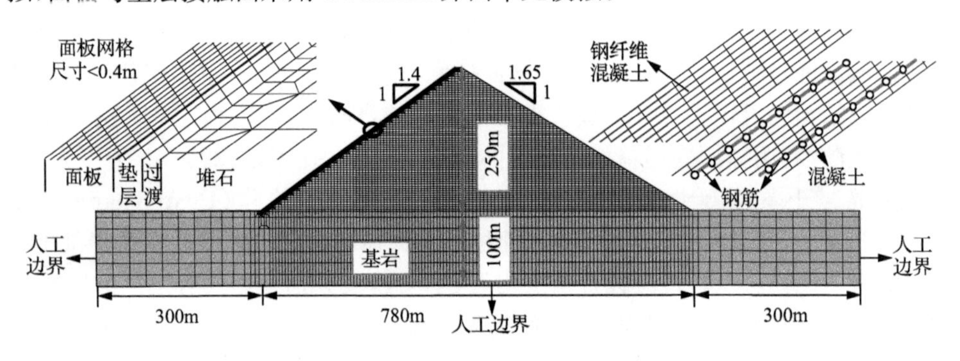

图9.1 二维面板坝有限元网格

9.1.2 材料参数

堆石料的广义塑性模型参数(Xu et al.,2012)见表5.4,面板与垫层之间接触面材料参数(刘京茂等,2015)见表3.2,钢筋型号为HPB400,弹性模量E为200GPa,屈服强度f_y为400MPa,采用理想弹塑性模型模拟。坝体下卧基岩采用线弹性模型,密度ρ为2600kg/m^3,弹性模量E为10GPa,泊松比ν为0.25。

普通混凝土和钢纤维混凝土的塑性损伤模型参数分别见表9.1(Xu et al.,2015)和表9.2,其中钢纤维混凝土的弹性模量和泊松比与基体混凝土一致(程庆国等,1999;黄承逵,2004),抗压强度f_c按照基体混凝土提高10%计算得到(程庆国等,1999;黄承逵,2004;Wang,2006)。

表 9.1　钢筋混凝土塑性损伤模型参数

ρ/(kg/m³)	E/GPa	ν	f_t/MPa	f_c/MPa	钢含量/(kg/m³)	l_c/m	G_t/(N/m)
2450	31	0.167	3.48	27.6	110	0.38	325

表 9.2　钢纤维混凝土塑性损伤模型参数

ρ/(kg/m³)	E/GPa	ν	f_t/MPa	f_c/MPa	钢含量/(kg/m³)	l_c/m	G_t/(N/m)
2450	31	0.167	5.40	30.0	110	0.38	5000

9.1.3　地震动输入

地震动输入采用《水工建筑物抗震设计规范》(DL 5073—2000)规范谱人工地震波，顺河向地震峰值加速度为0.3g，竖向地震加速度峰值取为顺河向的2/3。地震波加速度时程如图9.2所示。计算中地震波时长为25.00s，时间步长ΔT=0.005s。地震动输入采用6.3节所述的非一致地震波动输入方式。

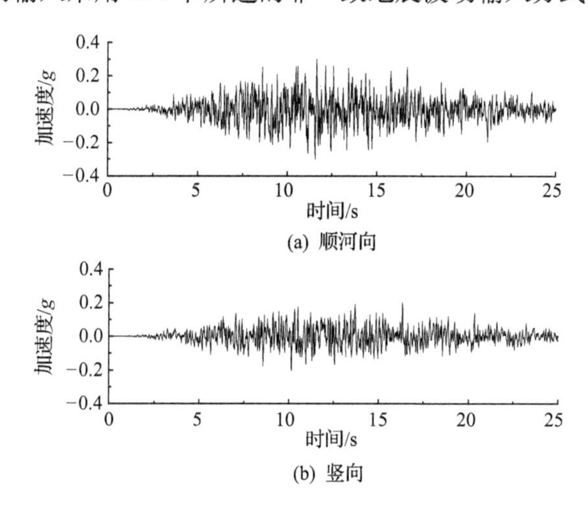

图 9.2　地震波加速度时程曲线

9.1.4　数值分析结果

1. 静力结果

面板堆石坝蓄水后的坝体竖向沉降如图9.3所示，面板的大主应力如图9.4所示。可以看出，坝体的变形和面板应力符合一般规律，是否采用钢纤维混凝土加固面板对坝体的变形和面板应力基本没有影响。

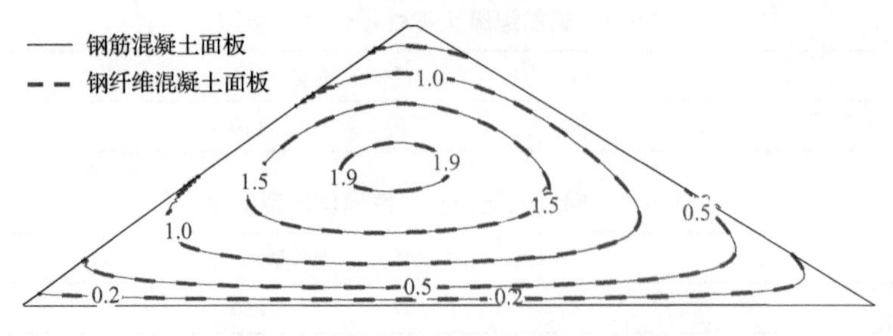

图 9.3　蓄水后坝体竖向沉降(单位:m)

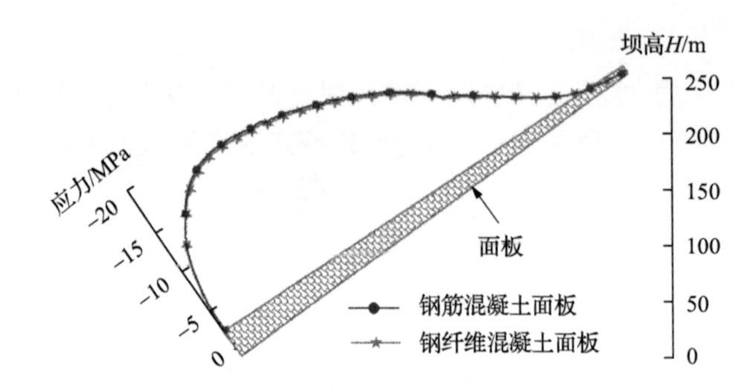

图 9.4　蓄水后面板大主应力(拉为正)

2. 坝体地震反应

对钢含量相同的钢筋混凝土和钢纤维混凝土面板堆石坝进行弹塑性地震反应分析。图 9.5 为坝体震后竖向永久变形等值线图。相对于堆石体,面板所占部分很小,面板的差异对整个大坝的刚度和质量影响很小,坝体的地震响应主要受堆石体的特性影响。所以面板材料的不同对坝体的地震变形基本没有影响。

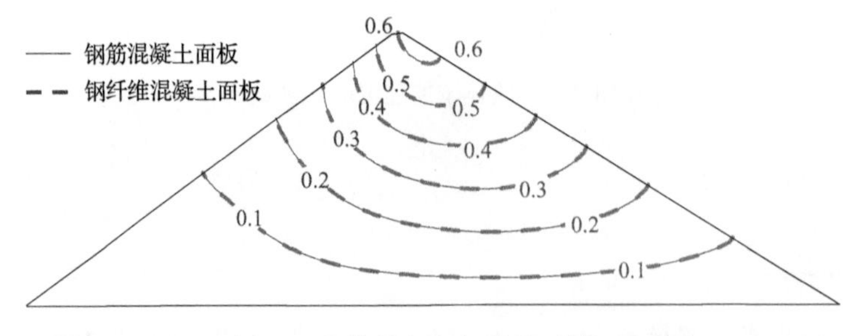

图 9.5　坝体竖向永久变形(单位:m)

3. 面板顺坡向应力

图 9.6 为地震过程中面板顺坡向最大应力随高程的分布图。可以看出,约在

2/3 坝高以下区域，面板顺坡向最大拉应力较小，未达到材料抗拉强度，两种材料的面板应力分布一致；而在 2/3 坝高以上区域，面板顺坡向最大拉应力较大，达到了混凝土的抗拉强度，两种材料的面板应力分布不同。

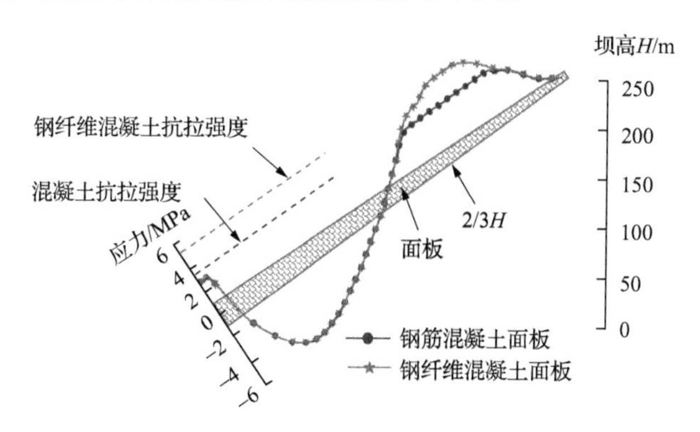

图 9.6 面板顺坡向最大应力(拉为正，单位：MPa)

4. 面板损伤

图 9.7 为钢筋混凝土面板和钢纤维混凝土面板的震后损伤结果(面板厚度方向尺寸放大 30 倍)，图 9.8 为 $0.65H$～$0.85H$(H 为坝高)之间面板的地震损伤过程，由此可以得出以下结论。

(1) 两种面板的损伤区域基本一致，均发生在约 2/3 坝高以上区域，与面板的顺坡向应力的计算结果吻合(图 9.6 和图 9.7)。钢筋混凝土面板的损伤因子在 0.8 以上，局部区域达到 0.9，损伤范围为 28.6m，而钢纤维混凝土面板的损伤因子不超过 0.7，损伤范围为 6.0m。相比于钢筋混凝土面板，钢纤维混凝土面板损伤因子减小 0.2 以上，损伤范围减小 79%[图 9.8(i)]。

(2) 在地震过程中，钢筋混凝土面板和钢纤维混凝土面板分别在 $t=9.890$s 和 $t=9.970$s 时发生损伤，且均出现在 $0.65H$ 偏上的部位[图 9.8(a)、(b)]。在地震强度较大的时间段(9.890～15.460s)，面板的损伤程度逐渐增大[图 9.8(h)]。面板发生损伤开裂之后，材料的强度和刚度基本丧失，面板应力得到释放并重新分布，因此，在地震后期，面板损伤基本不再增加。钢纤维混凝土的抗拉强度大于混凝土，因而钢纤维混凝土面板出现损伤的时刻略晚[图 9.8(a)、(b)]。

(3) 钢筋混凝土面板在钢筋网两侧出现了局部损伤加重的现象，这是因为面板在损伤开裂后，钢筋和混凝土的黏结部位会出现应力集中的现象。而钢纤维是杂乱、均匀地分布于基体混凝土中，使得钢纤维和混凝土协同性较好，因而钢纤维混凝土面板损伤比较均匀，损伤程度和范围也较小。

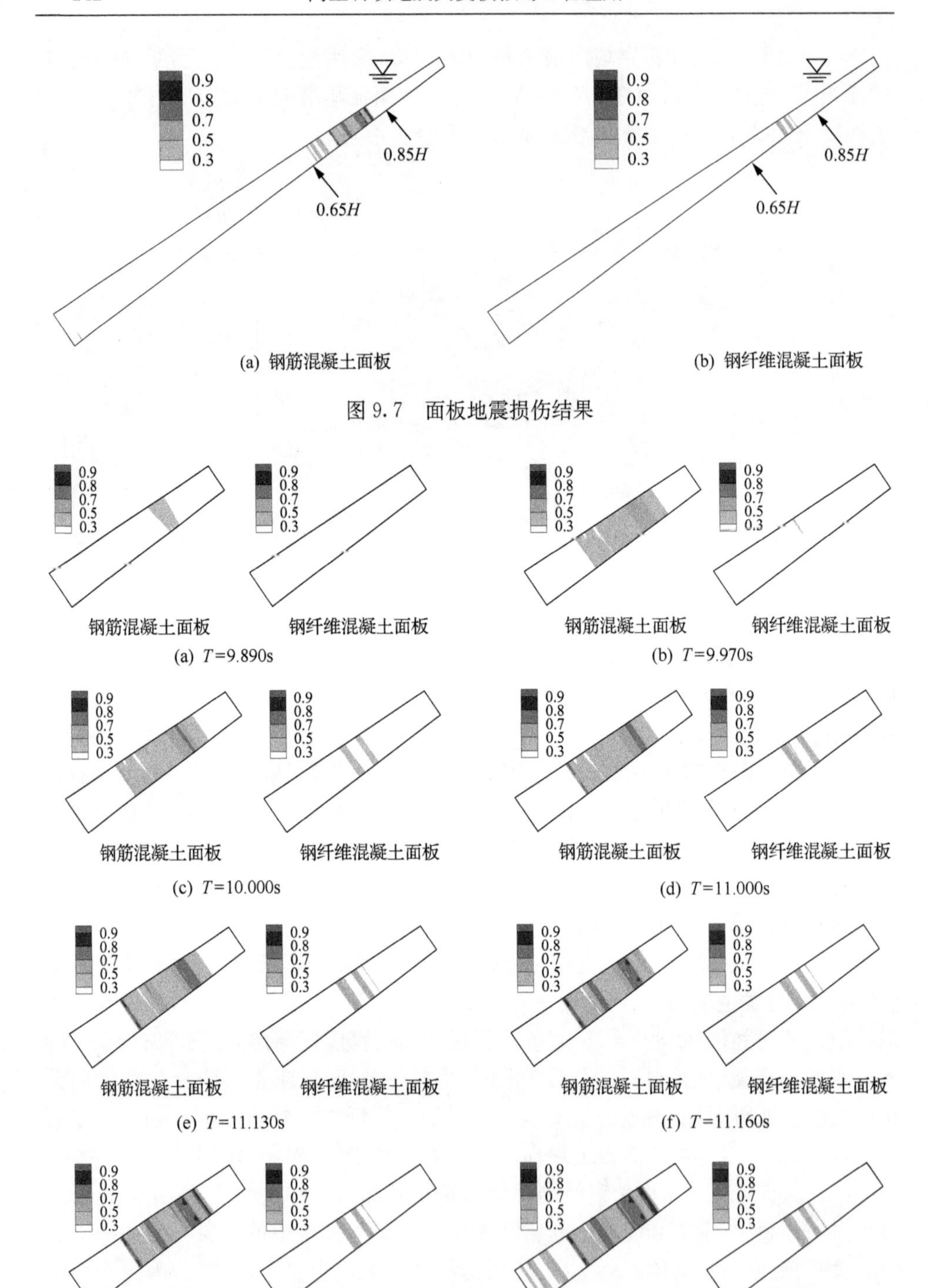

(a) 钢筋混凝土面板　　(b) 钢纤维混凝土面板

图 9.7　面板地震损伤结果

(a) T=9.890s　(b) T=9.970s　(c) T=10.000s　(d) T=11.000s　(e) T=11.130s　(f) T=11.160s　(g) T=11.190s　(h) T=15.460s

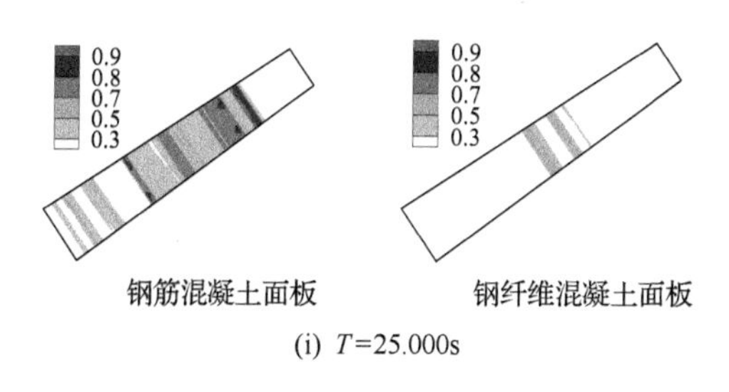

(i) T=25.000s

图 9.8　0.65H～0.85H 范围内面板的损伤过程

5. 面板裂缝宽度

塑性损伤模型是建立在钝断裂带模型基础上的，因而采用等效裂缝宽度的方法估计混凝土面板的地震开裂。假设裂缝在单元内沿裂缝法向均匀分布，等效裂缝宽度 w 按照下式计算：

$$w = h\varepsilon^{\mathrm{p}} \tag{9.1}$$

式中，ε^{p} 为塑性应变；h 为断裂带宽度。Bischoff(2003)研究了钢纤维混凝土和混凝土断裂带宽度的关系，并给出了如下公式：

$$\frac{h_{\mathrm{SFRC}}}{h_{\mathrm{plain}}} = \frac{P_{\mathrm{cr}} - P_{\mathrm{f}}}{P_{\mathrm{cr}}} \tag{9.2}$$

式中，h_{SFRC}为钢纤维混凝土断裂带宽度；h_{plain}为混凝土断裂带宽度；P_{cr} 为混凝土开裂应力；P_{f} 为基体混凝土开裂后纤维的抗拉应力。对于相邻若干单元损伤开裂的区域，其等效裂缝宽度可认为是裂缝法向上的若干单元等效裂缝宽度之和：

$$w = \sum w_i = \sum h_i\varepsilon_i^{\mathrm{p}} \tag{9.3}$$

式中，h_i为第 i 个单元的断裂带宽度，$\varepsilon_i^{\mathrm{p}}$ 为第 i 个单元的塑性应变。等效裂缝的位置处于该区域单元开裂应变最大的单元内，其方向与断裂带法向相同。

图 9.9 为两种面板的裂缝分布图。由图 9.7 和图 9.9 可见，面板的最大开裂位置和面板的损伤结果一致。钢筋混凝土面板和钢纤维混凝土面板的最大等效裂缝宽度分别为 6.88mm 和 4.71mm。相比于钢筋混凝土面板，钢纤维混凝土面板的最大等效裂缝宽度降低了 32%。钢纤维的掺入使得混凝土的抗拉强度增大，韧性得到显著提高，同时钢纤维和混凝土协同性较好，可以共同承担荷载，使得钢纤维混凝土面板的裂缝宽度得到降低。

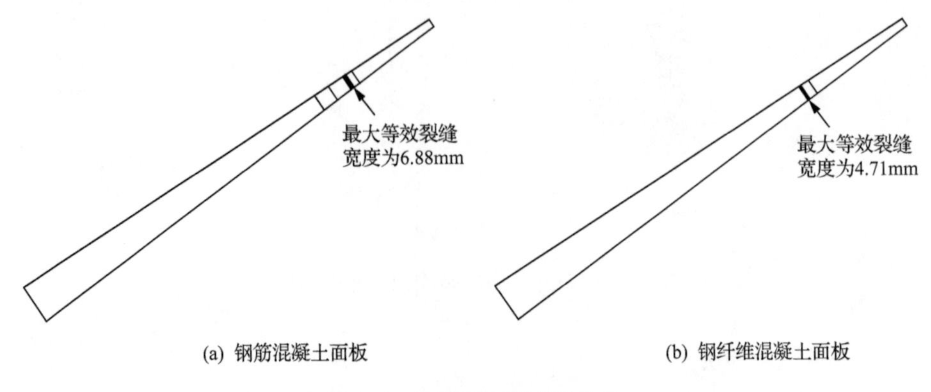

(a) 钢筋混凝土面板　(b) 钢纤维混凝土面板

图 9.9　地震时面板裂缝分布

9.1.5　地震动强度的影响

图 9.10 为顺河向地震动峰值加速度为 0.5g 时两种面板的损伤和等效裂缝分布，表 9.3 为两种面板的地震动力响应及其增量。地震动峰值加速度增加到 0.5g 后，钢筋混凝土面板损伤因子为 0.9，局部达到 0.95 以上，损伤范围为 101.0m，最大等效裂缝宽度为 33.82mm；钢纤维混凝土面板的损伤因子不超过 0.8，损伤范围为 31.5m，最大等效裂缝宽度为 11.99mm。与钢筋混凝土面板相比，钢纤维混凝土面板的损伤因子降低了 0.15 以上，损伤范围和最大等效裂缝宽度分别降低了 69%

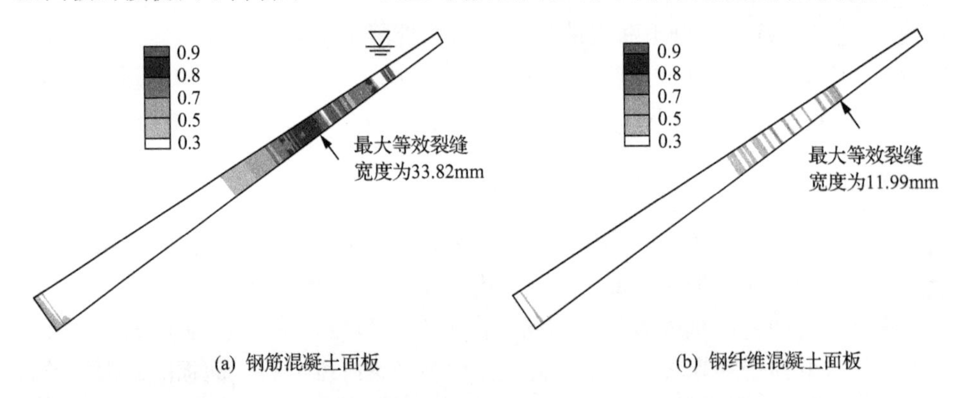

(a) 钢筋混凝土面板　(b) 钢纤维混凝土面板

图 9.10　地震动峰值加速度为 0.5g 的面板地震损伤结果

表 9.3　面板动力响应及增量(峰值加速度为 0.5g)

名称	损伤因子	损伤范围/m	最大等效裂缝宽度/mm
RC slab	>0.95	101.0(72.4)	33.82(26.94)
SFRC slab	<0.80	31.5(25.5)	11.99(7.28)

注：括号内数值为地震动峰值加速度由 0.3g 增大到 0.5g 之后，面板响应的增量。

和65%。地震动强度增加后，两种面板的损伤分布区域基本一致，损伤程度、损伤范围和最大等效裂缝宽度均有所增加，但是钢纤维混凝土面板的增量明显较小。因此，对于建在强震区的面板堆石坝，钢纤维混凝土面板具有更好的抗震性能，有助于提高大坝极限抗震能力。

9.2　UHTCC-钢筋混凝土复合面板抗震性能分析

为了保证地震作用下面板的有效防渗性，应避免面板内出现贯穿性有害裂缝。UHTCC是一种具有阻裂、耐冲击、抗疲劳、高韧性、高耐久性等卓越优点的新型水泥基材料(李贺东，2009；Vorel and Boshoff，2014)。UHTCC受拉时表现出明显的应变硬化特征并且其极限拉伸应变可达到3%以上，将传统水泥基材料在单轴抗拉荷载下单一裂纹的宏观开裂模式转化为多条细密裂纹的微观开裂模式(Kesner and Billington，2001；Fischer and Li，2003)。

因此，将拉应变硬化特性的UHTCC与钢筋混凝土共同组成复合面板(图9.11)，可以利用UHTCC优异的裂缝分散能力保证面板的防渗性能。作者课题组通过对不同结构形式的复合面板进行非线性动力响应分析，为UHTCC在面板坝抗震控裂方面的实际作用提供依据，计算工况如表9.4所示。所采用的面板坝计算模型如5.3.3节所示，计算参数如表5.3所示。

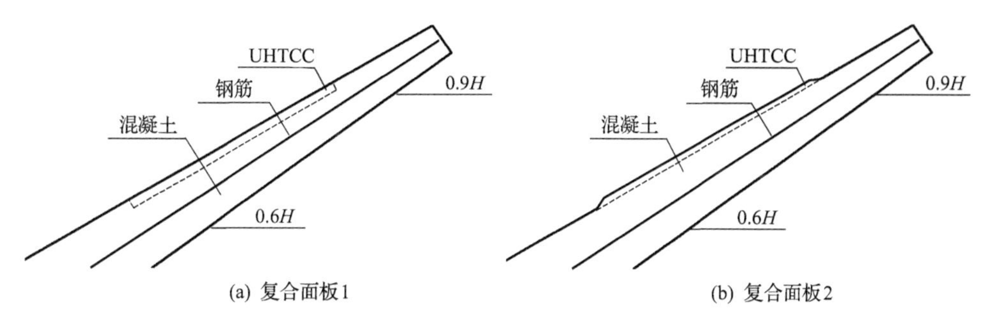

图9.11　复合面板截面简图

表9.4　计算工况

面板编号	UHTCC设置方式	UHTCC厚度/cm	沿坝高加固范围
复合面板1	替换	3	$0.6H\sim0.9H$
复合面板2	外贴	3	$0.6H\sim0.9H$

图9.12给出在地震响应最大时刻($T=11.811$s)，沿坝高$0.5H\sim1.0H$范围内不同截面形式的防渗面板内开裂应变和顺坡向应力的分布情况。可以看出，该时刻UHTCC最大拉应变小于0.18%(大于其起裂应变ε_{t0} 0.015%；且远小于其峰

值拉应变 $\varepsilon_{tp}3\%$)，UHTCC 此时处于硬化段。由图 9.13 可以看出，当开裂混凝土失去抗拉强度时，UHTCC 承载力未产生突降，其抗拉强度稳定地保持在 2MPa 以上，复合面板表现出延性破坏的特点。

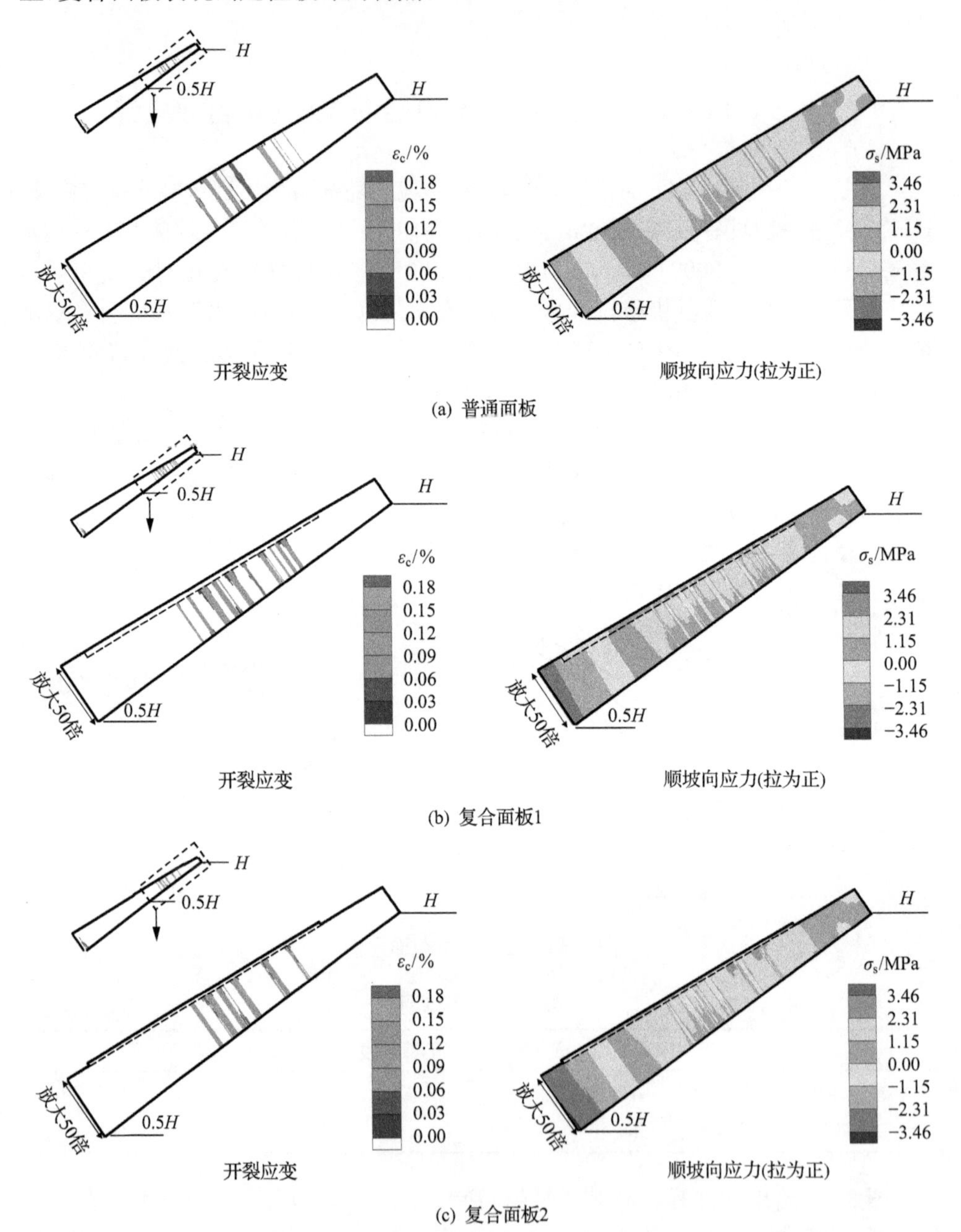

图 9.12　地震响应最大时刻复合面板内开裂应变及顺坡向应力分布

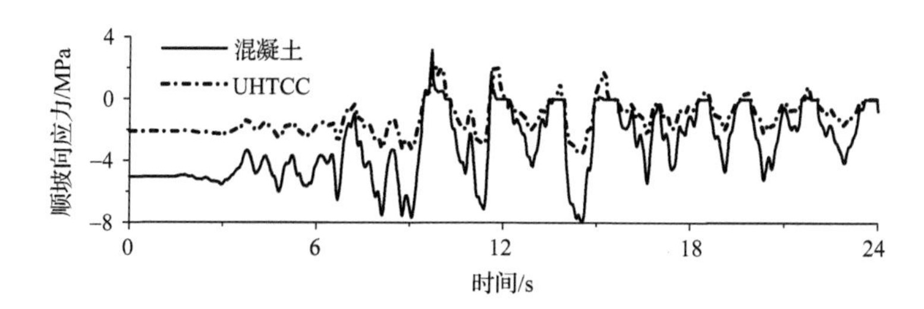

图 9.13　复合面板 1 典型单元顺坡向应力时程(拉为正)

除此之外,UHTCC 层像箍筋一样包裹于开裂混凝土外部,限制了开裂破坏的进一步扩展,因此复合面板 1 和复合面板 2 内开裂应变幅值小于普通面板(图 9.12)。硬化后的 UHTCC 能将裂缝宽度控制在较低水平;在其内部会形成多条平均宽度在 60μm 左右的微裂纹(徐世烺和蔡新华,2010)。Lepech 和 Li(2005)研究表明结构裂缝宽度控制在 50～60μm 以下时,水的渗透性几乎不增长,复合面板内有害裂缝的分布如图 9.14 所示。有害裂缝被截断于 UHTCC 层,复合面板未形成贯穿性裂缝。

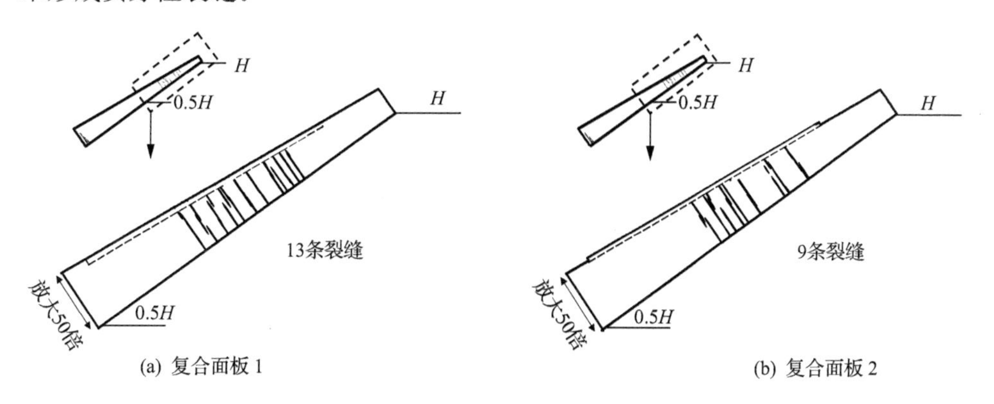

图 9.14　复合面板等效裂缝分布

值得注意的是,利用 UHTCC 替换部分混凝土后,复合面板 1 裂缝条数增加为 13 条。这是由于复合面板未出现裂缝时,UHTCC 相对于普通混凝土,其初始弹性模量 E 较低,复合面板的初始拉压刚度及初始弯曲刚度均有所降低,因此相同荷载作用下发生开裂破坏的单元将会增多。而复合面板 2 的 UHTCC 被浇筑于既有的混凝土外侧,面板刚度和受力面积略有增大,有害裂缝条数与普通混凝土面板(9 条,如图 5.21 所示)相近。实际工程中面板通常采用滑模一次性浇筑的施工技术,因此采用在面板迎水面外侧设置 UHTCC 层的方式便于施工。

9.3 结　　论

采用动力弹塑性有限元分析方法，对钢纤维混凝土面板和UHTCC-钢筋混凝土复合面板的抗震性能进行了分析。

(1) 钢筋混凝土面板和钢纤维混凝土面板的地震损伤区域基本一致，均出现在2/3坝高以上。在地震过程中，面板的$0.65H$(H为坝高)偏上部位首先发生损伤，随着地震强度的增大，面板的损伤部位逐步上移，到达$0.85H$。但是，钢纤维混凝土面板相比于钢筋混凝土面板损伤出现时刻较晚，损伤程度降低了23%，损伤范围减小了79%，最大等效裂缝宽度降低了32%。钢纤维的掺入极大地提高了混凝土的韧性，同时，钢纤维在混凝土中是杂乱、均匀分布的，这使得钢纤维和混凝土协同性较好，可以共同承担荷载。因此，钢纤维混凝土面板表现出更为优越的抗震性能，且随着地震动强度的增大，其效果更为明显。

(2) 相同地震条件下，复合面板未产生贯穿性有害裂缝，迎水侧UHTCC层内仅出现多条细密、宽度小于0.06mm的无害化裂缝。当内层的普通混凝土因为完全开裂而丧失大部分强度时，表层UHTCC仍能承担较大的拉应力避免产生贯穿性裂缝。综合考虑工程施工和造价等因素，建议在传统钢筋混凝土面板$0.6H$～$0.9H$范围内设置厚度为3cm的UHTCC控裂保护层，可以有效提高面板的抗震安全性。

参考文献

陈生水，霍家平，章为民. 2008. “5·12”汶川地震对紫坪铺混凝土面板坝的影响及原因分析. 岩土工程学报，30(6)：795-801.

程庆国，高路彬，徐蕴贤，等. 1999. 钢纤维混凝土理论及应用. 北京：中国铁道出版社.

黄承逵. 2004. 纤维混凝土结构. 北京：机械工业出版社.

孔宪京. 2015. 混凝土面板堆石坝抗震性能. 北京：科学出版社.

孔宪京，邹德高，周扬，等. 2009. 汶川地震中紫坪铺混凝土面板堆石坝震害分析. 大连理工大学学报，49(5)：667-674.

李贺东. 2009. 超高韧性水泥基复合材料试验研究. 大连：大连理工大学博士学位论文.

刘京茂，孔宪京，邹德高. 2015. 接触面模型对面板与垫层间接触变形及面板应力的影响. 岩土工程学报，37(4)：700-710.

文亚豪，杨泽艳，张晋秋. 2002. 面板应用钢纤维混凝土的研究和探讨. 贵州水力发电，16(4)：31-34.

徐世烺，蔡新华. 2010. 超高韧性水泥基复合材料碳化与渗透性能试验研究. 复合材料学报，27(3)：177-183.

Bhattacharjee S S, Léger P. 2006. Seismic cracking and energy dissipation in concrete gravity dams. Earthquake Engineering and Structural Dynamics. 22(11)：991-1007.

Bischoff P H. 2003. Tension stiffening and cracking of steel fiber-reinforced concrete. Journal of Materials in Civil Engineering, 15(2)：174-182.

Budweg Ferdinand-MG,孙东亚. 2000. 采用钢纤维混凝土作为面板堆石坝的面板材料. 混凝土面板堆石坝国际研讨会论文集,北京.

Fischer G,Li V C. 2003. Deformation behavior of fiber-reinforced polymer reinforced engineered cementitious composite (ECC) flexural members under reversed cyclic loading conditions. ACI Structural Journal. 100(1):25-35.

Haselsteiner R,Ersoy B,Ersoy B. 2011. Seepage control of concrete faced dams with respect to surface slab cracking//6th International Conference on Dam Engineering, Lisbon:611-628.

Kesner K,Billington S. 2001. Investigation of ductile cement-based composites for seismic strengthening and retrofit//de Borst R, Mazars P, Pijaudier-Cabot G, et al. Fractural Mechanics of Concrete Structures. Rotterdam:AA Balkema:65-72.

Lepech M,Li V C. 2005. Durability and long term performance of engineered cementitious composites//Proceedings of the International Workshop on HPFRCC in Structural Applications:23-26.

Vorel J,Boshoff W P. 2014. Numerical simulation of ductile fiber-reinforced cement-based composite. Journal of Computational and Applied Mathematics. 270:433-442.

Wang C. 2006. Experimental investigation on behavior of steel fiber reinforced concrete. Christchurch:University of Canterbury(MSc Thesis).

Xu B,Zou D G,Liu H B. 2012. Three-dimensional simulation of the construction process of the Zipingpu concrete face rockfill dam based on a generalized plasticity model. Computers and Geotechnics,43:143-154.

Xu B,Zou D G,Kong X J,et al. 2015. Dynamic damage evaluation on the slabs of the concrete faced rockfill dam with the plastic-damage model. Computers and Geotechnics,65:258-265.